航天科工出版基金资助出版

嵌入式实时操作系统 VxWorks 实战

朱良勇　穆贺强　苏 健　编著

中国宇航出版社
·北 京·

图书在版编目（CIP）数据

嵌入式实时操作系统 VxWorks 实战 / 朱良勇，穆贺强，苏健编著．-- 北京：中国宇航出版社，2021.6（2022.9 重印）

ISBN 978-7-5159-1927-0

Ⅰ.①嵌… Ⅱ.①朱… ②穆… ③苏… Ⅲ.①实时操作系统－软件开发 Ⅳ.①TP316.2

中国版本图书馆 CIP 数据核字（2021）第 105728 号

责任编辑 臧程程　张丹丹　**封面设计** 宇星文化

出版发行 中国宇航出版社

社　址 北京市阜成路 8 号　邮　编 100830

（010）68768548

网　址 www.caphbook.com

经　销 新华书店

发行部 （010）68767386　（010）68371900

（010）68767382　（010）88100613（传真）

零售店 读者服务部　（010）68371105

承　印 北京厚诚则铭印刷科技有限公司

版　次 2021 年 6 月第 1 版

2022 年 9 月第 2 次印刷

规　格 787×1092

开　本 1/16

印　张 24.25

字　数 590 千字

书　号 ISBN 978-7-5159-1927-0

定　价 98.00 元

本书如有印装质量问题，可与发行部联系调换

前　言

嵌入式实时操作系统VxWorks 是一个运行在目标机上的高性能、可裁剪的嵌入式实时操作系统。它以其良好的可靠性和卓越的实时性被广泛地应用在通信、交通、电力、医疗、军事、航空、航天等实时性要求极高的高精尖技术领域中，如卫星通信、军事演习、弹道制导、飞机导航等。在VxWorks的实际应用中会遇到非常多的可靠性和实时性挑战，笔者精心编写本书，旨在通过对自己多年开发经验的总结，给初学者提供一本理论与实践相结合的合适教材，亦可作为相关专业人员解决工程疑难问题的技术参考书。

全书介绍了集成开发环境的安装，实时操作系统VxWorks的基本原理、内存管理、中断、时钟、定时器、I/O系统、PCI设备驱动程序、网络与交换技术，结合实际工作论述了如何构建一个实时系统和定制VxWorks，以及Workbench集成开发环境安装、使用与VxWorks SMP系统，最后介绍了软件运行异常分析排查作业指导。第1~7章是基础知识部分，图文并茂，适合初学者入门学习；第8~12章结合了工程实践精华，给出了各种疑难案例解决方案，适合相关领域工程技术人员研读。

本书的特点是概念准确、步骤详细、案例丰富、深入浅出。在内容编排上遵循理论与实践相结合的原则，既注重理论知识的掌握，又注重实践技能的培养。

本书主要由多年从事实时操作系统VxWorks BSP、驱动程序、内核和应用程序开发工作的北京无线电测量研究所朱良勇编写，另外穆贺强、苏健也参与了部分章节内容的编写和全书的审稿工作，全书由朱良勇统稿。本书的编写工作得到了全所各级领导的大力支持和帮助，本书由航天科工出版基金资助出版，在此谨表示诚挚的谢意！

由于编者水平和学识有限，书中不妥之处在所难免，殷切地希望广大读者及同行专家批评指正。读者在学习本书的过程中，如有意见或发现问题，请发信至zhu_liangyong@189.cn。

编　者

目　录

第1章　嵌入式实时操作系统 VxWorks 概况

VxWorks 是专门为嵌入式实时系统设计开发的操作系统内核，为程序员提供了高效的实时多任务调度、中断管理，实时的系统资源以及实时的任务间通信。在各种 CPU 平台上提供了统一的编程接口和一致的运行特性，尽可能地屏蔽了不同 CPU 之间的底层差异。程序员可以将更多的精力放在应用程序本身，而不必再去关心系统资源的管理。基于 VxWorks 操作系统的应用程序可以在不同 CPU 平台上轻松移植。

VxWorks 是美国 Wind River System 公司（以下简称风河公司，即 WRS 公司）推出的一个实时操作系统。风河公司组建于 1981 年，是一个专门从事实时操作系统开发与生产的软件公司，该公司在实时操作系统领域被世界公认为最具有领导作用的公司。

VxWorks 是一个运行在目标机上的高性能、可裁剪的嵌入式实时操作系统。它以其良好的可靠性和卓越的实时性被广泛地应用在通信、交通、电力、医疗、军事、航空、航天等实时性要求极高的高精尖技术领域中，如卫星通信、军事演习、弹道制导、飞机导航等。美国的 F-16 战斗机、F/A-18 战斗机、B-2 隐形轰炸机和爱国者导弹，以及 1997 年 4 月在火星表面登陆的火星探测器、2008 年 5 月登陆的凤凰号和 2012 年 8 月登陆的好奇号均使用了 VxWorks。

VxWorks 是一种功能强大而且比较复杂的操作系统，包括了任务管理、存储管理、设备管理、文件系统管理、网络协议及系统应用等几个部分。VxWorks 只占用了很小的存储空间，并可高度裁剪，保证了系统能以较高的效率运行。所以，仅仅依靠人工编程调试，很难发挥它的功能并设计出可靠、高效的嵌入式系统，必须要有与之相适应的开发工具。Tornado/Workbench 就是为开发 VxWorks 应用系统提供的集成开发环境，Tornado/Workbench 中包含的工程管理软件，可以将用户自己的代码与 VxWorks 的核心有效地组合起来，可以按用户的需要裁剪配置 VxWorks 内核；VxSim 原型仿真器可以让程序员在不用目标机的情况下，直接开发系统原型，做出系统评估；功能强大的调试器可以提供任务级和系统级的调试模式，可以进行多目标机的联调；优化分析工具可以帮助程序员从多种方式真正地观察、跟踪系统的运行，排除错误，优化性能。

1.1　VxWorks 系统特点

VxWorks 是现在所有独立于处理器的实时操作系统中较具有特色的操作系统之一。

VxWorks 是一个具有可伸缩性、可裁剪性和高可靠性，同时适用于所有流行目标 CPU 平台的实时操作系统。所谓可伸缩性指 VxWorks 提供了超过 1800 个应用编程接口（API）

供用户自行选择使用；所谓可裁剪性指用户可以根据自己的应用需求对 VxWorks 进行配置，产生具有各种不同功能集的操作系统映像；所谓可靠性指可以胜任一些诸如飞行控制这样的关键性任务。

VxWorks 包括一个微内核，网络支持，以及文件系统和 I/O 管理，C++ 支持的各种模块。与此同时 VxWorks 还支持超过 320 家的合作伙伴公司的第三方产品。

VxWorks 运行环境支持的 CPU 包括：PowerPC、68K、CPU32、SPARC、i960、x86、Mips 等；同时支持 RISC、DSP 技术。VxWorks 的微内核 Wind 是一个高性能的嵌入式实时操作系统内核，其主要特点包括：快速多任务切换、抢占式任务调度、任务间通信手段多样化等。该内核具有任务间切换时间短、中断延迟小、网络流量大等特点，与其他嵌入式实时操作系统相比具有一定的优势。

VxWorks 具有较好的可裁剪能力，使得开发者可以通过交叉开发环境对操作系统的功能、大小进行增减，从而为自己的应用程序提供更多的系统资源。例如：在深层嵌入式应用中，可能操作系统只有几十 K 的存储空间，而对于一些高端的通信应用，几乎所有的操作系统功能都可能需要。这就要求开发者能够从 100 多个不同的功能选项中生成适用于自己应用的操作系统配置。这些独立的模块既可以用于产品中，也可省去。利用 Tornado 的工程项目管理工具，可以十分轻松地对 VxWorks 的各种功能选项进行增减。

VxWorks 支持应用程序的动态链接和动态下载，使开发者省去了每次调试都将应用程序与操作系统内核进行内核链接和下载的步骤，缩短了编译、调试的周期。

VxWorks 具有较好的兼容性。VxWorks 良好的兼容性，使其在不同的运行环境间可以方便地移植，从而使用户在开发和培训方面所做的工作得到保护，减少了开发周期和经费。

VxWorks 是最早兼容 POSIX1003.1b 标准的嵌入式实时操作系统之一，同时也是 POSIX 组织的主要会员。VxWorks 支持 POSIX1003.1b 规范以及 1003.1 规范的基本系统调用，包括：进程原语、文件目录、I/O 原语、语言服务以及目录管理。另外，VxWorks 还遵循 POSIX1003.1b 实时扩展标准，包括：异步 I/O、计数信号量、消息队列、信号、内存管理，以及调度控制。

VxWorks 的 TCP/IP 协议栈部分在保持与 BSD4.4 版本的 TCP/IP 兼容的基础上，在实时性方面有较大提高。这使得基于 BSD4.4 UNIX Socket 的应用程序可以很方便地移植到 VxWorks 中去，并且网络的实时性得到提高。

VxWorks 还是第一个通过 Windows NT 测试的、可以在 Windows NT 平台进行开发和仿真的嵌入式实时操作系统，同时支持 ANSI C 标准，并通过 ISO 9001 的认证。

风河公司还提供了一些可选附件，包括 BSP 开发工具包，支持 Flash 文件系统的 TrueFFS 组件；用于虚拟存储管理的 VxVMI 组件；用于支持多处理器的 VxMP 组件和 VxFusion 组件；以及各种图形方面的组件。

1.2　VxWorks 操作系统组成

VxWorks 操作系统包括了进程管理、存储管理、设备管理、文件系统管理、网络协议及系统应用等几个部分。VxWorks 只占用了很小的存储空间，并可高度裁剪，保证了系统能以较高的效率运行。VxWorks 体系结构如图 1-1 所示。

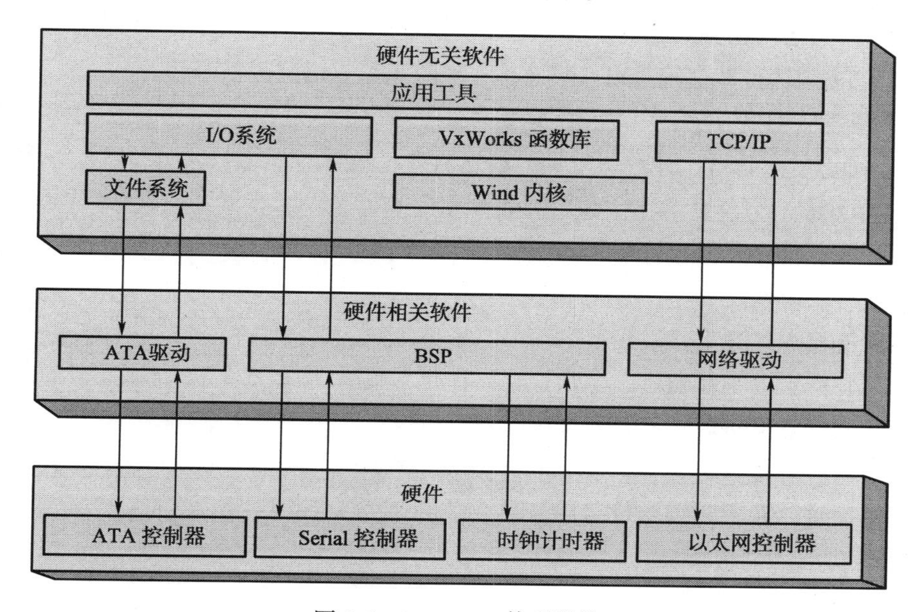

图 1-1　VxWorks 体系结构

VxWorks 由以下几个主要部分组成：

（1）实时操作系统核心——Wind

VxWorks 的核心，一般称作 Wind，包括多任务调度（采用基于优先级的抢占方式），任务间的同步和通信机制，以及中断处理、看门狗和内存管理机制。一个多任务环境允许实时应用程序以一套独立任务的方式构筑，每个任务拥有独立的执行线程和它自己的一套系统资源。这些任务基于任务间通信机制同步、协调其行为。

Wind 使用中断驱动和基于优先级的调度方式。它缩短了上下文切换的时间开销和中断的时延。在 VxWorks 中，任何例程都可以被启动为一个单独的任务，拥有它自己的上下文和堆栈。还有一些其他的任务机制可以使任务挂起、继续、删除、延时或改变优先级。

Wind 提供信号量作为任务间同步和互斥的机制。在 Wind 中有几种类型的信号量，它们分别针对不同的应用需求：二进制信号量、计数信号量和互斥信号量。所有的这些信号量是快速和高效的，它们除了被应用在开发设计过程中外，还被广泛地应用在 VxWorks 内核系统中。对于任务间通信，Wind 也提供了诸如消息队列、管道、套接字和信号等机制。

总结其特点如下：

1）高效的任务管理。

a）支持多任务，任务数没有限制。

b）同时支持抢占式调度和时间片轮转调度。

c）快速的、确定的上下文切换。

d）256 个任务优先级。

2）快速、灵活的任务间通信。

a）二进制，计数信号量以及具有优先级继承特点的互斥信号量。

b）消息队列。

c）POSIX 的管道、计数信号量、消息队列、信号。

d）Socket。

e）共享内存（Shared Memory）。

3）高度可裁剪性。

4）增量链接和加载组件。

5）快速、确定的中断响应。

6）优化的浮点支持。

7）动态内存管理。

8）系统时钟以及定时器支持。

（2）I/O 系统

VxWorks 提供了一个快速灵活的与 ANSI C 兼容的 I/O 系统，包括 UNIX 标准的缓冲 I/O 和 POSIX 标准的异步 I/O。VxWorks 包括以下驱动程序：

1）网络驱动：用于网络通信（以太网、共享内存），支持多种网卡。

2）管道驱动：用于任务间通信。

3）RAM 盘驱动：用于常驻内存的文件。

4）键盘驱动：用于 x86 键盘（仅仅存在于 x86BSP）。

5）显示驱动：用于 x86VGA 文本显示（仅仅存在于 x86BSP）。

6）磁盘驱动：用于 IDE/ATA 硬盘、软盘（仅仅存在于 x86BSP）。

7）并口驱动：用于 PC 风格的目标机。

（3）文件系统

VxWorks 提供的快速文件系统适合实时系统应用。它包括几种支持使用块设备（如磁盘）的本地文件系统。这些设备都使用一个标准接口，从而使得文件系统能够灵活地在设备驱动程序上移植。

VxWorks I/O 体系结构甚至还支持一个单独的 VxWorks 系统上同时并存的几个不同的文件系统，如 dosFs 用于软盘、硬盘，cdromFs 用于 CDROM 驱动器。

VxWorks 支持以下几种文件系统：

1）dosFs：与 MS_DOS 兼容的文件系统。

2）rt11Fs：一种与 RT11 操作系统兼容的文件系统。

3）rawFs:raw disk file system。这种文件系统将整个盘作为一个文件，允许根据字节偏移读写磁盘的一部分，其优点是仅仅需要底层 I/O 操作，因此读写速度快，并且大小没有限制。

4）tapeFs：SCSI 顺序文件系统。用于磁带设备，不使用标准的文件和目录结构，将整个磁带作为一个大文件来处理。

5）TrueFFS：内存文件系统。

6）cdromFs：VxWorks 提供文件的 cdromFs 系统，应用可读取任何按照 ISO 9660 文件系统标准格式化的 CD_ROM。一旦 cdromFs 已经格式化，并且已经登录到一个 CD_ROM 块设备，应用就可调用标准 POSIX I/O，访问 CD_ROM 设备上的数据。VxWorks 目前只支持 SCSI 接口的 CD_ROM。

另一方面，普通数据文件，外部设备都统一为文件处理。它们在用户面前有相同的语法定义，使用相同的保护机制。这样既简化了系统设计又便于用户使用。

（4）板级支持包 BSP（Board Support Package）

板级支持包对各种板子的硬件功能提供了统一的软件接口，它包括硬件初始化、中断的产生和处理、硬件时钟和计时器管理、局域和总线内存地址映射、内存分配等。每个板级支持包包括一个 ROM 启动（Boot ROM）或其他启动机制。风河公司提供大量的预制的支持许多商业主板及评估板的 BSP。同时，VxWorks 的开放式设计以及高度的可移植性使得用户在使用不同的目标板进行开发时，所做的移植工作量非常小。到目前为止，风河公司能够提供好几百个的 BSP，当用户在为自己的目标板开发 BSP 时，可以从风河公司的标准 BSP 中选一个最接近的来加以修改。

（5）网络设施

VxWorks 的网络结构如图 1-1 所示。它提供了对其他网络和 TCP/IP 网络系统的“透明”访问，包括与 BSD 套接字兼容的编程接口，远程过程调用（RPC）、SNMP（可选项）、远程文件访问（包括客户端和服务端的 NFS 机制以及使用 RSH、FTP 或 TFTP 的非 NFS 机制）以及 BOOTP 和 ARP 代理。无论是松耦合的串行线路、标准的以太网连接，还是紧耦合的利用共享内存的背板总线，所有的 VxWorks 网络机制都遵循标准的 Internet 协议。

（6）系列网络产品

VxWorks 包括 WindNet 系列网络产品，这些产品扩展了 VxWorks 的网络特性并增强了嵌入式特性。包括以下产品：

1）BSD 4.4 TCP/IP 网络。

2）IP，IGMP，CIDR，TCP，UDP，ARP。

3）RIP v.1/v.2。

4）Sockets。

5）SLIP，CSLIP，PPP。

6）BOOTP，DNS，DHCP，TFTP。

7）NFS，ONC RPC。

8）FTP，rlogin，rsh，telnet。

9）SNTP。

10）WindNet SNMP v.1/v.2c 以及 MIB 编译器——可选。

11）WindNet OSPF v.2——可选。

12）WindNet STREAMS SVR4——可选。

（7）目标代理（Target Agent）

目标代理遵循 WBD(Wind River Debug) 协议，允许目标机与主机上的 Tornado 开发工具相连。在目标代理的默认设置中，如图 1-2 所示，目标代理是以 VxWorks 的一个任务——tWdb Task 的形式运行的。

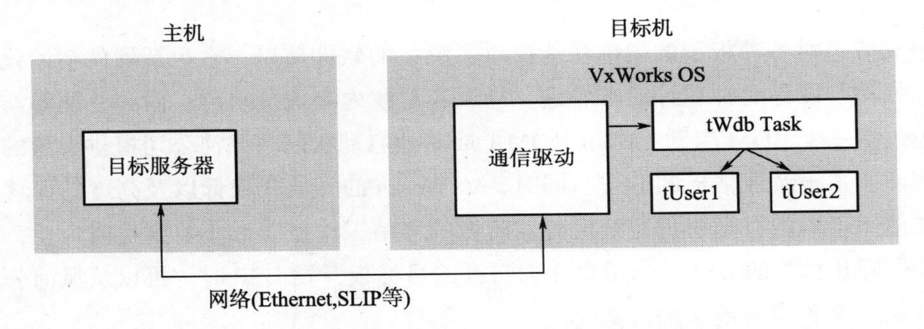

图 1-2　目标代理与目标服务器交互式工作示意

Tornado 目标服务器（Target Server）向目标代理发送调试请求，调试请求通常决定目标代理对系统中其他任务的控制和处理。默认状态下，目标服务器与目标代理通过网络进行通信，但是用户也可以改变通信方式。

（8）实用库

VxWorks 提供了一个实用例程的扩展集，包括中断处理、看门狗计时器、消息登录、内存分配、字符扫描、线缓冲和环缓冲管理、链表管理和 ANSI C 标准。

（9）基于目标机的工具

在 Tornado 开发系统中，开发工具是驻留在主机上的。但是也可以根据需要将基于目标机的 Shell 和装载 / 卸载模块加入 VxWorks。

1.3　本书组成

本书主要以 Tornado 2.2.1/VxWorks 5.5.1 for Pentium 平台介绍集成开发环境 Tornado 2.2.1 和嵌入式实时操作系统 VxWorks 5.5.1，介绍实时操作系统 VxWorks 的基本原理、内存管理、中断、时钟、定时器、I/O 系统、文件系统、网络与交换技术等，结合实际工作论述如何构建一个实时系统、VxWorks 定制，以及 Workbench 集成开发环境安装、使用与 VxWorks SMP 系统，最后介绍了软件运行异常分析排查作业指导。

第 1 章嵌入式实时操作系统 VxWorks 概况，介绍实时操作系统 VxWorks 的系统特点和系统组成、本书组成等。第 2 章集成开发环境 Tornado 2.2.1，主要介绍 Tornado 2.2.1 安装、目标机仿真器、工程管理工具、制作系统启动盘、目标机服务器、目标机浏览器、Host Shell、WindView、调试器、FTP 服务器等。第 3 章实时多任务和任务间通信，主要介绍实时多任务、任务间通信等内容。第 4 章实时系统的中断、时钟和定时器，主要介绍实时系统中断、时钟和定时器等。第 5 章实时系统的内存管理，主要介绍在程序设计中内存管理和对象实例化。第 6 章基本 I/O 系统，主要介绍 I/O 系统中的文件和设备，以及文件系统中的两种 I/O 操作方式：基本 I/O 操作 C 语言库函数和基于缓存的 I/O 操作 C 语言库函数。第 7 章 PCI 设备驱动程序开发，主要介绍 PCI 设备驱动程序开发的几个关键点。第 8 章网络与交换技术，主要介绍网络协议、网络通信、二层交换技术和网络防火墙。第 9 章实时操作系统 VxWorks 5.5.1 定制，主要介绍在实际工程中操作系统的各种疑难问题或缺陷解决办法，定制一个标准的 VxWorks 系统，确保 VxWorks 系统平台的正确性、可靠性、可控性。第 10 章如何构建一个实时系统，主要介绍电源管理缺陷导致中断响应延迟；SMI 中断影响 VxWorks 系统的实时性。第 11 章实时操作系统 VxWorks SMP，主要介绍 VxWorks SMP 操作系统、常见疑难问题的解决办法和操作系统优化。第 12 章软件运行异常分析排查作业指导，主要指导用户在 VxWorks 系统上遇到软件运行异常时如何进行分析和排查。

第 2 章　集成开发环境 Tornado 2.2.1

本章主要介绍集成开发环境 Tornado 2.2.1，包括 Tornado 2.2.1 安装、目标机仿真器、工程管理工具、制作系统启动盘、目标机服务器、目标机浏览器、Host Shell、WindView、调试器、FTP 服务器等。

2.1　Tornado 2.2.1 安装

下面以 Tornado 2.2.1/VxWorks 5.5.1 for Pentium 平台为例，介绍在 Windows XP 的计算机上的 Tornado 2.2.1 安装。

2.1.1　术语与约定

1）主机：运行集成开发环境 Tornado 的通用计算机。

2）目标机：运行实时操作系统 VxWorks 及其应用程序的计算机。

3）目标机服务器：一种服务，运行在主机上，用来管理主机 Tornado 2.2.1 工具与目标机之间的通信。每个目标机各自需要一个目标机服务器。

4）Tornado Registry：一种服务，用来提供跟踪以及访问目标机服务器的服务。一个子网上仅需要一个注册器，但是，注册器也可能运行在每台 Tornado 2.2.1 主机上。

约定：Toranado 2.2.1 安装默认路径是 C:\Tornado2.2X86。当然用户在安装时可以根据需要选择合适的路径。

2.1.2　安装准备

1）主机硬件：有一路网卡、一路 RS232 串口、能流畅运行 Windows XP。

2）主机软件：运行 Windows XP 的通用计算机，因为软件兼容性问题 Tornado 2.2.1 不能安装在 Windows XP 以上（不含）版本的 Windows 操作系统上。

3）Tornado 2.2.1 安装包。

a）Tornado 2.2.1/VxWorks 5.5.1 for Pentium。

b）BSPs/Drivers for VxWorks 5.5.1: Pentium。

c）VxWorks 5.5.1 Core O/S Source Products。

d）WindML 3.0（可选）。

e）WIND_MEDIA_LIBRARY_3_0_3（可选）。

f）patch-SPRUSB2.0.0.1_bin_20090729。

建议安装 WindowsXP-KB924867-x86-CHS.exe 补丁包，避免 VxSim 仿真器不好使用。

2.1.3　安装步骤

（1）安装 Tornado 2.2.1/VxWorks 5.5.1 for Pentium

步骤 1　双击安装包 Tornado 2.2.1/VxWorks 5.5.1 for Pentium 中的 SETUP.EXE。

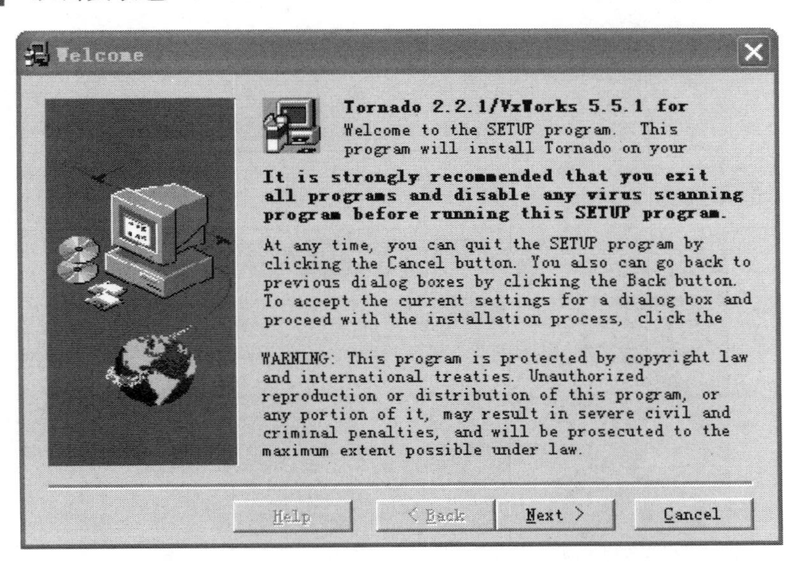

步骤 2　选择下一步“Next”。

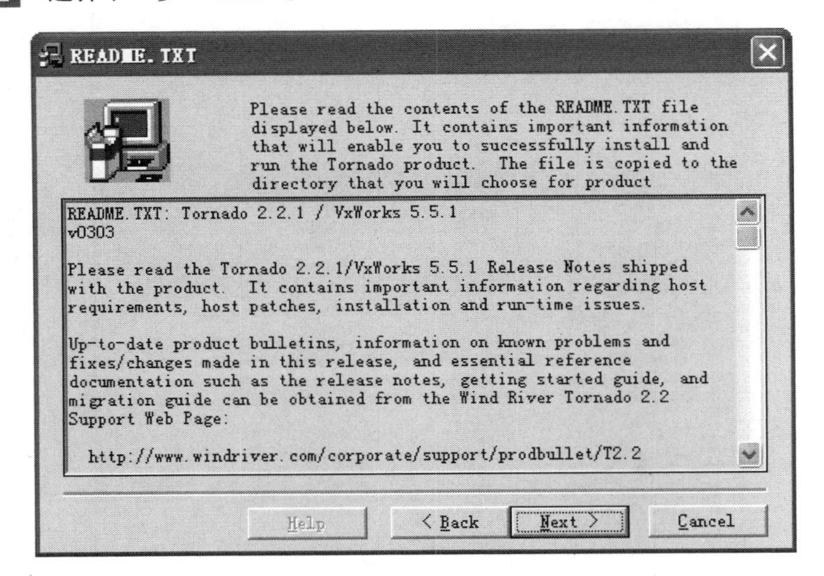

步骤 3　选择下一步“Next”。

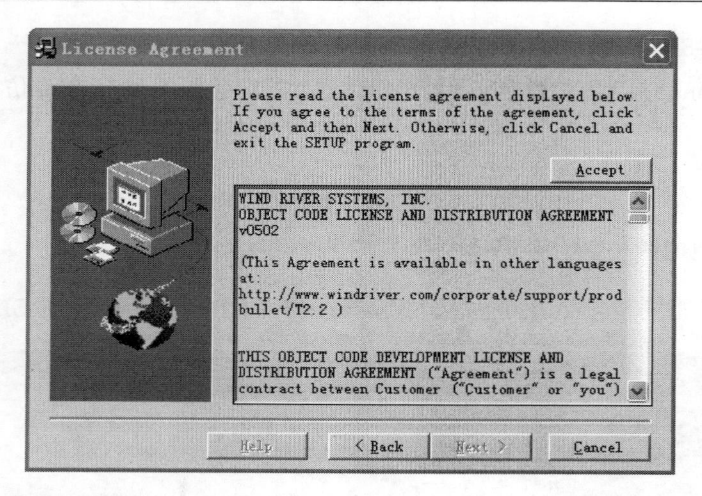

步骤 4　选择接受“Accept”。

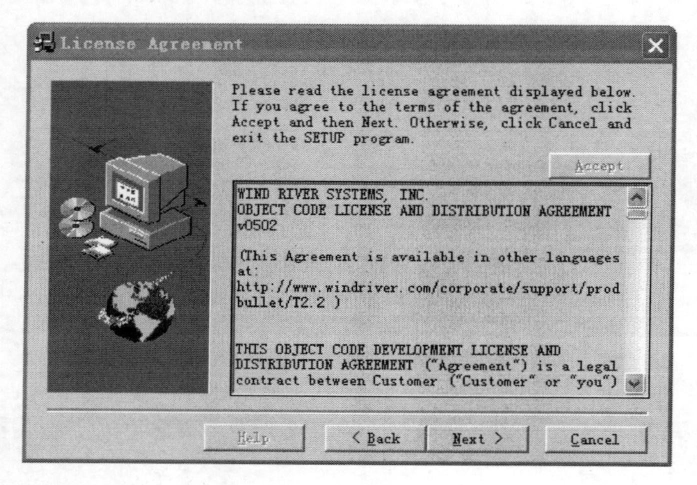

步骤 5　选择下一步“Next”。

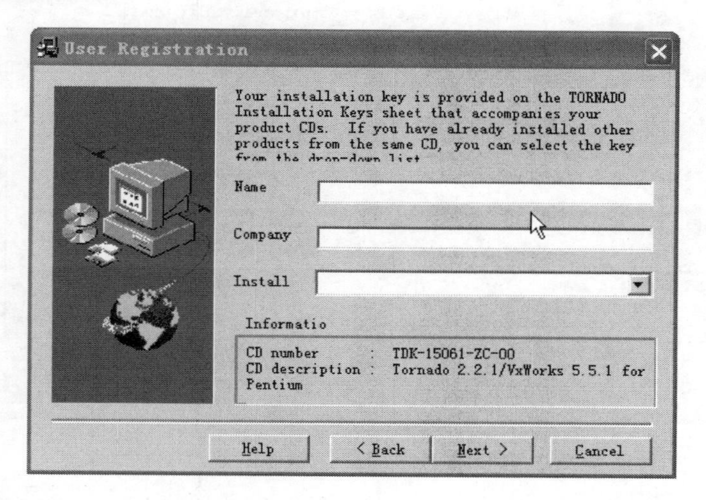

步骤 6　填写用户“Name”、公司“Company”和安装密钥“Install Key”。

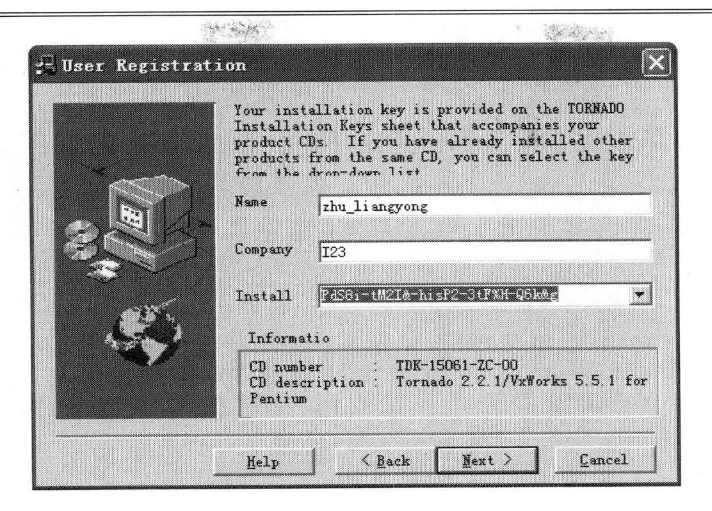

步骤 7　选择下一步"Next"。

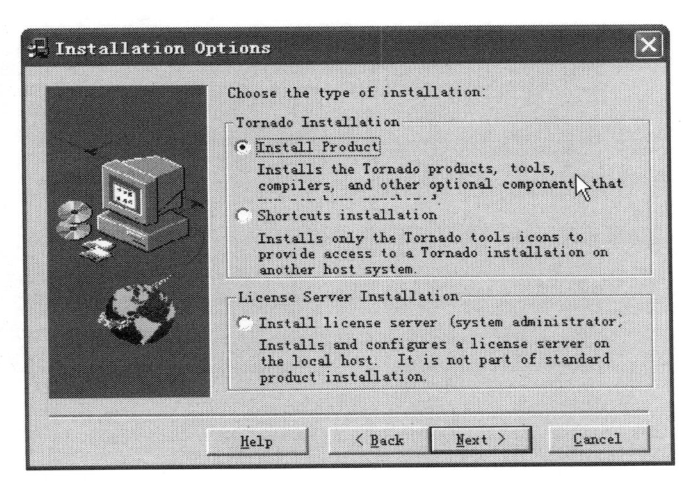

步骤 8　选择下一步"Next"。

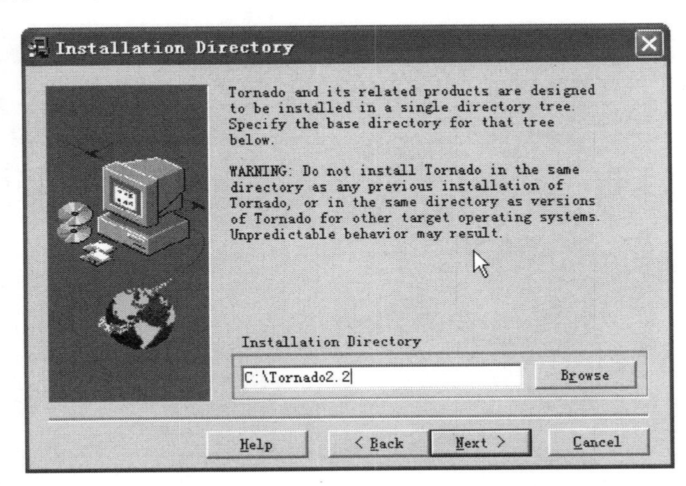

步骤 9　修改安装目录"C:\Tornado2.2X86"。

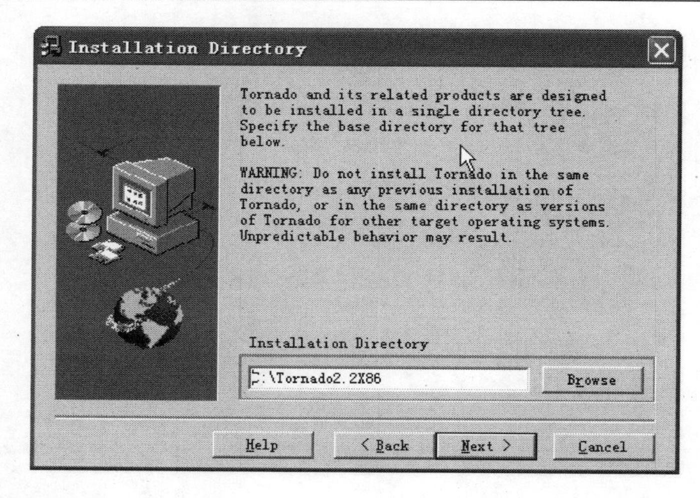

步骤 10　选择下一步“Next”。

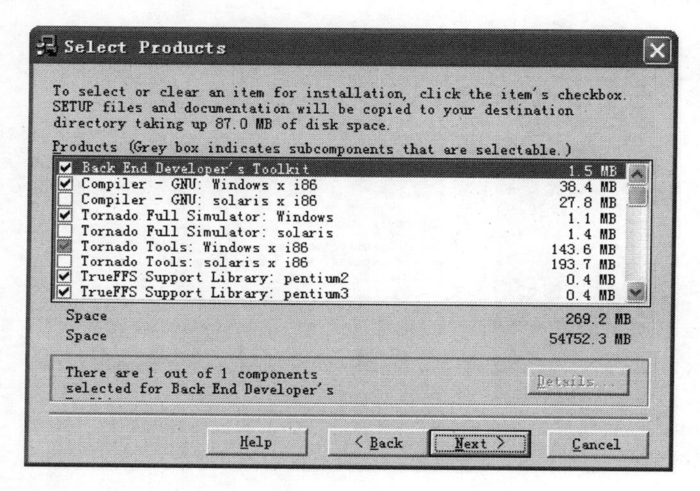

步骤 11　选择下一步“Next”。

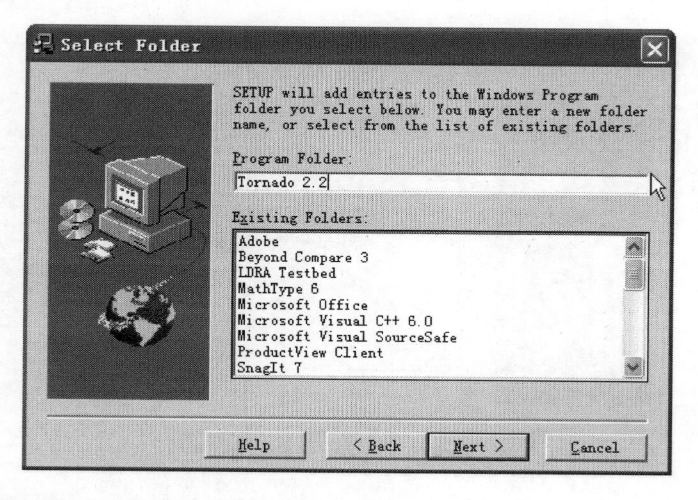

步骤 12　修改程序文件夹“Tornado 2.2X86”。

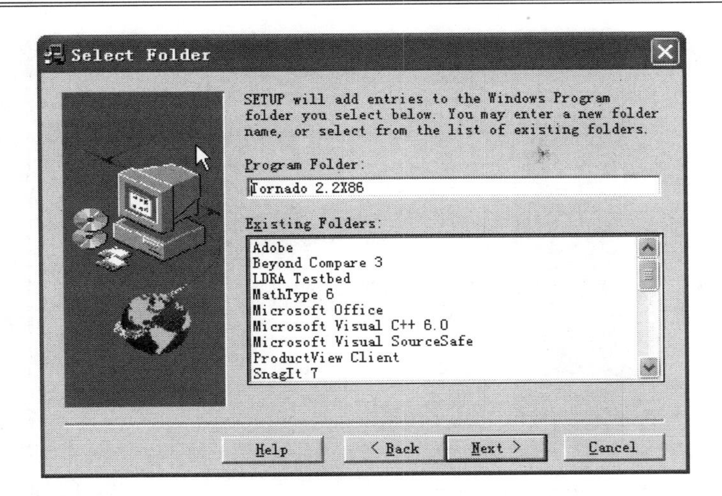

步骤 13　选择下一步“Next”。

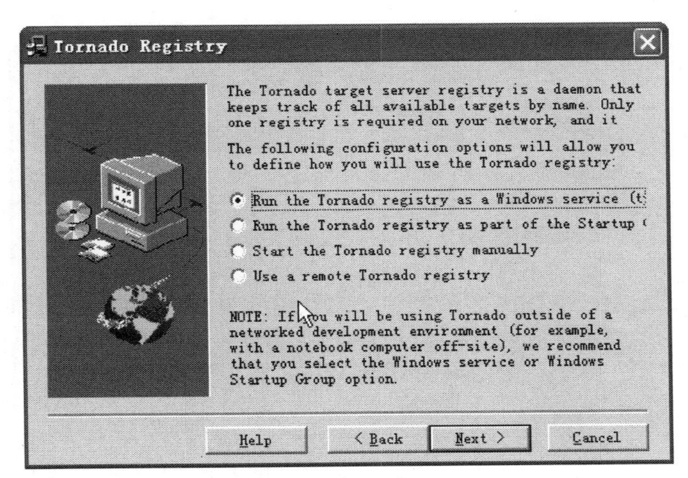

步骤 14　选择“Start the Tornado registry manually”。

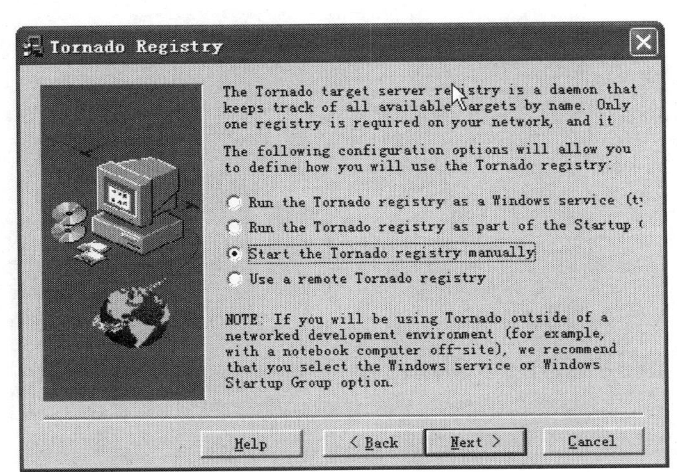

步骤 15　选择下一步“Next”。

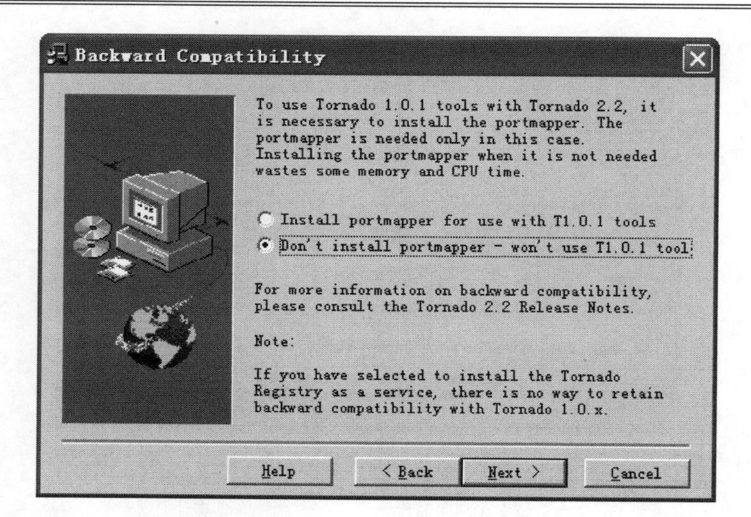

步骤 16 选择下一步"Next"。

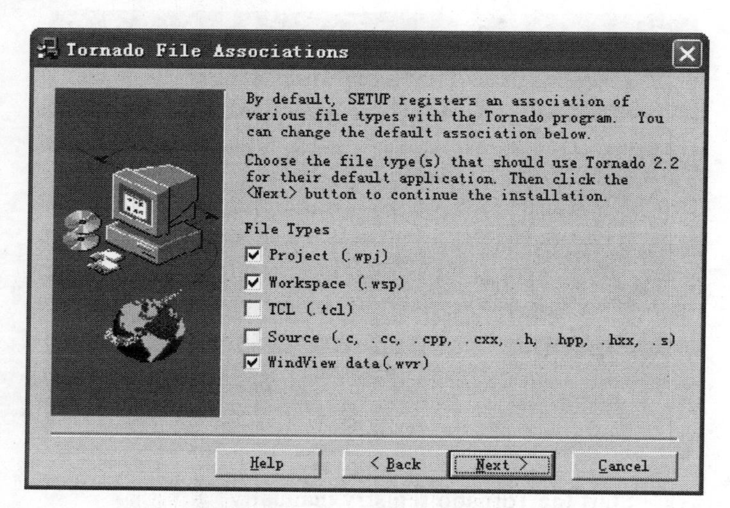

步骤 17 选择下一步"Next"，开始安装，等待安装完成。

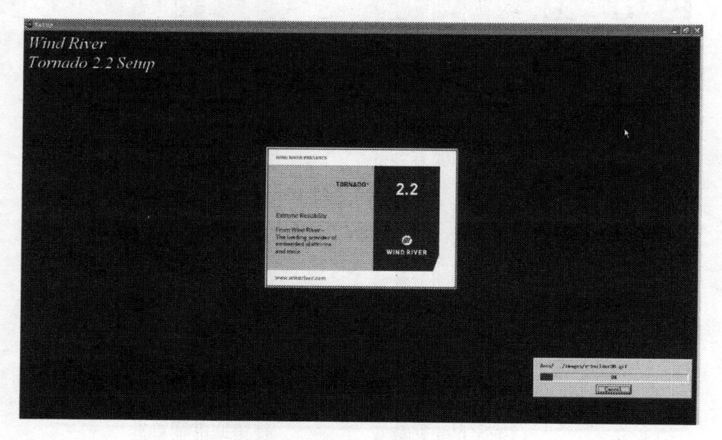

步骤 18 拷贝文件 license.dat 到目录 C:\Tornado2.2X86。

步骤 19　设置环境变量 LM_LICENSE_FILE 的值是 C:\Tornado2.2X86\license.dat。

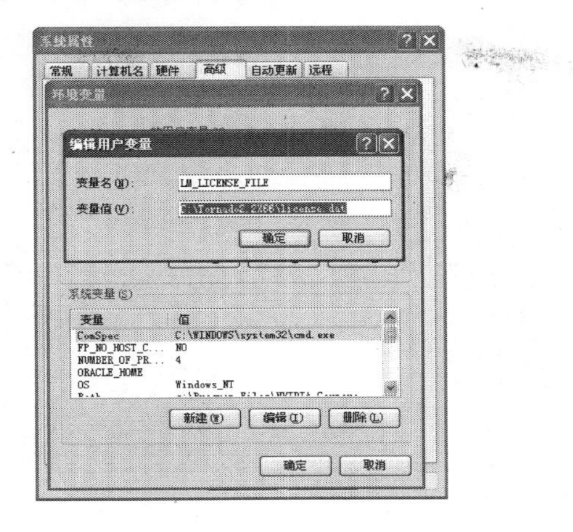

步骤 20　安装完成。

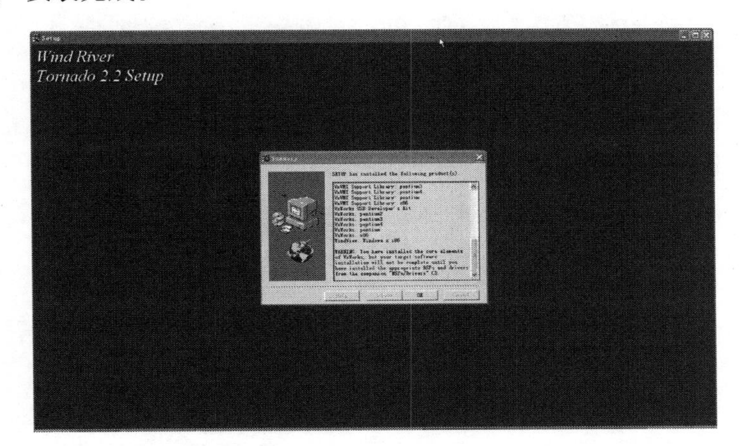

步骤 21　单击确认“OK”。

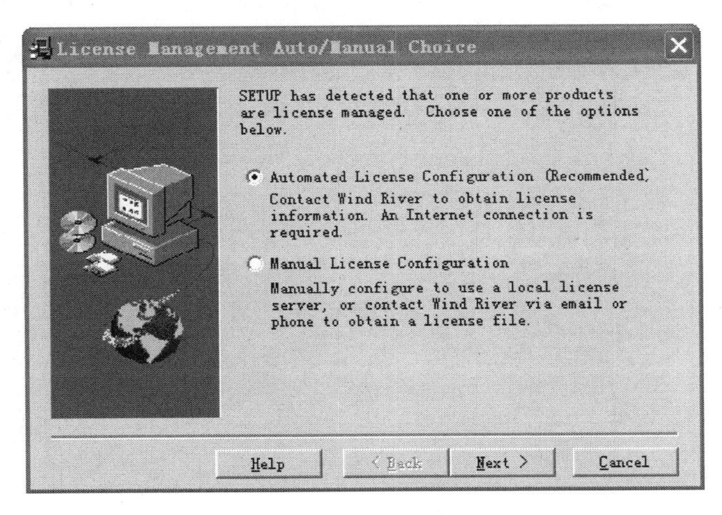

步骤 22　选择“Manual License Configuration”。

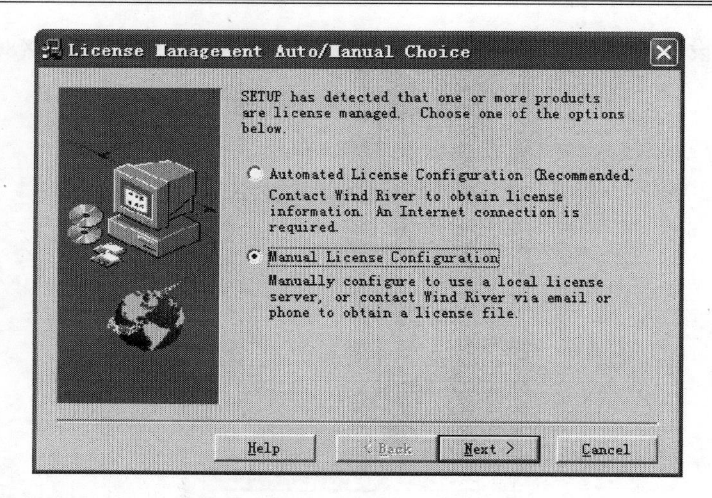

步骤 23　选择下一步“Next”。

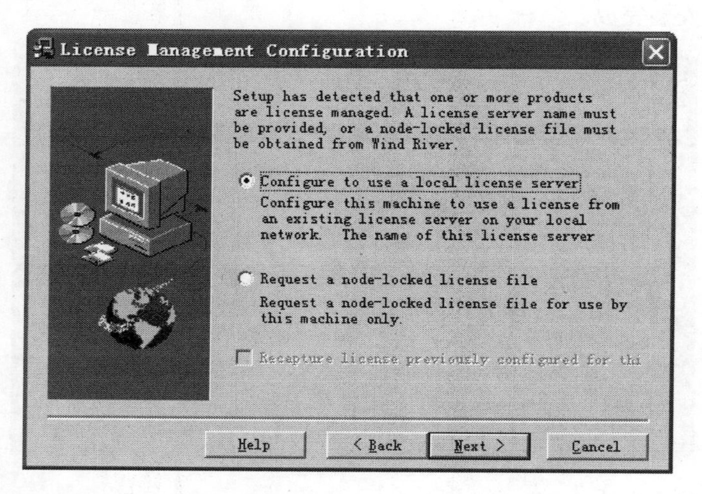

步骤 24　选择“Request a node-locked license file”。

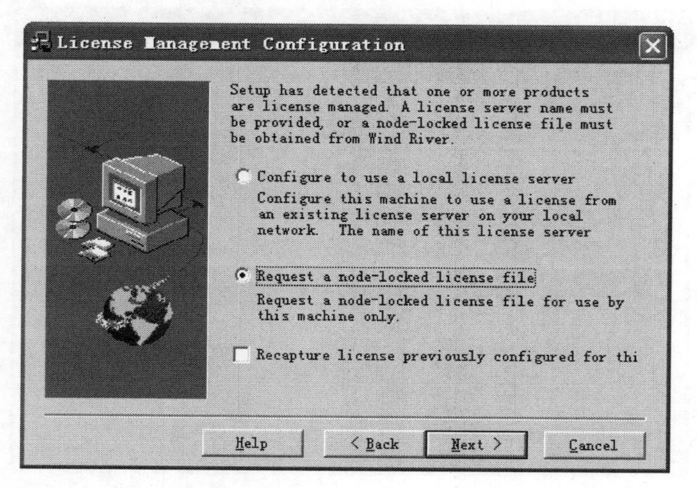

步骤 25　选择下一步“Next”。

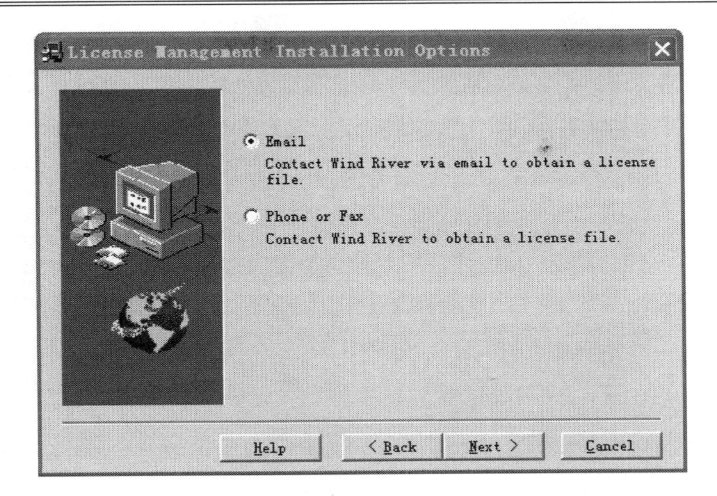

步骤 26　选择“Phone or Fax”。

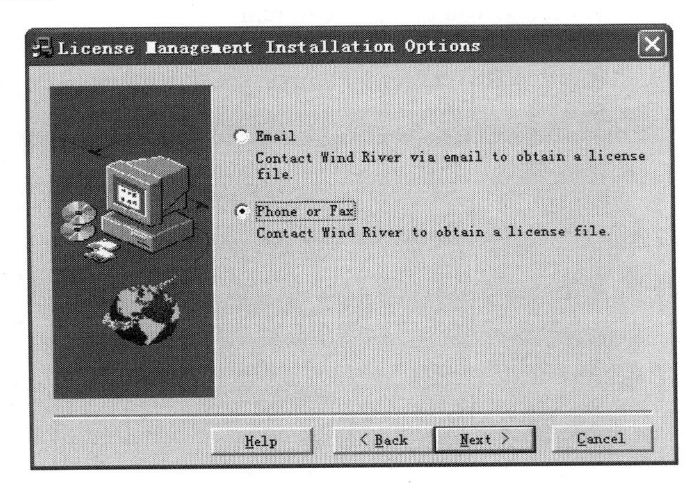

步骤 27　选择下一步“Next”。

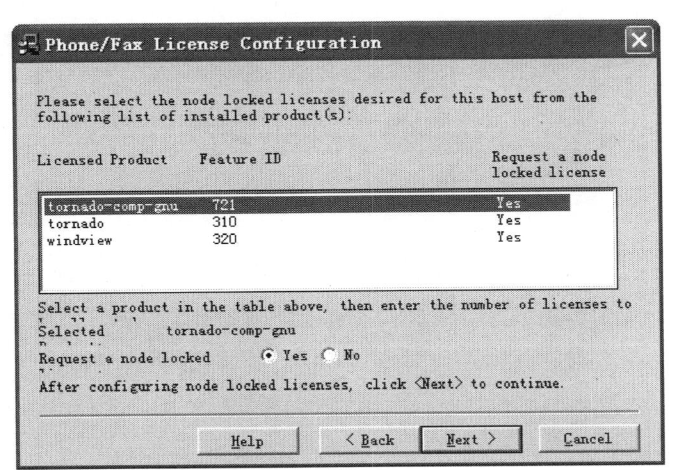

步骤 28　选择下一步“Next”。

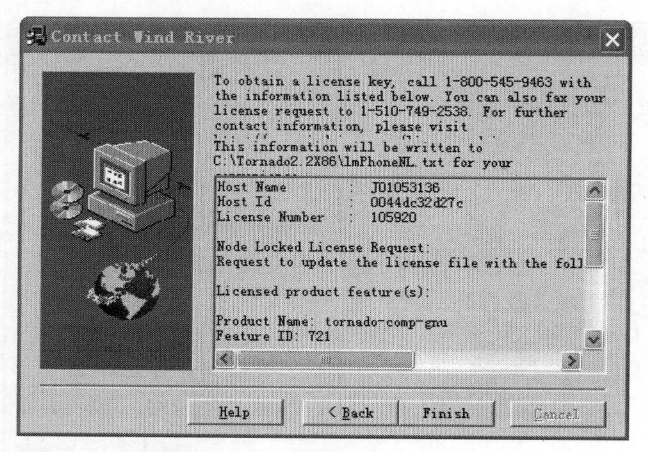

步骤 29 选择完成“Finish”，完成安装。

（2）安装 BSPs/Drivers for VxWorks 5.5.1: Pentium

步骤 1 双击安装包 BSPs/Drivers for VxWorks 5.5.1: Pentium 中的 SETUP.EXE。

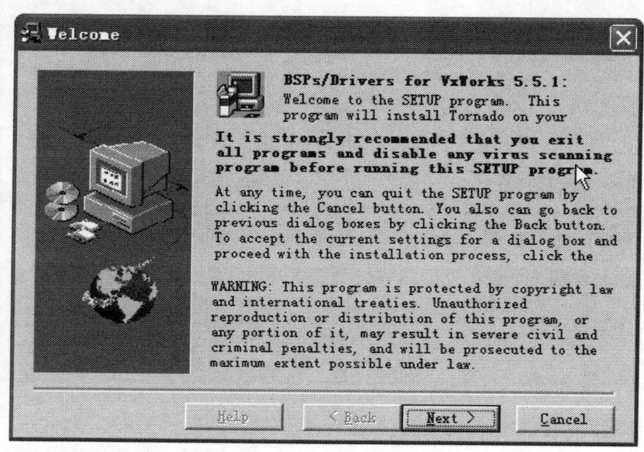

步骤 2 选择下一步“Next”。

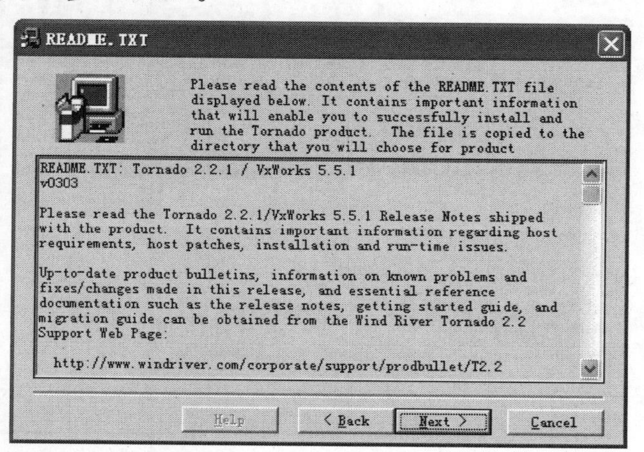

步骤 3 选择下一步“Next”。

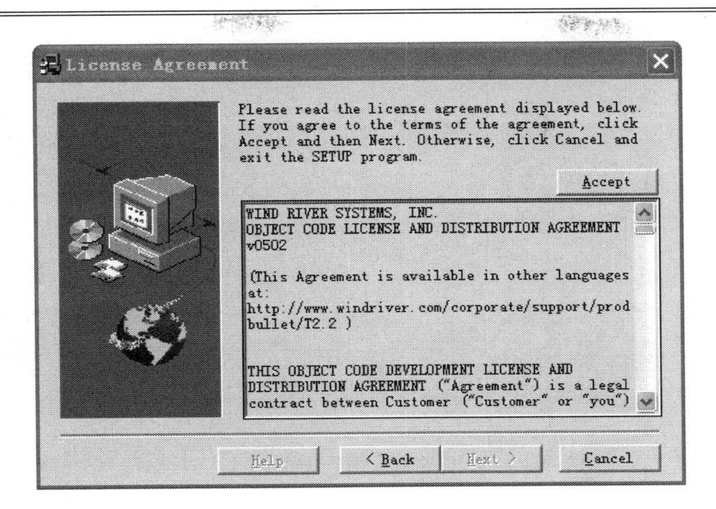

步骤 4　选择接受 “Accept”。

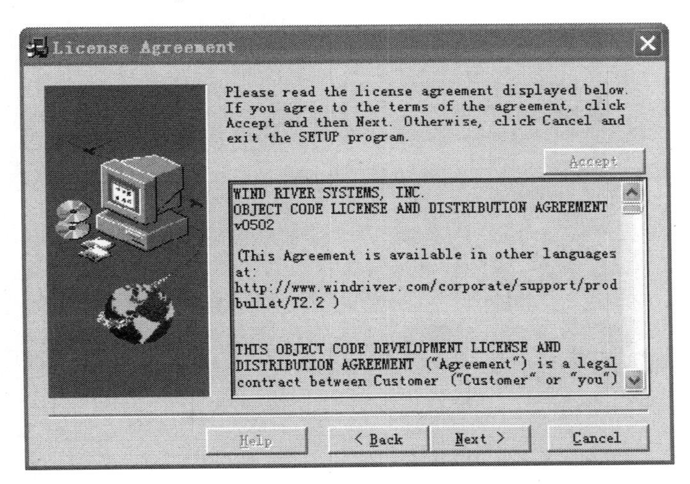

步骤 5　选择下一步 “Next”。

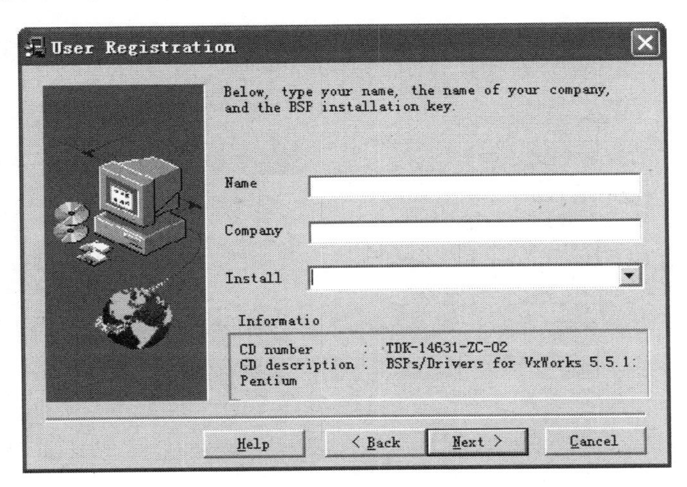

步骤 6　填写用户 “Name”、公司 “Company” 和安装密钥 “Install Key”。

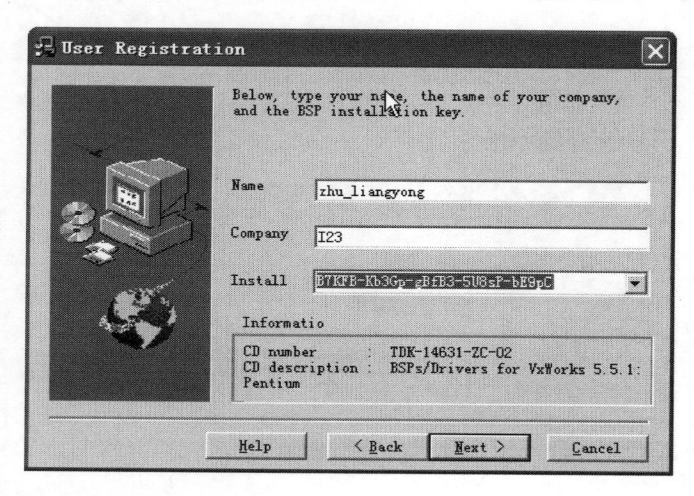

步骤 7 选择下一步“Next”。

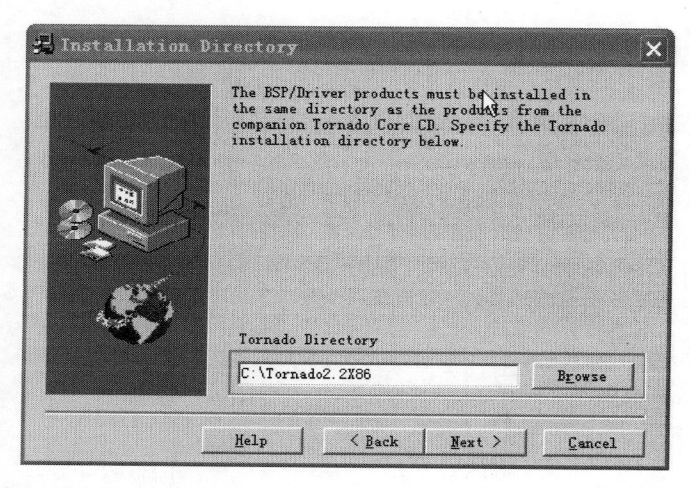

步骤 8 选择下一步“Next”。

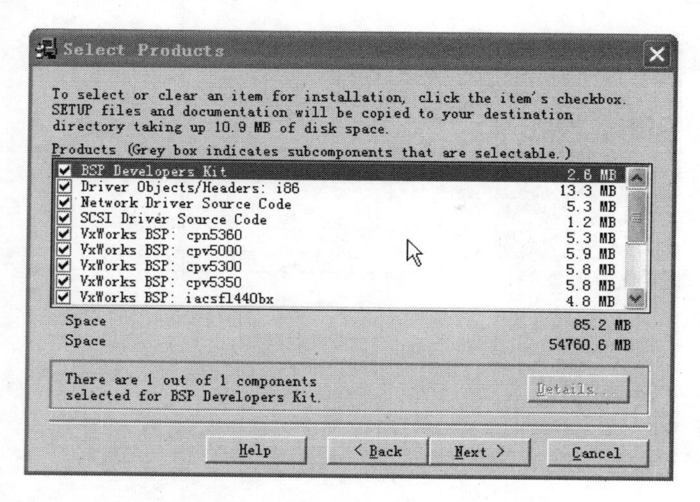

步骤 9 选择下一步“Next”，开始安装，等待安装完成。

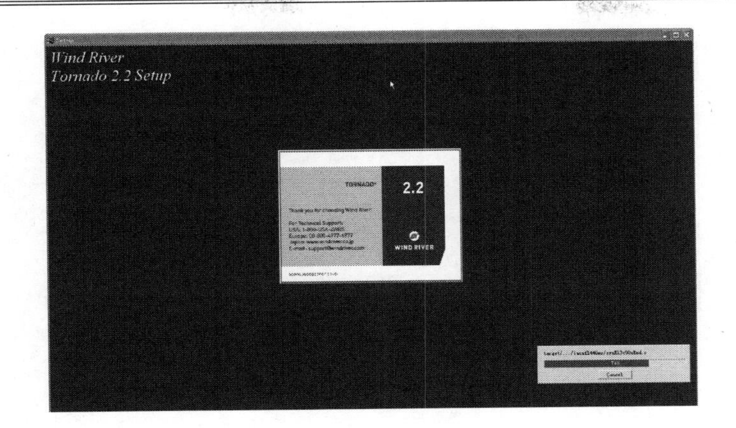

步骤 10　安装完成。

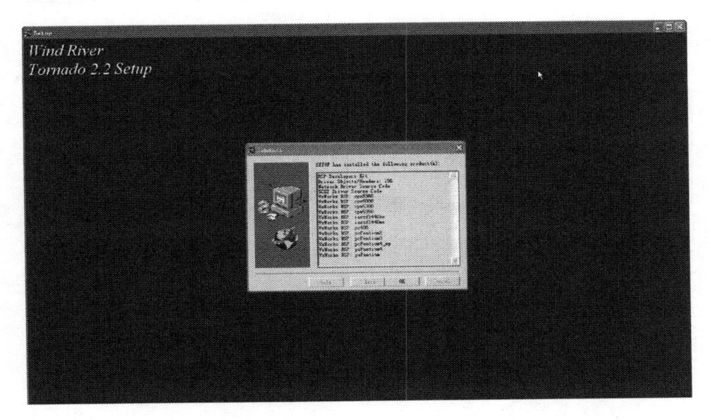

步骤 11　单击确认“OK”，完成安装。

（3）安装 VxWorks 5.5.1 Core O/S Source Products

步骤 1　双击安装包 VxWorks 5.5.1 Core O/S Source Products 中的 SETUP.EXE。

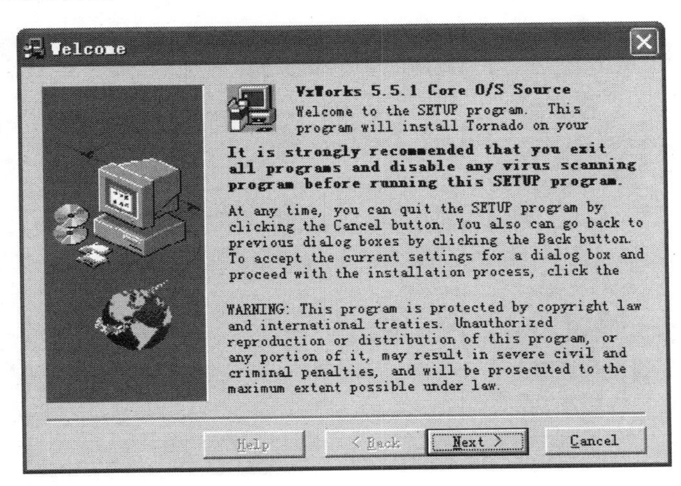

步骤 2　选择下一步“Next”。

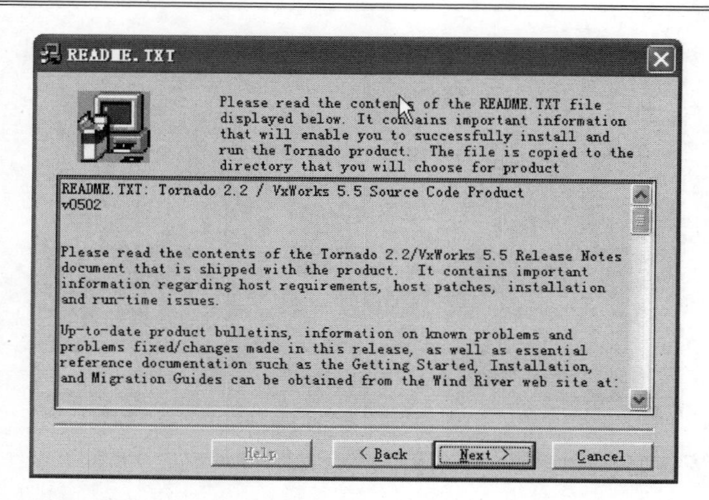

步骤 3　选择下一步“Next”。

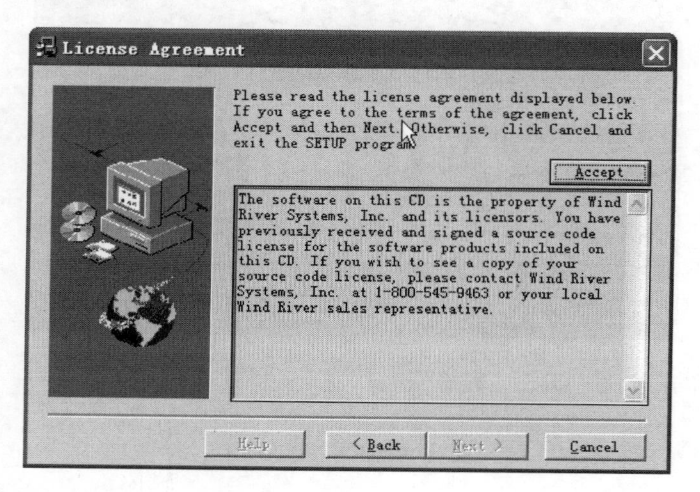

步骤 4　选择接受“Accept”。

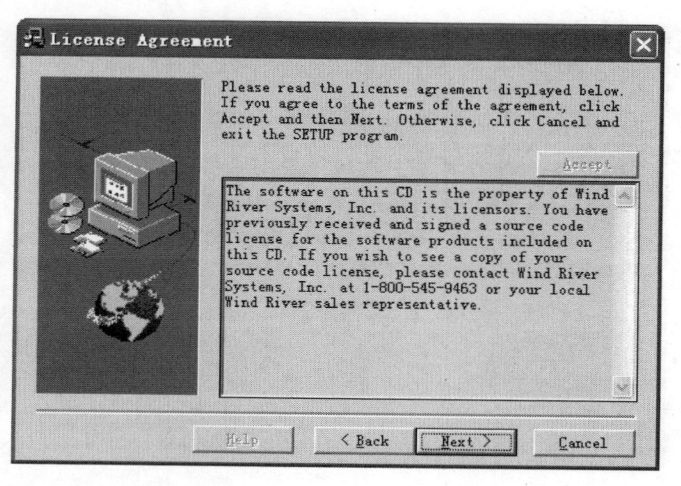

步骤 5　选择下一步“Next”。

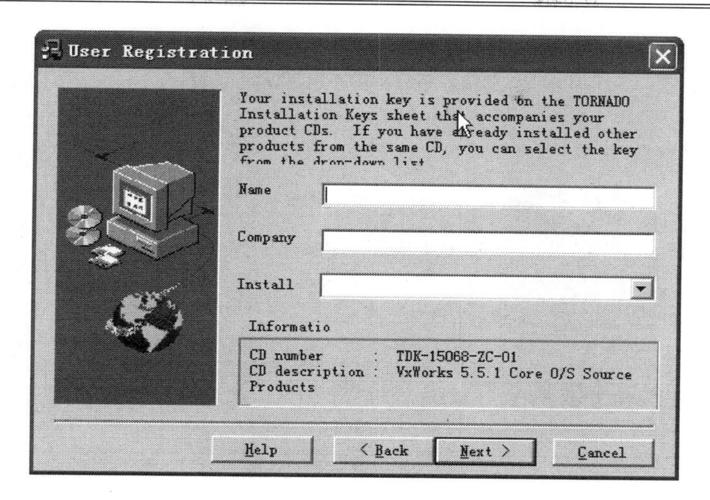

步骤 6　填写用户“Name”、公司“Company”和安装密钥“Install Key”。

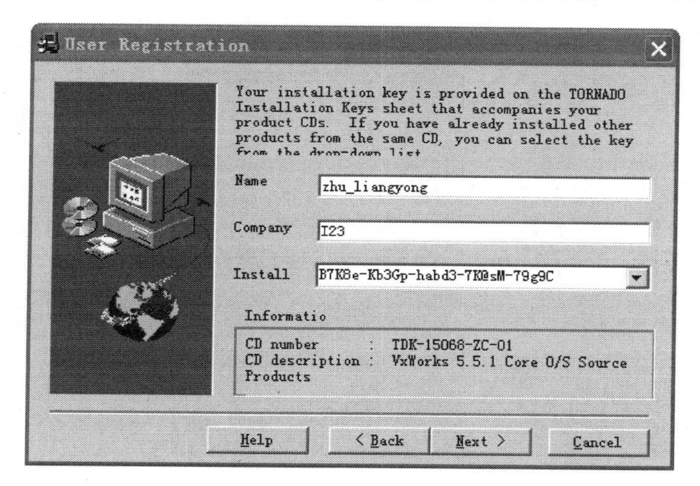

步骤 7　选择下一步“Next”。

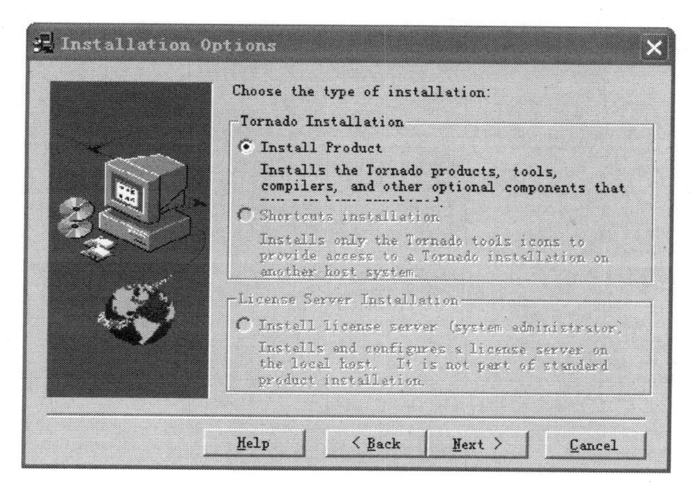

步骤 8　选择下一步“Next”。

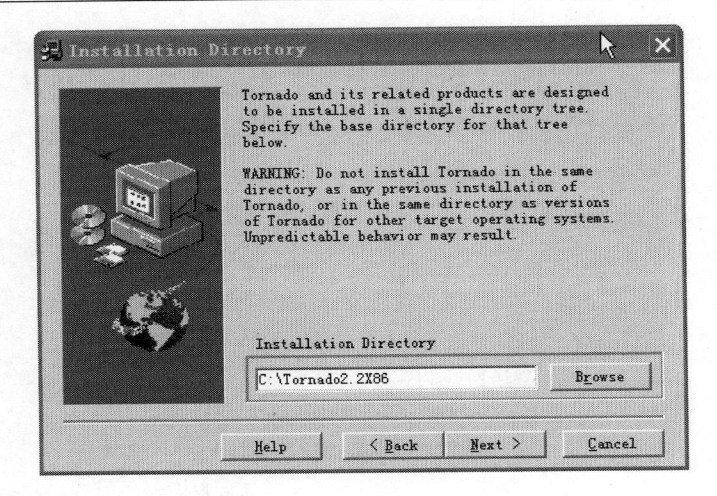

步骤 9　选择下一步“Next”。

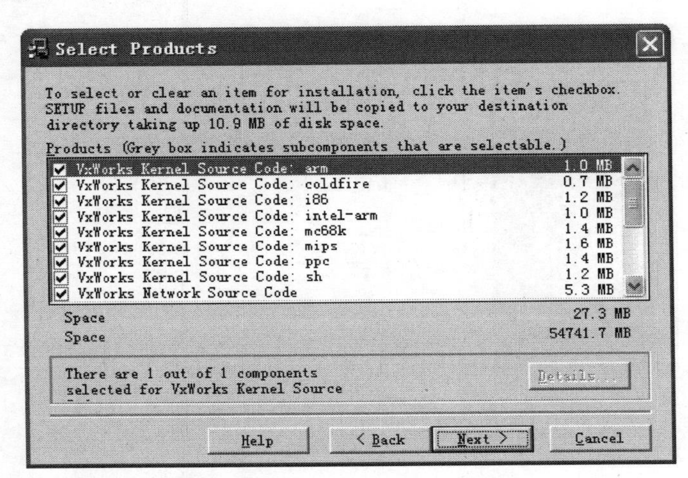

步骤 10　选择下一步“Next”。

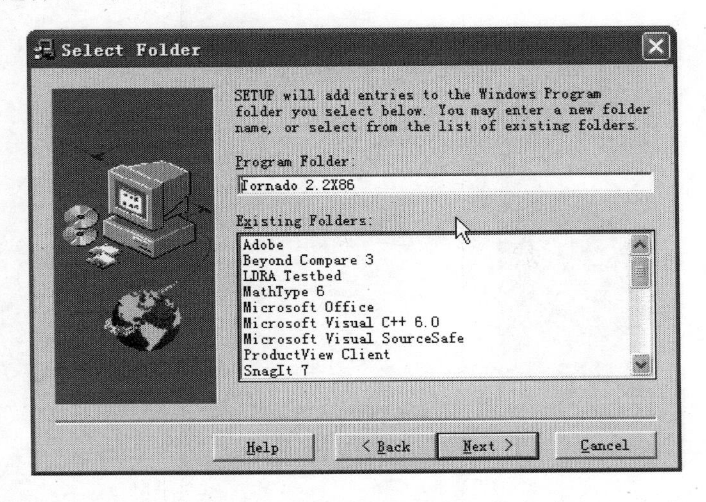

步骤 11　选择下一步“Next”，开始安装，等待安装完成。

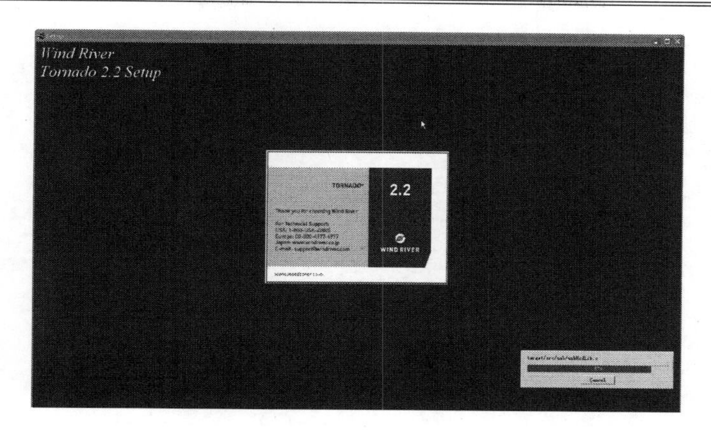

步骤 12　安装完成。

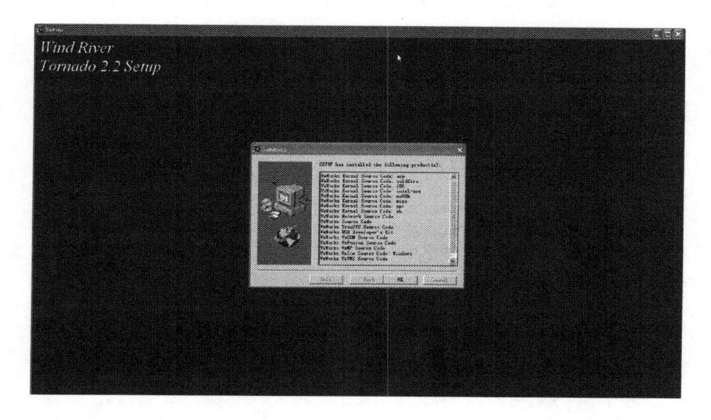

步骤 13　单击确认“OK”，完成安装。

（4）安装 WindML 3.0

步骤 1　双击安装包 WindML 3.0 中的 SETUP.EXE。

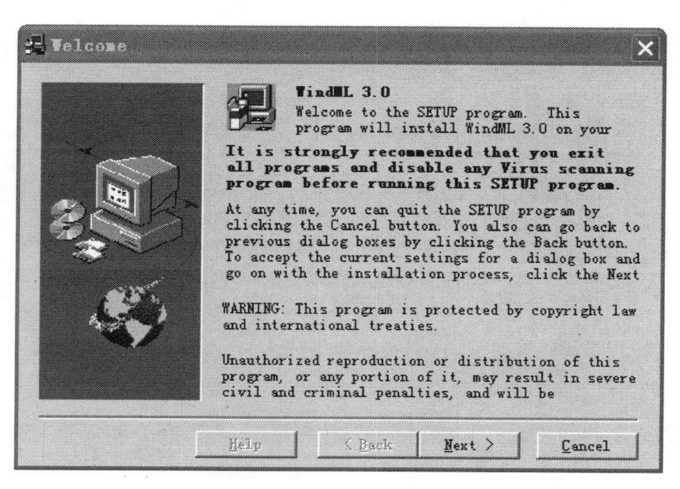

步骤 2　选择下一步“Next”。

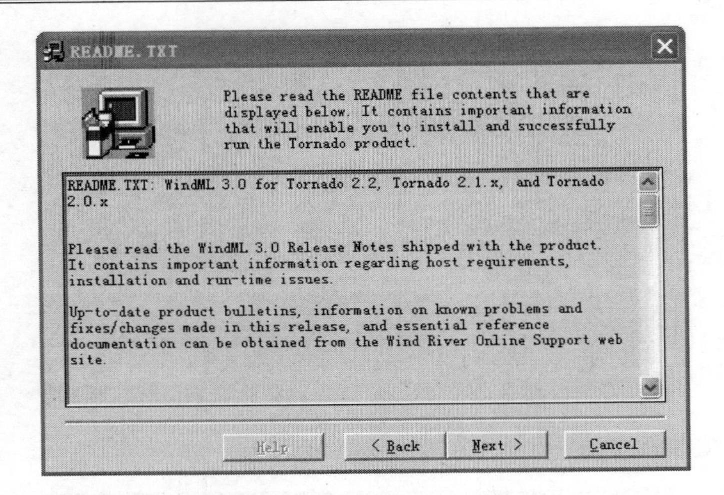

步骤 3　选择下一步“Next”。

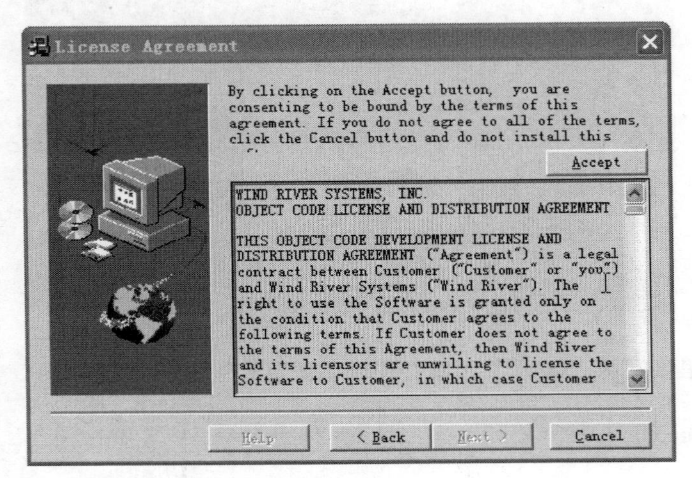

步骤 4　选择接受“Accept”。

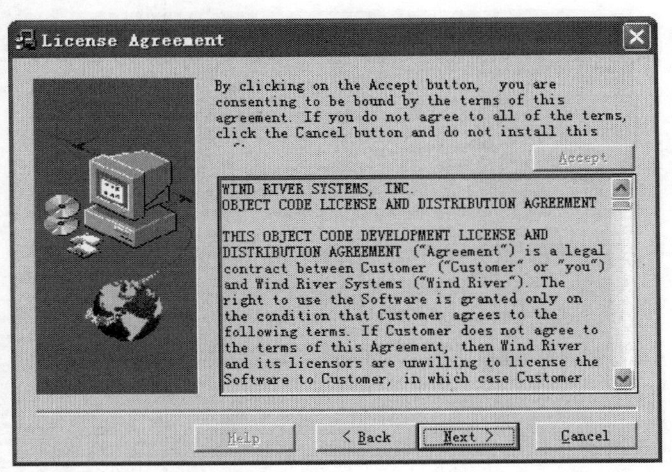

步骤 5　选择下一步“Next”。

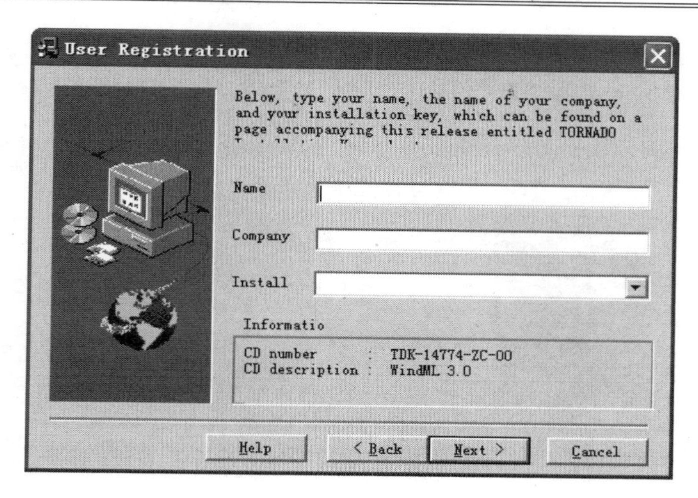

步骤 6　填写用户“Name”、公司“Company”和安装密钥“Install Key”。

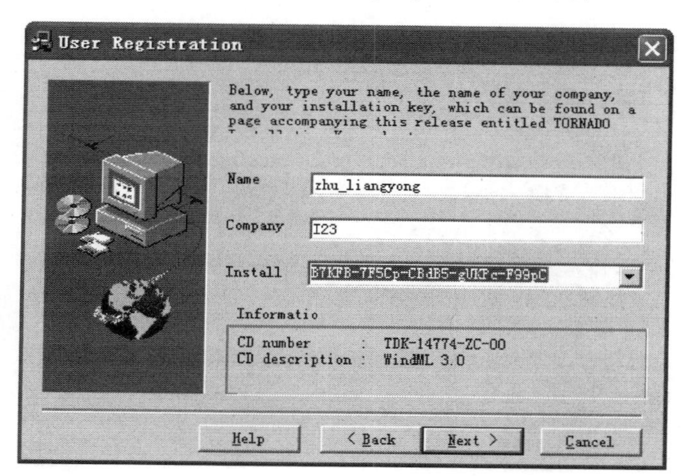

步骤 7　选择下一步“Next”。

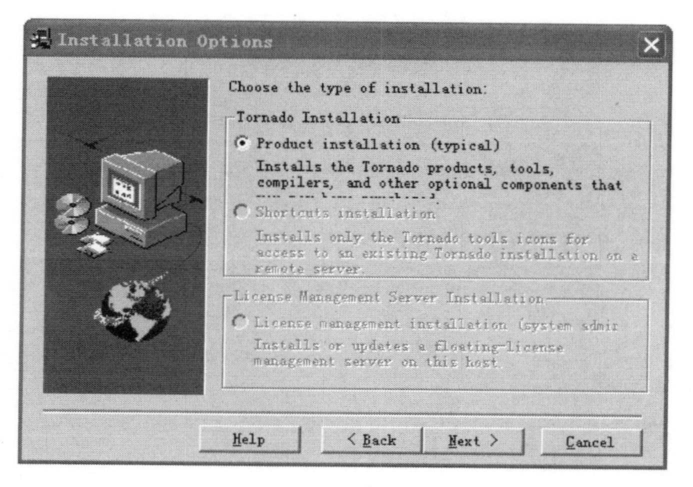

步骤 8　选择下一步“Next”。

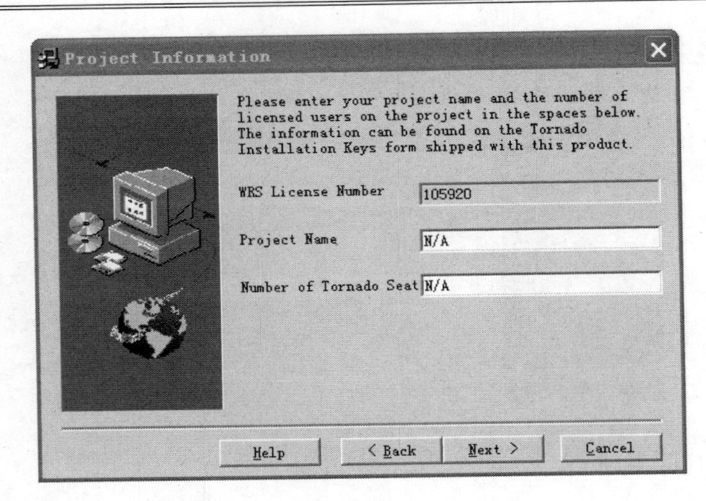

步骤 9 填写“Project Name”（任意字符）和“Number of Tornado Seat”（任意数字）。

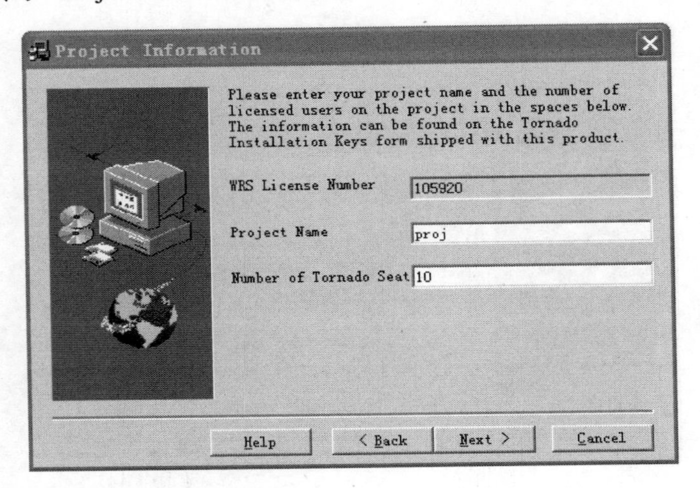

步骤 10 选择下一步“Next”。

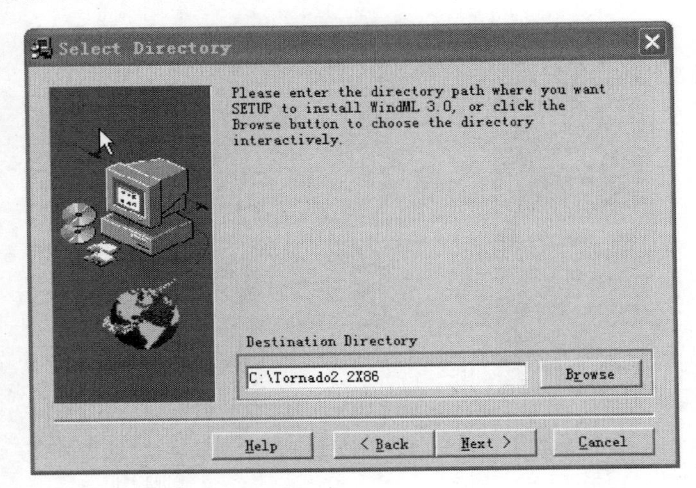

步骤 11 选择下一步“Next”。

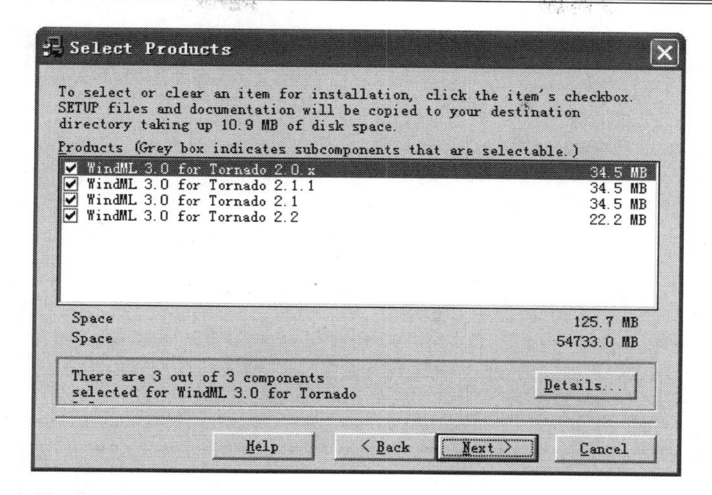

步骤 12　勾选“WindML 3.0 for Tornado 2.2”。

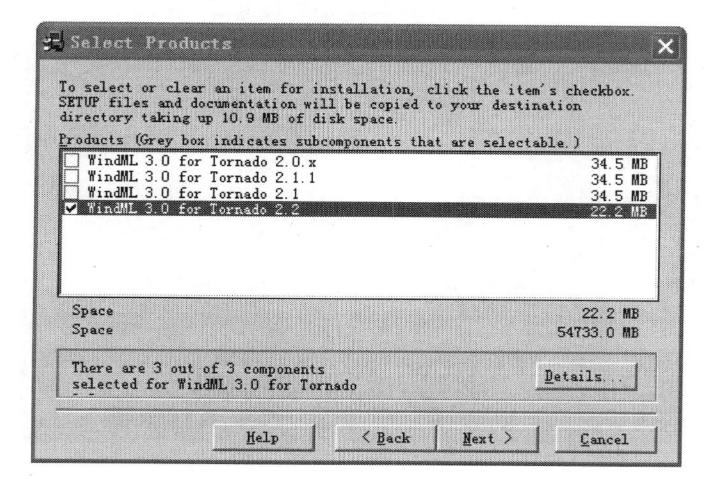

步骤 13　选择下一步“Next”。

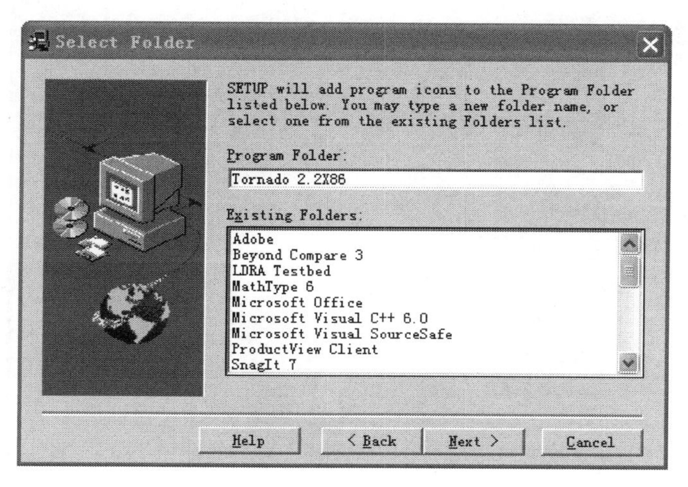

步骤 14　选择下一步“Next”。

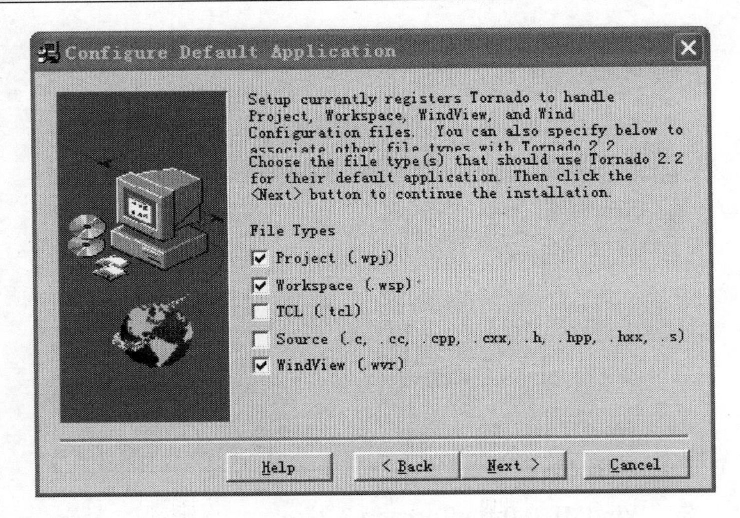

步骤 15　选择下一步“Next”，开始安装，等待安装完成。

步骤 16　安装完成。

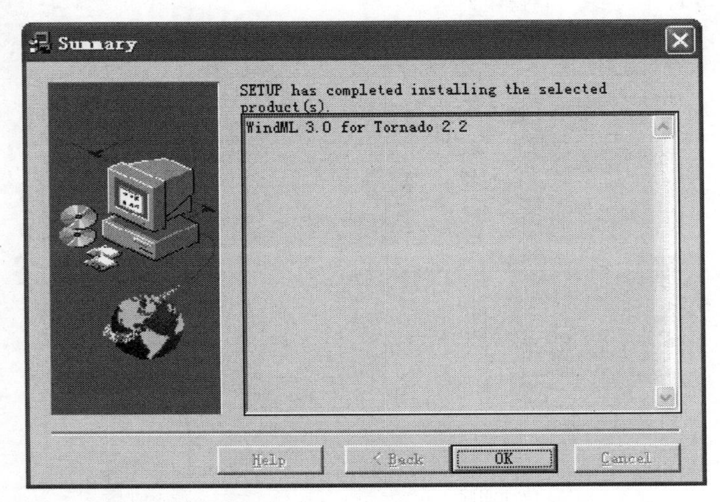

步骤 17　单击确认“OK”，完成安装。

（5）安装 WIND_MEDIA_LIBRARY_3_0_3

步骤 1　双击安装包 WIND_MEDIA_LIBRARY_3_0_3 中的 INSTALLPATCH.BAT。

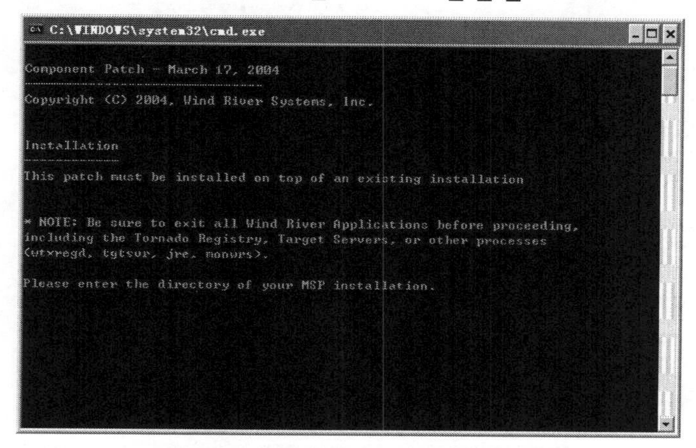

步骤 2　输入 Tornado 的安装目录“C:\Tornado2.2X86”。

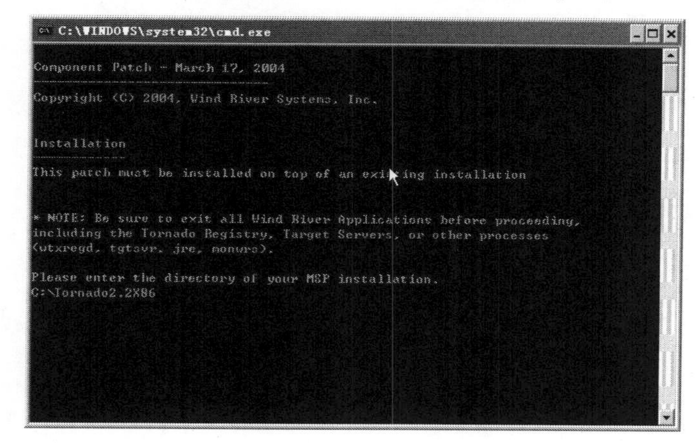

步骤 3　在键盘上按 <Enter> 键，进入安装过程。

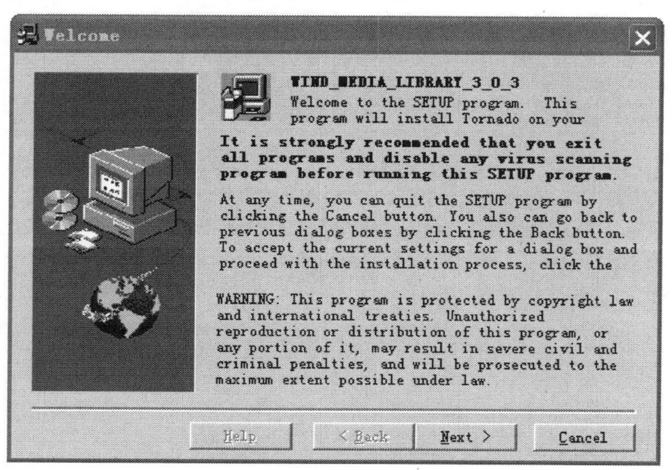

步骤 4　选择下一步“Next”。

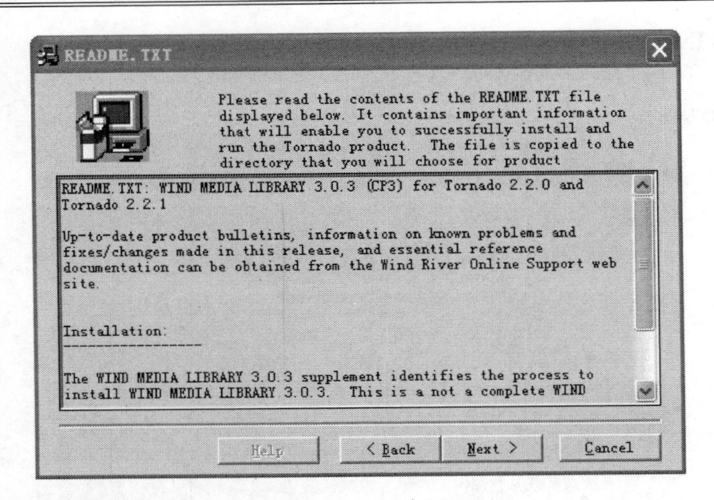

步骤 5　选择下一步“Next”。

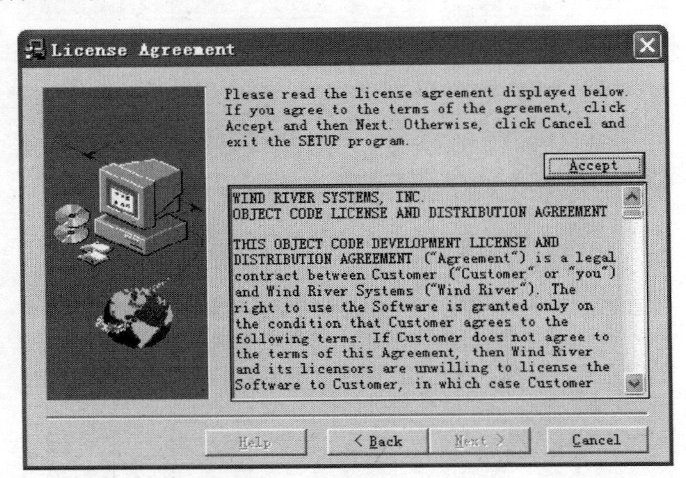

步骤 6　选择接受“Accept”。

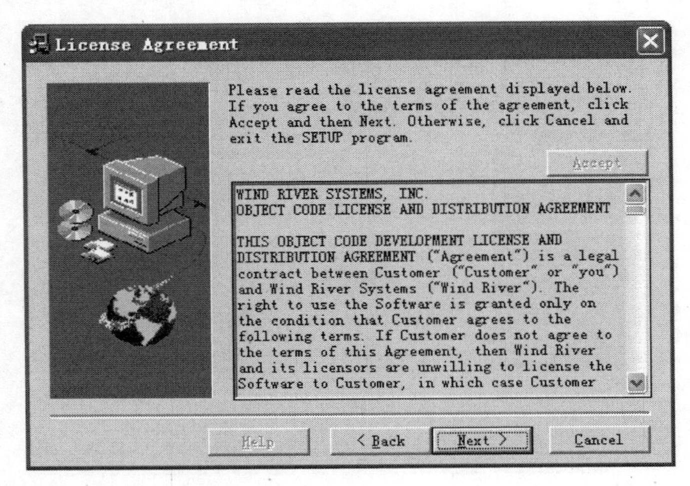

步骤 7　选择下一步“Next”。

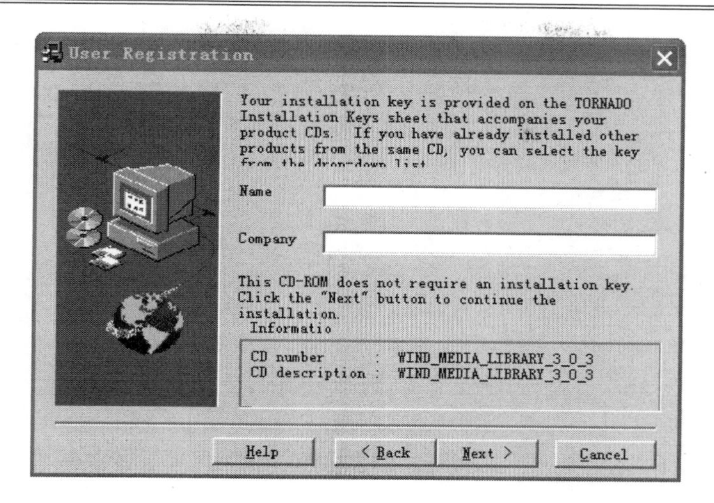

步骤 8　填写用户“Name”和公司“Company”。

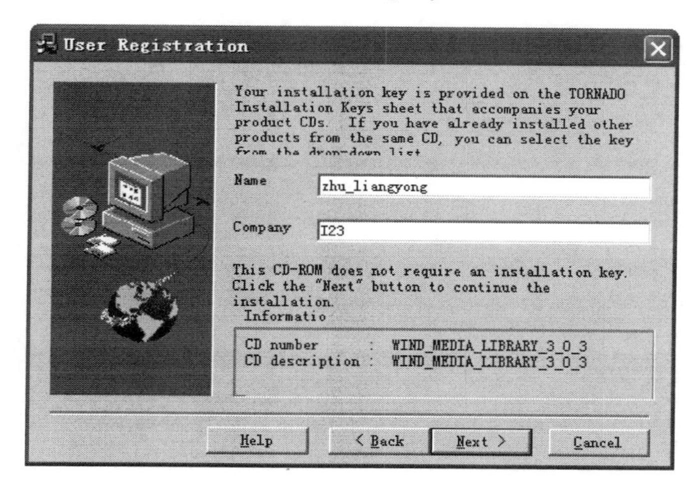

步骤 9　选择下一步“Next”。

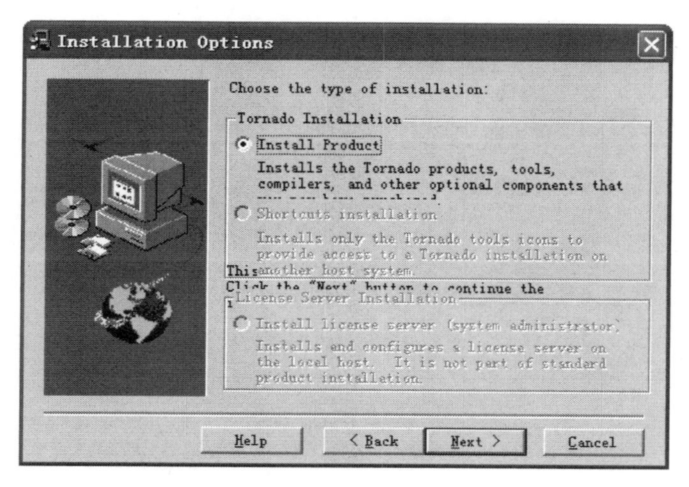

步骤 10　选择下一步“Next”。

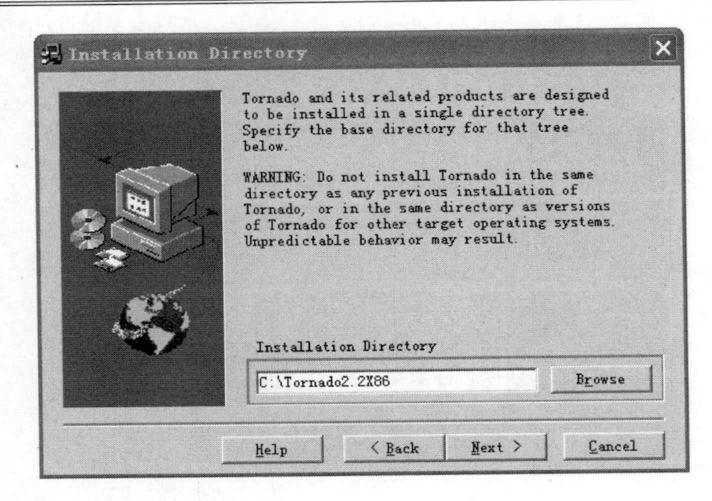

步骤 11　选择下一步"Next"。

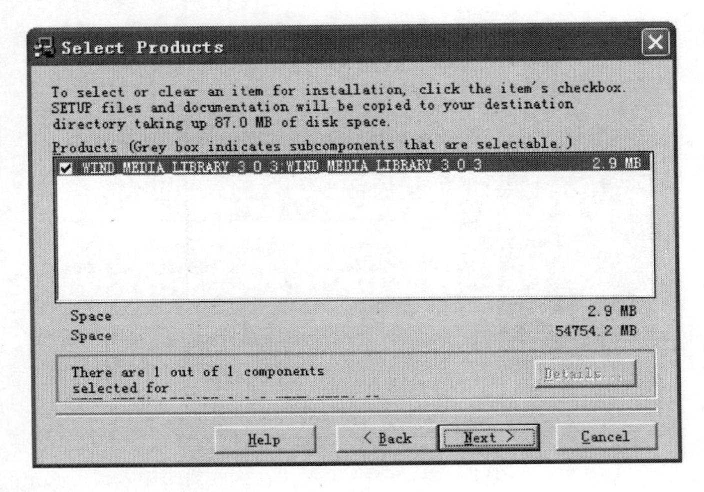

步骤 12　选择下一步"Next"。

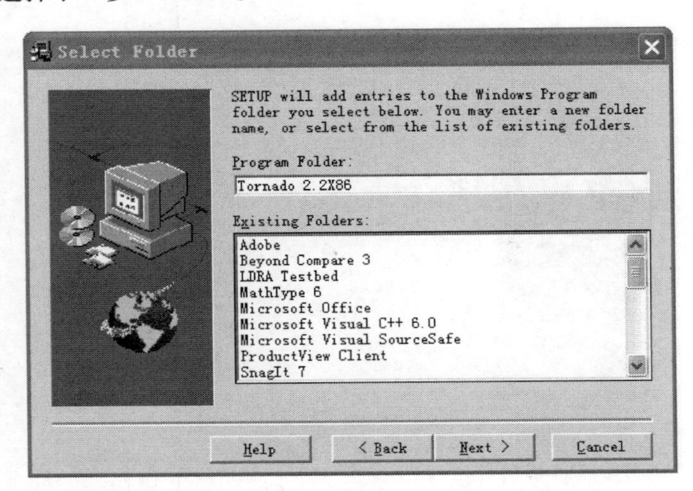

步骤 13　选择下一步"Next"，开始安装，等待安装完成。

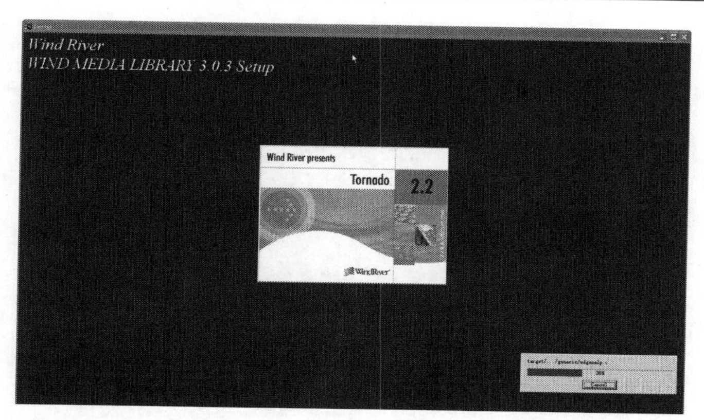

步骤 14　安装完成。

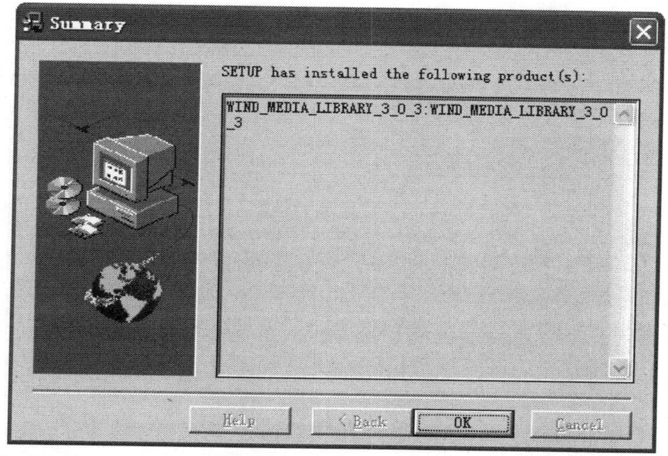

步骤 15　单击确认“OK”，完成安装。

（6）安装 patch-SPRUSB2.0.0.1_bin_20090729

步骤 1　双击安装包 patch-SPRUSB2.0.0.1_bin_20090729 中的 INSTALLPATCH.BAT。

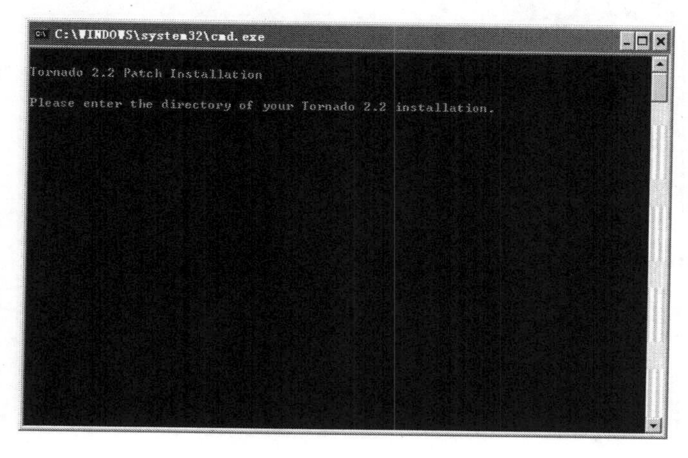

步骤 2　输入 Tornado 的安装目录“C:\Tornado2.2X86”。

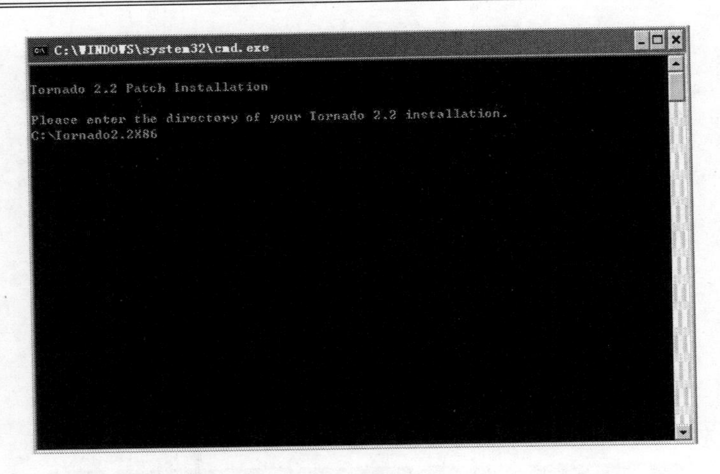

步骤 3　在键盘上按 <Enter> 键，进入安装过程。

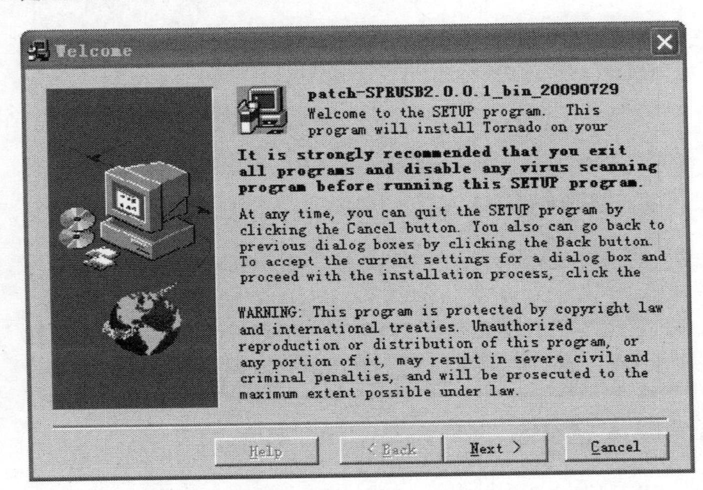

步骤 4　选择下一步“Next”。

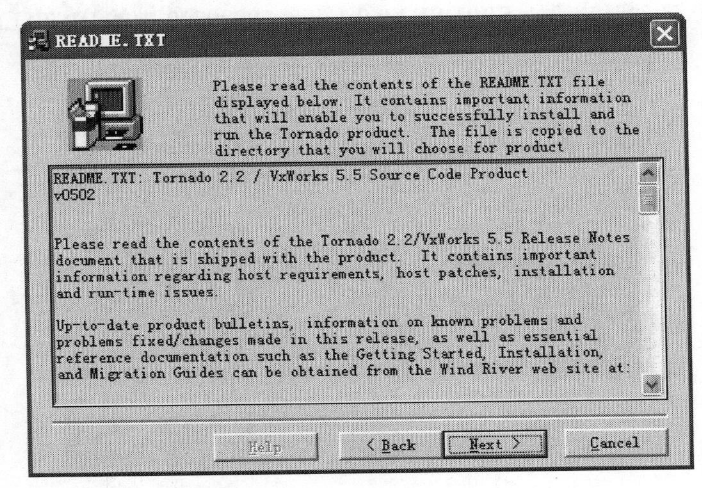

步骤 5　选择下一步“Next”。

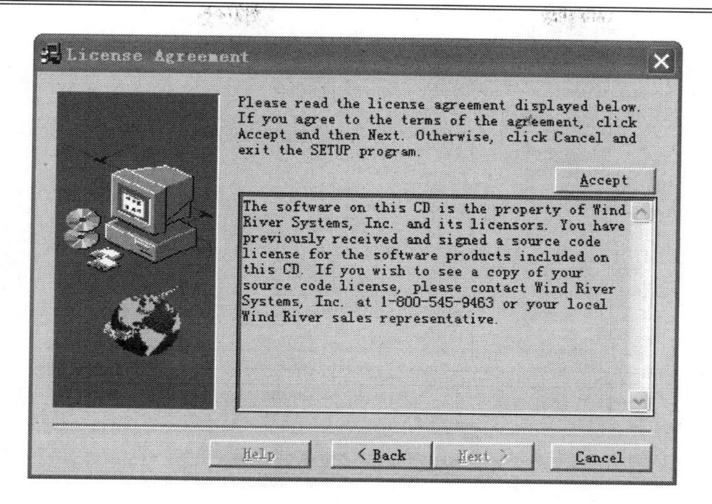

步骤6　选择接受“Accept”。

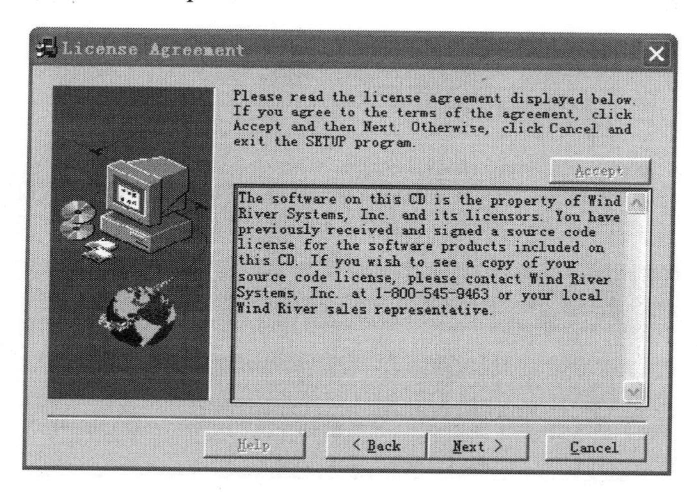

步骤7　选择下一步“Next”。

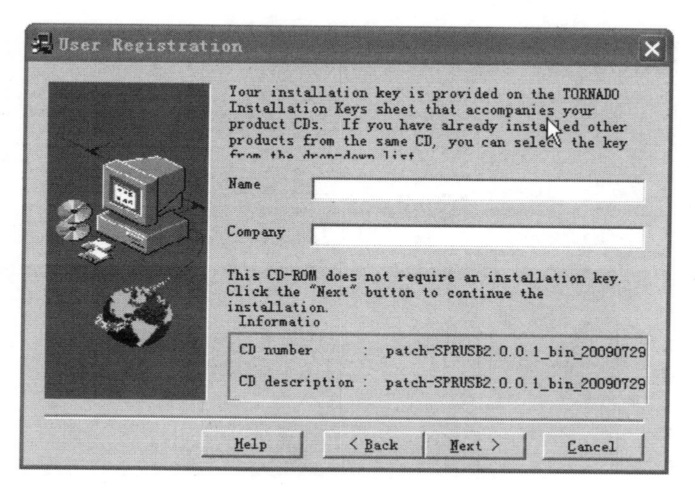

步骤8　填写用户“Name”和公司“Company”。

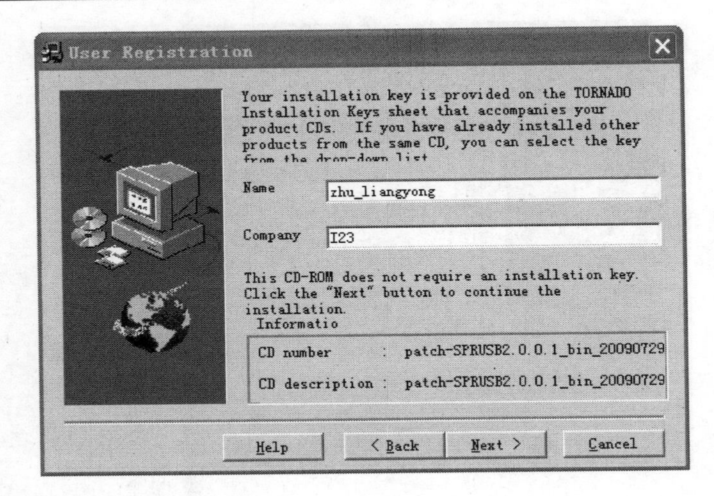

步骤 9　选择下一步“Next”。

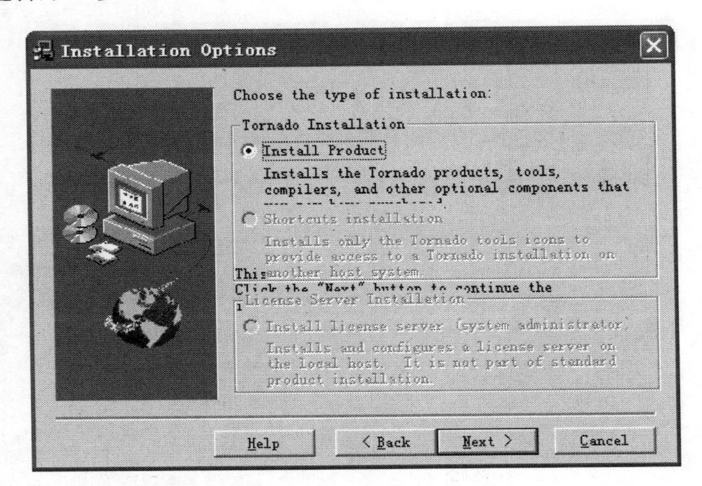

步骤 10　选择下一步“Next”。

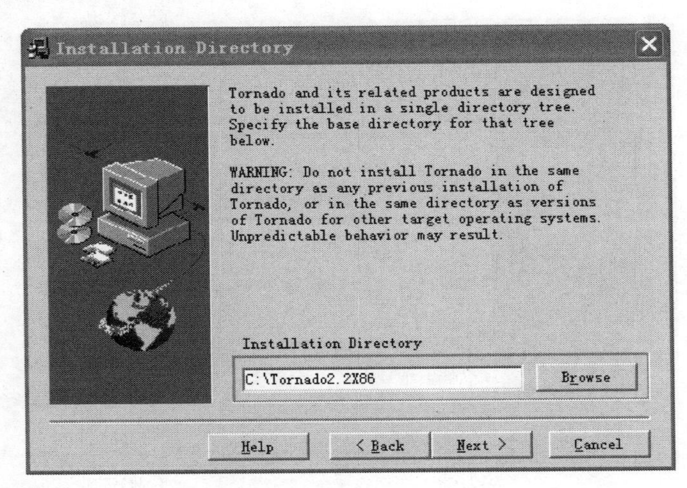

步骤 11　选择下一步“Next”。

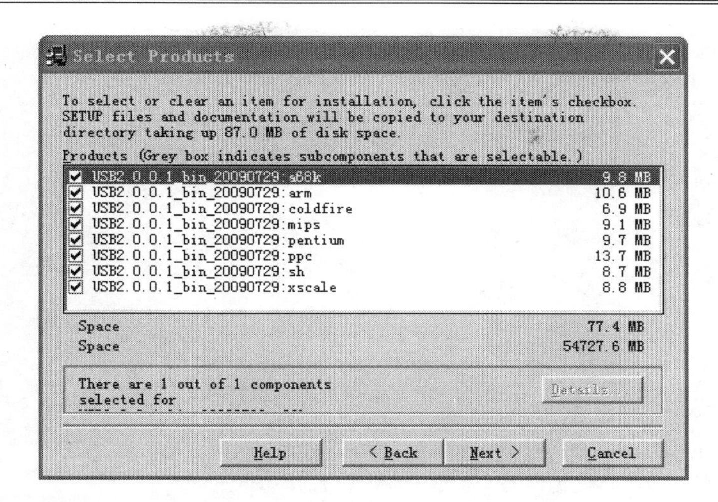

步骤 12　勾选“USB2.0.0.1_bin_20090729:pentium”。

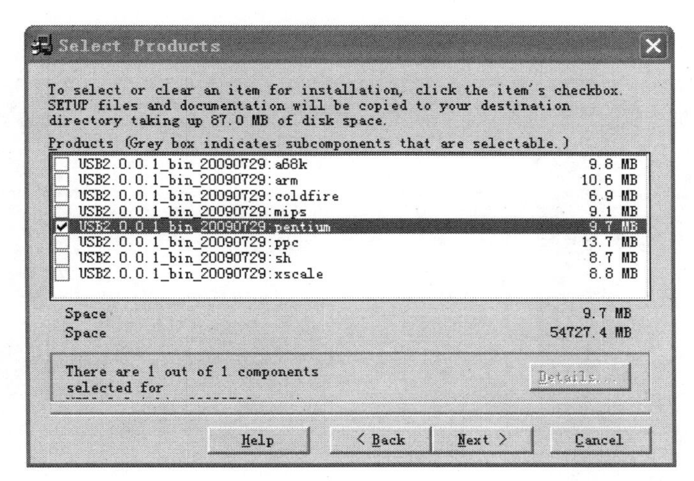

步骤 13　选择下一步“Next”。

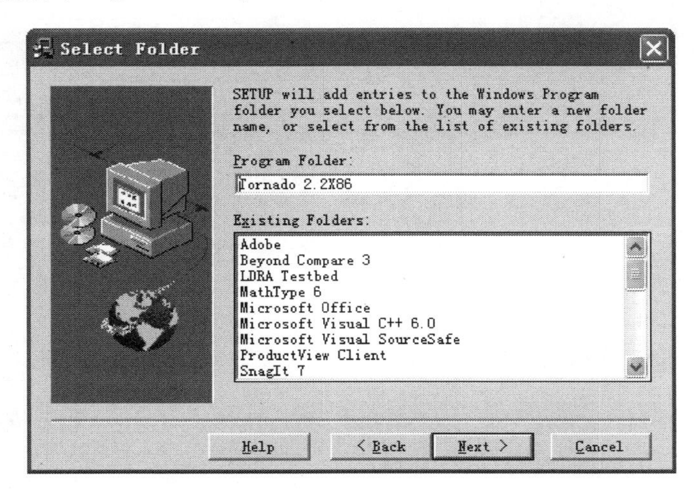

步骤 14　选择下一步“Next”，开始安装，等待安装完成。

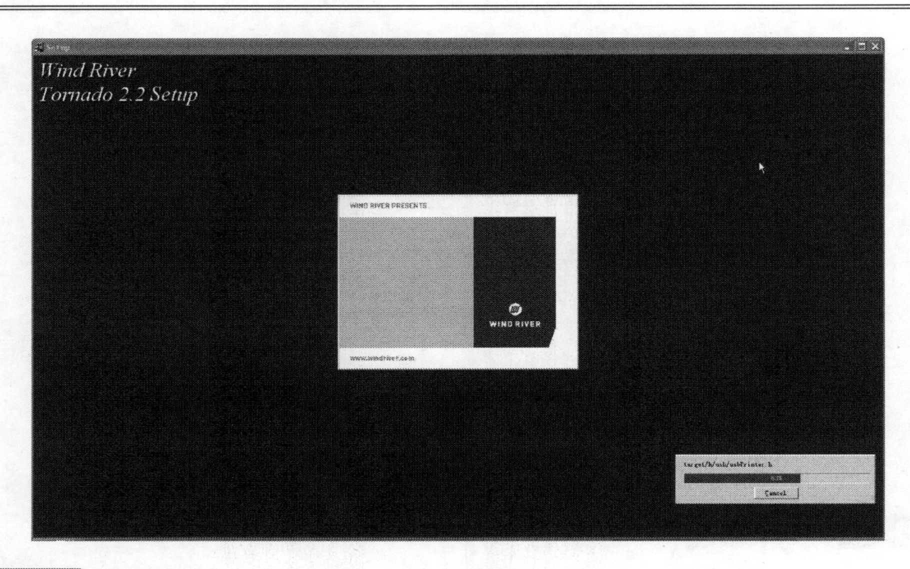

步骤 15　安装完成。

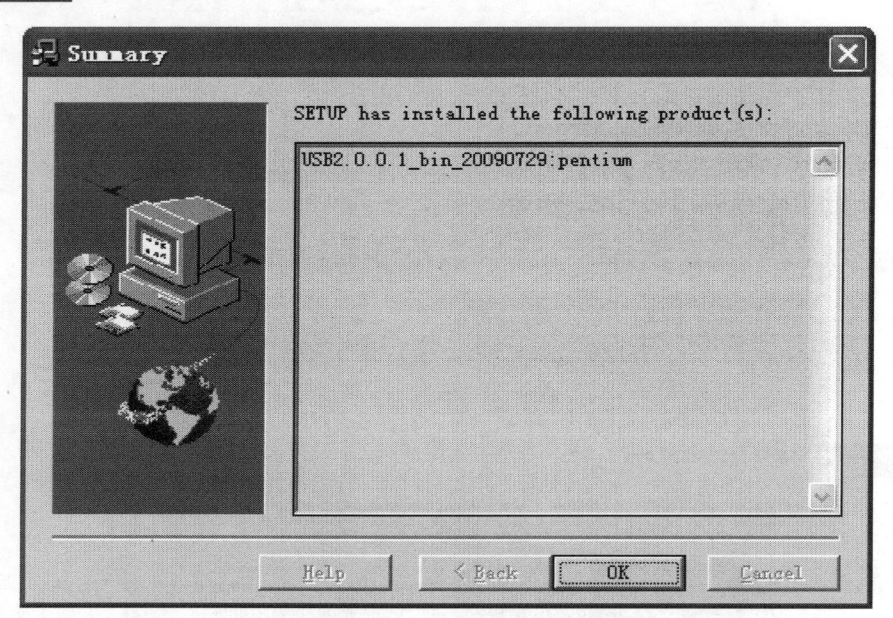

步骤 16　单击确认“OK”，完成安装。

2.2　目标机仿真器

2.2.1　集成目标机仿真器

集成目标机仿真器 VxSim 支持 CrossWind、WindView、Browser, 不支持网络功能，提供与真实目标机一致的调试和仿真运行环境。

集成目标机仿真器 VxSim 作为核心工具包含在各个软件包中，因而允许开发者在没有

BSP、操作系统配置、目标机硬件的情况下，使用 Tornado 迅速开始开发工作。

步骤 1　启动集成开发环境 Tornado。

在 Windows XP 系统中，在“开始”菜单选择“所有程序”>“Torando 2.2X86”>“Tornado”。

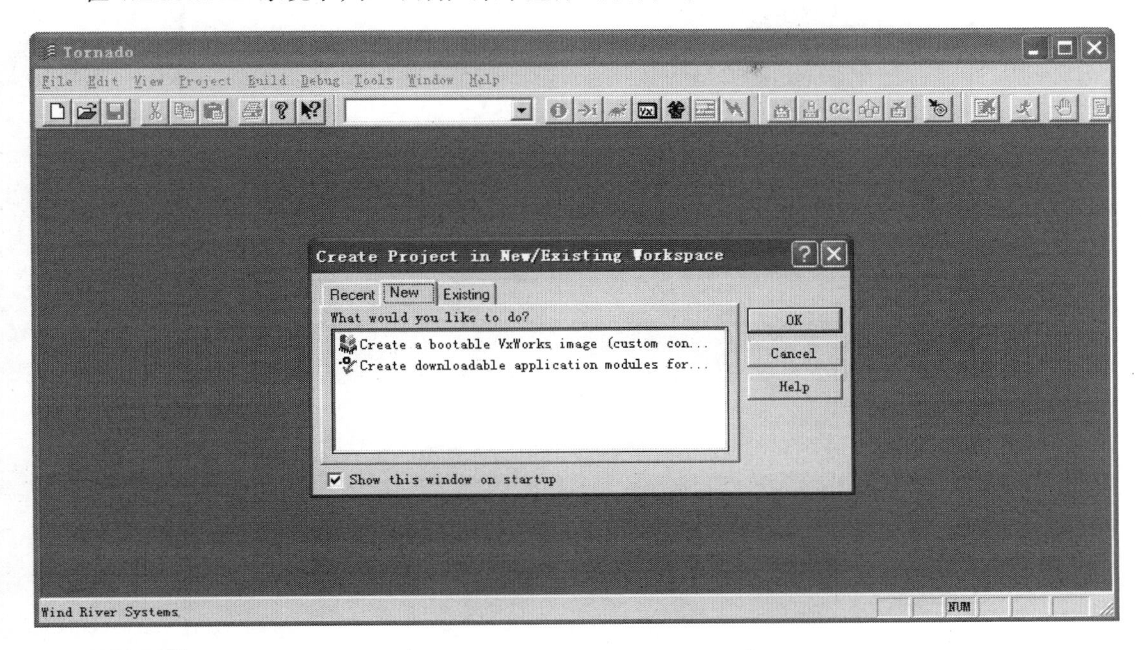

步骤 2　打开“启动目标机仿真器 VxSim”对话框。

在 Tornado 中，选择菜单“Tools”>“Simulator…”或者选择工具栏图标 Vx。

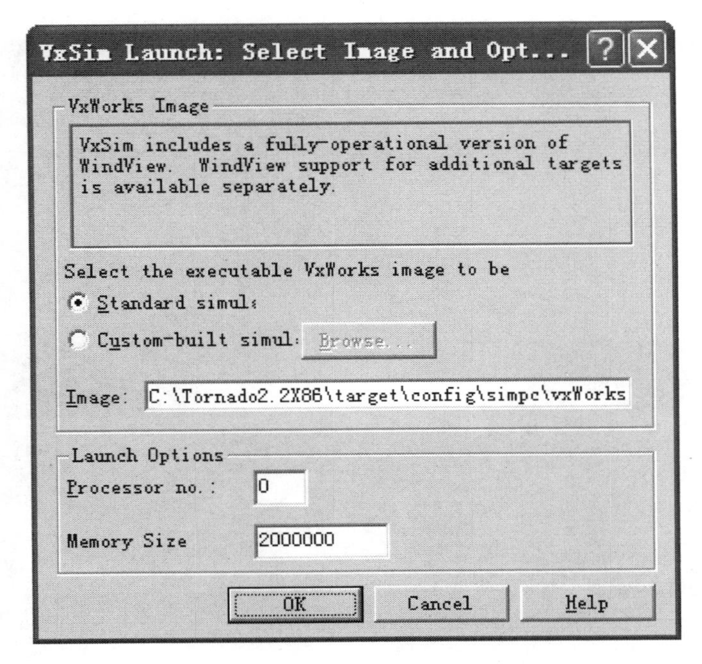

步骤 3　单击确认“OK”，启动集成目标机仿真器 VxSim。

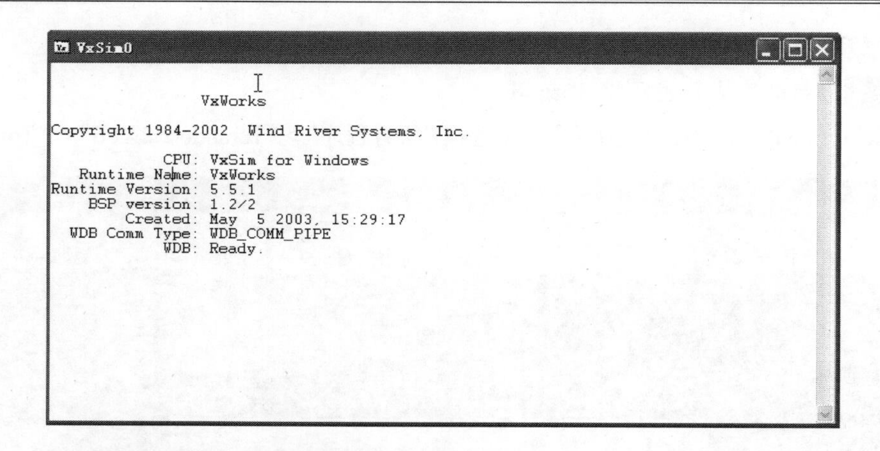

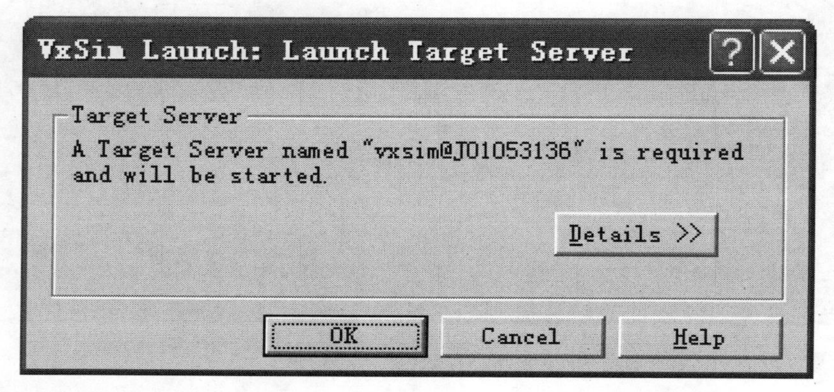

步骤 4 单击确认“OK”，完成“启动集成目标机仿真器 VxSim”。

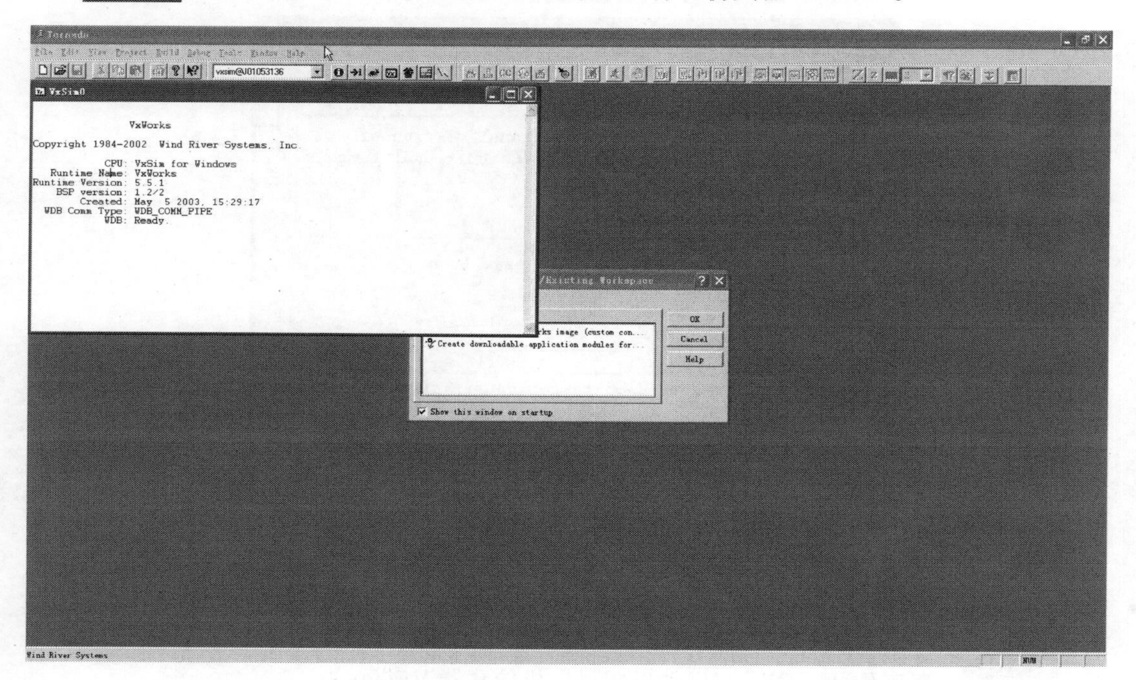

2.2.2　全功能目标机仿真器

如果购买了支持网络的全功能目标机仿真器，配置支持网络功能的全功能目标机仿真器需要做两件事情。其一，在 Windows XP 系统中安装 VxSim 网络驱动；其二，构建全功能的目标机仿真器。

（1）在 Windows XP 中安装 VxSim 网络驱动

步骤 1　在“开始”菜单选择“控制面板”>“添加硬件”。

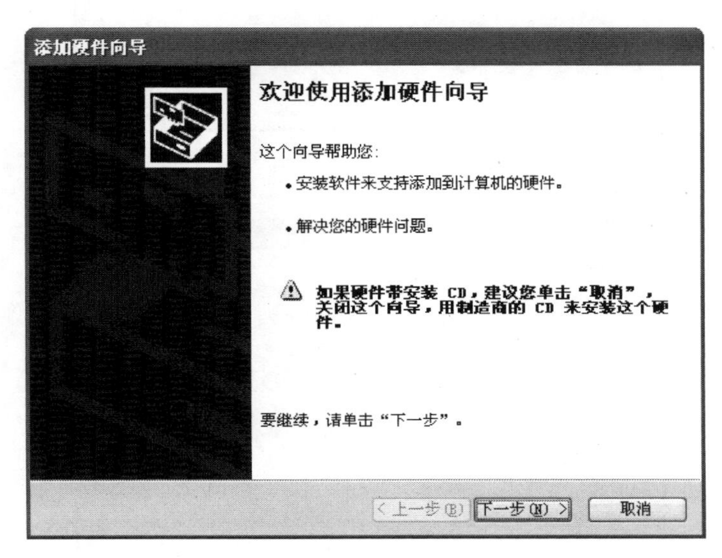

步骤 2　选择“下一步”。

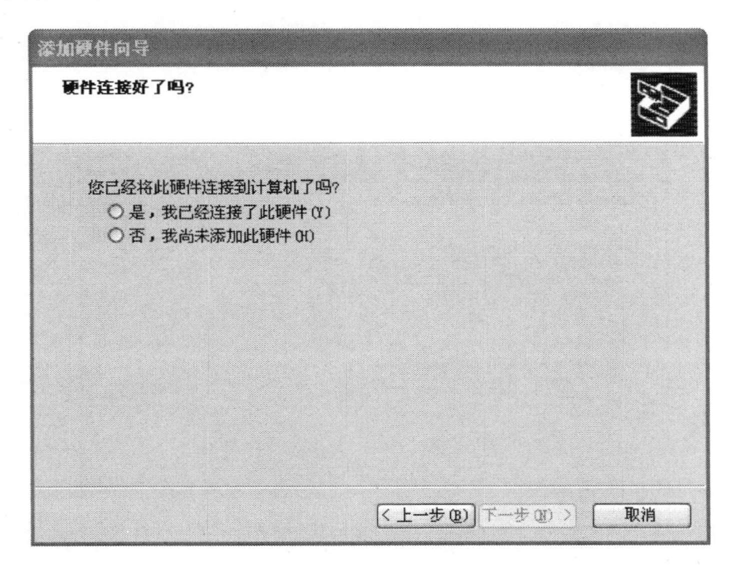

步骤 3　选择“是，我已经连接了此硬件”，然后单击“下一步”。

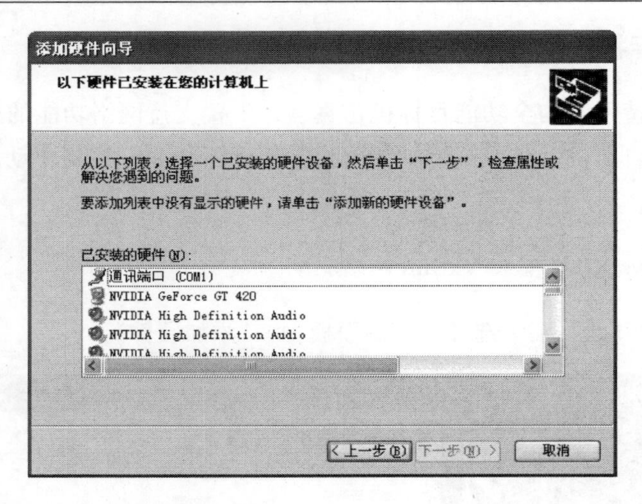

步骤 4　选择“添加新的硬件设备”。

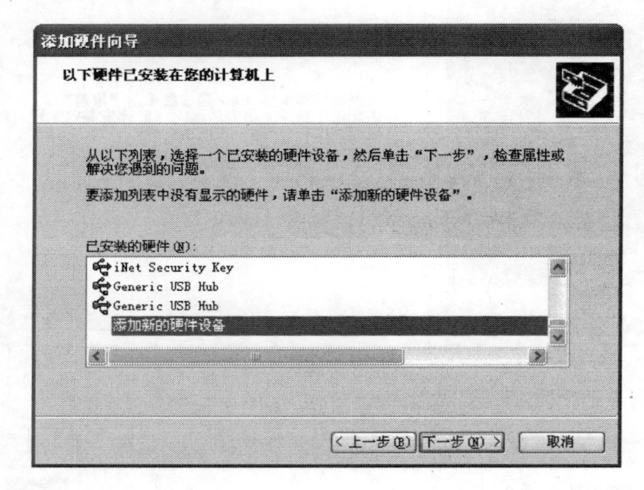

步骤 5　选择“下一步”。

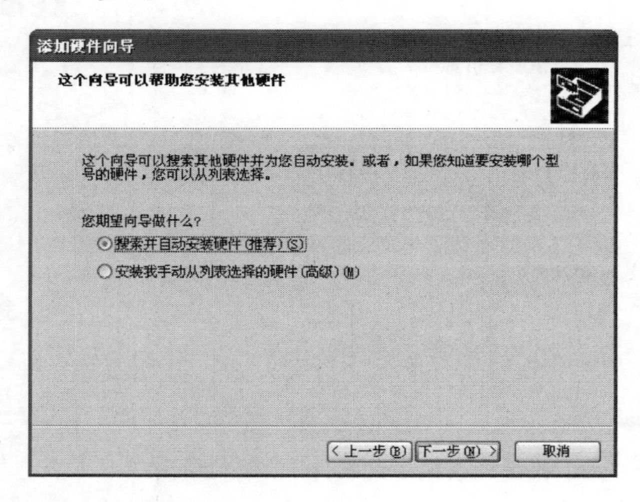

步骤 6　选择“安装我手动从列表选择的硬件（高级）”，然后单击“下一步”。

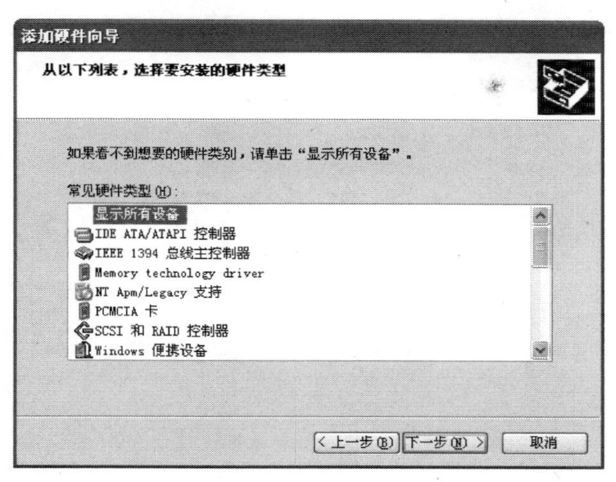

步骤 7　选择“网络适配器”，然后单击“下一步”。

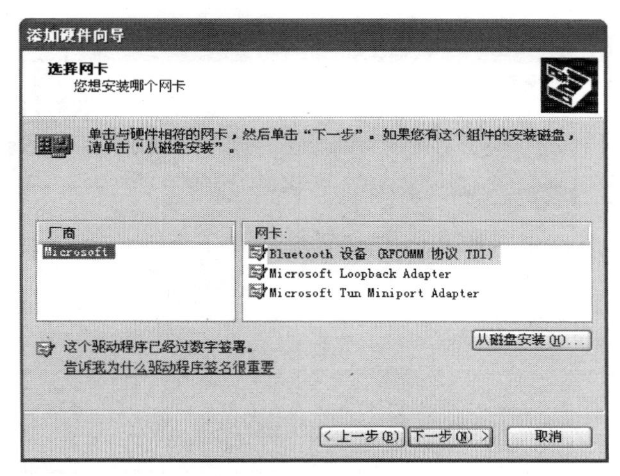

步骤 8　选择“从磁盘安装”。

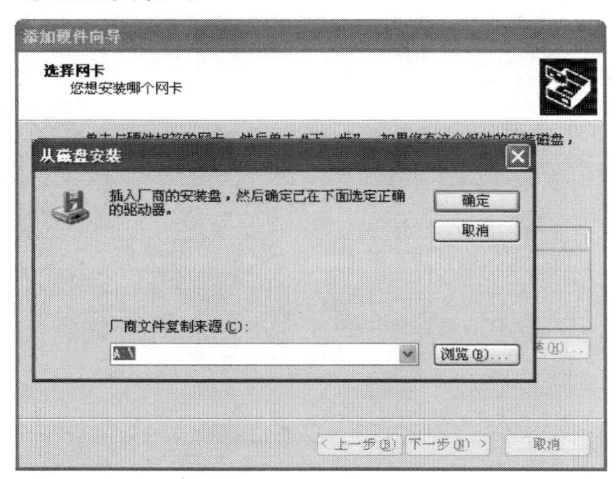

步骤 9　浏览“C:\Tornado2.2X86\host\x86-win32\bin”，选择“netULIP.inf”打开，最后单击“确定”。

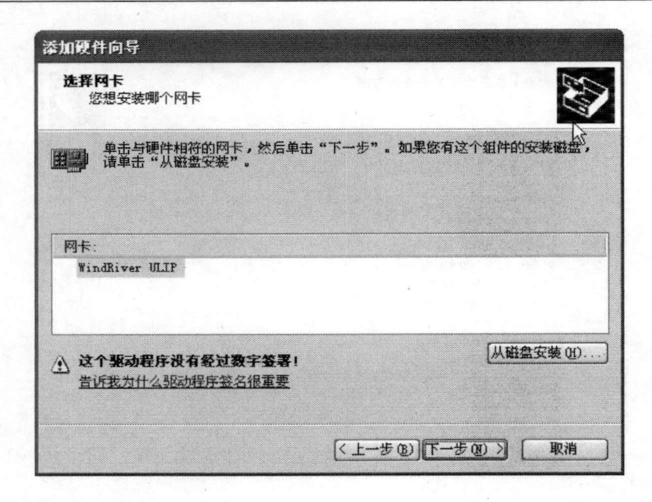

步骤 10　选择“下一步”。

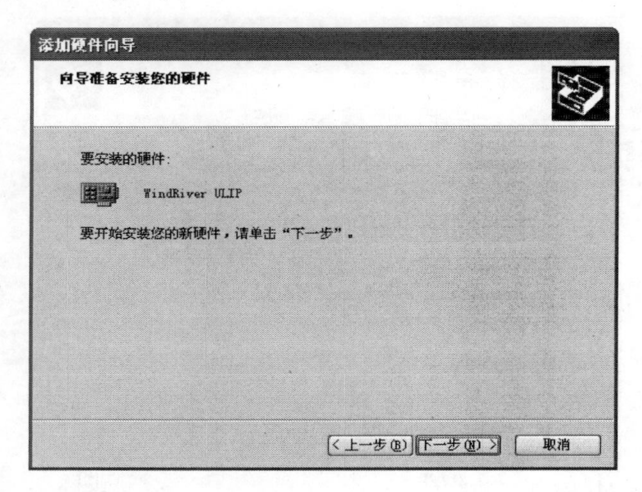

步骤 11　选择“下一步”。

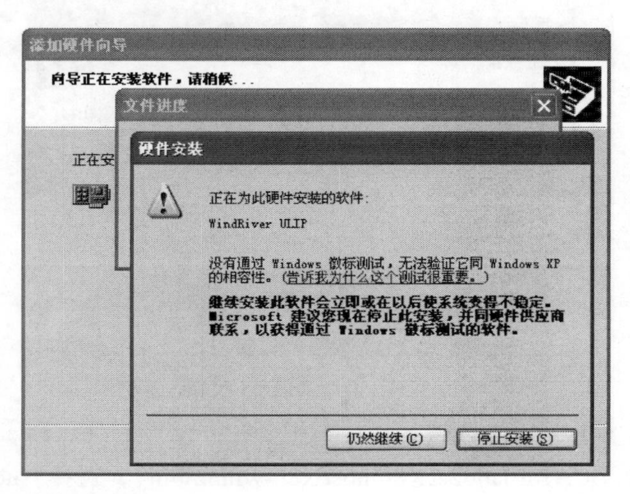

步骤 12　选择“仍然继续”。

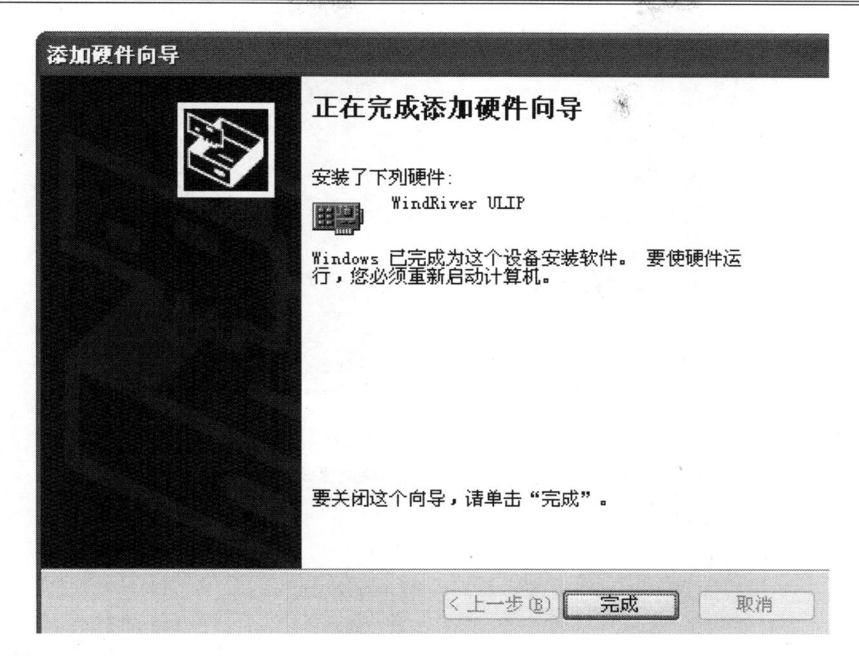

步骤 13　选择“完成”。

步骤 14　设置网卡 WindRiver ULIP 的 IP 地址 192.168.255.254，子网掩码 255.255.255.0。

步骤 15　在网卡 WindRiver ULIP 的“高级 TCP/IP 设置”>“WINS”选项卡的 NetBIOS 设置：禁用 TCP/IP 上的 NetBIOS。

步骤 16　若要求仿真器通过网络和外部通信，必须设置系统服务“Routing and Remote Access”的启动类型是自动。

（2）构建全功能的目标机仿真器

步骤 1　编辑文件 target/config/simpc/config.h。

把

```
#if TRUE
#undef INCLUDE_NETWORK
<...>
```

改为

```
#if FALSE
#undef INCLUDE_NETWORK
<...>
```

步骤 2　启动集成开发环境 Tornado。

在 Windows XP 系统中，在“开始”菜单选择“所有程序”>“Torando 2.2X86”>“Tornado”。

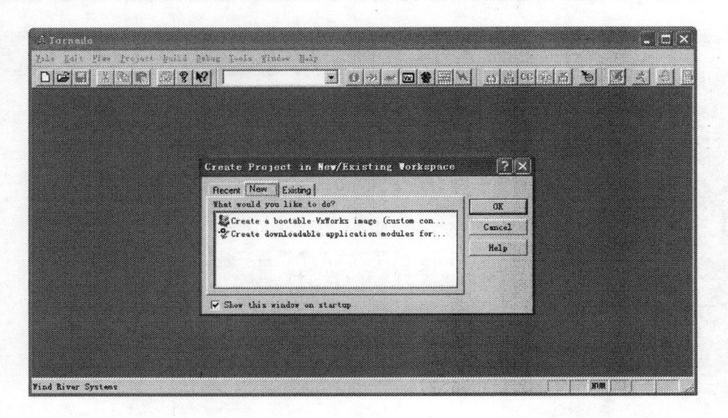

步骤3　选择“Create a bootable VxWorks image”，选择确定“OK”。

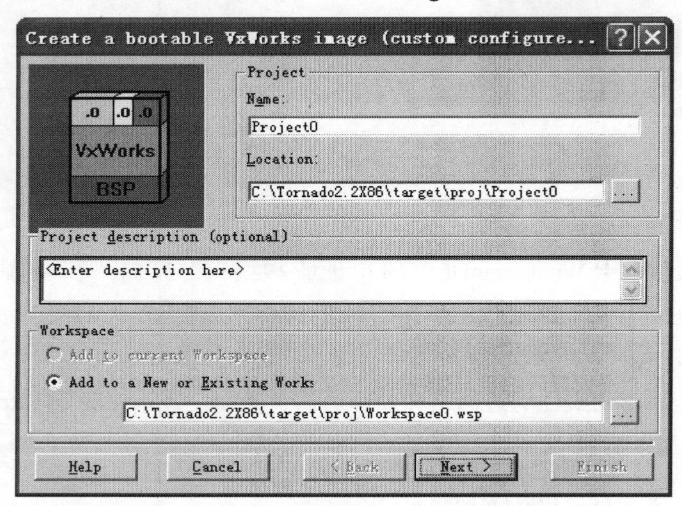

步骤4　输入工程名“VxSimFull”、路径“D:\VxSim\VxSimFull”、工作空间“D:\VxSim\VxSim.wsp”。

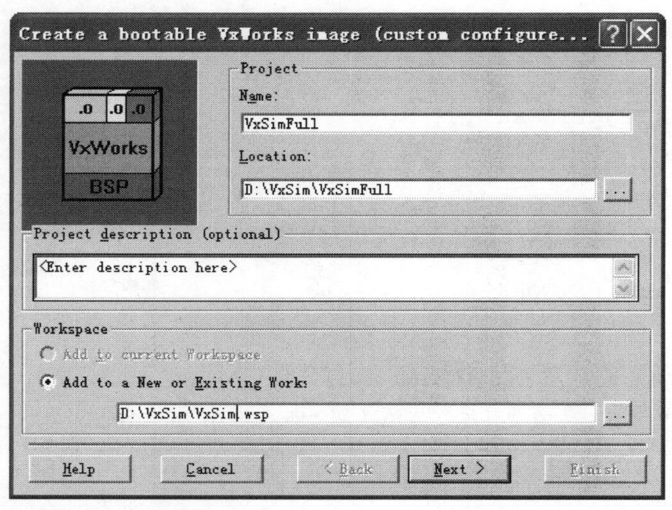

步骤5　选择下一步“Next”。

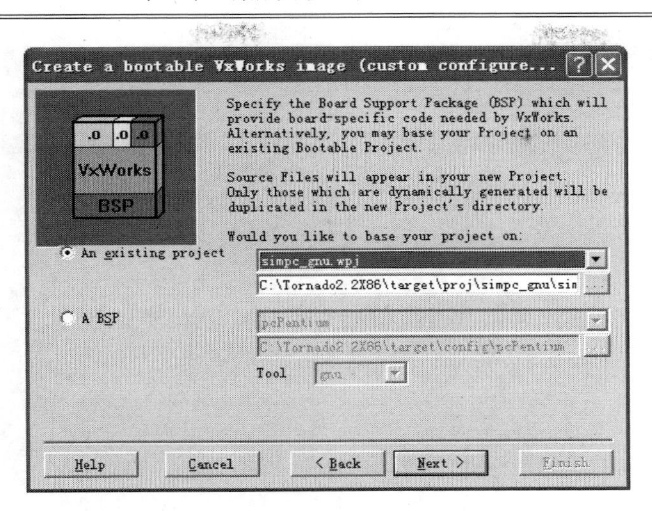

步骤 6　选择“A BSP”，指定为 simpc，Tool 为 gnu。

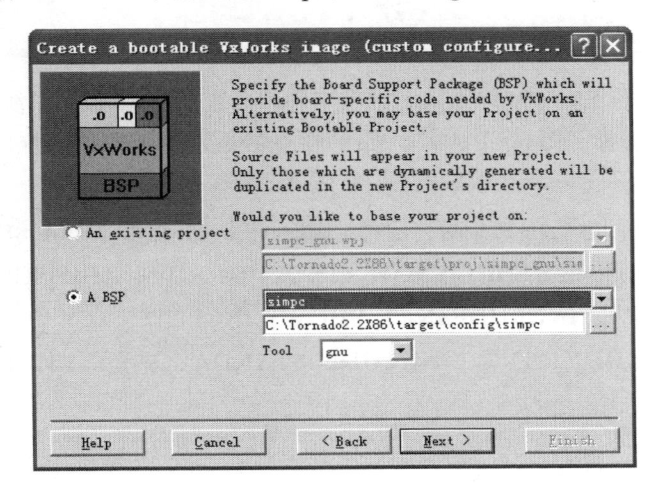

步骤 7　选择下一步“Next”。

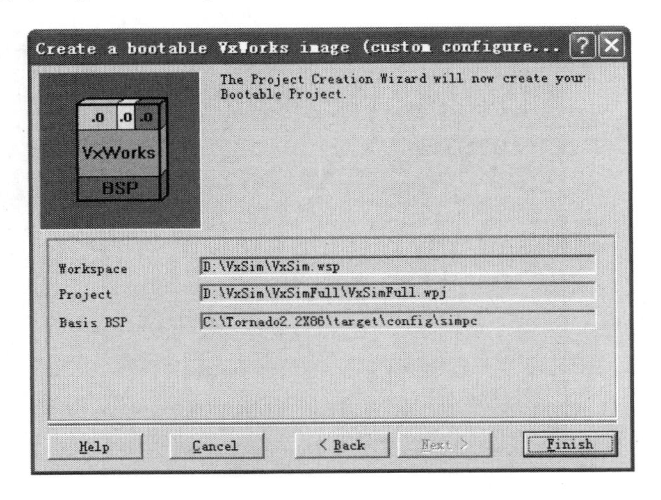

步骤 8　确认信息，选择完成“Finish”。

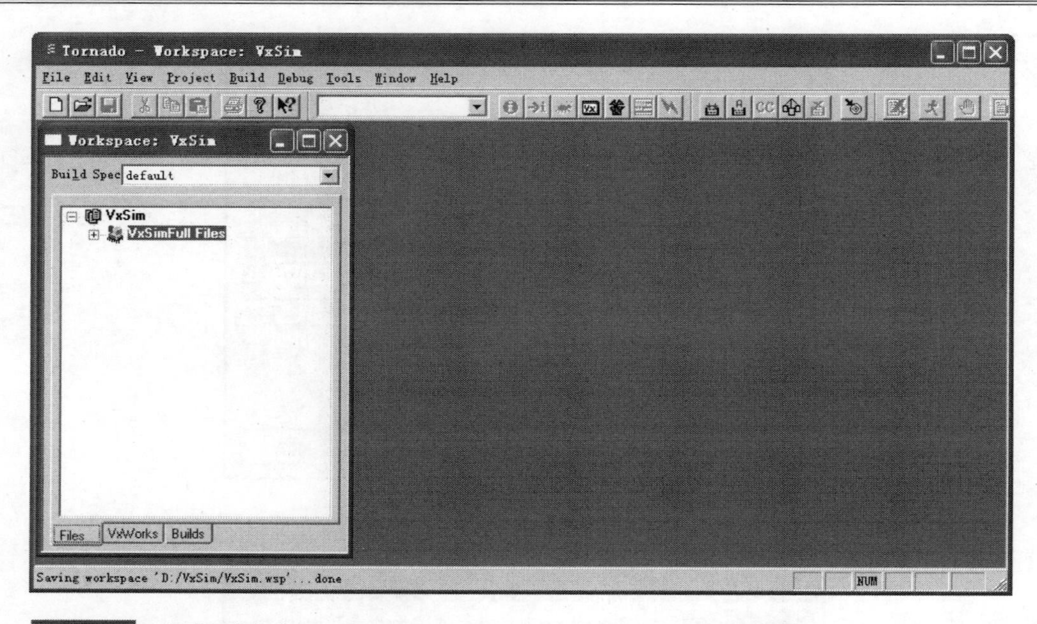

步骤 9　根据需求在“VxWorks”选项卡中裁剪 VxWorks 操作系统，编译 VxWorks：在“Build”菜单中选择“Rebuild All”。如果没有错误发生，操作系统内核映像 VxWorks 编译成功。

在构建全功能的目标机仿真器时，通常添加组件 INCLUDE_MEM_SHOW、INCLUDE_SEM_SHOW、INCLUDE_STDIO_SHOW、INCLUDE_SYM_TBL_SHOW、INCLUDE_WATCHDOGS_SHOW、INCLUDE_NET_SHOW、INCLUDE_TCP_SHOW、INCLUDE_UDP_SHOW、INCLUDE_PING、INCLUDE_STANDALONE_SYM_TBL、INCLUDE_DISK_UTIL 等。

（3）启动全功能的目标机仿真器

步骤 1　打开“启动目标机仿真器 VxSim”对话框。

在 Tornado 中，选择菜单“Tools”>“Simulator…”或者选择工具栏图标 Vx 。

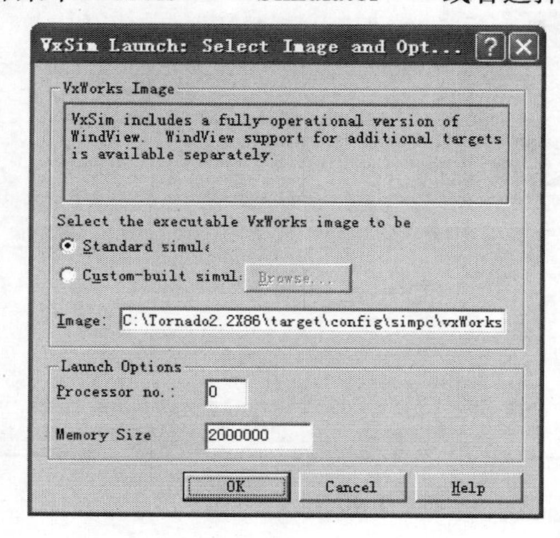

步骤 2　选择“Custom-built simulator”，然后浏览“Browse…”，选择“D:\VxSim\vxSimFull\default\vxWorks.exe”。

VxSim Launch: Select Image and Opt...

VxWorks Image

VxSim includes a fully-operational version of WindView. WindView support for additional targets is available separately.

Select the executable VxWorks image to be

Standard simul:

Custom-built simul: Browse...

Image: D:\VxSim\vxSimFull\default\vxWorks.exe

Launch Options

Processor no.: 0

Memory Size 16000000

OK　Cancel　Help

步骤 3　单击确认“OK”，启动全功能目标机仿真器 VxSim。

VxSim0

```
                 VxWorks

Copyright 1984-2002  Wind River Systems, Inc.

             CPU: VxSim for Windows
    Runtime Name: VxWorks
 Runtime Version: 5.5.1
     BSP version: 1.2/2
         Created: Oct 12 2016, 14:14:38
   WDB Comm Type: WDB_COMM_END
             WDB: Ready.
```

步骤 4 单击“Details”，选择“Full simulator”。

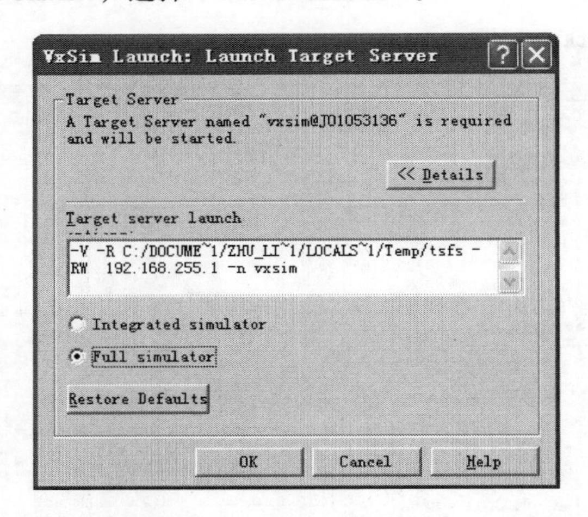

步骤 5 单击确认“OK”，完成“启动全功能目标机仿真器 VxSim”。

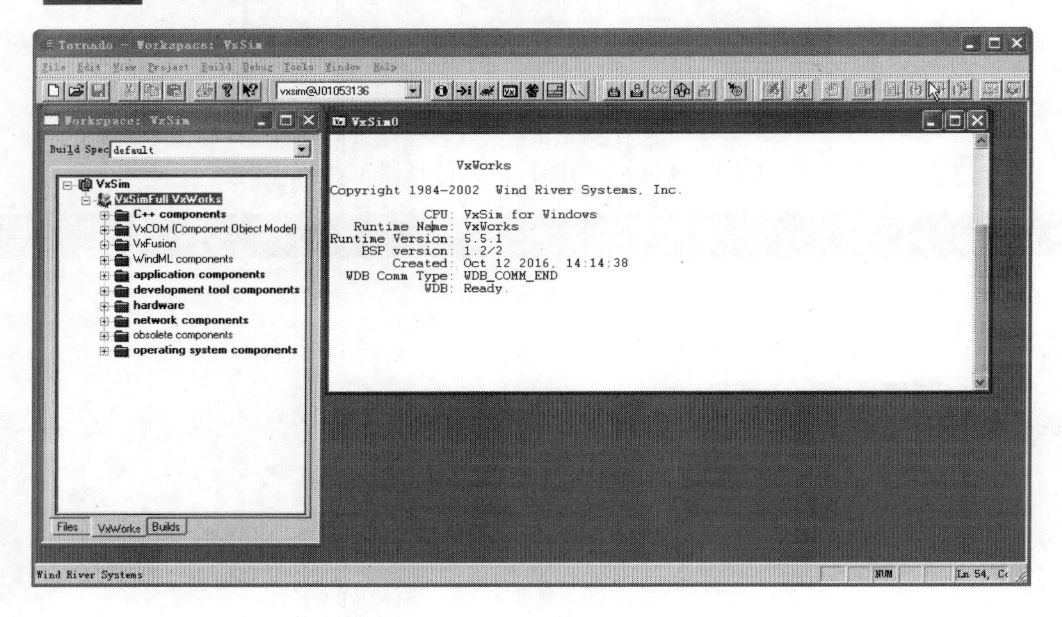

2.3 工程管理工具

使用工程管理工具，可创建、管理、编译操作系统工程和应用程序工程。下面以某目标板 P105D 为例介绍，目标板 P105D 的 BSP 包是 HTP105D，该 BSP 包已经安装。

2.3.1 编译 Bootloader Image（bootrom）

下面介绍编译系统引导映像 bootrom 的方法。其一，使用集成开发环境 Tornado；其二，使用批处理文件 mkBootloader.bat 编译。

默认引导行参数 DEFAULT_BOOT_LINE 定义在 config.h 中，当磁盘引导时引导行参数是“ata=1,1(0,0)host:/ata0/vxWorks h=192.23.0.210 e=192.23.0.20:ffffff00 u=p105d pw=p105d f=0x8 tn=p105d s=/ata0a/usrApp.txt o=gei0”，其中“ata=”后面的参数由磁盘的位置决定：第一个参数是 IDE 控制器编号：PRIMARY 的编号是 0，SECONDARY 的编号是 1，TERTIARY 的编号是 2 等；第二个参数是 ATA 设备编号：MASTER 的编号是 0，SLAVE 的编号是 1；当网卡引导时引导行参数是“gei(0,0)host:vxWorks h=192.23.0.210 e=192.23.0.20:ffffff00 u=p105d pw=p105d f=0x8 tn=p105d s=/ata0a/usrApp.txt o=gei0”，其中调试机上设置的 IP 地址是 192.23.0.210，子网掩码是 255.255.255.0，启动 FTP 服务器，设置服务器的用户 p105d、密码 p105d 和根目录，FTP 服务器的详细配置见 2.10 节。

（1）使用 Tornado IDE 工具编译

步骤 1　启动集成开发环境 Tornado。

在 Windows XP 系统中，在“开始”菜单选择“所有程序”>“Torando 2.2X86”>“Tornado”。

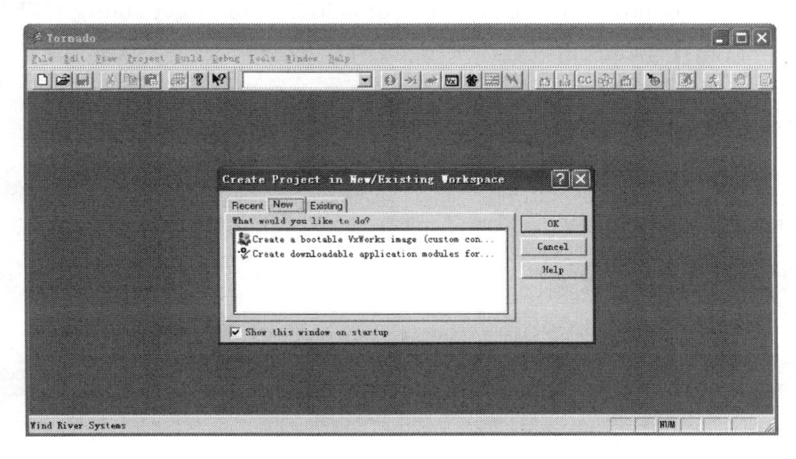

步骤 2　选择菜单“Build”>“ Build Boot Rom …”。

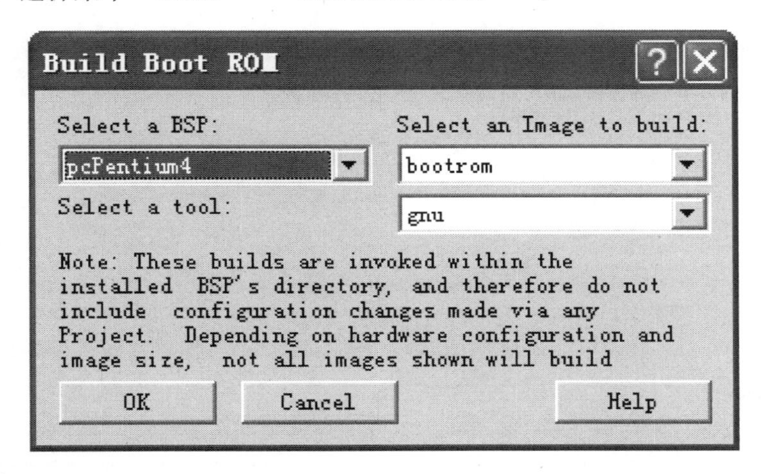

步骤 3　选择目标板 BSP“HTP105D”，选择 Image 类型“bootrom.bin”，选择工具“gnu”。

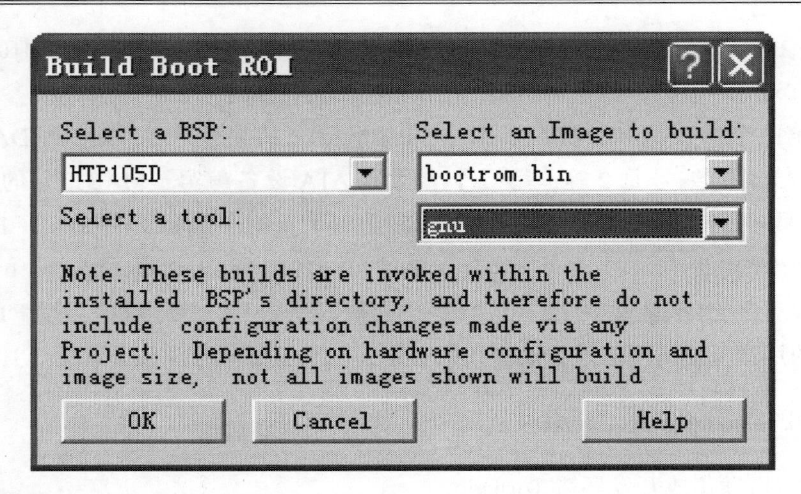

步骤 4 确定“OK”，如果没有错误发生，编译 bootrom Image 成功。

编译生成的文件 bootrom.bin 在目录 C:\Tornado2.2X86\target\config\HTP105D 中，重命名文件 bootrom.bin 为 bootrom.sys。

（2）使用批处理文件编译

步骤 1 在目录 C:\Tornado2.2X86\target\config\HTP105D 中创建批处理文件 mkBootloader.bat。

在文件 mkBootloader.bat 的第三行，调用了环境变量批处理文件，确认该目录是否正确。

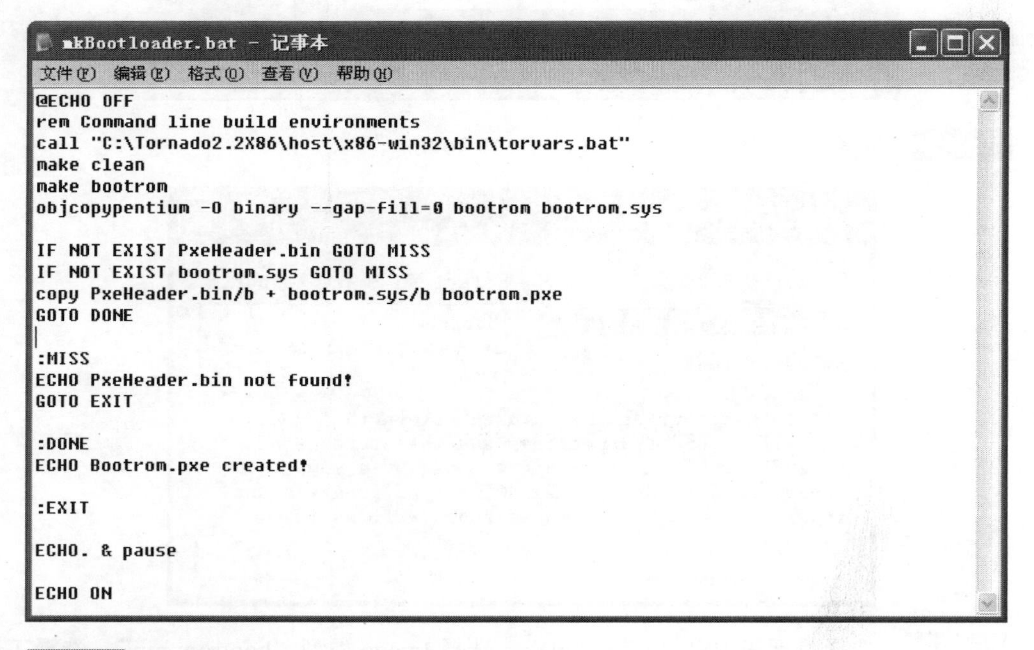


```
@ECHO OFF
rem Command line build environments
call "C:\Tornado2.2X86\host\x86-win32\bin\torvars.bat"
make clean
make bootrom
objcopypentium -O binary --gap-fill=0 bootrom bootrom.sys

IF NOT EXIST PxeHeader.bin GOTO MISS
IF NOT EXIST bootrom.sys GOTO MISS
copy PxeHeader.bin/b + bootrom.sys/b bootrom.pxe
GOTO DONE

:MISS
ECHO PxeHeader.bin not found!
GOTO EXIT

:DONE
ECHO Bootrom.pxe created!

:EXIT

ECHO. & pause

ECHO ON
```

步骤 2 运行批处理文件 mkBootloader.bat。

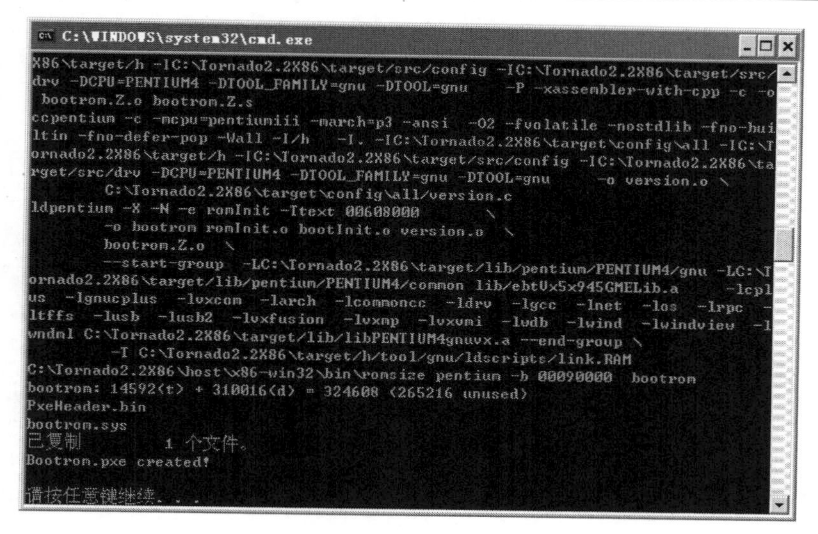

步骤 3　如果没有错误发生，编译 bootrom Image 成功：bootrom.sys 和 bootrom.pxe。编译生成的文件 bootrom.sys 和 bootrom.pxe 在目录 C:\Tornado2.2X86\target\config\HTP105D 中。

2.3.2　操作系统工程

下面介绍创建、裁剪、编译操作系统内核映像 VxWorks 的方法。

（1）创建操作系统工程

步骤 1　启动集成开发环境 Tornado。

在 Windows XP 系统中，在“开始”菜单选择“所有程序”>“Torando 2.2X86”>“Tornado”。

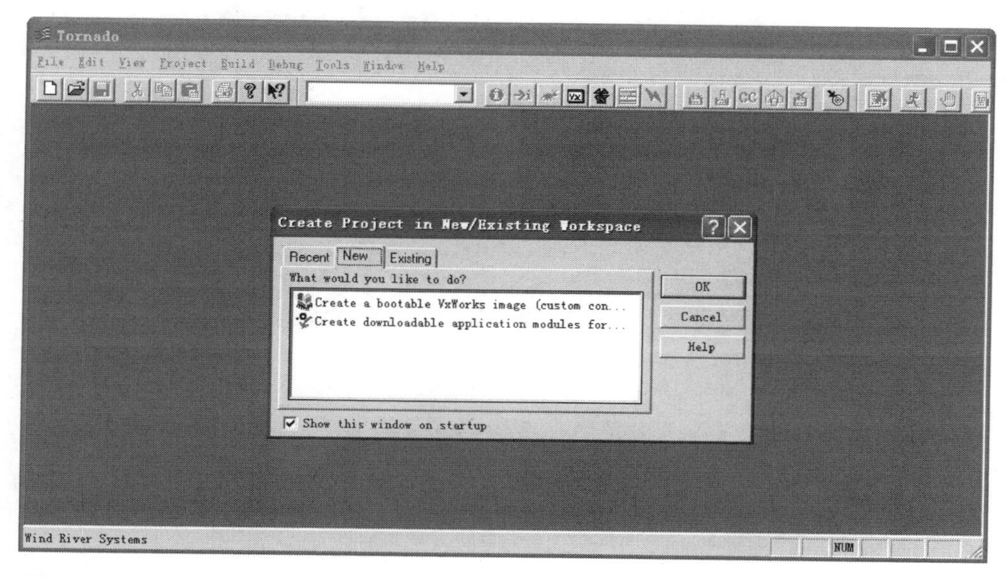

步骤 2　选择“Create a bootable VxWorks image”，选择确定“OK”。

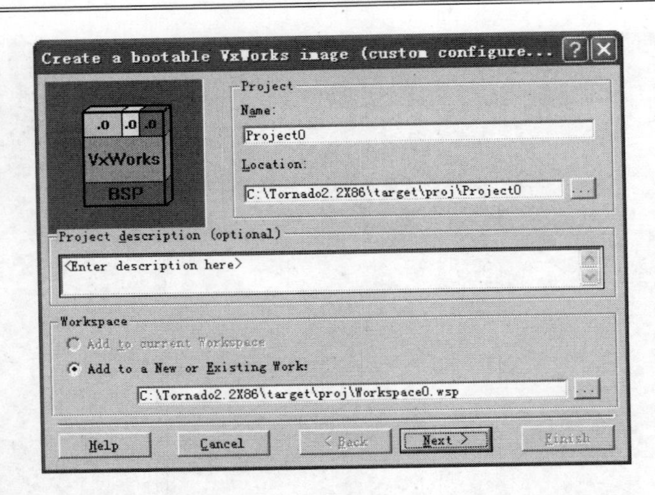

步骤 3 输入工程名“P105dImage”、路径“C:\Tornado2.2X86\target\proj\P105dImage”、工作空间“C:\Tornado2.2X86\target\proj\P105D.wsp”。

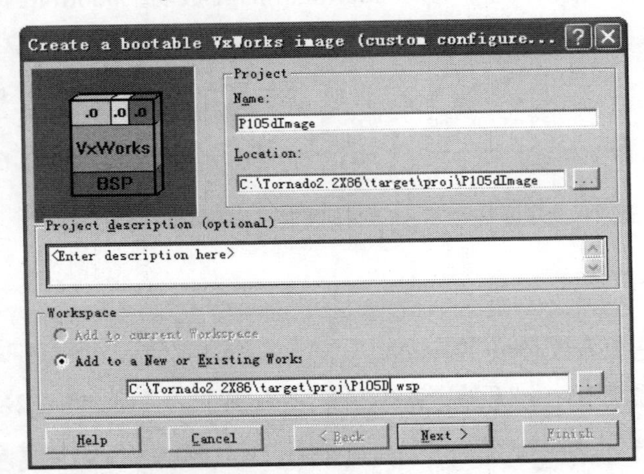

步骤 4 选择下一步“Next”。

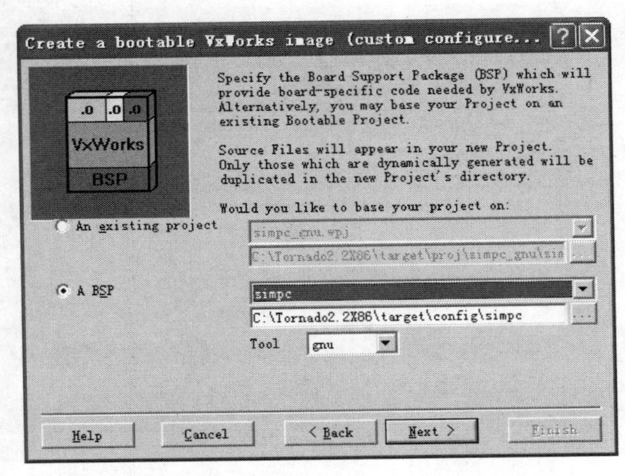

步骤 5 选择“A BSP”，指定为 HTP105D，Tool 为 gnu。

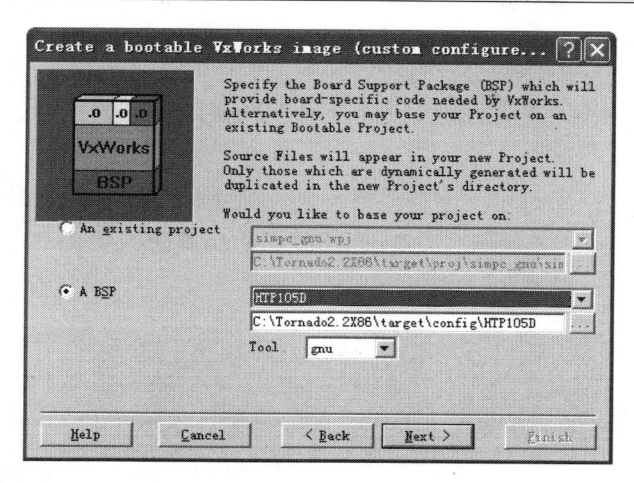

步骤 6　选择下一步“Next”。

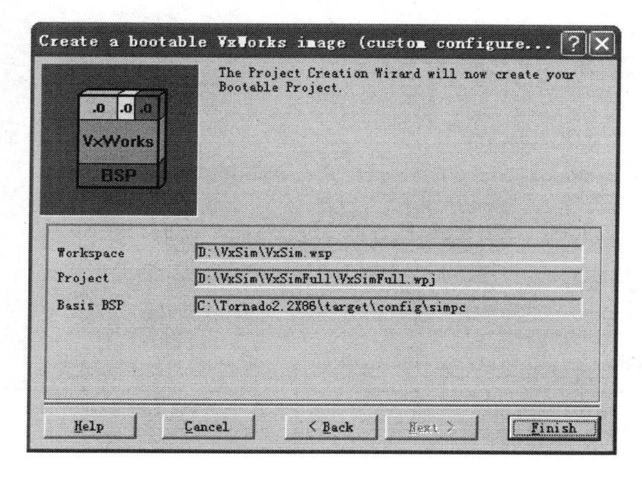

步骤 7　确认信息，选择完成“Finish”。

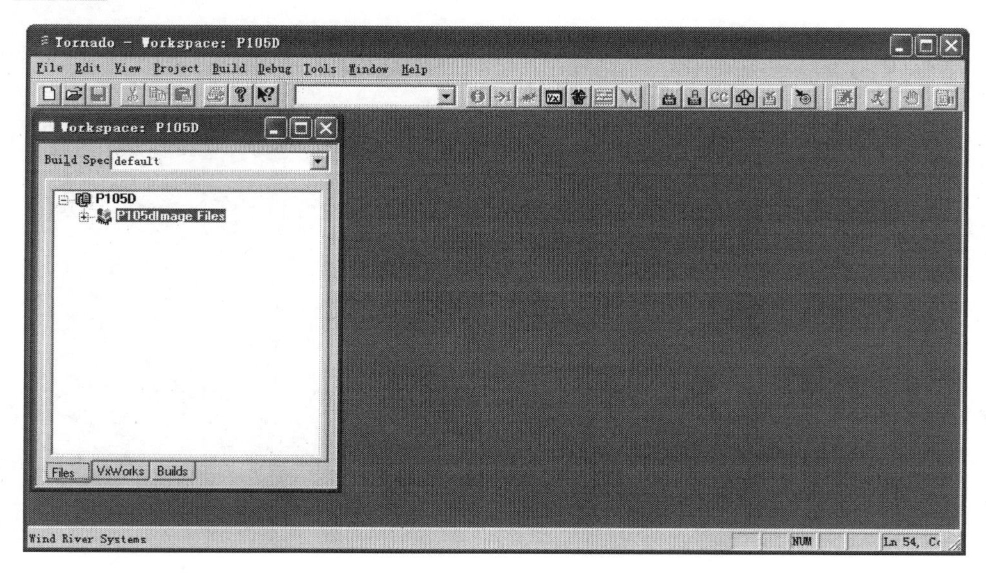

（2）裁剪操作系统内核

裁剪操作系统内核包含添加组件、删除组件和修改参数。

①添加组件示例

下面以添加组件 INCLUDE_PING 为例，介绍如何添加组件。

步骤 1 在工作空间选项卡“VxWorks”中，右键单击“PING client”，选择“Include ‘PING client’…”。

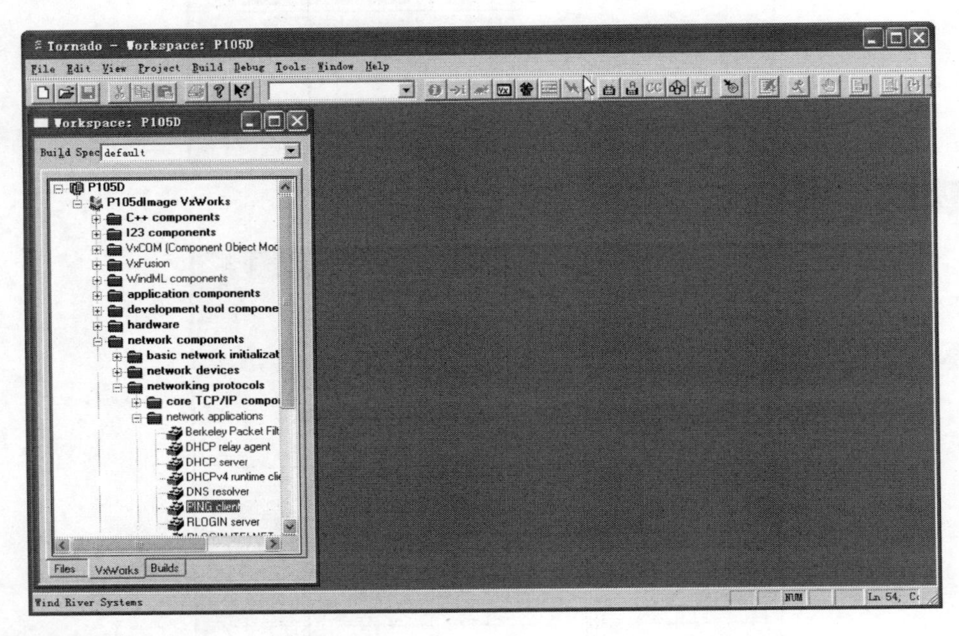

步骤 2 确认信息，选择“OK”。

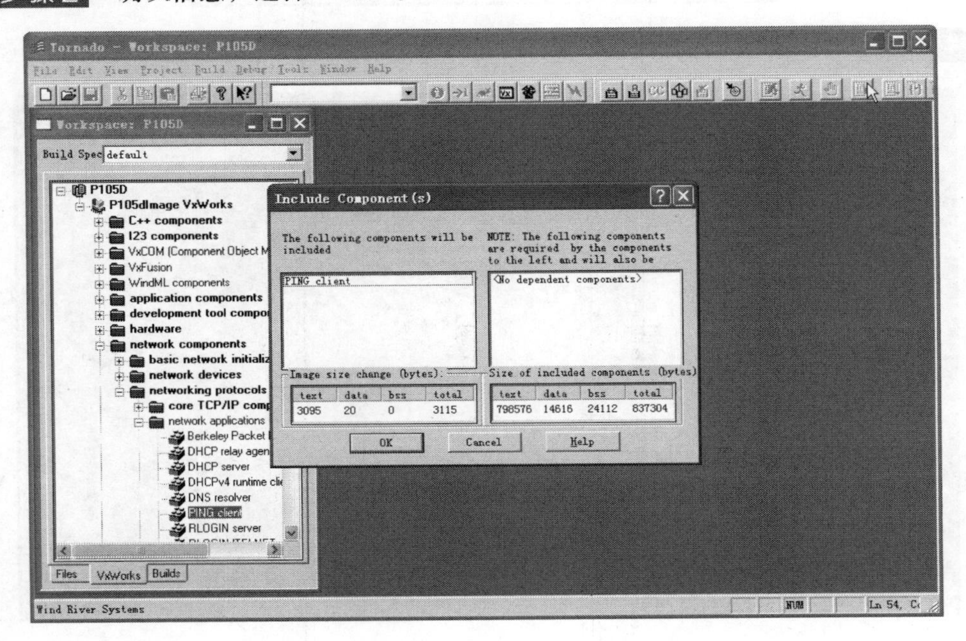

②删除组件示例

下面以删除组件 INCLUDE_PING 为例，介绍如何删除组件。

步骤 1　在工作空间选项卡“VxWorks”中，右键单击“PING client”，选择“Exclude ‘PING client’…”。

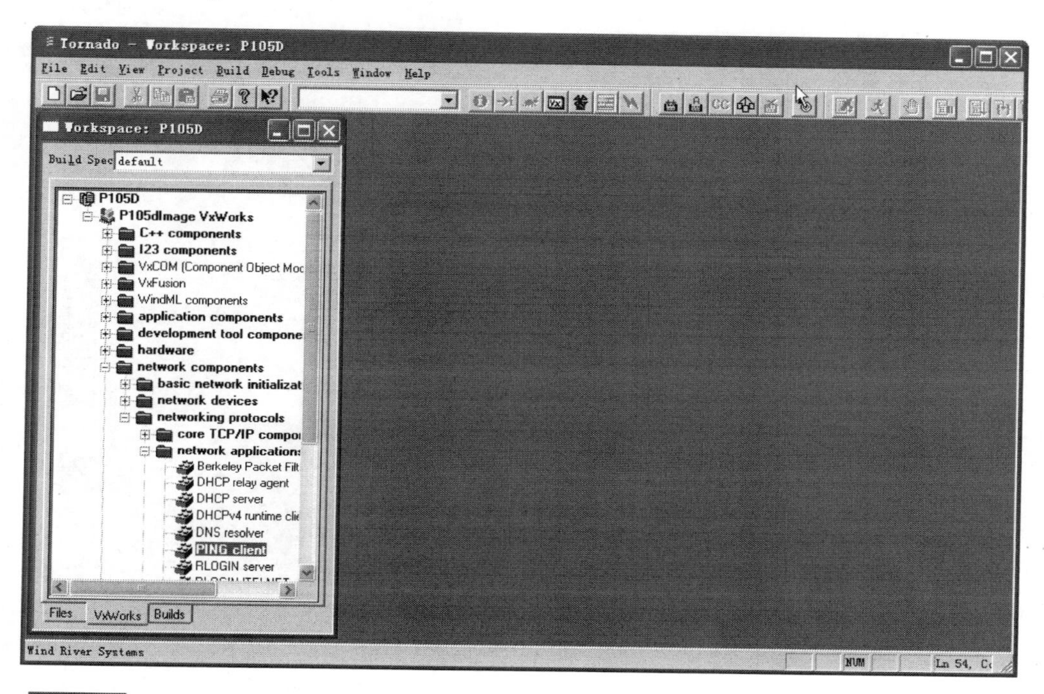

步骤 2　确认信息，选择“OK”。

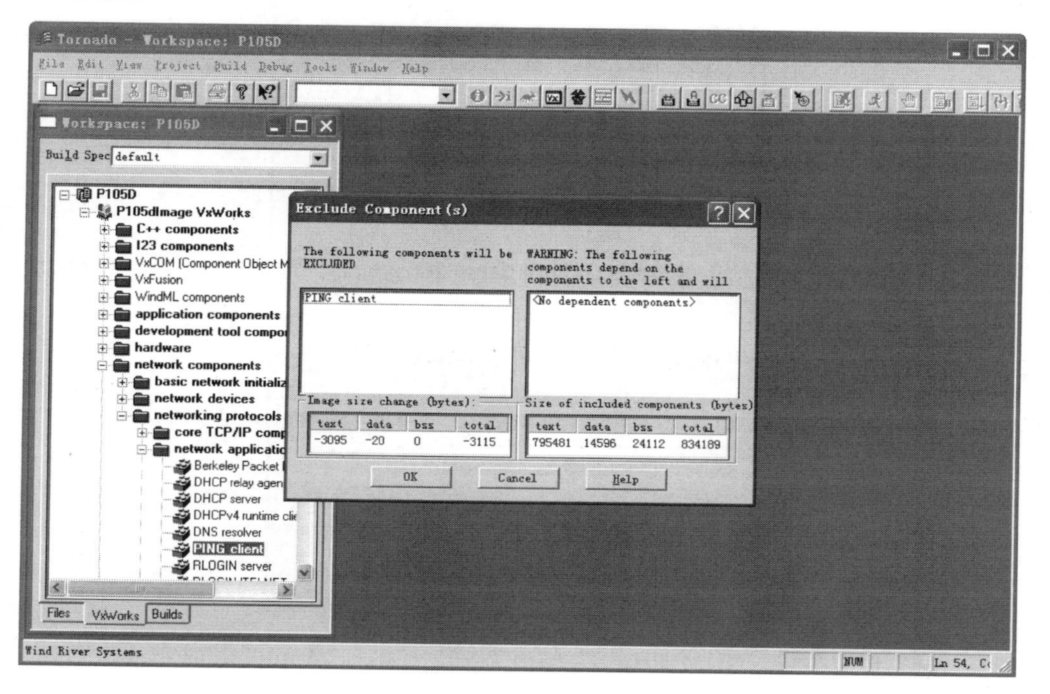

③修改参数示例

下面以修改组件 INCLUDE_IO_SYSTEM 的 NUM_FILES 为例，介绍如何修改参数。

步骤 1　在工作空间选项卡“VxWorks”中，双击“IO system”。

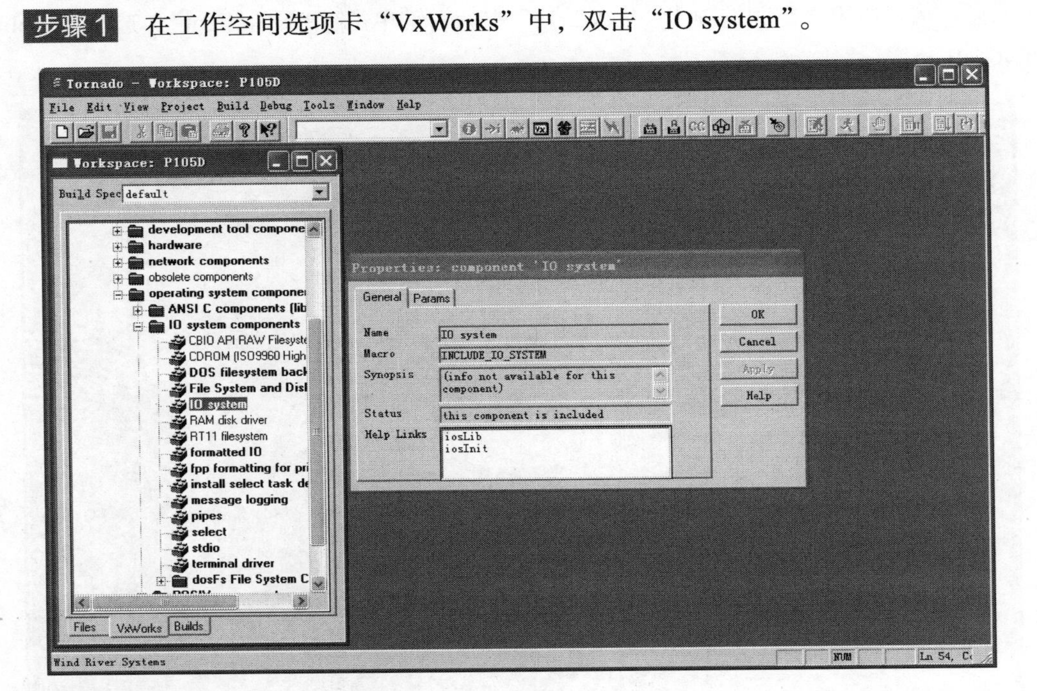

步骤 2　选择对话框“Properties: component ‘IO system’”中的选项卡“Params”。

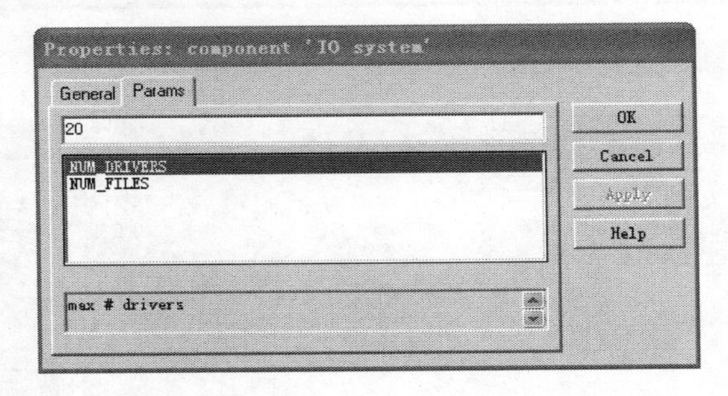

步骤 3　选择对话框“Properties: component ‘IO system’”中的选项卡“Params”的“NUM_FILES”。

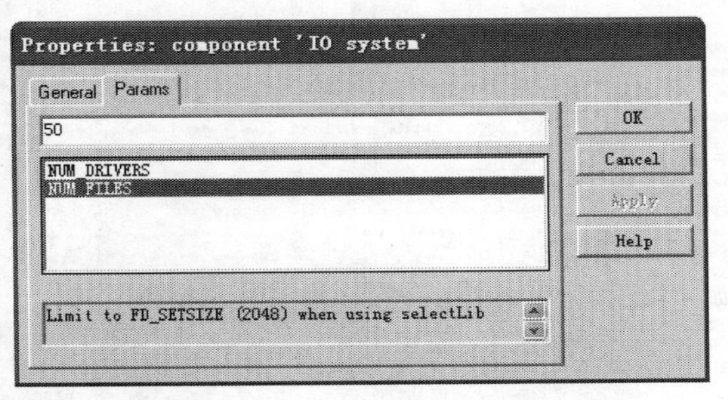

步骤 4　修改参数“NUM_FILES”的值为 100，单击“Apply”。

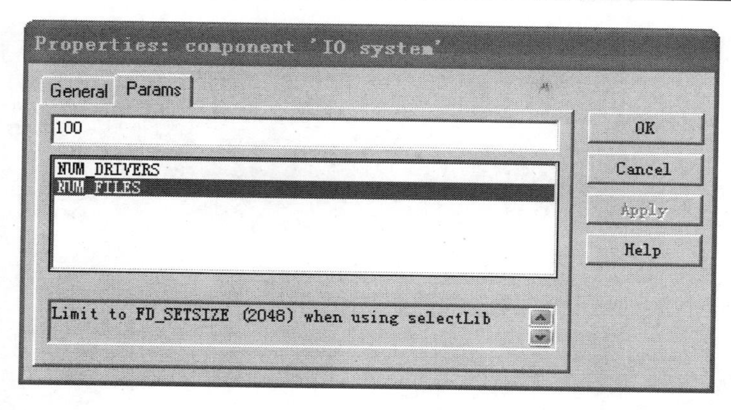

步骤 5　单击“OK”退出。

（3）编译操作系统工程

根据需求在“VxWorks”选项卡中裁剪 VxWorks 操作系统，编译 VxWorks：在“Build”菜单中选择“Build”或“Rebuild All”。如果没有错误发生，操作系统内核映像 VxWorks 编译成功。

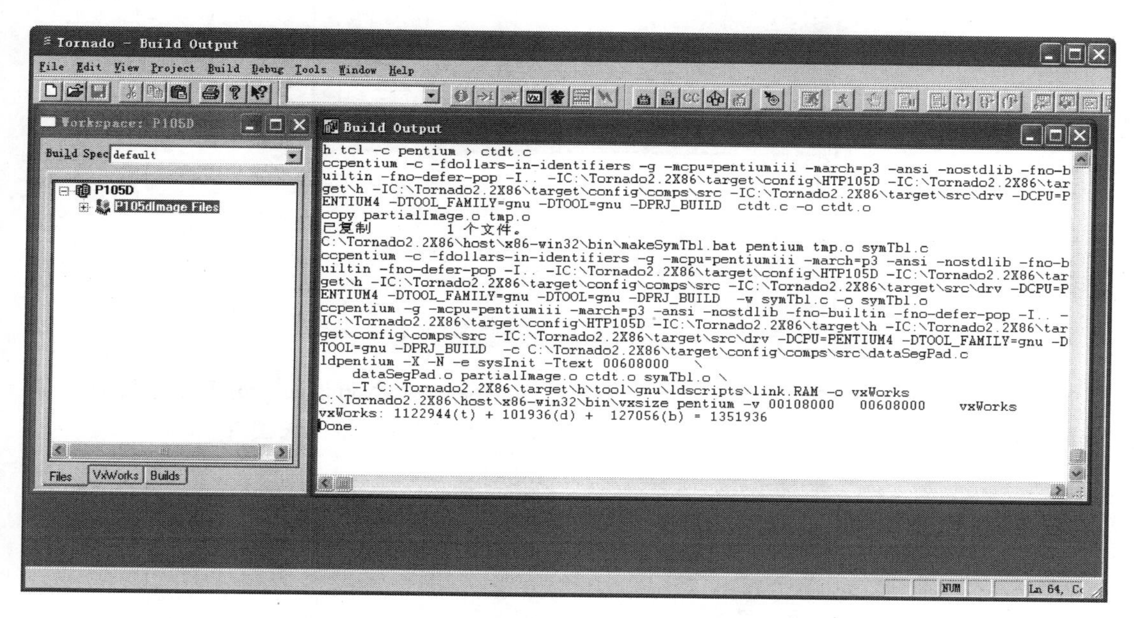

2.3.3　应用程序工程

（1）创建应用程序工程

步骤 1　启动集成开发环境 Tornado。

在 Windows XP 系统中，在“开始”菜单选择“所有程序”>“Torando 2.2X86”>“Tornado”。

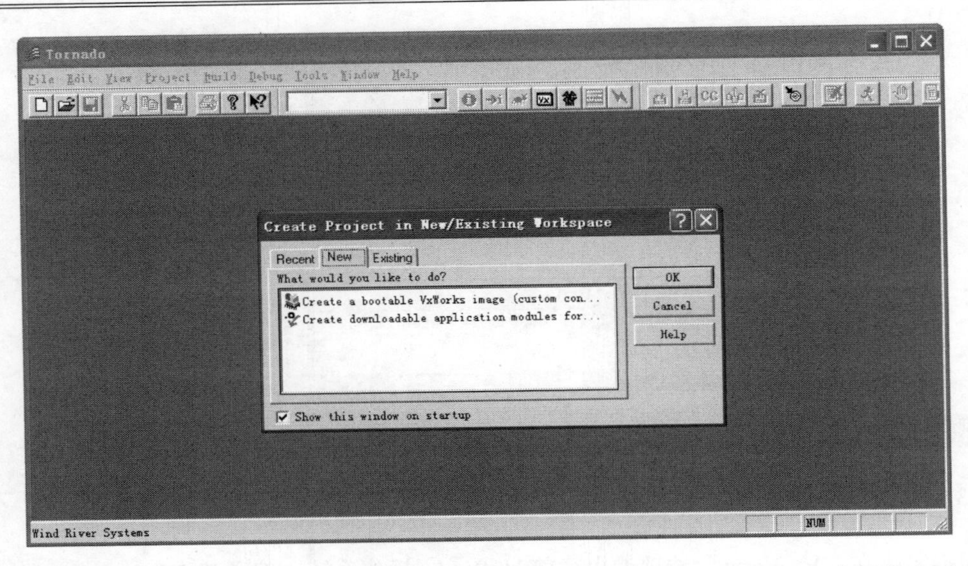

步骤 2 选择“Create downloadable application modules for VxWorks”，选择确定“OK”。

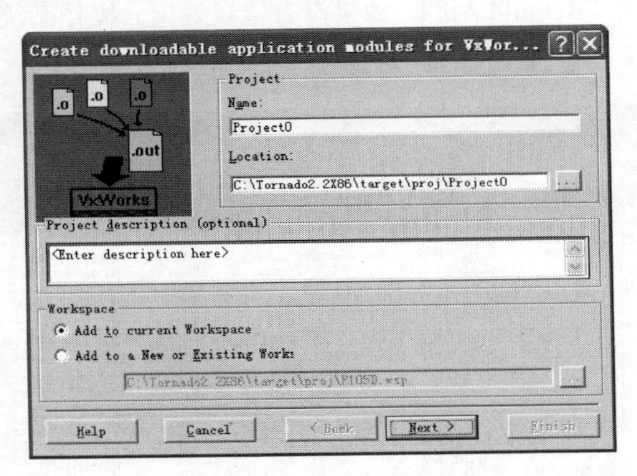

步骤 3 输入工程名“ExampleApp”、路径“C:\Tornado2.2X86\target\proj\ ExampleApp”、工作空间“C:\Tornado2.2X86\target\proj\P105D.wsp”。

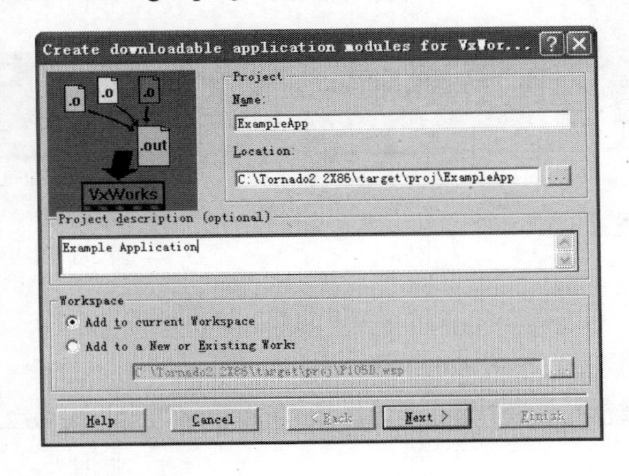

步骤 4 选择下一步“Next”。

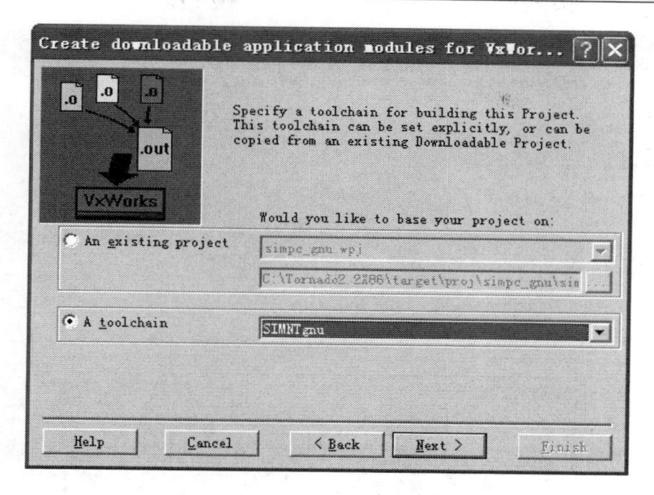

步骤 5　选择“A toolchain”，指定为 PENTIUM4gnu。

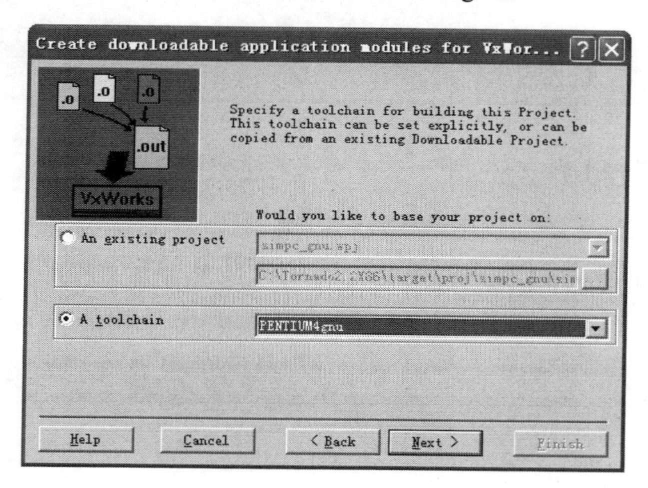

步骤 6　选择下一步“Next”。

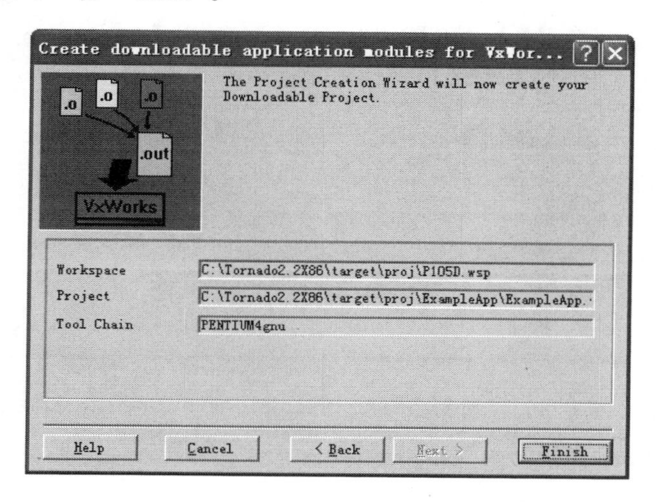

步骤 7　确认信息，选择完成“Finish”。

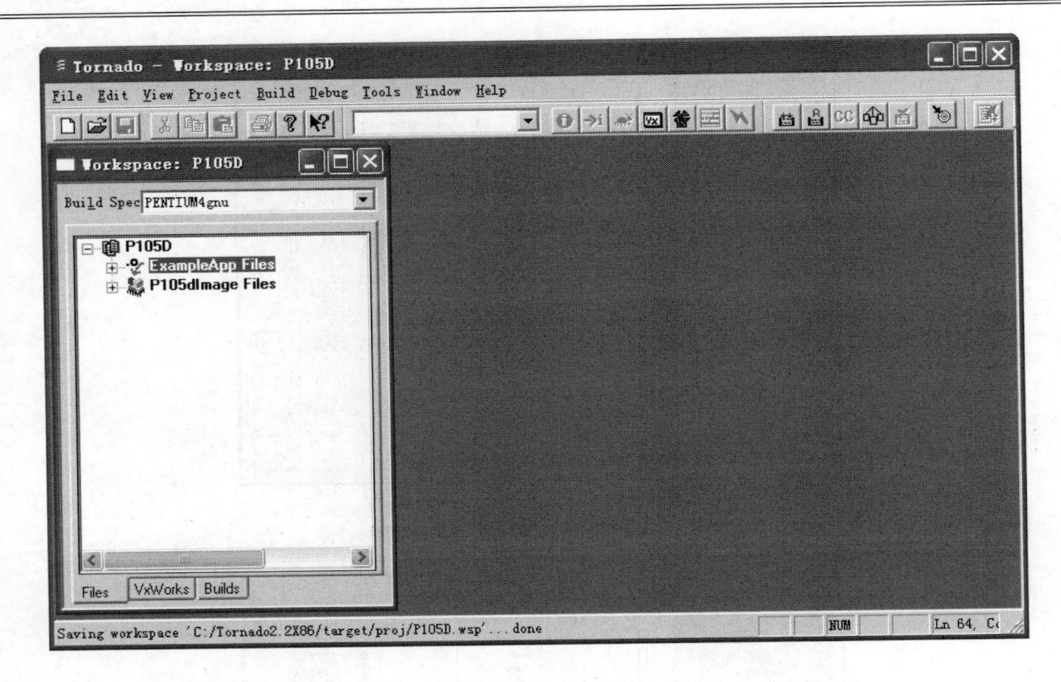

（2）管理应用程序工程

①添加文件示例

下面以添加文件 example.c/example.h 为例，介绍如何添加文件到工程 ExampleApp。

步骤 1　在目录 C:\Tornado2.2X86\target\proj\ExampleApp 中创建文件 example.c/example.h。

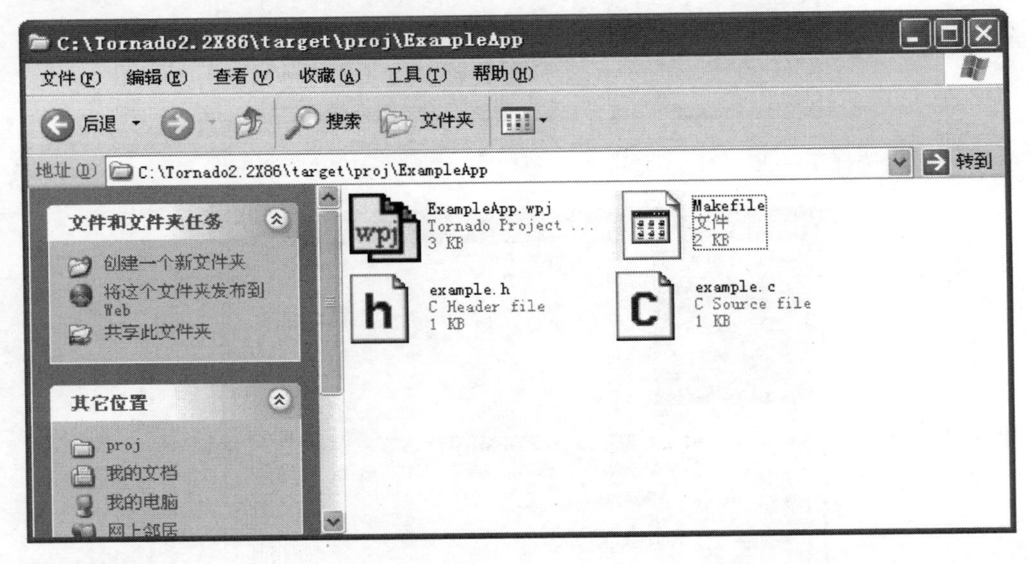

步骤 2　在工作空间中选择工程“ExampleApp”，单击鼠标右键，选择“Add Files…”。

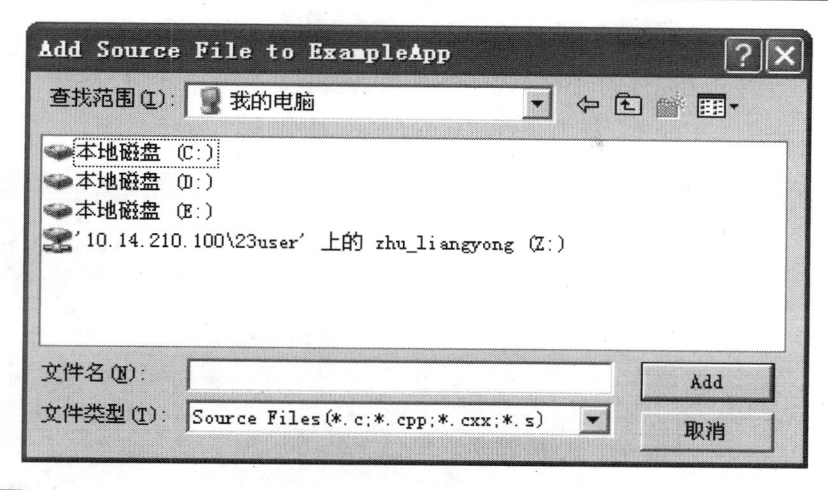

步骤 3　进入目录 C:\Tornado2.2X86\target\proj\ExampleApp。

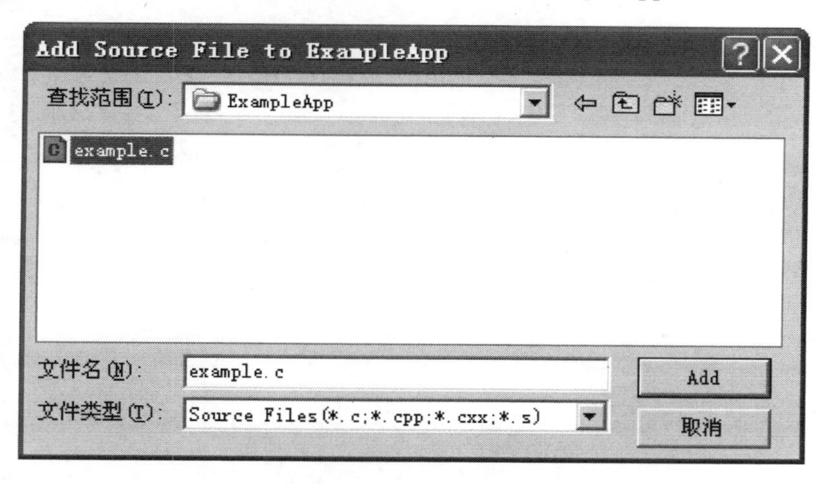

步骤 4　选择文件 example.c，然后按添加键“Add”。

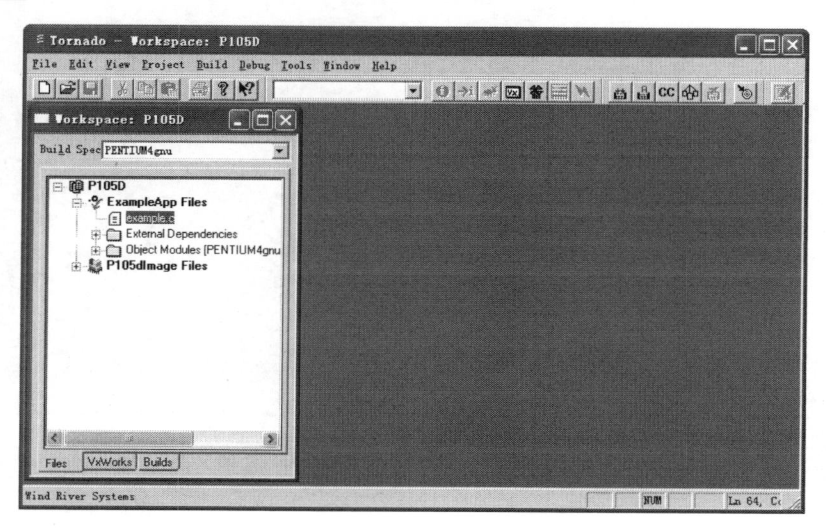

②移除文件示例

下面以移除文件 example.c 为例，介绍如何移除文件。

步骤 1　在工作空间中，选择工程 ExampleApp 中的文件 example.c。

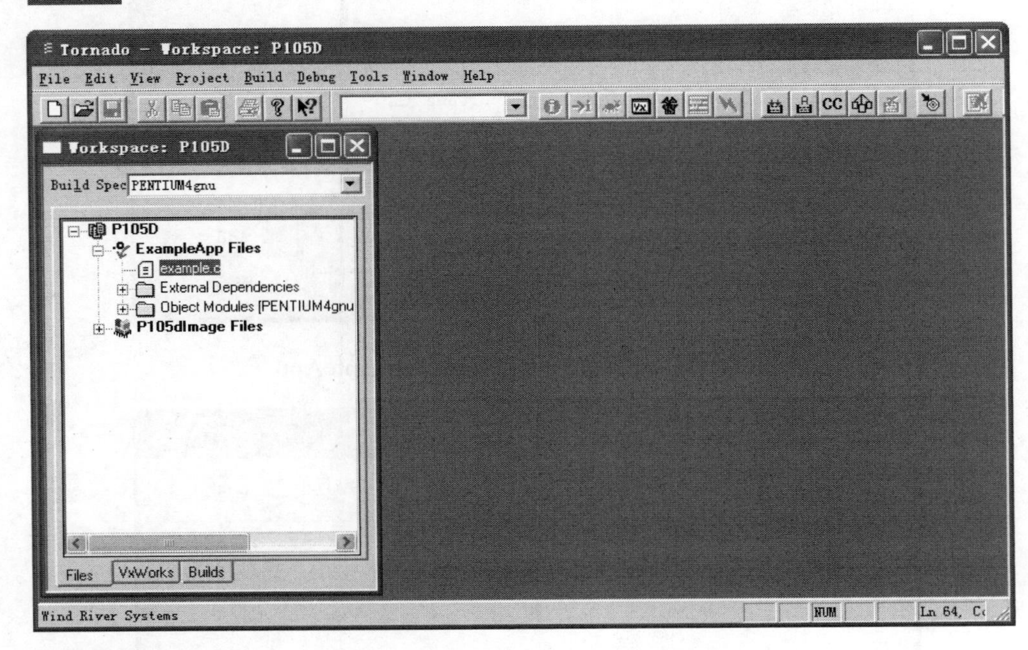

步骤 2　选择 example.c 后，单击鼠标右键，选择“Remove ‘example.c’”。

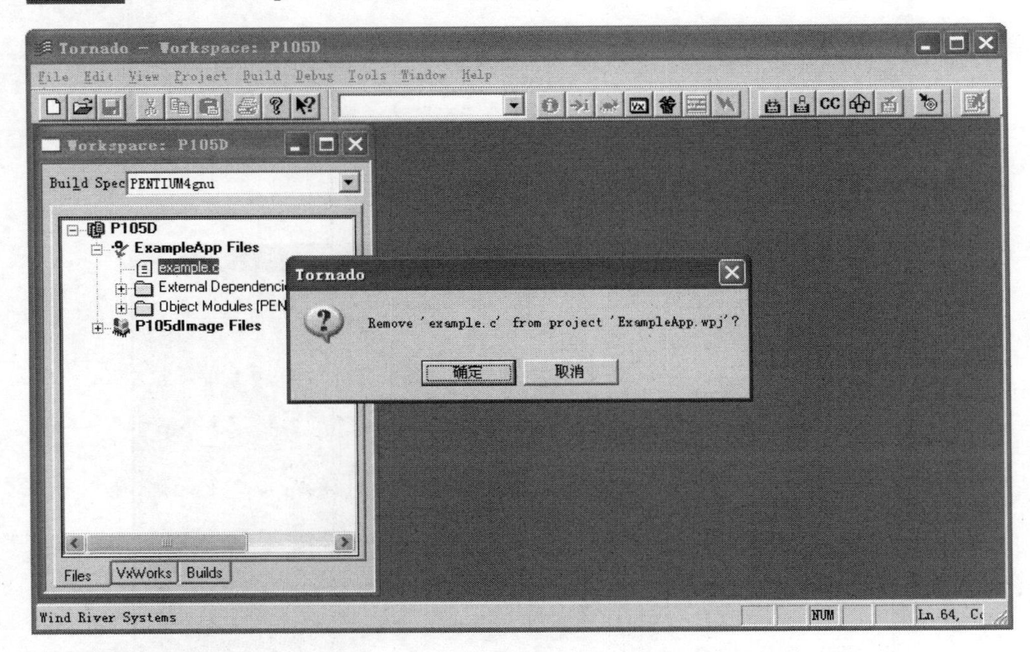

步骤 3　选择“确定”，完成从工程 ExampleApp 中移除文件 example.c。

③修改编译选项

下面在应用程序工程 ExampleApp 的编译选项中添加编译选项 -Wall 为例，介绍如何修改应用程序工程的编译选项。

步骤 1　在工作空间中，选择“Builds”选项卡。

步骤 2　双击工程 ExampleApp 的“PENTIUM4gnu”。

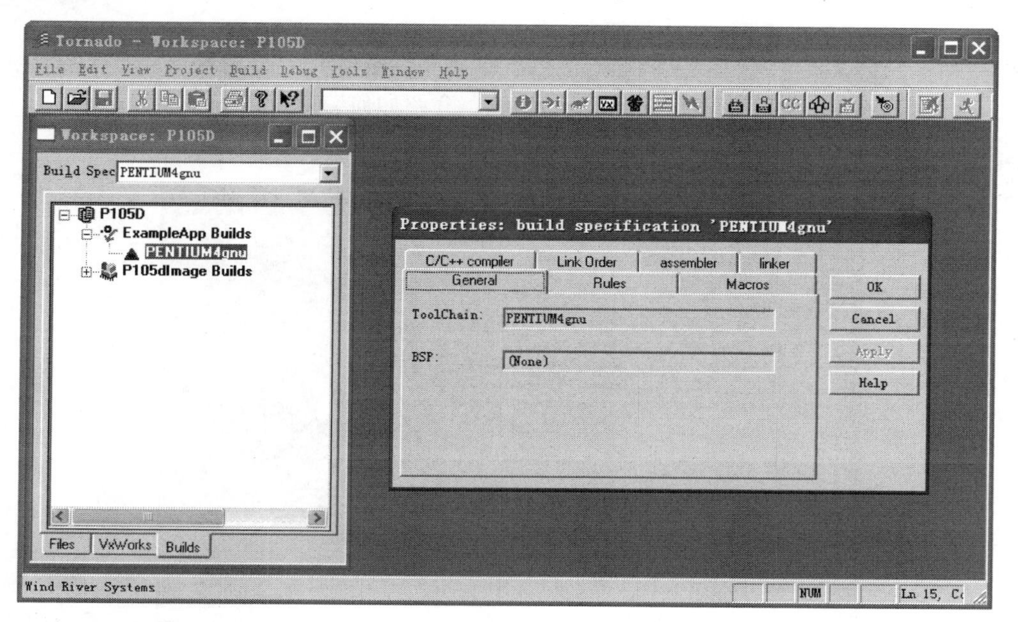

步骤 3　选择“C/C++ compiler”。

步骤 4　在最后输入空格“　”和“-Wall”。

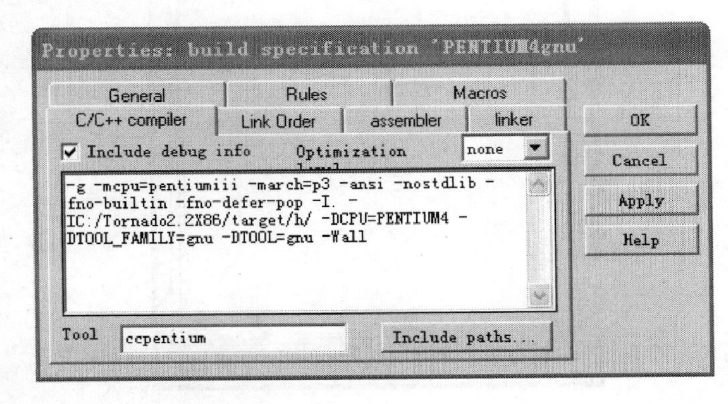

步骤 5　单击“Apply”，然后单击“OK”。

（3）编译应用程序工程

下面以编译应用程序工程 ExampleApp 为例，介绍如何编译应用程序工程。

步骤 1　在工作空间中，选择工程 ExampleApp。

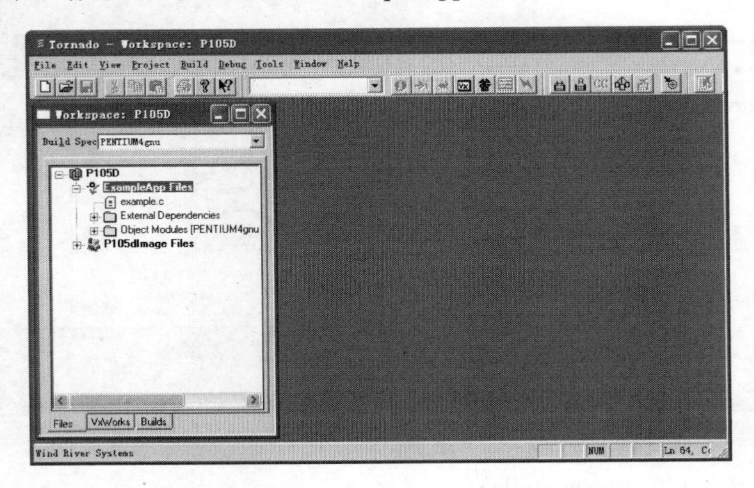

步骤 2　在“Build”菜单中选择“Build”或“Rebuild All”。如果没有错误发生，应用程序编译成功。

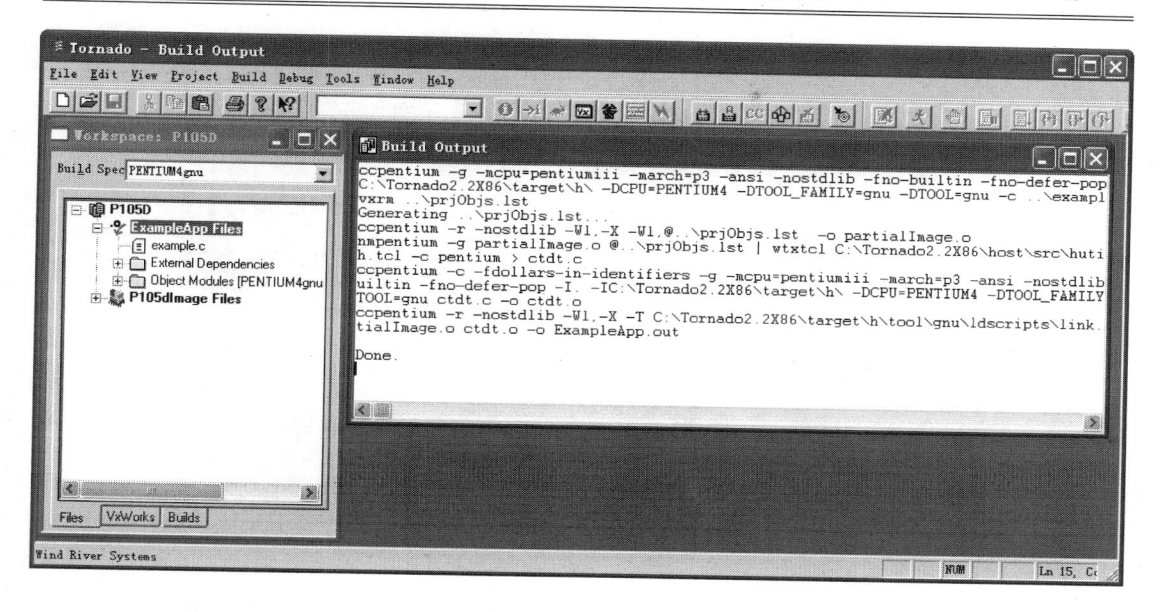

（4）编译库文件（*.a）

使用 Tornado 工具可以生产四类文件：*.o、*.a、*.out、*.pl。*.c 文件编译后会生成 *.o 文件，而 *.a 文件是 *.o 文件的归档文件，*.out 文件是将所有的 *.o 文件通过链接器链接成一个文件，*.pl 文件与 *.out 文件的产生过程类似，但是不用于下载到目标板，它的主要目的是用于子项目。

下面以编译静态库文件 ExampleApp.a 为例，介绍如何编译静态库文件。

步骤 1　在工作空间中，选择“Builds”选项卡。

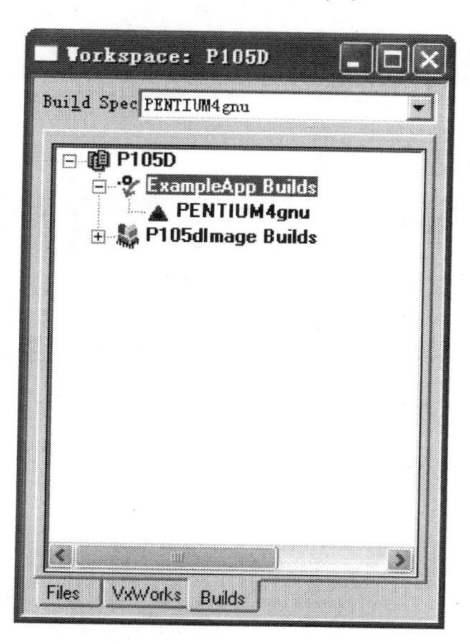

步骤 2　双击工程 ExampleApp 的“PENTIUM4gnu”。

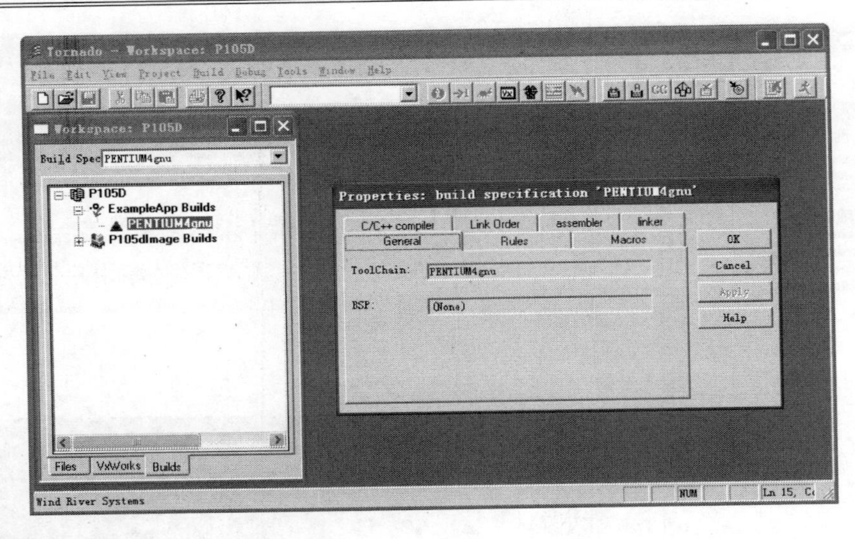

步骤 3 选择“Rules”。

Properties: build specification 'PENTIUM4gnu'

C/C++ compiler | Link Order | assembler | linker
General | Rules | Macros

Rule: ExampleApp.out

Rule Description:

Build project objects, then link them together for download. This rule also performs C++ munching needed to support static constructors

New/Edit... Delete

OK Cancel Apply Help

步骤 4 选择“Rule”为“archive”，单击“Apply”，然后单击“OK”。

Properties: build specification 'PENTIUM4gnu'

C/C++ compiler | Link Order | assembler | linker
General | Rules | Macros

Rule: archive

Rule Description:

Build project objects, then put them in an archive

New/Edit... Delete

OK Cancel Apply Help

步骤 5 在工作空间中，选择工程 ExampleApp。

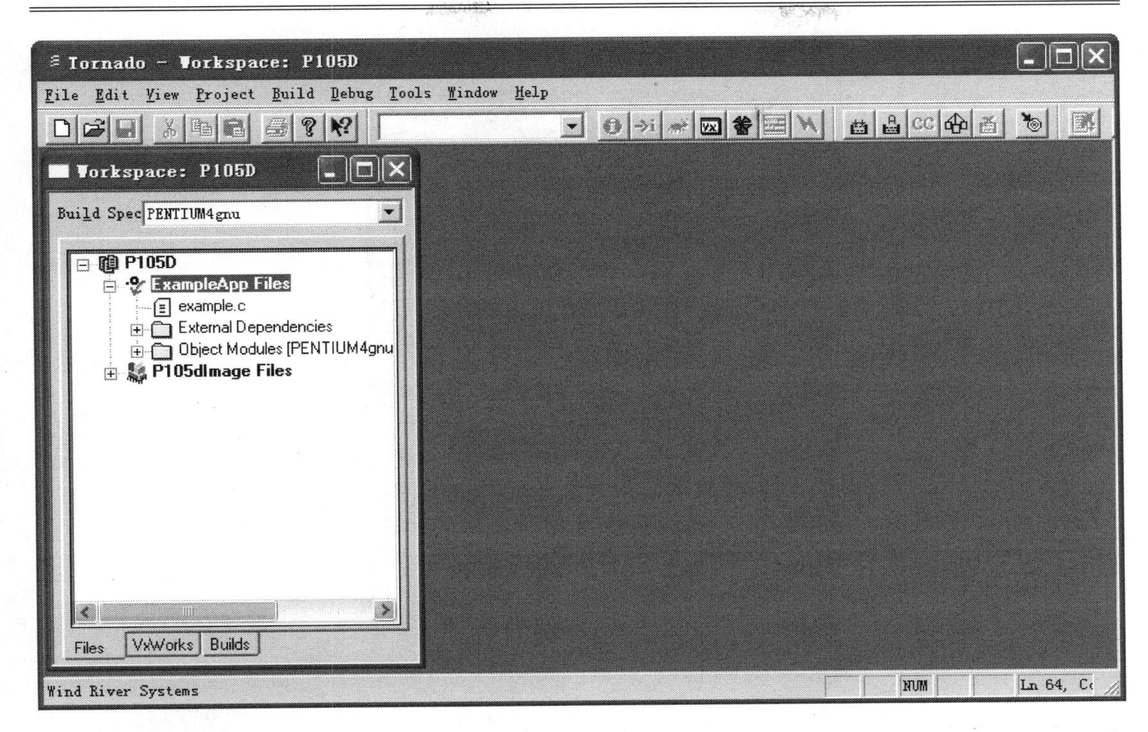

步骤 6　在“Build”菜单中选择“Build”或“Rebuild All”。如果没有错误发生，应用程序编译成功。

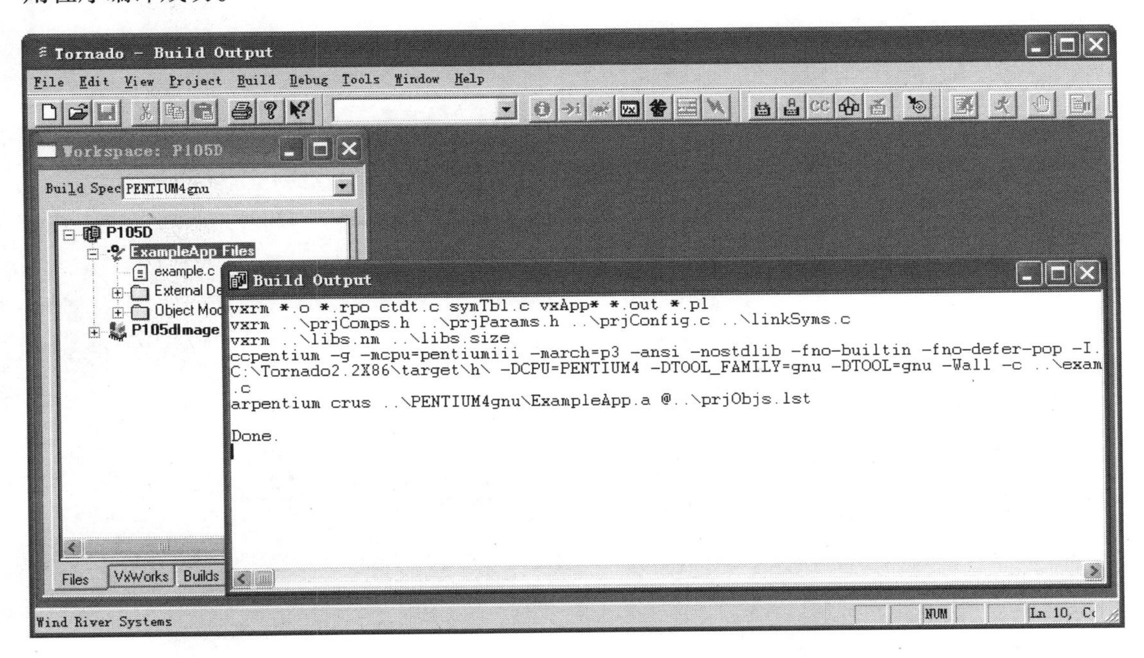

（5）编译 PL 文件（*.pl）

下面以编译 PL 文件 ExampleApp.pl 为例，介绍如何编译 PL 文件。

步骤 1 在工作空间中，选择“Builds”选项卡。

步骤 2 双击工程 ExampleApp 的“PENTIUM4gnu”。

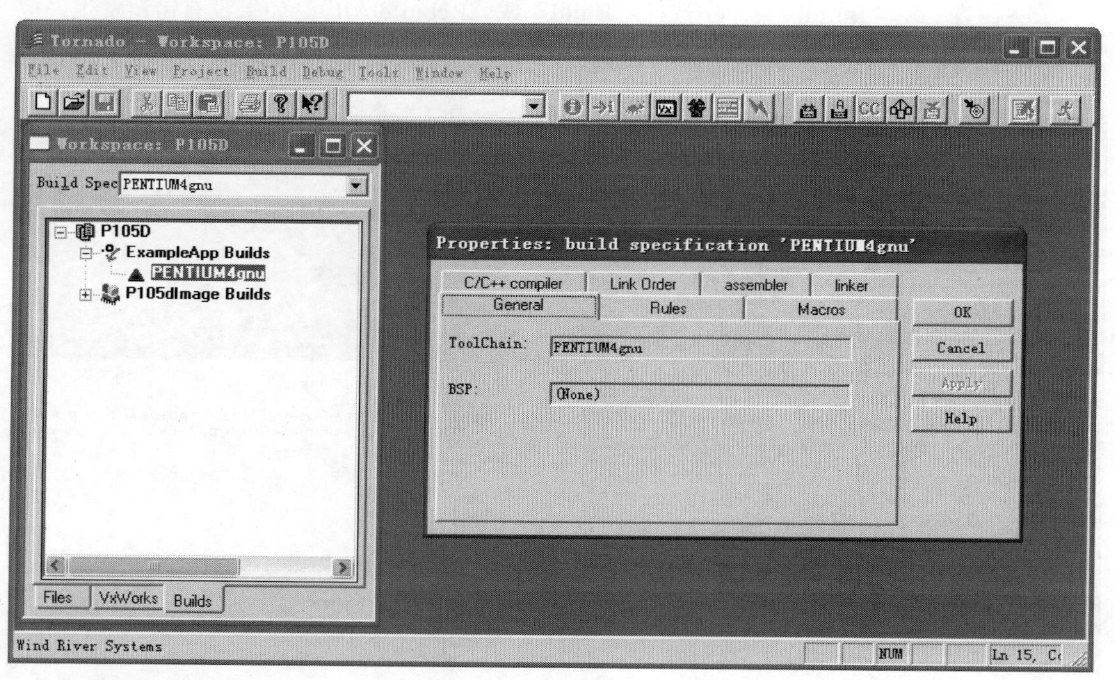

步骤 3 选择“Rules”。

Properties: build specification 'PENTIUM4gnu'
C/C++ compiler
Link Order
assembler
linker
General
Rules
Macros
OK
Cancel
Apply
Help
Rule
ExampleApp.out
Rule Description:
Build project objects, then link them together for download. This rule also performs C++ munching needed to support static constructors
New/Edit...
Delete

步骤 4　选择“Rule”为“ExampleApp.pl”，单击“Apply”，然后单击“OK”。

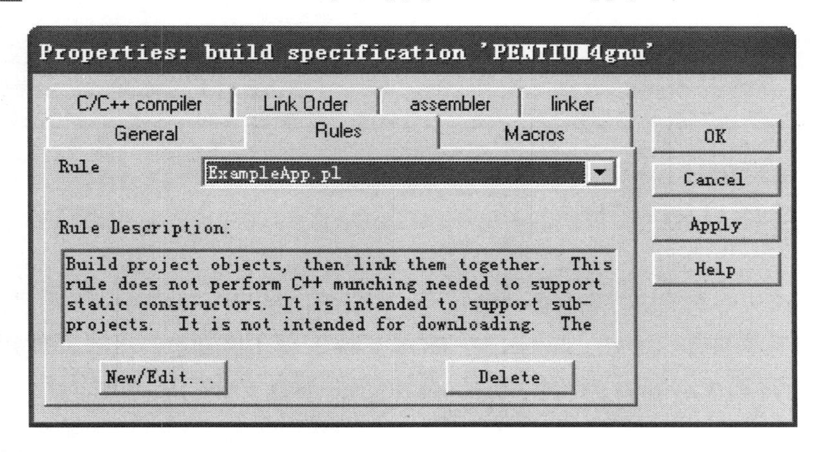

步骤 5　在工作空间中，选择工程 ExampleApp。

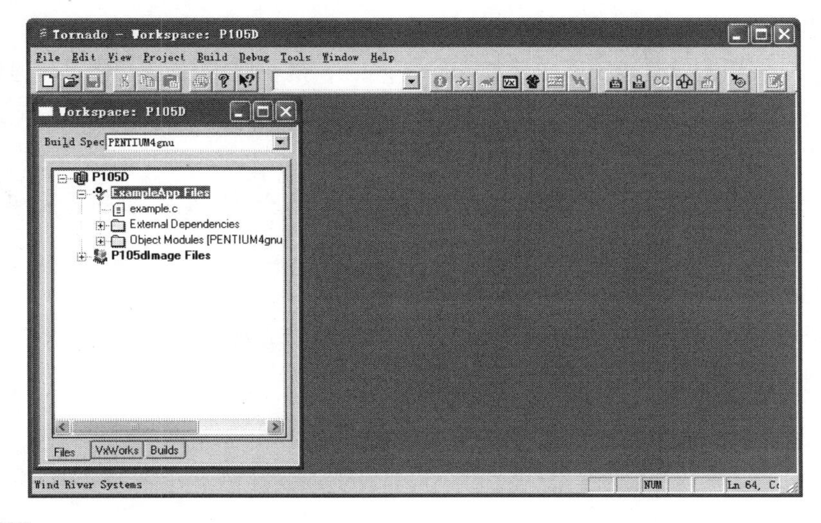

步骤 6　在“Build”菜单中选择“Build”或“Rebuild All”。如果没有错误发生，应用程序编译成功。

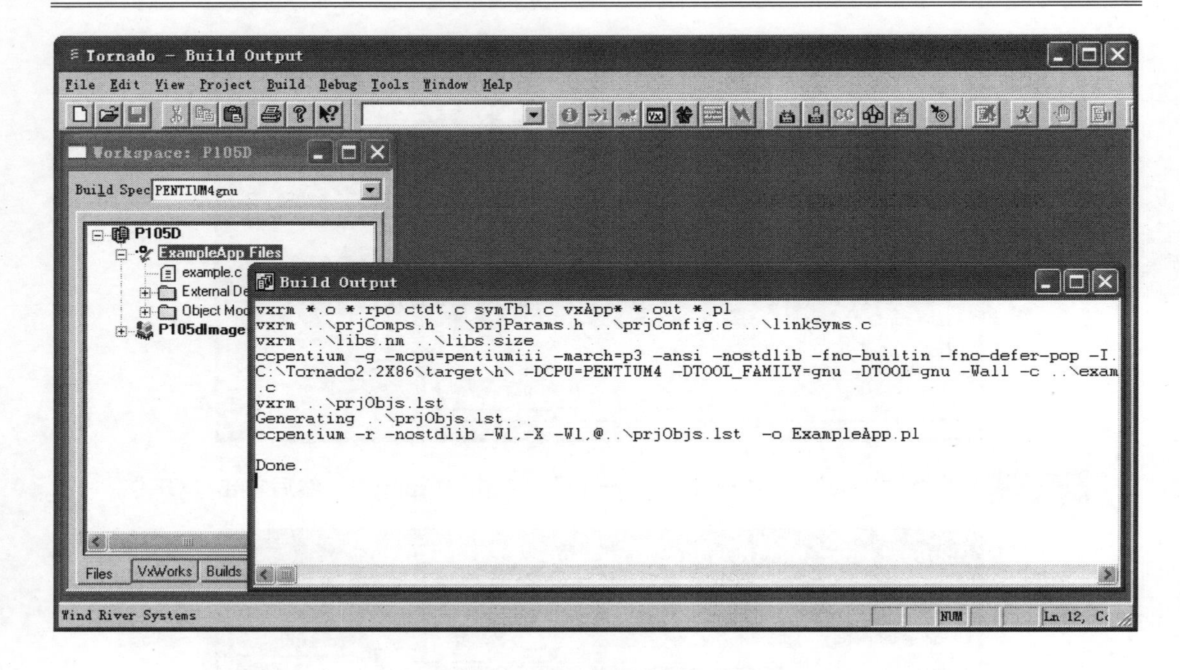

2.4　制作系统启动盘

根据编译成功的系统引导映像 bootrom.sys 和系统内核映像 VxWorks，启动系统。下面介绍三种制作系统启动盘方法：其一，在 DOS 系统下制作启动盘；其二，使用 DOS 系统加载 bootrom.sys 和 VxWorks 系统；其三，使用 grub 加载 VxWorks 系统。

2.4.1　制作系统启动盘一

步骤 1　启动 DOS 7.1 系统。

步骤 2　使用磁盘管理工具（例如 fdisk、gdisk，推荐使用 gdisk，格式化速度超级快）对磁盘进行分区并格式化，要求活动分区：FAT 格式文件系统的分区大小小于 2GB，建议活动分区大小是 512MB。

可能使用下面常见命令，具体 gdisk 如何使用请查询 gdisk 帮助（gdisk 工具来自 Symantec Ghost12.0）。

删除硬盘全部分区：gdisk disk /del /all

创建磁盘主分区：gdisk disk /cre /pri /sz: 2048 /-32 /for /q

创建磁盘扩展分区：gdisk disk /cre /ext

创建磁盘逻辑分区：gdisk disk /cre /log /for /q

激活磁盘分区：gdisk disk /act /p:partn-no

重写主引导记录：gdisk disk /mbr

假定在 DOS 系统中，该活动分区的盘符是 C。

步骤 3　锁定直接磁盘存取。

命令：lock c:

步骤 4　安装启动程序。

命令：vxsys c:

步骤 5　拷贝系统引导映像 bootrom.sys、系统内核映像 VxWorks 到启动磁盘 C。

命令：copy bootrom.sys c:

命令：copy VxWorks c:

2.4.2　制作系统启动盘二

步骤 1　启动 DOS 7.1 系统。

步骤 2　使用磁盘管理工具（例如 fdisk、gdisk，推荐使用 gdisk，格式化速度超级快）对磁盘进行分区并格式化，要求活动分区：FAT 格式文件系统的分区大小小于 2GB，建议活动分区大小是 512MB。

假定在 DOS 系统中，该活动分区的盘符是 C。

步骤 3　对磁盘进行格式化并传输最小 DOS 系统。

命令：format c: /q /s

步骤 4　把 autoexec.bat 和 hload.com 文件拷贝到启动磁盘。

命令：copy autoexec.bat c:

命令：copy hload.com c:

其中 hload.com 是第三方提供的在 DOS 系统下加载 bootrom.sys 和 VxWorks 的工具。autoexec.bat 是 DOS 系统的自启动批处理文件，文件内容是“hload.com bootrom.sys”。

步骤 5　拷贝系统引导映像 bootrom.sys、系统内核映像 VxWorks 到启动磁盘 C。

命令：copy bootrom.sys c:

命令：copy VxWorks c:

2.4.3　制作系统启动盘三

步骤 1　启动 DOS 7.1 系统。

步骤 2　使用磁盘管理工具（例如 fdisk、gdisk，推荐使用 gdisk，格式化速度超级快）把硬盘分成一个主分区、一个扩展分区，扩展分区划分成一个逻辑分区，并设置主分区是活动分区。

假定在 DOS 系统中，该活动分区的盘符是 C。

步骤 3　在磁盘活动分区安装 GRUB4DOS 的主引导记录。

命令：bootlace.com -time-out 0x80

步骤 4　把 grldr、menu.lst 和 VxWorks 文件拷贝到活动分区。

命令：copy grldr c:

命令：copy menu.lst c:

命令：copy VxWorks c:

其中 bootlace.com 和 grldr 来自 grub4dos-0.4.4-2009-01-11.zip。menu.lst 内容如下：

```
# This is the amount of seconds before booting the default entry
# Set this when you're sure that the default entry is correct.
timeout 0

# Tell which entry to boot by default.  Note that this is origin zero
# from the beginning of the file.
default 0

title vxWorks
kernel --type=netbsd (hd0,0)/vxWorks
```

2.5 目标机服务器

集成开发环境 Tornado 是通过目标机服务器和目标机通信的，下面介绍如何配置和启动目标机服务器。

设置主机 IP：192.23.0.210，子网掩码：255.255.255.0。假设目标机 HTP105D 的 IP 地址是 192.23.0.20，子网掩码是 255.255.255.0。

2.5.1 配置目标机服务器

步骤 1 启动集成开发环境 Tornado。

步骤 2 选择菜单 Tools/Target Server/Configure…。

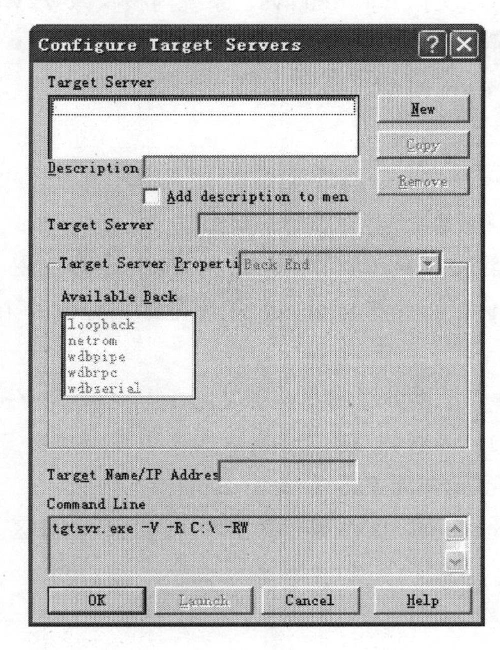

步骤 3　选择“New”。

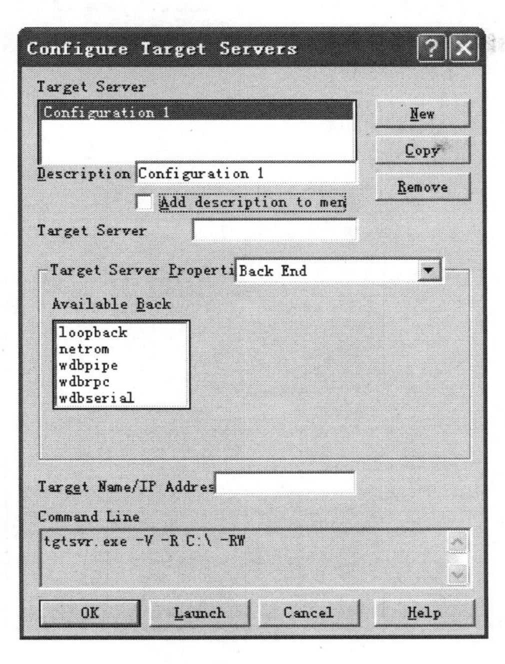

步骤 4　填写“Description”为“HTP105D”，勾选“Add description to menu”，填写“Target Server”为“HTP105D”，选择“Target Server Propertity”的“Back End”为“wdbrpc”，填写“Target Name/IP Address”为“192.23.0.20”。

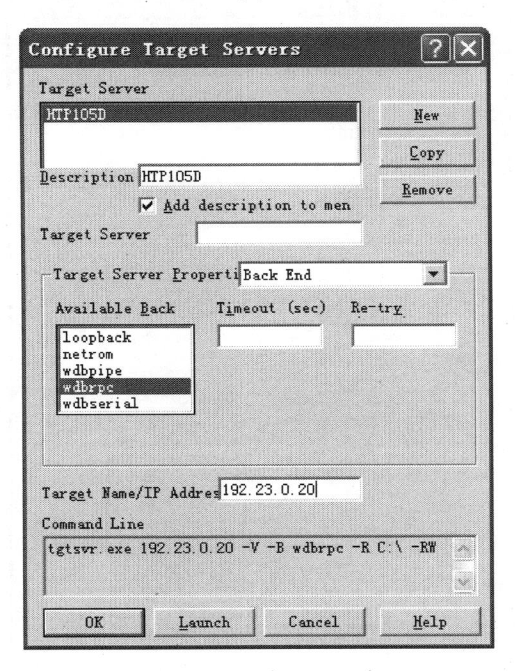

步骤 5　设置“Target Server Propertity”的“Core File and Symbols”参数，其中“File”值“C:\Tornado2.2X86\target\proj\p105dImage\default\vxWorks”，选择“Global Symbols”。

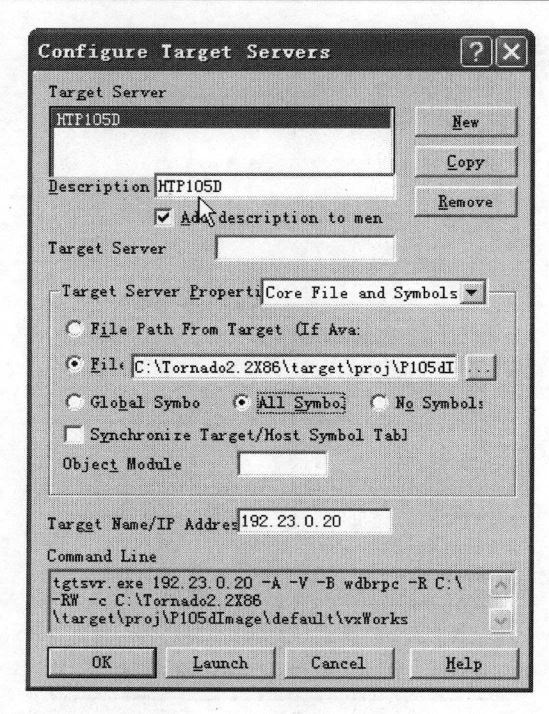

步骤6 设置“Target Server Propertity”的“Memory Cache Size”参数，选择“Specify（K Bytes）”，设置其值为5120。

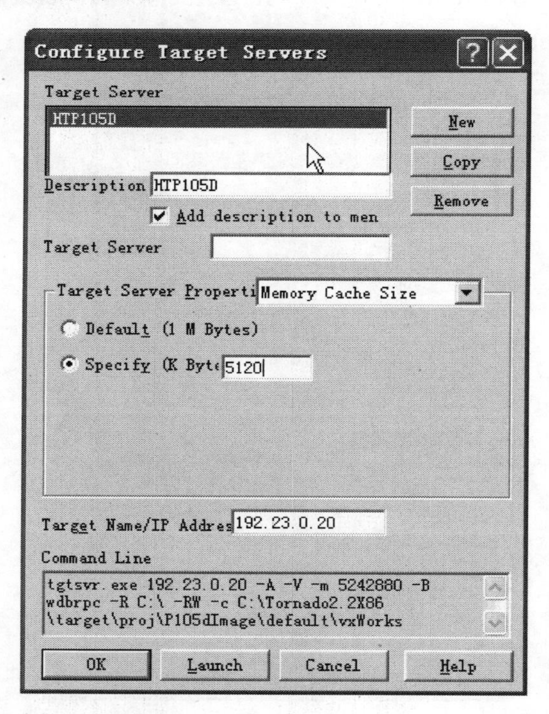

步骤7 保持“Target Server Propertity”的“Target Server File System”属性的默认状态。

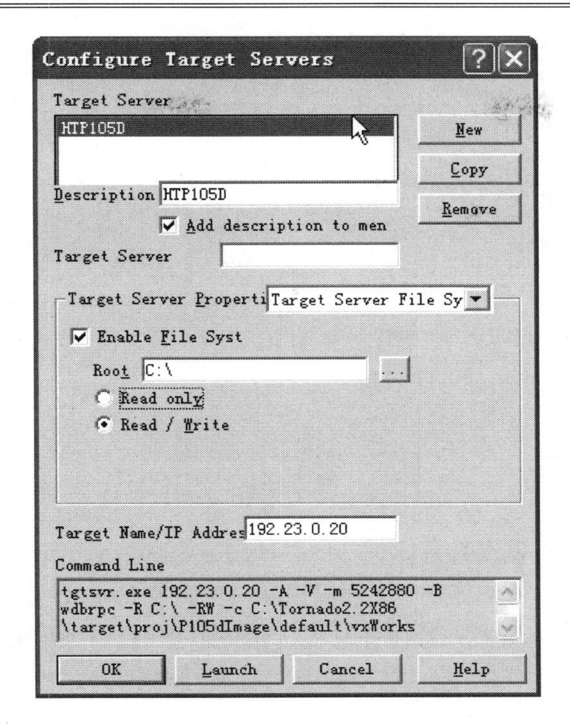

步骤 8　设置“Target Server Propertity”的“Console and Redirection”属性，勾选“Redirect Target IO”，勾选“Create Console Window”，勾选“Redirect Target Shell”。

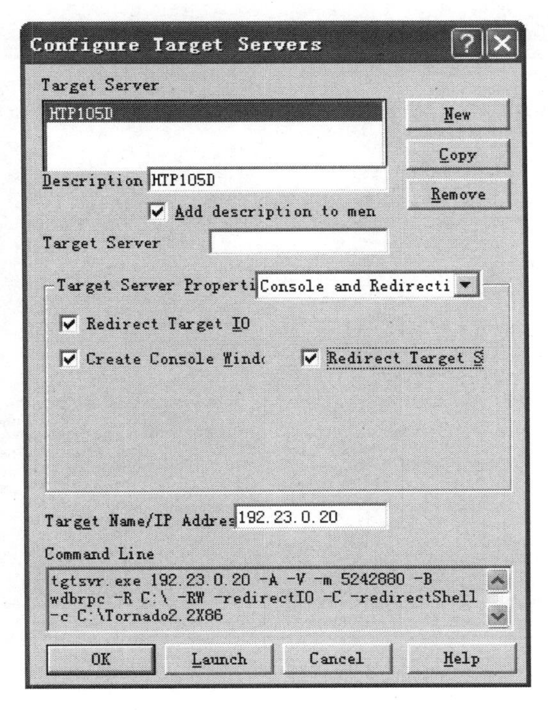

步骤 9　确定“OK”，配置完成退出。

2.5.2 启动目标机服务器

选择菜单 Tools/Target Server/HTP105D 启动目标机服务器。目标机服务器成功连接目标机后会显示成功连接信息，如下：

tgtsvr (HTP105D@J01053136): Wed Aug 11 09:22:24 2016

Checking License ...OK

Attaching backend... succeeded.

Connecting to target agent... succeeded.

Attaching C++ interface... succeeded.

2.6 目标机浏览器

通过目标机浏览器可以查看目标机的内存使用、模块信息、对象信息、CPU 占有率、任务堆栈、目标机信息、任务信息。下面以目标机仿真器 VxSim 为例，介绍如何启动目标机浏览器和通过目标机浏览器查看任务堆栈、任务信息等，其他详细信息请参考 *Tornado User's Guide* 。

步骤 1 启动目标机仿真器。

步骤 2 选择目标机服务器 vxsim@J01053136。

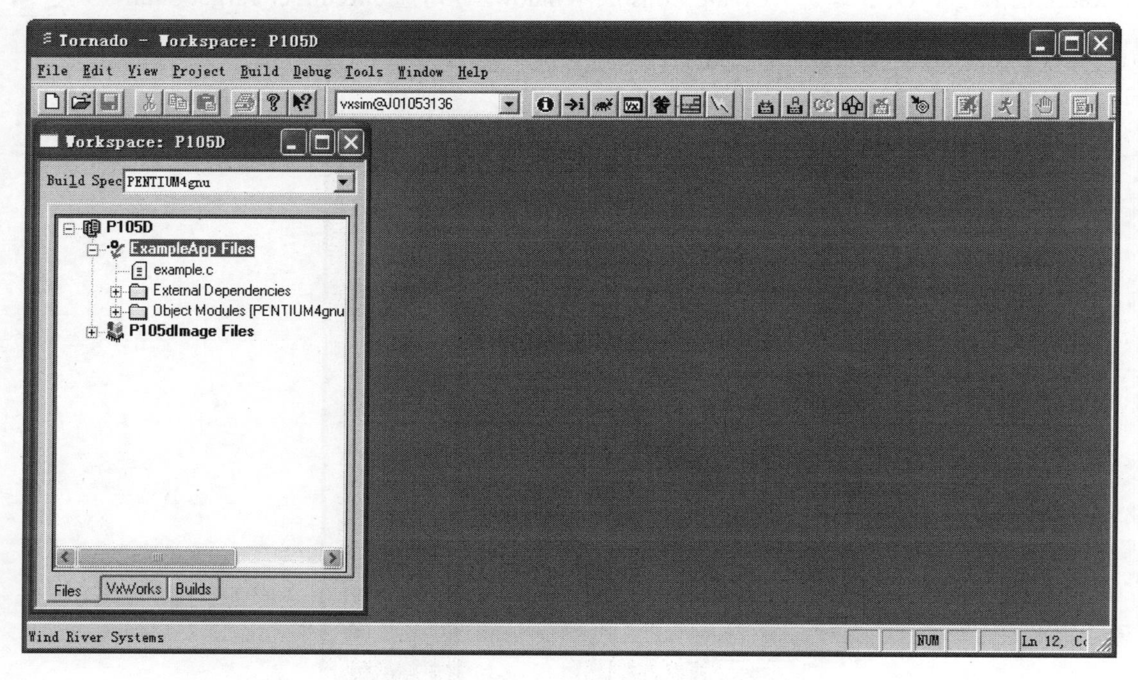

步骤 3　选择菜单 Tools/Browser…或者单击工具栏图标 。

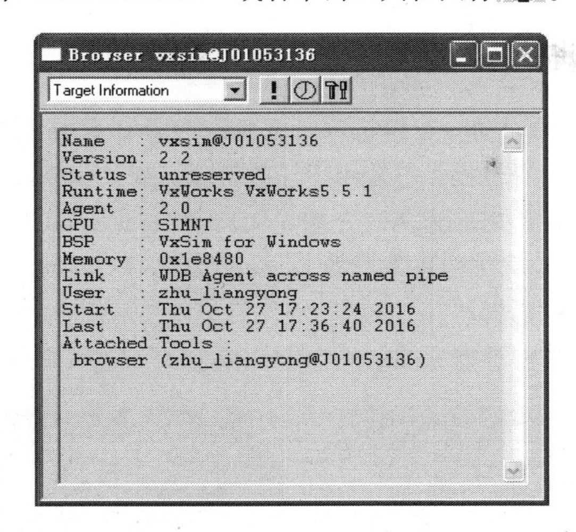

步骤 4　选择下拉菜单 “Stack Check” 查看堆栈状态。

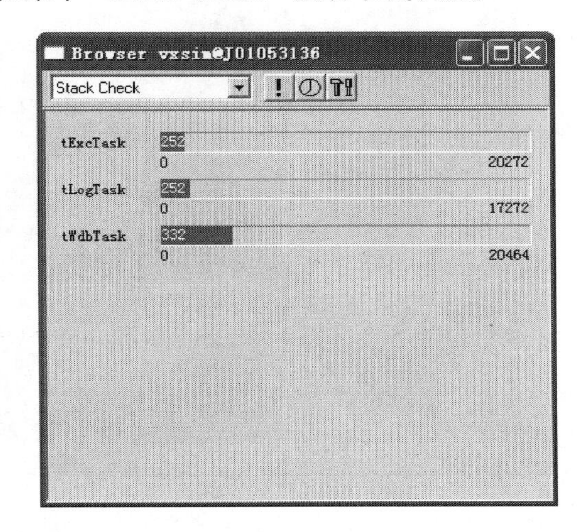

步骤 5　选择下拉菜单 “Tasks” 查看任务状态。

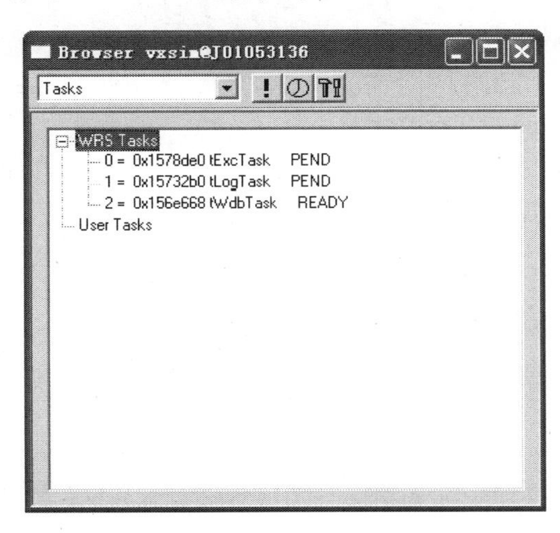

2.7 Host Shell

Host Shell 是一个 C 语言命令行解析器，它允许在 shell 命令行中调用下载到目标机上的任何程序。Host Shell 自身也提供一套用于任务管理、查看系统信息、调试等的命令。

下面以目标机仿真器 VxSim 为例，介绍如何启动 Host Shell 和通过 Host Shell 查看任务堆栈、任务信息等，其他详细信息请参考 *Tornado User's Guide*。

步骤 1 启动目标机仿真器。

步骤 2 选择目标机服务器 vxsim@J01053136。

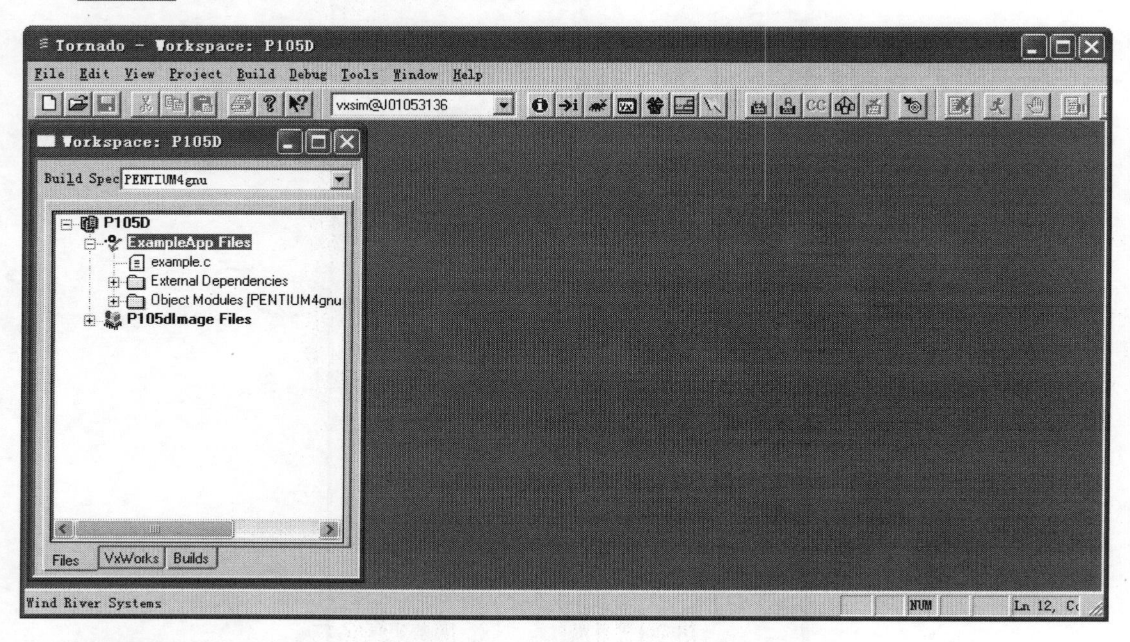

步骤 3 选择菜单 Tools/Browser…或者单击工具栏图标 →i 。

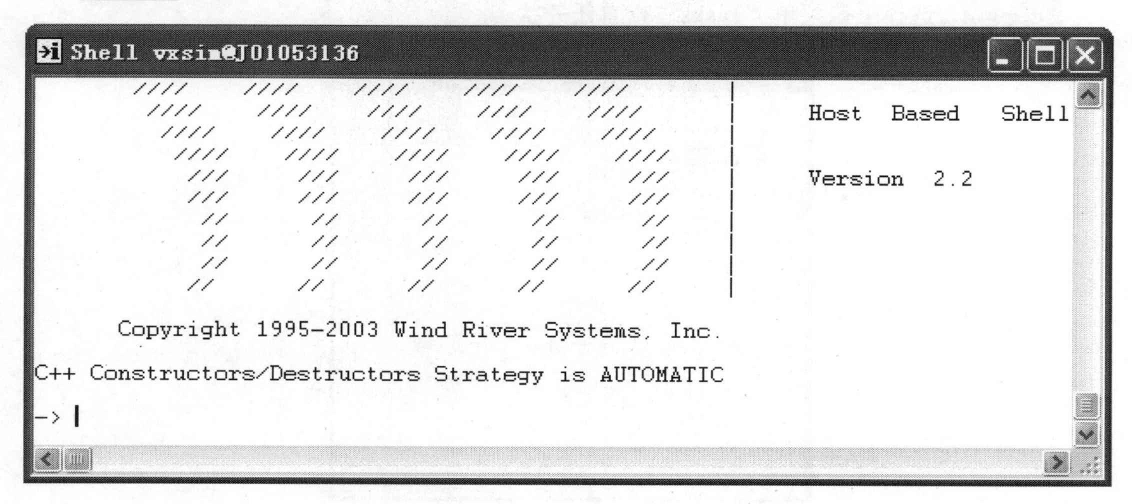

步骤 4　在命令行中输入“checkStack”查看堆栈状态。

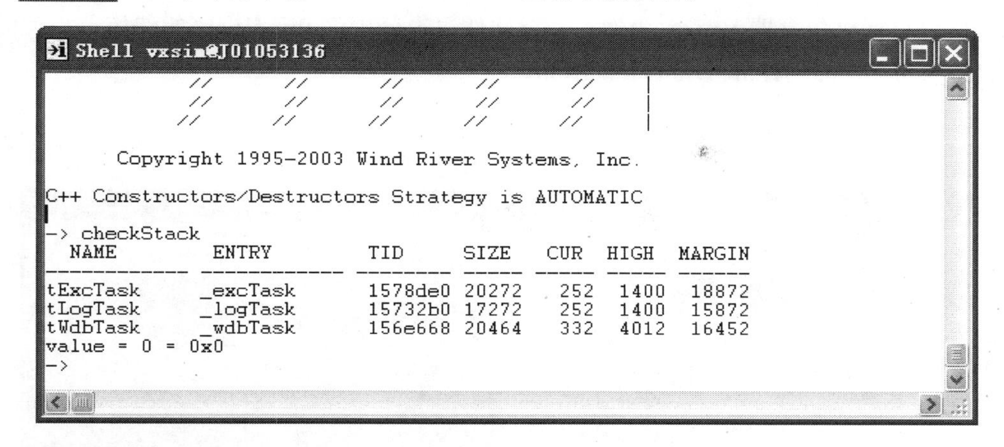

步骤 5　在命令行中输入“i”查看任务状态。

```
Shell vxsim@J01053136

-> checkStack
  NAME         ENTRY          TID      SIZE   CUR  HIGH  MARGIN
------------ ------------ -------- ----- ----- ----- ------
tExcTask      _excTask      1578de0 20272   252  1400  18872
tLogTask      _logTask      15732b0 17272   252  1400  15872
tWdbTask      _wdbTask      156e668 20464   332  4012  16452
value = 0 = 0x0
-> i
  NAME        ENTRY         TID     PRI   STATUS      PC       SP     ERRNO  D
---------- ------------ -------- --- ---------- -------- -------- ------- -
tExcTask   _excTask     1578de0   0 PEND        40984c  1578ce4        0
tLogTask   _logTask     15732b0   0 PEND        40984c  15731b4        0
tWdbTask   _wdbTask     156e668   3 READY       40984c  156e51c        0
value = 0 = 0x0
->
```

2.8　WindView

WindView 是一个图形化的动态诊断和分析工具，主要向开发者提供操作系统和应用程序的软件运行时序图，该工具被形象地称为“软件逻辑分析仪”。在高版本的 VxWorks 操作系统（比如 VxWorks 6.8、VxWorks 6.9 和 VxWorks 7.0 等）中，软件逻辑分析仪的名字被改为 System Viewer。

嵌入式系统开发者经常因为无法知道系统级的执行情况和软件的时间特性而感到失望，现在 WindView 使开发者能够看见一个嵌入式系统内部的动态运行过程。开发者可以看见运行在目标机上的应用程序以微秒级的时间精度显示任务、中断服务程序和系统对象之间复杂的相互作用。任务环境切换和系统事件，诸如信号量、消息队列、任务、时钟和用户事件等，可以同样清楚地显示在 WindView 上。WindView 可以使开发者深入地观察系统中有用的信息，例如中断、上下文切换和任务状态等，并提供了失败原因的事后模式。通过事后模式，开发者能迅速找到关键问题所在而忽略次要的问题，并理解特殊行为产生的原因，以求找到解决问题的最好方法。

下面以目标机仿真器 VxSim 为例，介绍软件逻辑分析仪 WindView 的使用，相关的详细信息请参考 Tornado/Help/WindView Help。

步骤 1 启动目标机仿真器。

步骤 2 选择目标机服务器 vxsim@J01053136。

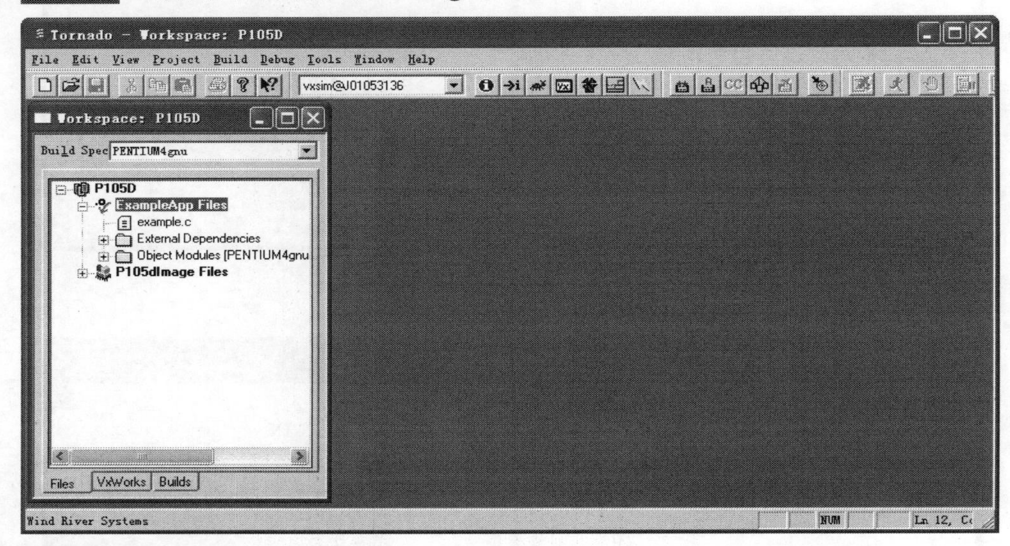

步骤 3 选择菜单 Tools/WindView/Launch…或者单击工具栏图标。

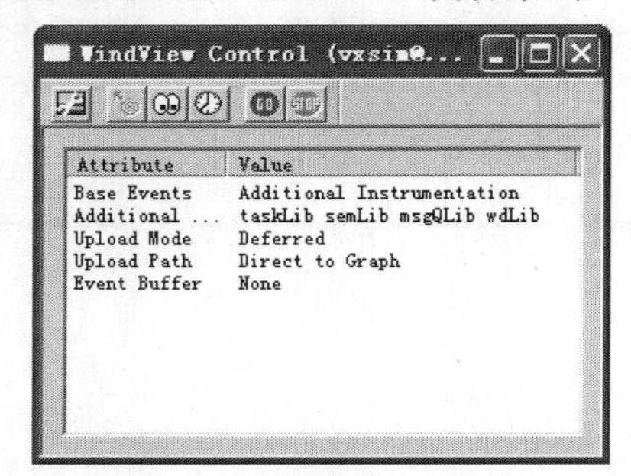

步骤 4 配置 WindView。单击“WindView Control”窗口工具栏图标，勾选关心的事件库。单击“Properties…”，选择 Buffer 的值为 512 KB，确定“OK”，再确定“OK”。

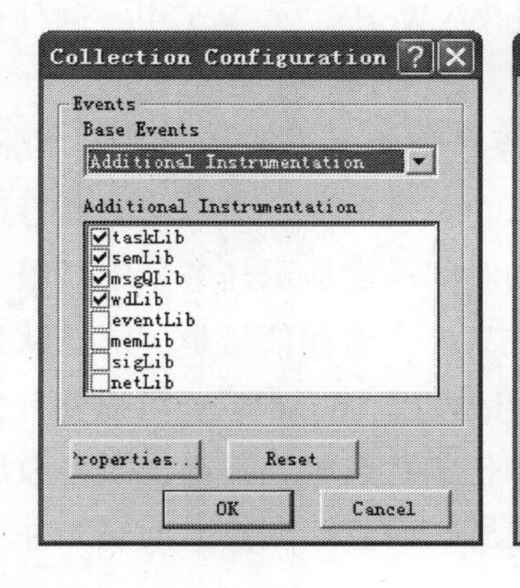

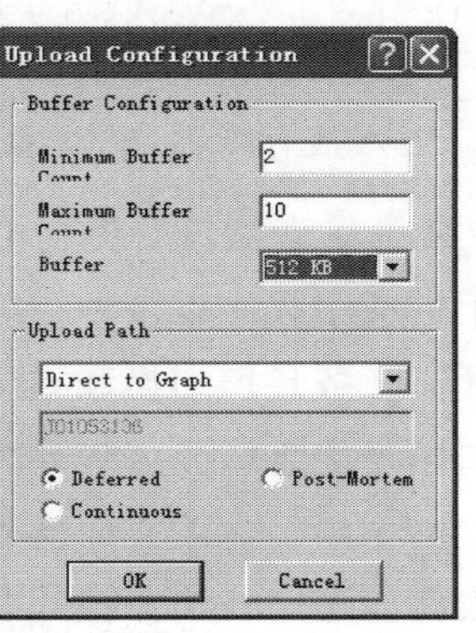

步骤 5　单击“WindView Control”窗口工具栏图标 GO，WindView 启动采集数据。

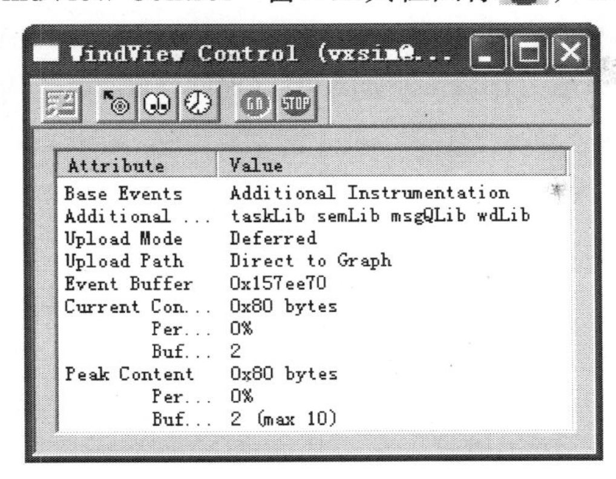

步骤 6　单击“WindView Control”窗口工具栏图标 STOP，WindView 停止采集数据。

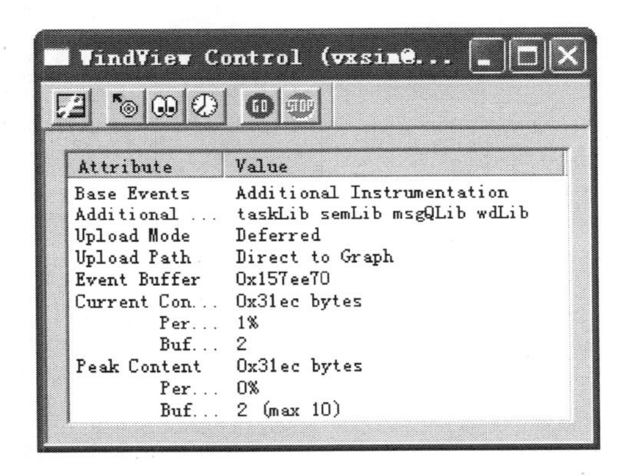

步骤 7　单击“WindView Control”窗口工具栏图标，WindView 上传采集数据。

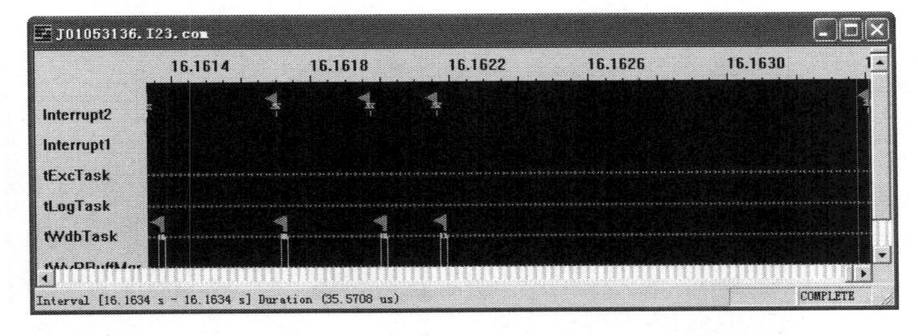

步骤 8　最后分析数据，图标含义和相关帮助参考 Tornado/Help/WindView Help。

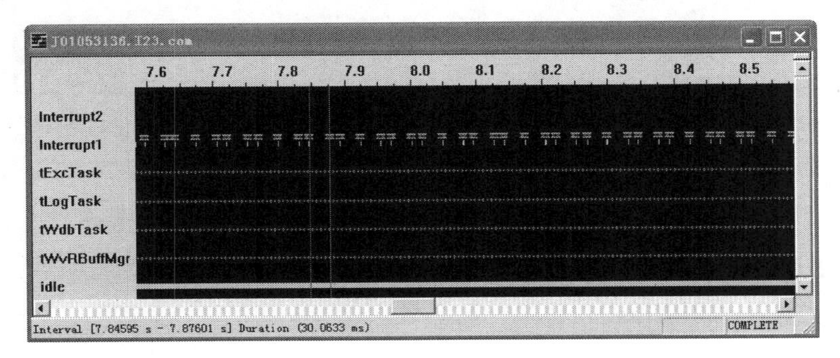

在 WindView 中，函数 STATUS wvEvent(event_t usrEventId, char *buffer, size_t bufSize)产生一个用户事件，允许的用户事件 usrEventId 范围是 0~25535。WindView 采集的软件运行时序图含有用户事件。典型应用是测量两个用户事件之间的时间来确定代码的执行时间。

```
void example(void)
{
   int iCnt = 0;

   while(1)
   {
           wvEvent(0,0,0);
           printf("Hello World!\n");
           wvEvent(1,0,0);
           iCnt++;

           taskDelay(sysClkRateGet());
   }

   return;
}
```

上面代码中，有用户事件 0 和用户事件 1，WindView 采样的软件逻辑时序图如下，图中可以看到用户事件 0 和用户事件 1 图标，在 WindView 图中测得用户事件 0 和用户事件 1 间的时间是 19.868μs。

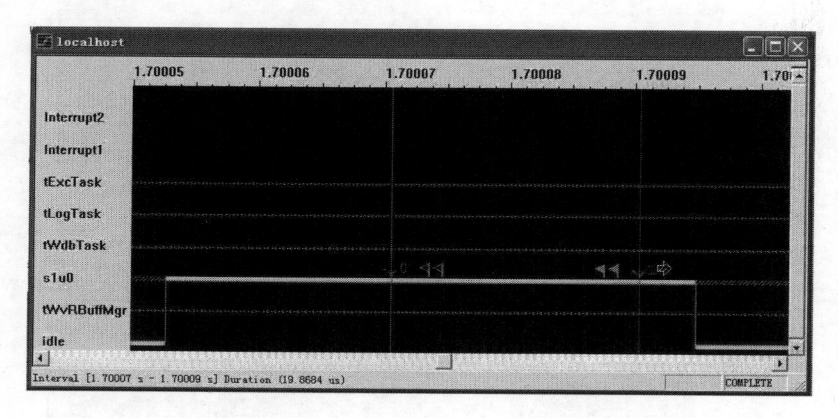

2.9 调试器

Tornado 集成了一个图形化的远程源代码调试器，支持任务级和系统级调试，支持混合源代码和汇编代码显示，支持多目标机同时调试。

通过远程源代码调试器，开发者可以成组地观察表达式的观察窗口；可以在调试器的图形用户界面中迅速改变变量、寄存器和局部变量的值；可以为不同组的元素设定根值数。该调试器还提供了开发者熟悉的 GNU/GDB 调试器引擎，这种调试器引擎采用命令行方式、命令完成窗口和下拉式的历史记录窗口，因而具有很强的灵活性。

下面以在目标机仿真器 VxSim 上调试应用程序 ExampleApp 为例介绍调试器，相关详细信息参考 *Tornado User's Guide*。

步骤 1　启动目标机仿真器。

步骤 2　选择目标机服务器 vxsim@J01053136。

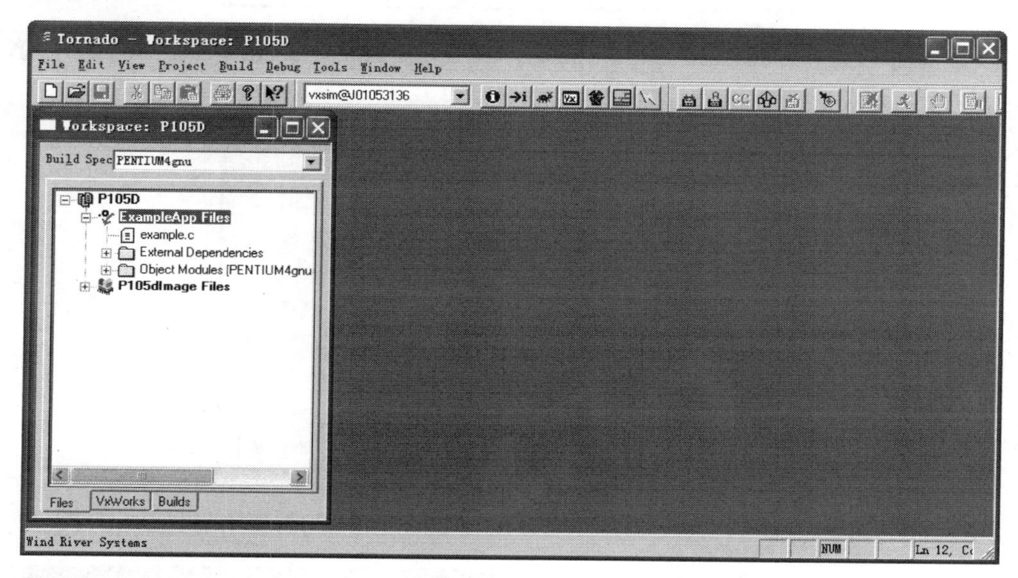

步骤 3　在工作空间选择“Builds”选项卡。

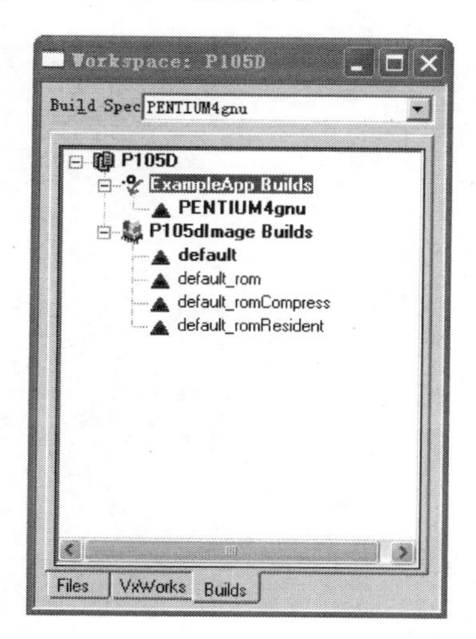

步骤 4　在“ExampleApp Builds”下右键单击“PENTIUM4gnu”，然后选择“New Build…”。

步骤5　选择“Default Build Spec”，设置为“SIMNTgnu”，在“Name”填写“SIMNTgnu”。

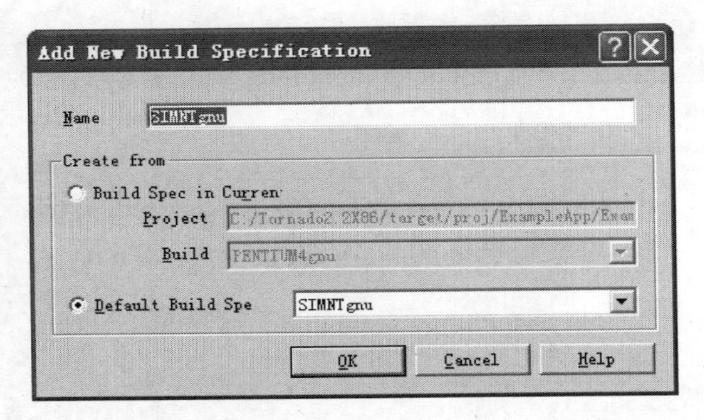

步骤6　确定“OK”，当前应用程序工程 ExampleApp 的编译工具是 SIMNTgnu.

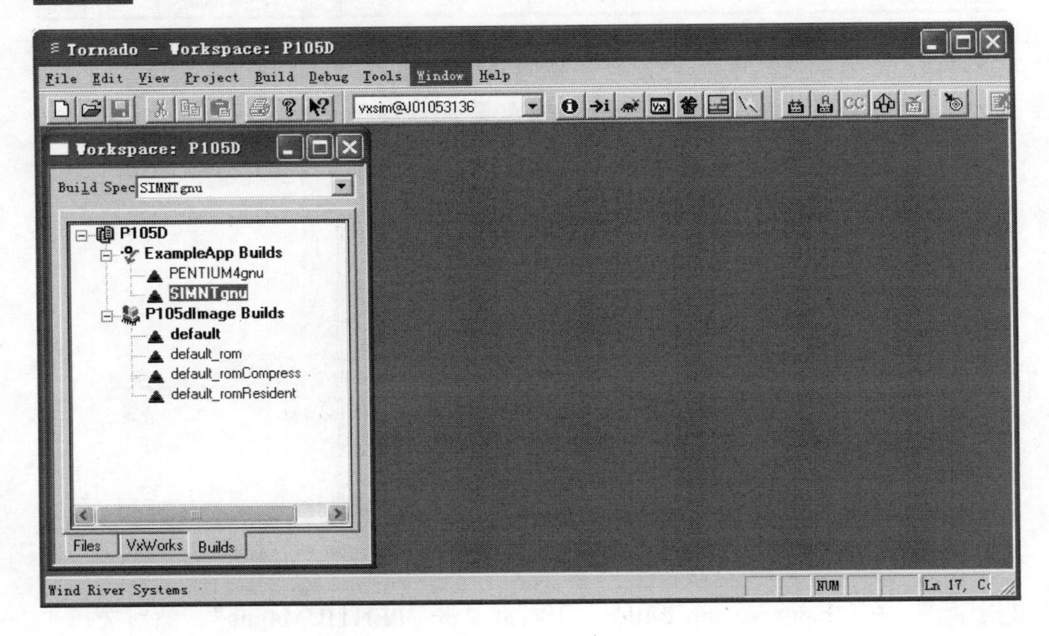

步骤 7　重新编译应用程序工程 ExampleApp。

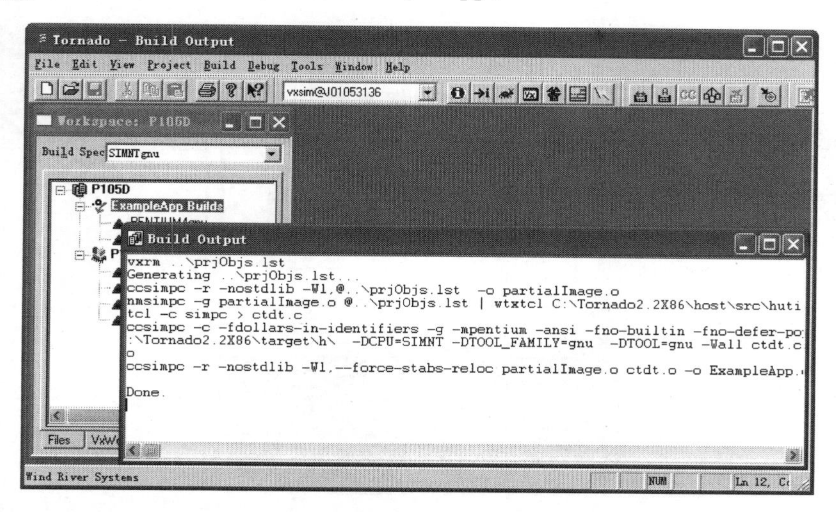

步骤 8　下载应用程序到目标机仿真器。右键单击工程 ExampleApp 选择“Download ‘ExampleApp.out’”。

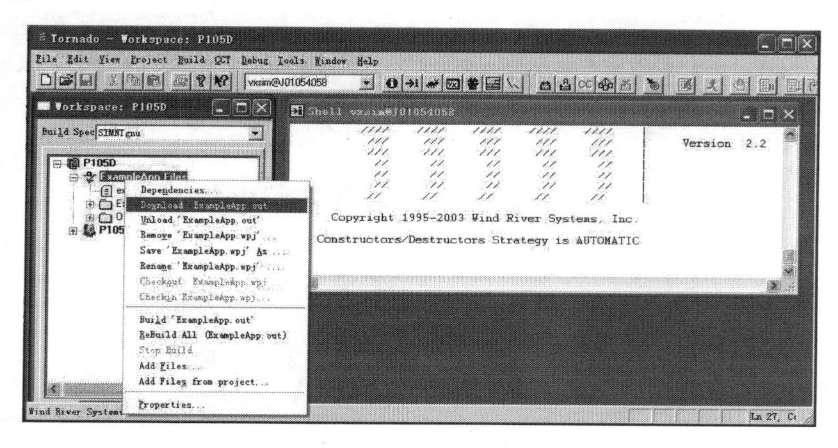

步骤 9　在菜单中选择“Tools” > “Debugger”或者单击工具栏“Launch Debugger”按钮。

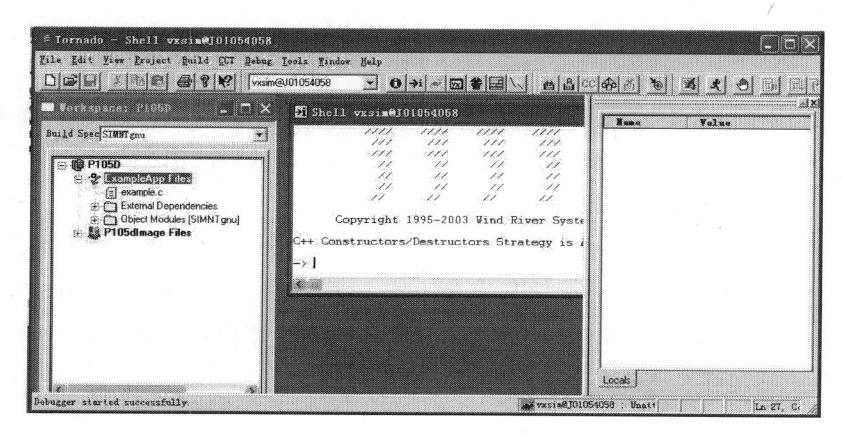

步骤 10 在菜单中选择“Debug”>“Run”或者单击工具栏“Run”按钮。

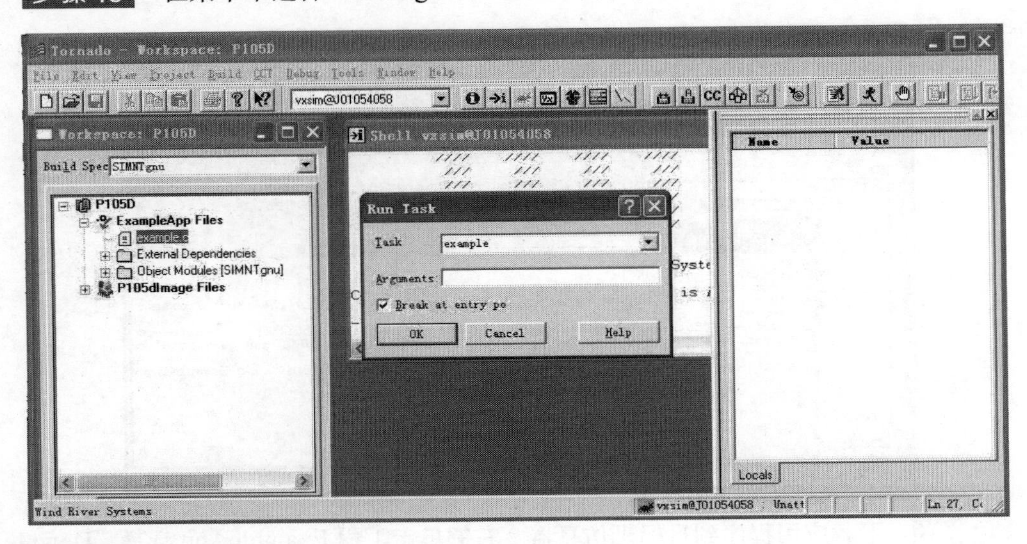

步骤 11 在“Run Task”窗口或者单击工具栏“Run”按钮。

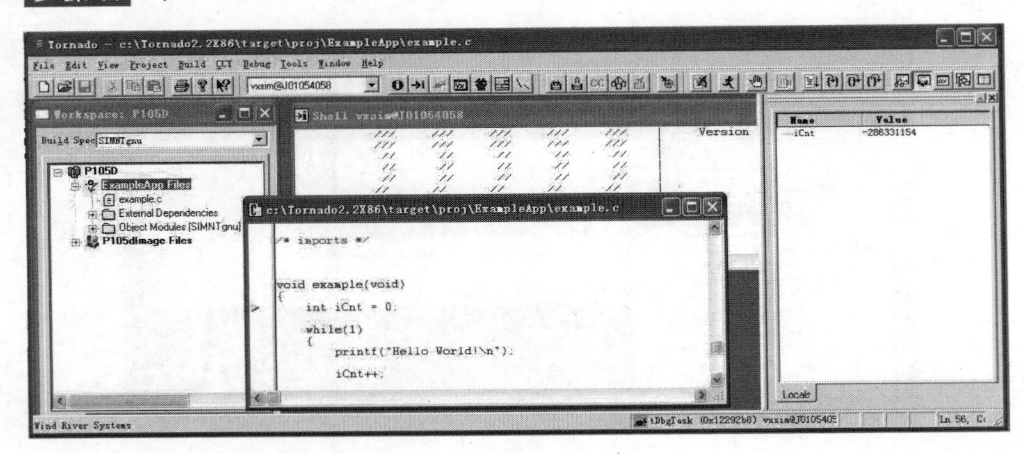

下面调试和其他集成开发环境一样，不再详细介绍了。

2.10 FTP 服务器

Tornado 集成了一个 FTP 服务器 WFTPD，下面按照引导行参数“gei0(0,0)host:vxWorks h=192.23.0.210 e=192.23.0.20:ffffff00 u=p105d pw=p105d f=0x8 tn=p105d s=/ata0a/usrApp.txt o=gei0”介绍配置 FTP 服务器步骤。

设置主机 IP：192.23.0.210，子网掩码：255.255.255.0。加电启动目标机，引导程序 bootrom.sys 开始执行，根据引导行参数设置，引导程序通过网卡 gei0 从主机（IP：192.23.0.210，子网掩码：255.255.255.0）的 FTP 服务器（用户名：p105d，密码：p105d）的根目录加载内核文件 VxWorks。

步骤 1　启动 FTP 服务器 WFTPD。

在 Windows XP 系统中，在“开始”菜单选择“所有程序”>“Torando 2.2X86”>“FTP Server”。

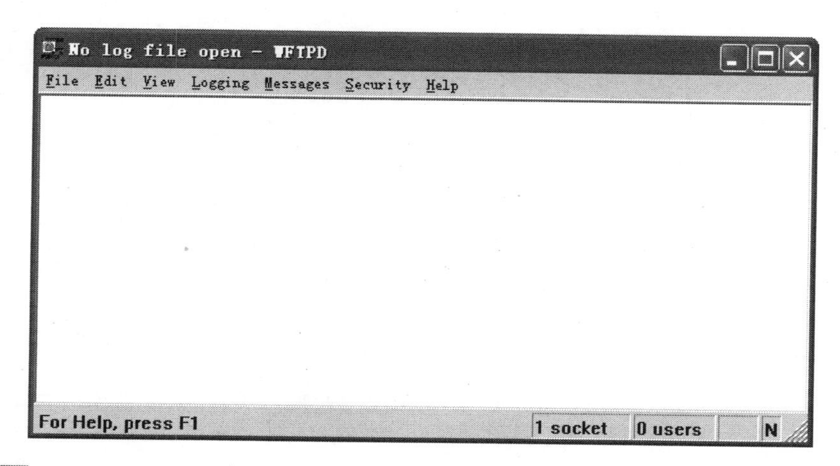

步骤 2　单击菜单“Security”，选择“Users/rights…”。

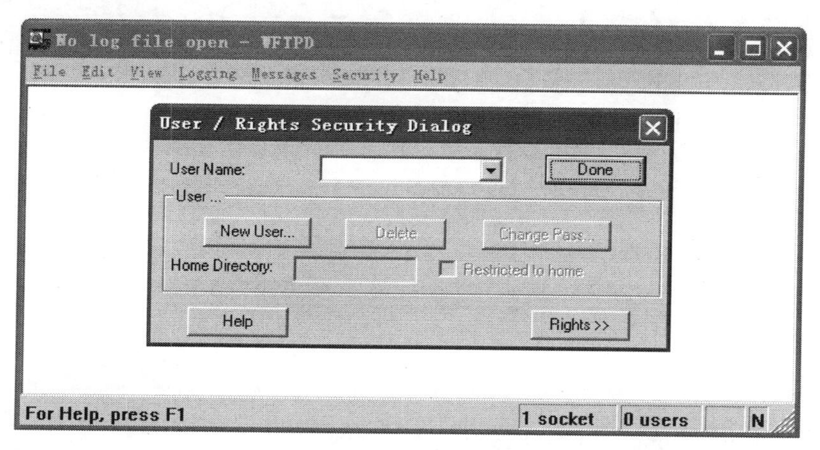

步骤 3　单击“New User…”，在“User Name”处输入用户名“p105d”。

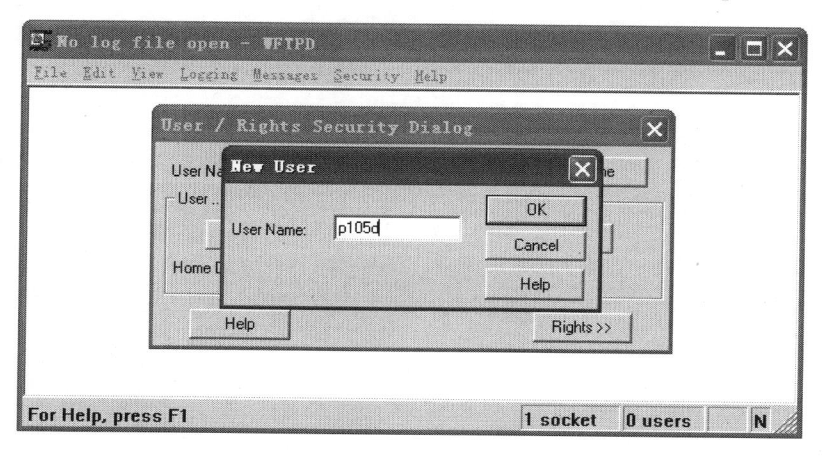

步骤 4 单击“OK”，在“New Password”处输入密码“p105d”。

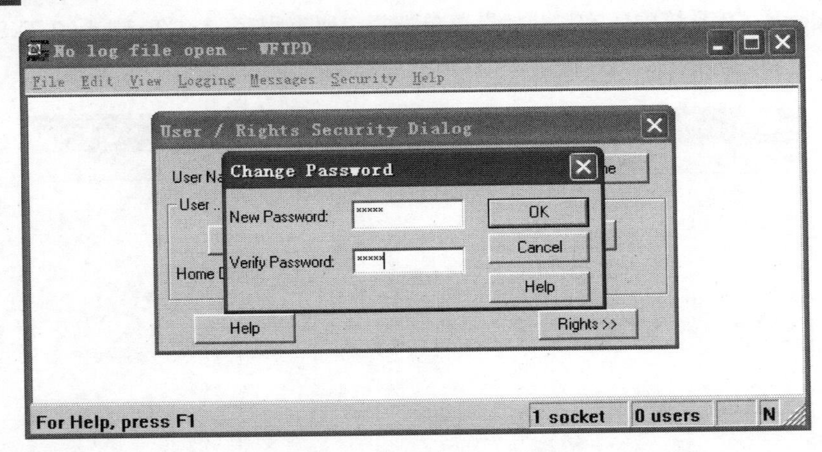

步骤 5 单击“OK”，在“Home Directory”处输入 FTP 服务器根目录，例如“C:\Tornado2.2X86\target\proj\P105dImage\default”。

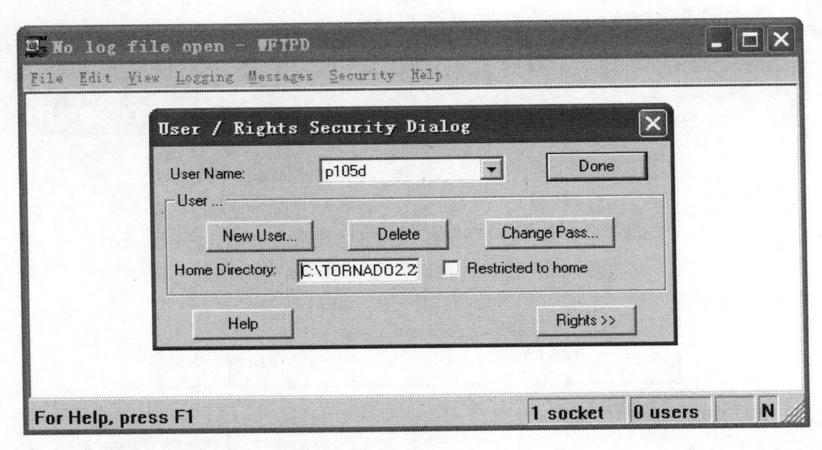

步骤 6 单击“Done”，FTP 服务器配置完成。

第3章　实时多任务和任务间通信

现代实时操作系统是基于多任务和任务间通信的概念的操作系统。多任务环境允许一个实时应用由一组各自独立的任务组成，每个任务拥有自己的执行线程和一组系统资源。任务间通信工具实现这些任务间的同步和通信，以协调它们之间的活动。在VxWorks中任务间通信工具包括信号量、消息队列和事件等。

本章主要介绍实时多任务和任务间通信。

3.1　实时多任务

任务管理与调度是实时操作系统的核心，该模块提供任务生命周期管理、控制与调度支持。任务生命周期管理包括：任务创建、任务删除等。任务状态控制包括：任务在就绪（Ready）、阻塞（Pend）、挂起（Suspend）、延时（Delay）四个状态间的切换，任务优先级设置与获取，任务调度锁定。任务调度，提供基于优先级抢占式任务调度，在同优先级的任务间提供可选的Round-Robin时间片轮转调度。

3.1.1　任务生命周期管理

任务生命周期管理包括：任务创建、任务删除等。

（1）任务创建

任务创建和激活的函数原型：

```
taskSpawn() - spawn a task

int taskSpawn
(
char *   name,          /* name of new task (stored at pStackBase) */
int      priority,      /* priority of new task */
int      options,       /* task option word */
int      stackSize,     /* size (bytes) of stack needed plus name */
FUNCPTR entryPt,        /* entry point of new task */
int      arg1,          /* 1st of 10 req´d task args to pass to func */
int      arg2,
```

```
int     arg3,
int     arg4,
int     arg5,
int     arg6,
int     arg7,
int     arg8,
int     arg9,
int     arg10
)
```

函数 taskSpawn() 共有 15 个参数，分别是任务名、任务优先级、任务选项字、任务堆栈大小、任务入口函数，以及任务入口函数的 10 个可选参数。任务创建和激活成功时返回任务 ID 号，失败时返回 ERROR。

任务名：要求便于记忆，建议是以 t 或者 u 开始的一个字符串。

任务优先级：要求是 0~255 的自然数，最高优先级是 0，最低优先级是 255，建议创建任务优先级在 150 之后。

任务选项字：当任务有浮点数操作计算或者调用浮点计算函数时，任务选项字是 VX_FP_TASK；当任务没有浮点数操作计算，也不调用浮点计算函数时，任务选项字是 0。

任务堆栈：创建任务时分配的内存，包含了任务控制块（TCB）和任务名，剩余内存是任务堆栈，默认使用 0xEE 填充，这种初始化填充主要用于任务堆栈检查函数 checkStack()。

任务入口函数：任务创建和激活成功后，系统调用这个函数，该函数最多有 10 个可选的参数。任务入口函数在任务堆栈空间运行，因此必须设置足够大的任务堆栈，并且任务入口函数及其调用函数中不允许使用占用大量空间的数组、结构体变量等。

（2）任务删除

任务删除的函数原型：

```
taskDelete() - delete a task

STATUS taskDelete
(
int tid                    /* task ID of task to delete */
)
```

函数 taskDelete() 有 1 个参数，是任务名。任务删除成功时返回 OK，失败时返回 ERROR。

（3）多任务例子

```
/* multiTask.c - multiTask demo source file */

/* Copyright 2010-2015 Department No.10 of Institute 23, CASIC. */

/*
modification history
--------------------

01a,2010/09/17,zhu_liangyong  written.
*/

/*
DESCRIPTION
```

本程序是一个多任务的例子。该演示程序的入口函数是 multiTaskInit()，退出函数是 multiTaskExit()。多任务演示程序以不同优先级创建多个任务，每个任务每隔一个时间片向标准输出设备输出该任务的运行次数。

```
INCLUDE FILES:
*/

/* includes */

#include "vxWorks.h"
#include "taskLib.h"
#include "assert.h"
#include "stdlib.h"
#include "stdio.h"

/* typedefs */

/* defines */

#define USR_TASK_NUM  (2)
#define TASK_PRI              (150)
#define TASK_STACK_SIZE       (0x4000)
```

```
/* locals */

LOCAL void usrTask (int iUsrId);
LOCAL int iUsrTaskId[USR_TASK_NUM];

/* globals */

/* imports */

/*****************************************************************
*
* multiTaskInit - 多任务初始化函数
*
* 该函数创建多个任务。
*
* 参数：无。
*
* RETURNS: N/A
*/

void multiTaskInit(void)
{
   int i;

   for (i=0; i<USR_TASK_NUM; i++)
   {
          char cTaskName[16];
          sprintf(cTaskName, "tUsrTask%d", i);

          /* prototype:
               taskSpawn() - spawn a task

               int taskSpawn
               (
               char *  name,          /@ name of new task (stored at
```

```
pStackBase) @/
                    int      priority,      /@ priority of new task @/
                    int      options,       /@ task option word @/
                    int      stackSize,     /@ size (bytes) of stack needed
plus name @/
                    FUNCPTR entryPt,        /@ entry point of new task @/
                    int      arg1,          /@ 1st of 10 req´d task args to
pass to func @/
                    int      arg2,
                    int      arg3,
                    int      arg4,
                    int      arg5,
                    int      arg6,
                    int      arg7,
                    int      arg8,
                    int      arg9,
                    int      arg10
                    )
            */
            iUsrTaskId[i] = taskSpawn(cTaskName, (TASK_PRI+i), 0, TASK_
STACK_SIZE, (FUNCPTR)usrTask, i, 1, 2, 3, 4, 5, 6, 7, 8, 9);
            assert(ERROR!=iUsrTaskId[i]);
      }

      return;
  }

  /**********************************************************************
  *
  * multiTaskExit - 多任务退出函数
  *
  * 该函数删除多个任务，释放系统资源。
  *
  * 参数：无。
  *
  * RETURNS: N/A
```

```
*/

void multiTaskExit(void)
{
  int i;

  for (i=0; i<USR_TASK_NUM; i++)
  {
        /* prototype:
           taskIdVerify() - verify the existence of a task

           STATUS taskIdVerify
           (
           int tid                     /@ task ID @/
           )
        */
        if (ERROR != taskIdVerify(iUsrTaskId[i]))
        {
               /* prototype:
                  taskDelete() - delete a task

                  STATUS taskDelete
                  (
                  int tid             /@ task ID of task to delete @/
                  )
               */
               taskDelete(iUsrTaskId[i]);
        }
  }

  return;
}

/***********************************************************************
*
* usrTask - usrTask 任务入口函数
```

```
*
* 该函数生产一个任务， 该任务每隔一个时间片向标准输出设备输出该任务的运行次数。
*
* 参数：iUsrId - usrTask 任务的身份 ID。
*
* RETURNS: N/A
*/

void usrTask (int iUsrId)
{
   int iCnt = 0;

    FOREVER
   {
         printf( "usrTask%d runs %d times.\n" , iUsrId, iCnt++);
         /* prototype:
            taskDelay() - delay a task from executing

            STATUS taskDelay
            (
            int ticks            /@ number of ticks to delay task @/
            )
         */
         taskDelay(1);
   }
}
```

3.1.2　任务状态控制

任务状态控制包括：任务在就绪（Ready）、阻塞（Pend）、挂起（Suspend）、延时（Delay）四个状态间的切换，任务优先级设置与获取，任务调度锁定。

（1）任务状态迁移

内核记录系统中每个任务的当前状态。应用程序的内核函数调用可以使得一个任务从一个状态转换成另一个状态。当任务被创建时，任务进入挂起状态。激活过程是创建的任务进入就绪状态的必要步骤。激活阶段十分迅速，使得应用程序可以预先创建一个任务然后及时地激活它们。另一种方法是直接使用 taskSpawn 例程，它创建一个任务并激活它。

任务可以在任何状态被删除。

任务状态转化表

状态符号	说明
READY	任务处于等待获取 CPU 并执行的状态
PEND	任务等待某种资源而处于阻塞状态
DELAY	任务处于等待一个时间段（以系统时间片为单位）的状态
SUSPEND	任务处于不可执行状态。该状态主要用于调试。suspend 状态除了禁止任务执行外，并不禁止任务的状态迁移。因此，pended-suspended 状态的任务可以被 unblock，而处于 delayed-suspended 状态的任务可以被 awaken
DELAY + S	任务处于 delayed-suspended 的状态
PEND + S	任务处于 pended-suspended 的状态
PEND + T	任务处于 pend 状态，但有 timeout 值，一旦超时，任务的 pend 状态将被清除
PEND + S + T	任务处于 pended_suspended 状态，但有 timeout 值，一旦超时，任务的 pend 状态将被清除
state + I	任务处于 state（state 表示上述状态之一）状态，且有继承优先级 I

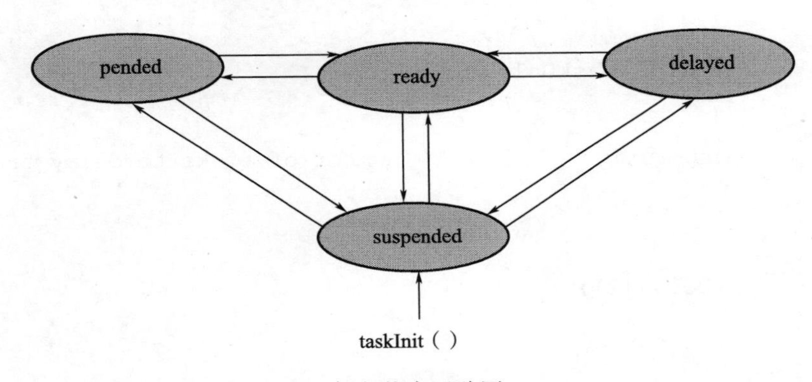

任务状态迁移图

注：ready 队列中最高优先级的任务占有 CPU 并运行。

引起状态迁移的函数如下：

ready	——→	pended	***semTake*() / *msgQReceive*()**
ready	——→	delayed	***taskDelay*()**
ready	——→	suspended	***taskSuspend*()**
pended	——→	ready	***semGive*() / *msgQSend*()**
pended	——→	suspended	***taskSuspend*()**
delayed	——→	ready	expired delay（延时耗尽）
delayed	——→	suspended	***taskSuspend*()**

suspended ——→	ready	***taskResume*()** / ***taskActivate*()**
suspended ——→	pended	***taskResume*()**
suspended ——→	delayed	***taskResume*()**

（2）任务优先级设置

任务优先级设置的函数原型：

```
taskPrioritySet () - change the priority of a task

STATUS taskPrioritySet
(
int tid,                /* task ID */
int newPriority         /* new priority */
)
```

函数 taskPrioritySet() 有 2 个参数，第一个参数是任务 ID 号，第二个参数是新优先级，范围从高优先级 0 到最低优先级 255。任务优先级设置成功时返回 OK，当任务 ID 非法时返回 ERROR。

（3）任务优先级获取

任务优先级获取的函数原型：

```
taskPriorityGet () - examine the priority of a task

STATUS taskPriorityGet
(
int tid,                /* task ID */
int * pPriority         /* return priority here */
)
```

函数 taskPriorityGet() 有 2 个参数，第一个参数是任务 ID 号，第二个参数是整形指针，表示优先级的地址。任务优先级获取成功时返回 OK，当任务 ID 非法时返回 ERROR。

3.1.3　任务调度

多任务需要一个调度算法在就绪任务之间分配 CPU。VxWorks 的默认调度算法是基于优先级的可抢占调度，但是用户也可以在相同优先级任务之间选择 Round-Robin 调度算法。

（1）可抢占的优先级调度

使用可抢占优先级调度时，每个任务拥有自己的优先级，内核保证将 CPU 分配给优先级最高的任务并运行该任务。这个调度是可抢占的，如果一个比当前任务更高优先级的任务就绪时，内核马上保存当前任务的上下文，切换到高优先级任务。下图中，任务 t1 被高优先级任务 t2 抢占，t2 被 t3 抢占；当 t3 执行完毕，t2 继续执行；当 t2 完成执行，t1 继续执行。

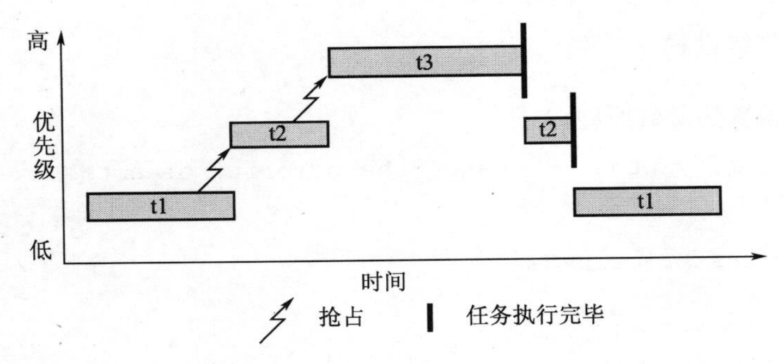

VxWorks 内核有 256 个优先级别，从 0 到 255。优先级 0 最高，优先级 255 最低。任务在创建的时候被赋予一个优先级。但在执行过程中，任务可以使用 taskPrioritySet() 改变优先级。可以动态改变任务优先级的做法允许应用程序跟踪现实世界中的优先级变化。

（2）Round-Robin 调度

可抢占优先级调度可以由 Round-Robin 调度算法扩充。Round-Robin 调度算法尝试在所有相同优先级的就绪任务之间平等共享 CPU。没有 Round-Robin 调度算法，当多个相同优先级的任务之间必须共享处理器时，单个任务可能不会阻塞而是侵占 CPU，这样不给其他相同优先级的任务任何运行的机会。

Round-Robin 调度使用时间片成组地在相同优先级任务之间公平地分配 CPU。每个组中的每个任务执行一个指定的时间间隔或者时间片，然后另一个任务执行相同的时间，如此循环。因为在相同优先级组中的另一个任务被分配时间片以前，没有一个组中的任务可以得到下一个时间片，所以这种分配是公平的。

Round-Robin 调度由函数 kernelTimeSlice() 启动，它将时间片或者时间间隔作为参数。这个时间间隔是每个任务在放弃 CPU 给相同优先级任务之前执行的所有时间。

如果一个任务在它的时间片被高优先级任务抢占，它的运行计数器被保存，当任务重新执行时恢复。下图表示三个相同优先级任务的 Round-Robin 调度：t1，t2，t3。任务 t2 被高优先级任务 t4 抢占，但是在 t4 完成时将计数器在被打断时的数值恢复。

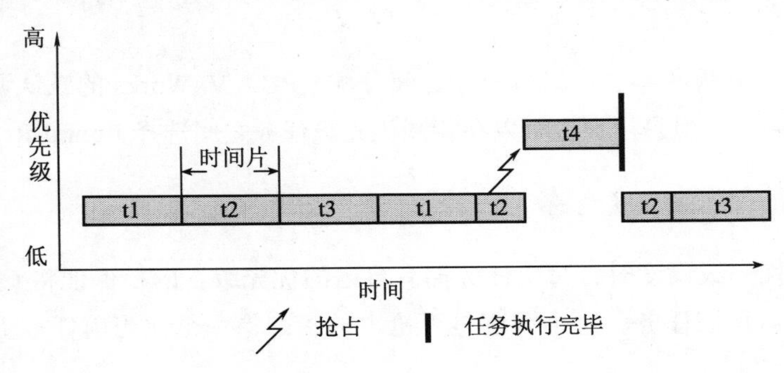

（3）抢占锁

内核可通过调用 taskLock() 和 taskUnlock() 来使调度器生效和失效。当一个任务调用 taskLock() 使调度器失效，任务运行时没有基于优先级的抢占发生。然而，如果任务被阻塞或是悬置时，调度器从就绪队列中取出最高优先级的任务运行。当设置禁止抢占的任务解除阻塞，再次开始运行时，抢占又被禁止。抢占锁阻止了任务上下文切换但并不封锁中断处理。抢占锁可以用于完成互斥，但是为了保证系统响应应该保持抢占锁定的时间最短。

3.1.4　用户接口

子模块名	函数名	功能描述	备注
任务调度控制函数	kernelTimeSlice()	控制 Round-Robin 调度	
	taskPrioritySet()	改变任务优先级	
	taskLock()	取消任务调度	
	taskUnlock()	启动任务调度	
任务创建函数	taskSpawn()	创建和激活一个新任务	
	taskInit()	初始化一个新任务	
	taskActivate()	激活一个已经初始化的任务	
任务名称和 ID 函数	taskName()	得到和任务 ID 相关的任务名称	
	taskNameToId()	得到和任务名称相关的任务 ID	
	taskIdSelf()	得到调用任务的 ID	
	taskIdVerify()	检验特定任务的存在性	
任务选项函数	taskOptionsGet()	检验任务选项	
	taskOptionsSet()	设置任务选项	
任务信息函数	taskIdListGet()	将所有激活任务的 ID 填充一个数组	
	taskInfoGet()	得到一个任务的信息	
	taskPriorityGet()	检查任务的优先级	
	taskRegsGet()	检查任务的寄存器	
	taskRegsSet()	设置任务的寄存器	
	taskIsSuspended()	检验任务是否挂起	
	taskIsReady()	检验任务是否就绪	
	taskTcb()	得到任务控制块指针	
任务删除函数	exit()	终止调用任务，释放内存空间（只是任务堆栈和任务控制块）	
	taskDelete()	终止指定的任务，释放内存空间（只是任务堆栈和任务控制块）	
	taskSafe()	从删除中保护调用任务	
	taskUnsafe()	撤销 taskSafe()（使得调用任务对于删除可用）	

续表

子模块名	函数名	功能描述	备注
任务控制函数	taskSuspend()	挂起一个任务	
	taskResume()	重新激活一个任务	
	taskRestart()	重启一个任务	
	taskDelay()	延时一个任务，延时单位是滴答	
	nanosleep()	延时一个任务，延时单位是纳秒	
任务扩展函数	taskCreateHookAdd()	添加一个函数，在任务创建时调用	
	taskCreateHookDelete()	删除一个原先添加的任务创建函数	
	taskSwitchHookAdd()	添加一个函数，在任务切换时调用	
	taskSwitchHookDelete()	删除一个原先添加的任务切换函数	
	taskDeleteHookAdd()	添加一个函数，在任务删除时调用	
	taskDeleteHookDelete()	删除一个原先添加的任务删除函数	

3.1.5 任务堆栈示意图

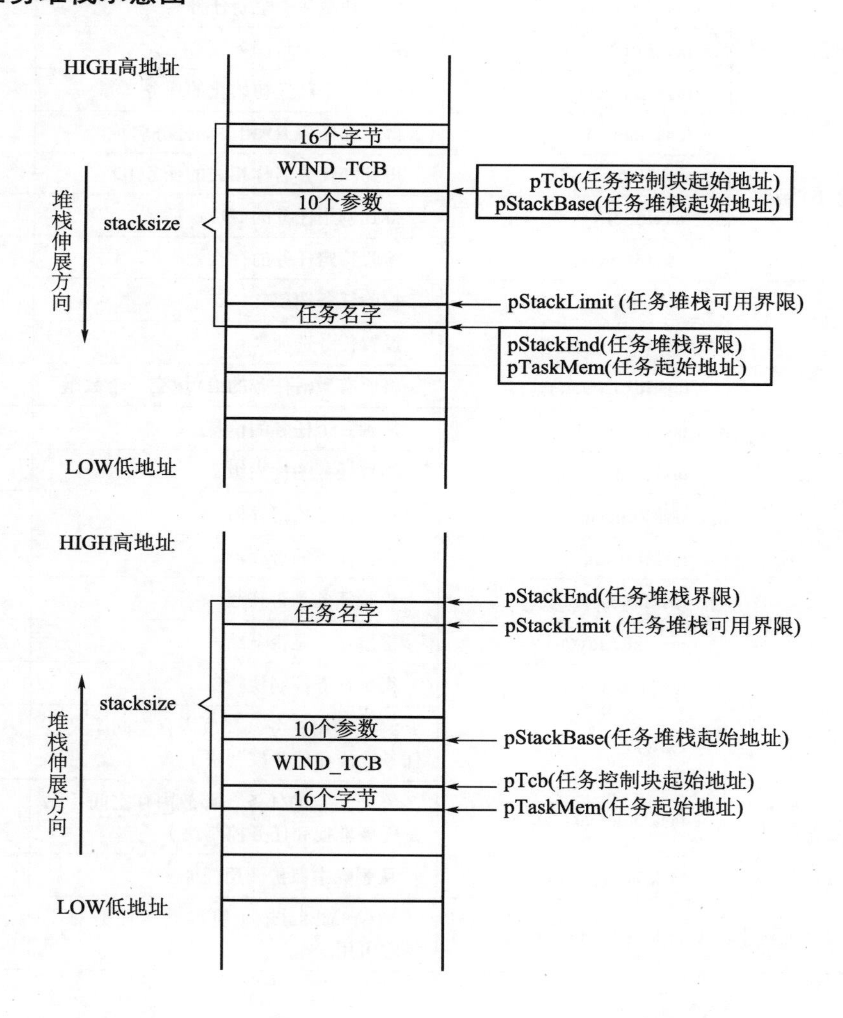

3.2　任务间通信

任务间的同步与通信是多任务系统的必需功能。VxWorks 操作系统以互斥锁与信号量实现任务同步，并提供消息传递机制以实现任务通信。

同步机制主要涉及系统资源共享与事件等待。对于可重入的操作系统而言，同步分内核自身的同步以及应用程序间的同步。内核同步可采用中断屏蔽实现，也可利用与应用程序相同的同步原语。

互斥锁与信号量都存在一个优先级逆转的问题，即低优先级的任务拥有高优先级任务所需的资源，从而阻塞了后者的执行。在实时系统中，这种情况必须避免，为此，采用了优先级继承技术。具体实现方法是：在高优先级任务企图获得被占用的资源时，给占有资源的低优先级任务赋予与自己相同的优先级。这种技术的采用保证了高优先级任务的临界时间。

任务同步机制对实时任务调度有深刻的影响，具体体现在临界时间的满足、优先级的动态变化、上下文切换的频率以及任务集的负载等方面。这些影响必须在进程调度算法和可调度性判定中予以考虑。

系统提供了一套丰富的任务间通信机制。

1）共享内存，目的针对共享数据。

2）信号量，基本的同步与互斥。

3）消息队列和管道，在任务间传递信息。

4）信号，针对异常处理。

3.2.1　共享数据结构

任务间通信最明显的方式就是共享数据结构。因为系统中所有的任务在同一个线性地址空间中，所以共享数据是很平常的。如图所示，全局变量、线性缓冲区、循环缓冲区、链表以及指针可以被不同上下文环境中运行的代码直接访问。

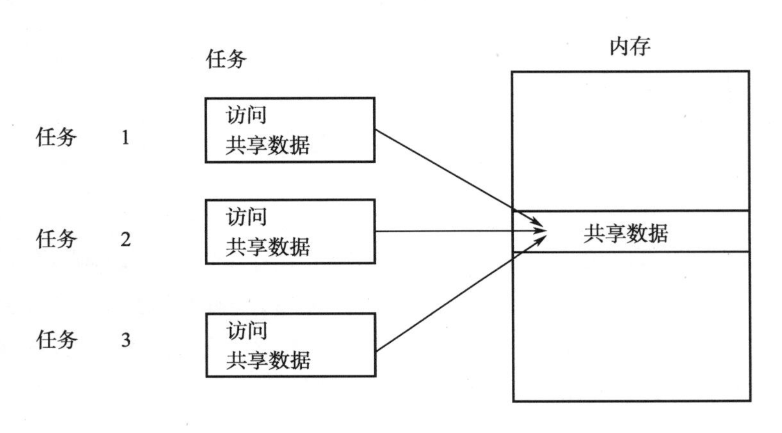

3.2.2　互斥和同步

虽然一个共享的地址空间简化了数据的交换，但是为了避免竞争，互锁对内存的访问是关键的。系统提供许多对资源进行互斥访问的函数，不同仅仅在于互斥的粒度。这样的方法包括了禁止中断、禁止抢占，以及使用信号量锁定资源。

（1）中断锁与延迟

最有力的互斥是禁止中断，这保证了对 CPU 的独占使用，解决了任务（或中断服务程序）与中断服务程序之间的互斥问题。

```
funcA ()
    {
    int lock = intLock();
    /*
     * critical region that cannot be interrupted
     */
     intUnlock(lock);
    }
```

对实时系统来说，这不是一个合适的通用互斥机制，因为这使系统在封锁期间不能对外部事件做出响应。对任何一个需要立即响应的外部事件来说，中断延迟是不能接受的。然而，对一些同中断服务程序 ISR 的互斥，中断锁有时也是必要的。在任何情况下，都要让中断封锁的时间保持最小。

（2）抢占锁与延迟

禁止抢占提供了一个稍微宽松的互斥手段。

```
funcA ()
    {
    taskLock();
    /*
    * critical region that cannot be interrupted
    */
    taskUnlock();
    }
```

虽然没有任何任务可以抢占当前任务，中断服务程序 ISR 却可以运行。然而，这个方法可能会导致一个无法接受的实时响应。在上锁任务离开关键段之前，高优先级的任务将无法运行，即使这个高优先级的任务并不干涉这个关键段。这种互斥十分简单，用户需要将这个阶段保持短小。信号量提供了一种更好的机制。

3.2.3 信号量

在操作系统 VxWorks 中信号量是高度优化、最快速的任务间通信机制。信号量是实现互斥和任务同步的主要手段。

对于互斥，信号量对共享资源的访问进行互锁，提供比中断锁和抢占锁更加优化的互斥粒度。

对于同步，信号量将一个任务的执行与外部时间协调。

内核有三种信号量，分别针对各种不同的问题做优化：

1）二进制信号量。最快、最通用的信号量，优化了互斥或者同步。

2）互斥信号量。一种特殊的二进制信号量，针对互斥的内在问题做出优化：优先级继承，安全删除和递归。

3）计数信号量。与二进制信号量相似，但跟踪信号发出的次数。对于守护某种资源的多个实例作了优化。

VxWorks 不仅提供了特别为 VxWorks 设计的 Wind 信号量，而且还提供便于移植的 POSIX 信号量（在本书中不作介绍）。一个可选的信号量库提供 POSIX 兼容信号量界面。

（1）二进制信号量

通用的二进制信号量可以满足任务协作的两种形式的需要：同步与互斥。二进制信号量具有最小的额外消耗，使它特别适合于需要高性能的场合。

互斥信号量也是一种二进制信号量，但它针对互斥问题的特性作了优化，当互斥信号量的高级特性没有必要的时候，通用的二进制信号量也可以用作互斥。

信号量可以被看作一个可用（满）或不可用（空）的标志。当一个任务要获取一个二进制信号量的时候，根据信号量是可用的或不可用的有不同的结果。若信号量可用，则任务继续运行，信号量变为不可用。若信号量不可用（空），则任务被放入一个阻塞队列中并在这个信号量上阻塞。

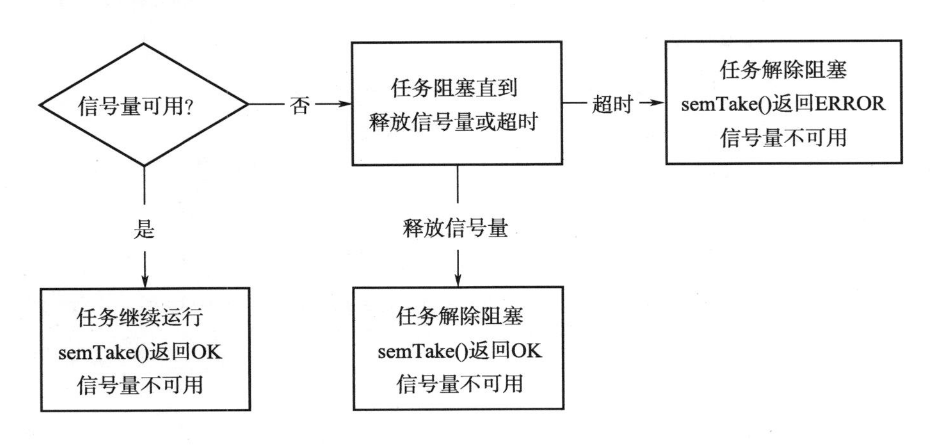

当一个任务或中断服务程序释放一个信号量的时候，结果也根据信号量的状态不同而不同。若信号量可用（满），释放信号量没有任何作用；若信号量不可用（空）并且没有任务阻塞在信号量上，释放信号量使得信号量可用（满）；若信号量不可用（空）并且有任务阻塞在信号量上，释放信号量使得阻塞对列上的第一个任务立刻唤醒变成就绪状态。

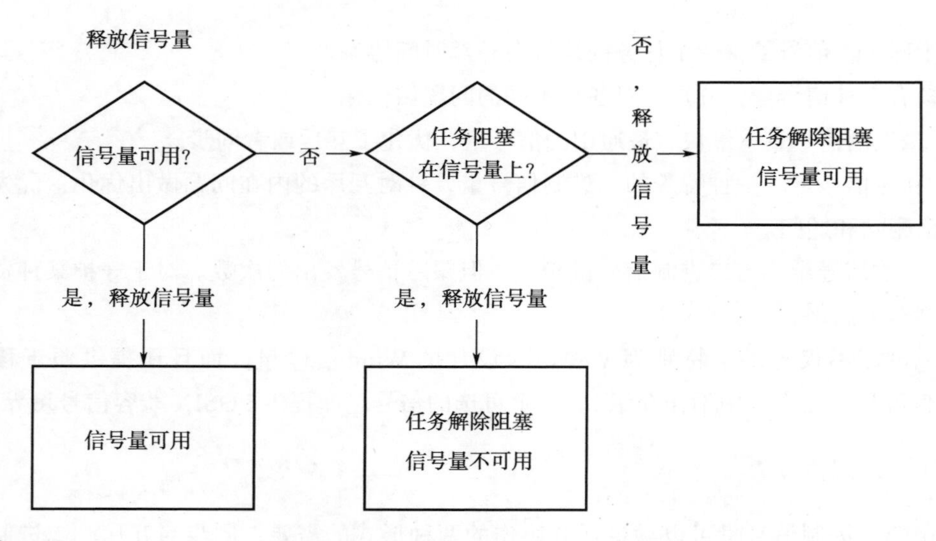

①互斥

二进制信号量对共享资源的访问互锁是有效的。不同于禁止中断或者抢占锁，二进制信号量将互斥的范围限制在相关资源上。在这种技术中，信号量用于守护资源。信号量的初始状态是可用（满）。

当一个任务需要访问共享资源，它必须首先获得信号量。只要任务一直占用这个信号量，所有其他需要访问这个资源的任务都将阻塞。当任务完成资源使用，它释放信号量，允许其他任务使用这个资源。这样需要互斥访问的资源都被 **semTake()** 和 **semGive()** 对括在一起，该区域保持短小。

使用一个二进制信号量作为互斥的一个方法，首先要初始化为满状态。比如：

```
SEM_ID semMutex;
/* create a binary semaphore that is initially full */
semMutex = semBCreate (SEM_Q_PRIORITY, SEM_FULL);
```

然后用 **semTake()** 获取一个信号量来保护临界区，并在退出临界区的时候用 **semGive()** 重新给出信号量。比如：

```
semTake (semMutex, WAIT_FOREVER);
    ...  /* critical region, accessible only by one task at a time */

semGive (semMutex);
```

当同一个信号量可以被多个任务没有限制地给出、获取或者刷新的时候，确保互斥结构的合适的操作就显得非常重要。当任何数目的进程可没有危险地获取一个信号量的时候，信号量的给出操作就应当被小心地控制。如果一个信号量由没有获取过它的任务给出，那么就会失去互斥。

②同步

当用于任务同步时，信号量可以代表一个条件或者任务等待的事件。初始化时，信号量不可用（空）。一个任务或者中断服务程序通过释放信号量来标志事件的发生。另一个任务调用 semTake() 等待信号量。等待的任务阻塞直到事件发生或者信号量被释放。

注意用于互斥的信号量和用于同步的信号量在顺序上的不同。对于互斥，信号量最初是满的（信号量创建时初始化为满），每个任务首先获得信号量，然后访问共享资源，最后释放信号量。对于同步，信号量最初是空的（信号量创建时初始化为空），一个任务等待获得被其他任务或中断释放的信号量。

init() 初始化例程创建一个二进制信号量，关联一个中断服务程序 ISR 到一个事件上，衍生一个任务处理事件。例程 task1() 运行直到它调用 semTake()，它一直阻塞直到一个事件发生触发中断服务程序 ISR 调用 semGive()。当中断服务程序 ISR 完成，task1() 开始处理事件。使用这样的专门任务处理事件的做法在中断级别处理的时间短，所以可以减少中断延时。这种处理事件的模式推荐用于实时应用。

广播同步允许所有阻塞在同一个信号量上的任务原子式地解锁。正确的应用程序行为是，通常在组里任何一个任务拥有进一步处理事件的机会以前，这组任务需要处理一个事件，例程 semFlush( ) 将解除所有阻塞在信号量上的任务来解决这种同步问题。

要把二进制信号量作为同步的一种方法，创建它的时候初始化为空。一个任务通过执行获取信号量的操作而阻塞在一个同步点上，它持续阻塞直到信号量被另一个任务或者中断服务例程给出。

普遍的做法是用中断服务例程同步。二进制信号量可以从中断级给出，但是不能被其获取。因此，一个任务可以通过 semTake() 阻塞在同步点，而一个中断服务例程可以通过 semGive() 释放信号量解除那个任务的阻塞。

在下面的例子中，当 init() 被调用，二进制信号量被创建，一个中断服务程序被绑到一个事件上，一个任务被产生来执行该事件。任务 1 会运行直到调用 semTake()，在这个点上它将被阻塞直到一个事件导致中断服务例程调用 semGive()。在中断服务例程完成后，任务 1 可继续执行事件。

```
SEM_ID semSync;     /* ID of sync semaphore */


init ()
{
intConnect (..., eventInterruptSvcRout, ...);
semSync = semBCreate (SEM_Q_FIFO, SEM_EMPTY);
```

```
taskSpawn (..., task1);
}

task1 ()
{
...
semTake (semSync, WAIT_FOREVER);    /* wait for event */
...    /* process event */
}

eventInterruptSvcRout ()
{
...
semGive (semSync);    /* let task 1 process event */
...
}
```

一个二进制信号量上的 semFlush() 操作将会一次性地释放所有阻塞在信号量队列上的任务，也就是说，在任何一个任务开始实际的执行之前，所有的任务会被同时释放。

（2）互斥信号量

互斥信号量是一种特殊的二进制信号量，用于解决互斥的内在问题，包括优先级反转，安全删除和对资源的递归访问。互斥信号量最基本的行为和二进制信号量是一致的，只有以下的不同：

1）只能用于互斥。

2）只能由获得它的任务释放。

3）不能由一个中断服务程序 ISR 释放。

4）semFlush() 操作是非法的。

①优先级反转

当一个高优先级的任务被强制等待一段不确定的时间以让一个低优先级的任务完成时就发生了优先级反转。考虑这样的一个情景（如下图所示），t1、t2、t3 分别是三个具有高、中、低优先级的任务。t3 通过获取相应的二进制信号量获得了某个资源。当 t1 抢占了 t3 并尝试获取同一个资源时，它被阻塞。若我们能保证 t1 阻塞的时间不会长于 t3，通常用来使用这个资源的时间，则没有任何问题，因为资源是不能被抢占的。

然而，t3 是极有可能被 t2 所抢占的，这可能会让 t3 无法释放资源。这种情况可能会持续发生，导致 t1 阻塞一段不确定的时间。系统将使用优先级继承来解决这个问题。

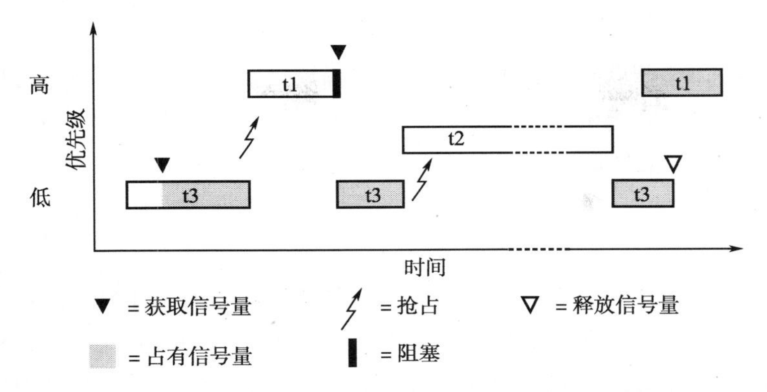

优先级继承协议保证一个占有了资源的任务具有阻塞在这个资源上的所有任务中最高的优先级。一旦优先级被提高了，它将保持到所持有的所有互斥信号量都被释放了为止。这样这个任务就不会被中间有优先级的任务所抢占了。当然，这要同优先级队列联合起来使用。

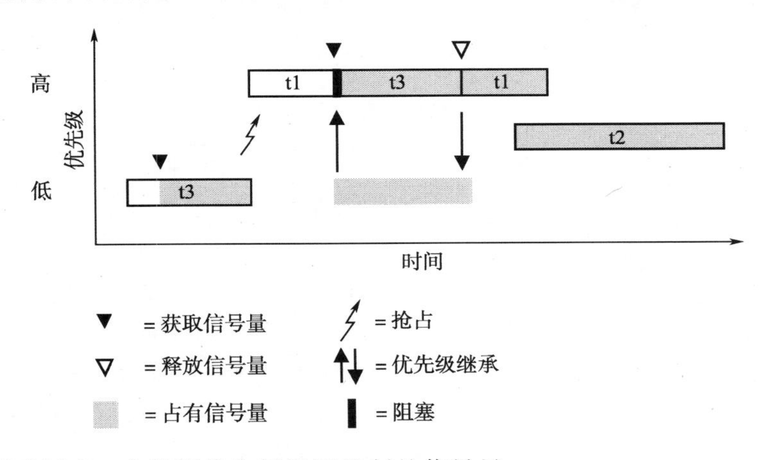

下面的例子创建一个使用优先级继承机制的信号量：

```
semId = semMCreate(SEM_Q_PRIORITY | SEM_INVERSION_SAFE);
```

②安全删除

另一个与互斥相关的问题是任务的删除。在一个用信号量保护起来的临界段中，通常希望保护在这中间执行的任务不被意外删除。删除在临界段中执行的任务有可能是灾难性的，资源可能会被破坏，保护的信号量不再可用，对这个资源的访问都被阻止。互斥信号量也将提供选项来防止这种情况的发生。

原语 taskSafe() 和 taskUnsafe() 提供一种方法处理任务删除。但是互斥信号量提供选项 SEM_DELETE_SAFE，每个 semTake() 启动一个隐式 taskSafe()，每个 semGive() 启动一个隐式 taskUnsafe()。这样任务占用信号量时可以从删除中得到保护。这个选项比原语 taskSafe() 和 taskUnsafe() 更加有效，这样的代码需要更少的内核入口。

```
semId = semMCreate (SEM_Q_FIFO | SEM_DELETE_SAFE);
semId = semMCreate(SEM_Q_PRIORITY | SEM_INVERSION_SAFE | SEM_DELETE_
SAFE);
```

③递归的资源访问

互斥信号量可以递归获得，也就是说，在被释放之前一个互斥信号量可以多次被同一个任务获取。递归对于一组例程它们互相调用同时又要求对资源的互斥访问。系统通过跟踪任务当前拥有的互斥信号量来实现这个功能。

（3）计数信号量

计数信号量是实现任务间同步与互斥的另一种方法。它的工作方式类似于二进制信号量，只是它还会记录信号被发出的次数。每次发出一个信号的时候，计数器被增加。每次一个信号被取走，计数器被递减。当计数器的值到了零的时候，下一个试图取信号的任务将被阻塞。就像二进制信号量一样，当一个信号被发出并且有一个任务被阻塞，它将被释放。然而，与二进制信号量不同，若一个信号被发出而没有任务被阻塞的时候，计数值将被增加。这意味着发出两次信号就可以被取两次而不被阻塞。下表是一个计数信号量的例子，任务获得和释放一个初始化计数值为 3 的计数信号量。

计数信号量例子

信号量函数调用	函数调用后计数值	结果和行为
semCCreate()	3	创建计数信号量，初始值是 3
semTake()	2	获取计数信号量，当前计数值 2
semTake()	1	获取计数信号量，当前计数值 1
semTake()	0	获取计数信号量，当前计数值 0
semTake()	0	任务阻塞，等待计数信号量变得有效
semGive()	0	等待该计数信号量任务解除阻塞
semGive()	1	没有任务等待该计数信号量，计数值增加

计数信号量对守护资源的多个副本十分有用。例如，使用 5 个磁带驱动器可以使用初始值是 5 的计数信号量，或者一个具有 256 个项目的环形缓冲区可以用初始值为 256 的计数信号量。初始值可以作为参数传给 semCCreate() 例程。

（4）信号量特有的选项

统一的 Wind 信号量界面包括两个特殊选项，这些选项对 POSIX 兼容信号量不可用。

①超时

Wind 信号量提供从阻塞状态超时的能力，在获取信号量的时候可以指定这个参数表明任务可以等待在阻塞状态多久。若任务在指定的时间内获取信号量成功，semTake() 将返回成功，若超时而没有成功地获取信号量，semTake() 将 errno 设置成一个错误码。semTake() 使用 NO_WAIT（0），表示不等待，设置 errno 为 S_objLib_OBJ_UNAVAILABLE。semTake() 具有正的超时时间数值返回 S_objLib_OBJ_TIMEOUT。超时数值为 WAIT_FOREVER（-1）表示无限等待。

②队列

Wind 信号量将提供阻塞的任务选择排队策略的能力，它们可以以两个策略进行排队：先入先出（SEM_Q_FIFO）或根据优先级（SEM_Q_PRIORITY）排队。

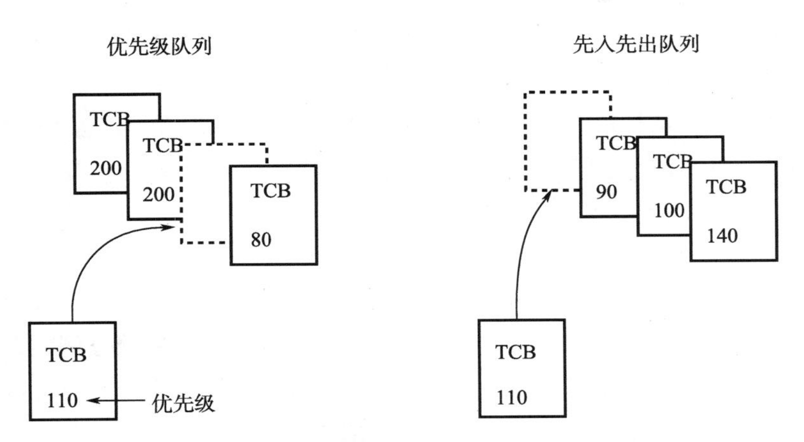

优先级排队在对优先级进行排序的代价上更好地保留了系统的优先级结构，先入先出则不需要任何排序代价，提供了一个恒定的性能。使用优先级继承的任务必须使用优先级排队策略。队列类型的选择在信号量创建期间指定，semBCreate()，semMCreate()，semCCreate()。互斥信号量使用优先级继承选项（SEM_INVERSION_SAFE）必须选择优先级排序队列。

（5）信号量控制

内核对信号量的控制提供了一个统一的接口而不是对所有类型的信号量提供完备的控制接口，只有创建例程是针对某个特定的信号量的。下表列出信号量控制例程。

函数名称	描述
semBCreate()	分配和初始化一个二进制信号量
semMCreate()	分配和初始化一个互斥信号量
semCCreate()	分配和初始化一个计数信号量
semDelete()	终止和释放一个信号量
semTake()	获得一个信号量
semGive()	释放一个信号量
semFlush()	把所有等待某个信号量的任务唤醒

semBCreate()、semMCreate()、semCCreate() 例程返回一个信号量 ID，在接下来的信号量控制例程中使用。当一个任务不能获得信号量的时候，它可以选择等待或者直接返回另行处理，如果等待的话，那么这个任务将被阻塞（PEND）。当一个信号量被创建以后，

在此信号量上阻塞的任务队列类型将被确定（由用户在参数中选择某一个具体的队列类型）。有两种阻塞方式：以任务优先级（SEM_Q_PRIORITY）的顺序排列，或者以先入先出（SEM_Q_FIFO）的顺序排列，当信号量被中断服务程序或一个任务释放的时候，所有等待的任务将按照优先级或者先入先出的方式来获得此信号量。

警告：semDelete() 调用终止一个信号量，释放关联内存。删除信号量时，特别是在删除互斥时，需要避免删除一个其他任务仍然需要的信号量。不要删除一个信号量，除非删除任务首先成功地获得它。

创建函数返回一个信号量的 ID 当作后续操作的一个句柄使用。创建信号量的时候，需要指定队列类型。阻塞在一个信号量队列上的任务可以按优先级或先入先出的顺序排序。

3.2.4　消息队列

在操作系统 VxWorks 中消息队列是任务间一种通信机制。消息队列允许一个可变数目的消息（长度可变）被排队在先入先出的队列中。任何任务或中断服务例程都可以发送消息到一个消息队列，任何任务都可以从一个消息队列接收消息。多个任务可以向同一个消息队列中发送消息和从它接收消息。任务间的全双工通信通常需要两个消息队列，每个方向一个。

（1）消息队列创建

消息队列创建函数原型：

```
msgQCreate() - create and initialize a message queue

MSG_Q_ID msgQCreate
(
int maxMsgs,            /* max messages that can be queued */
int maxMsgLength,       /* max bytes in a message */
int options             /* message queue options */
)
```

消息队列创建函数 msgQCreate() 创建一个消息队列。第一个参数指定了消息队列中可以保存的最大消息数，第二个参数指定了每个消息最大的字节数，第三个参数可以指定阻塞在消息队列上的任务的排队方式：MSG_Q_FIFO 表示任务按照先入先出排队；MSG_Q_PRIORITY 表示任务按照优先级排队。

函数返回值：成功时是消息队列 ID，或失败时是 NULL。

（2）发送消息到消息队列

发送消息到消息队列函数原型：

```
msgQSend() - send a message to a message queue
```

```
STATUS msgQSend
(
MSG_Q_ID msgQId,        /* message queue on which to send */
char *   buffer,        /* message to send */
UINT     nBytes,        /* length of message */
int      timeout,       /* ticks to wait */
int      priority       /* MSG_PRI_NORMAL or MSG_PRI_URGENT */
)
```

发送消息到消息队列函数 msgQSend() 向消息队列发送一个消息队列，发送在 <buffer> 中的长 <nBytes> 的消息给 <msgQId>，若 <nBytes> 比 <maxMsgLength> 大，函数返回 ERROR。第一个参数是消息队列的 ID，第二个参数是发送消息的地址，第三个参数是发送消息的字节数，第四个参数是当消息队列满时等待空闲缓冲区的系统时间，其中 NO_WAIT 意味着函数不等待立刻返回，WAIT_FOREVER 意味着函数要无限制等待。第五个参数是指定消息的优先级为正常或紧急，分别为 MSG_PRI_NORMAL 和 MSG_PRI_URGENT。正常优先级的消息被加到消息队列的尾部，紧急消息被加到队列的头部。

函数返回值：成功时是 OK，或失败时是 ERROR。

一个任务或中断服务程序可以使用 msgQSend() 发送一个消息到一个消息队列。若没有任务在这个消息队列上等待，消息简单地被加到队列的缓冲区中。若有任何任务等待在消息队列上，消息被放到消息队列中并立刻唤醒第一个等待的任务。当在中断服务程序中使用 msgQSend() 发送一个消息到消息队列时第四个参数必须指定为 NO_WAIT。当在任务中使用 msgQSend() 发送一个消息到消息队列，并且消息队列满时，只要第四个参数不是 NO_WAIT，该任务阻塞指定时间等待空闲缓冲区。

（3）从消息队列接收消息

从消息队列接收消息函数原型：

```
msgQReceive() - receive a message from a message queue


int msgQReceive
(
MSG_Q_ID msgQId,        /* message queue from which to receive */
char *   buffer,      /* buffer to receive message */
UINT     maxNBytes,     /* length of buffer */
int      timeout       /* ticks to wait */
)
```

从消息队列接收消息函数 msgQReceive() 从消息队列中接收一个消息，接收到的信号被拷贝到指定的“buffer”中，这个缓冲区的长度是“maxNBytes”。若消息比“maxNBytes”

要长，剩下的部分被丢弃（不返回任何错误）。第一个参数是消息队列的 ID，第二个参数是接收消息的地址，第三个参数是接收缓冲区的字节数，第四个参数是当消息队列空时等待消息的系统时间，其中 NO_WAIT 意味着函数不等待立刻返回，WAIT_FOREVER 意味着函数要无限制等待。

函数返回值：成功时是拷贝到“buffer”中的字节数，或失败时是 ERROR。

一个任务使用 msgQReceive() 从一个消息队列中获取消息。若消息队列缓冲区中已经有消息，第一条消息立刻被从队列上取下来并且返回给调用者。若没有消息可用，只要第四个参数不是 NO_WAIT，调用任务将阻塞并且被加到一个等待消息的任务队列中。这个任务等待队列可以按任务的优先级或先入先出排队，这个排队方式是在消息队列创建时指定的。

（4）消息队列删除

消息队列删除函数原型：

```
msgQDelete() - delete a message queue

STATUS msgQDelete
(
MSG_Q_ID msgQId             /* message queue to delete */
)
```

消息队列删除函数 msgQDelete() 删除一个消息队列，通过 msgQSend() 或 msgQReceive() 阻塞的任何任务都被唤醒并且返回一个错误值。并且“errno”被设置成为 S_objLib_OBJECT_DELETED 。参数“msgQId”再也不是一个有效的消息队列 ID。第一个参数指定了待删除消息队列 ID。

函数返回值：成功时是 OK，或失败时是 ERROR。

（5）消息队列中消息数量

获取消息队列中消息数量函数原型：

```
msgQNumMsgs() - get the number of messages queued to a message queue

int msgQNumMsgs
(
MSG_Q_ID msgQId                /* message queue to examine */
)
```

获取消息队列中消息数量函数 msgQNumMsgs() 获取一个消息队列中消息的数量。第一个参数指定了待删除消息队列 ID。

函数返回值：成功时是消息队列中排队的消息数量，或失败时是 ERROR。

3.2.5　命名管道

在操作系统 VxWorks 中管道用 I/O 系统提供一种灵活的消息传送机制，它是管道驱动 pipeDrv 管理的虚拟 I/O 设备，基于消息队列构建，和消息队列相比，命名管道的效率更低。

当命名管道设备创建后，任务能调用标准的 I/O 函数 open()、read()、write()、ioctl()操作管道设备。当任务试图从一个空的管道中读取数据，或向一个满的管道中写入数据时，任务被阻塞。和消息队列类似，中断服务程序 ISR 可以向管道中写入数据，但不能从中读取数据。像 I/O 设备一样，管道有一个消息队列所没有的优势——调用 select()，任务等待一系列 I/O 设备上的数据。

（1）命名管道创建

命名管道创建函数原型：

```
pipeDevCreate() - create a pipe device

STATUS pipeDevCreate
(
char * name,             /* name of pipe to be created */
int    nMessages,        /* max. number of messages in pipe */
int    nBytes            /* size of each message */
)
```

命名管道创建函数 pipeDevCreate() 创建一个命名管道。第一个参数指定了管道名字，第二个参数指定了管道中可以保存的最大消息数，第三个参数指定了每个消息最大的字节数。

函数返回值：成功时是 OK，或失败时是 ERROR。

例如下面代码创建一个命名管道设备“/pipe/name”，该命名管道设备可以保存“maxMsgs”条消息，每条消息最大“maxBytes”字节。

iStatus = pipeDevCreate(“/pipe/name” , maxMsgs, maxBytes);

命名管道创建时不能像消息队列创建时那样指定任务排队的方式，当任务试图从一个空的管道中读取数据，或向一个满的管道中写入数据时，任务被阻塞，任务阻塞时的排队方式是先入先出。

（2）命名管道删除

命名管道删除函数原型：

```
pipeDevDelete() - delete a pipe device
```

```
STATUS pipeDevDelete
(
char * name,           /* name of pipe to be deleted */
BOOL   force             /* if TRUE, force pipe deletion */
)
```

命名管道删除函数 pipeDevDelete() 删除一个命名管道。第一个参数指定了待删除管道名字，当第二个参数是 TRUE 时，无论是否命名管道被打开，命名管道都将被强制删除。通过 write() 或 read() 阻塞的任何任务都被唤醒并且返回一个错误值，并且“errno”被设置成为 S_objLib_OBJECT_DELETED 。当第二个参数是 FALSE 时，若命令管道打开次数是 0，命名管道被删除，函数返回 OK；若命令管道打开次数不是 0，命名管道不能被删除，函数返回 ERROR。

函数返回值：成功时是 OK，或失败时是 ERROR。

例如下面代码创建一个命名管道设备“/pipe/name”，该命名管道设备可以保存“maxMsgs”条消息，每条消息最大“maxBytes”字节。

```
iStatus = pipeDevDelete( "/pipe/name" , TRUE);
```

（3）打开命名管道

下面代码打开一个命名管道设备“/pipe/name”，注意第二个参数必须是 O_RDWR。

```
iFdPipe = open( "/pipe/name" , O_RDWR, 0);
```

下面关于 write()、read()、ioctl()、close() 等以文件描述符 iFdPipe 为参数介绍。

（4）写消息到命名管道

下面代码写消息到命名管道，发送消息的缓冲区是“sTxMsg”，发送消息的长度是“iTxBytes”。若“iTxBytes ”比“maxBytes”大，函数返回 ERROR。

```
iStatus = write(iFdPipe, sTxMsg, iTxBytes);
```

和消息队列相比，write() 不能像消息队列的 msgQSend() 那样指定超时时间、消息加急。当任务试图向一个满的管道中写入数据时，任务被阻塞，任务阻塞时的排队方式是先入先出。中断服务程序 ISR 能向管道中写入数据。

（5）从命名管道读消息

下面代码从命名管道读消息，接收消息的缓冲区是 sRxMsg，接收消息的缓存区长度（期望接收消息字节数）是 iRxBytes。若消息比“iRxBytes”要长，剩下的部分被丢弃（不返回任何错误）。

```
iStatus = read(iFdPipe, sRxMsg, iRxBytes);
```

和消息队列相比，read() 不能像消息队列的 msgQReceive() 那样指定超时时间。当任务试图从一个空的管道中读取数据时，任务被阻塞，任务阻塞时的排队方式是先入先出。中断服务程序 ISR 不能从管道中读取数据。

（6）命名管道控制功能

命名管道控制功能是 I/O 控制函数 ioctl() 实现，支持 FIOGETNAME、FIONREAD、FIONMSGS、FIOFLUSH 等选项。

①选项 FIOGETNAME

下面代码是获取文件描述符对应的文件 / 设备名字，文件 / 设备名字拷贝到缓冲区 sFileName 中。

```
iStatus = ioctl(iFdPipe, FIOGETNAME, &sFileName);
```

②选项 FIONREAD

下面代码是获取命名管道中第一条消息的未读字节数，未读字节数被存放在 iBytesUnread 中。

```
iStatus = ioctl(iFdPipe, FIONREAD, &iBytesUnread);
```

③选项 FIONMSGS

下面代码是获取命名管道中未读消息数，未读消息数被存放在 iMsgsUnread 中。

```
iStatus = ioctl(iFdPipe, FIONMSGS, &iMsgsUnread);
```

④选项 FIOFLUSH

下面代码是清空命名管道中的未读消息。

```
iStatus = ioctl(iFdPipe, FIOFLUSH, 0);
```

（7）关闭命名管道

下面代码关闭一个已打开的命名管道设备，待关闭的文件描述符是 iFdPipe。

```
iStatus = close(iFdPipe);
```

3.2.6　信号

系统支持一个软件信号的机制。信号异步地修改任务的控制流，任何任务和中断服务程序 ISR 都可以针对一个任务发出信号。该任务将立刻暂停现有的执行程序，并在下次得到调度的时候立刻执行相应的信号处理函数。该处理函数在这个任务的上下文环境中执行并使用其堆栈，甚至当任务被阻塞的时候信号处理函数也会被调用。

信号用来做异常和错误处理比用作通常的任务间通信机制更合适。一般，信号处理函数应当像中断服务程序 ISR 一样对待；在信号处理函数中不应当调用任何可能引起调用者阻塞的过程。因为信号是异步的，就很难预言当一个信号发生时，什么资源可能不可用。安全的做法是，仅仅调用那些可以在中断服务程序 ISR 中调用的函数。除了这些应用需要保证信号处理函数不会导致一个死锁的情况。

VxWorks 内核支持两种类型的信号接口：UNIX BSD 风格信号和 POSIX 兼容信号。POSIX 兼容信号接口包括 POSIX 标准 1003.1 的基本信号接口和从 POSIX1003.1b 队列化的信号扩展。为了简练起见，我们推荐在一个给定的应用中只使用一个接口类型，而不是使用不同接口的混合例程。

（1）基本信号例程

下表表示基本信号例程。为了使得这些工具有效，必须在中断可用之前，从 usrInit() 调用信号库初始化例程 sigInit()。

The colorful name kill() harks back to the origin of these interfaces in UNIX BSD. 尽管接口变化了，但是 BSD 风格信号和基本 POSIX 信号是相似的。

在许多方面，信号和硬件中断相似。基本信号工具提供一组 31 个不同的信号。一个信号处理函数通过 sigvec() 或者 sigaction() 绑定到一个特定的信号上，这个和一个 ISR 通过 intConnect() 连接到一个中断向量上是相似的。一个信号可以通过调用 kill() 发出，这个和中断相似。例程 sigsetmask() 和 sigblock() 或者 sigprocmask() 让信号有选择性地被抑止。

某个信号可以和硬件异常相联系。例如，总线错误、非法指令和浮点异常引发的特定信号。

基本信号调用（BSD 和 POSIX1003.1b）

POSIX1003.1b 兼容调用	UNIX BSD 兼容调用	描述
signal()	signal()	设定和信号相关的句柄
kill()	kill()	发送信号给一个任务
raise()	N/A	发送信号给自己
sigaction()	sigvec()	检查或者设置一个信号的信号处理函数
sigsuspend()	pause()	挂起一个任务直到信号发送
sigpending()	N/A	取回一组挂起信号，阻塞再发送
sigemptyset()	sigsetmask()	控制信号掩码
sigfillset()		
sigaddset()		
sigdelset()		
sigismember()		
sigprocmask()	sigsetmask()	设置阻塞信号的掩码
sigprocmask()	sigblock()	加入到一组阻塞信号

（2）POSIX 队列化信号

sigqueue() 例程提供 kill() 的另一个选择发送消息给一个任务。两者最重要的区别是：

sigqueue() 包括一个应用程序特定的数值，可以作为信号的一个部分发送。可以使用这个数值提供信号处理函数，找到任何有用的东西。这个数值是一种 sigval（在 signal.h 中定义）；信号处理程序在参数结构体 siginfo_t 中找到这个数值，si_value 域。对于 POSIX 中的 sigaction() 例程的扩展允许注册这种接受额外参数的信号处理函数。

sigqueue() 启动任何一个任务的队列，由多个信号组成。kill() 例程只发送单个信号，即使多个信号在处理程序运行之前到达。

VxWorks 包括七个为应用保留的信号，从 SIGRTMIN 开始按照顺序排列。这些保留信号的存在是为了满足 POSIX1003.1b 的需要，但是不需要具体信号的数值。为了可移植性，使用这些信号可以通过相对 SIGRTMIN 的偏移量（例如，SIGRTMIN + 2 访问第三个保留信号号码）。所有通过 sigqueue() 信号递送的信号都是按照号码顺序排入队列的，低号码信号在高号码信号前面。

POSIX1003.1b 还介绍了接受信号的另一种方式。例程 sigwaitinfo() 和 sigsuspend() 或者 pause() 的不同是允许应用程序对信号的反应不需要通过注册信号处理函数机制：当一个信号有效时，sigwaitinfo() 返回信号的数值作为结果，但是不调用信号处理函数（即使已经注册过）。例程 sigtimedwait() 也是相似的，除了可以支持超时。

更多关于信号的细节信息可以参考 sigLib 参考项。

POSIX1003.1b 队列化信号函数

函数名称	描述
sigqueue()	发送一个队列化的信号
sigwaitinfo()	等待一个信号
sigtimewait()	等待一个具有超时设置的信号

（3）信号配置

基本信号工具在 VxWorks 中是通过 INCLUDE_SIGNALS 默认配置的（位于工程工具的内核组件）。

在应用程序使用 POSIX 队列化信号之前，它们必须同作 sigqueueInit() 分别初始化。就像基本信号初始化函数 sigInit() 一样，这个函数通常从 usrConfig.c 的 usrInit() 中调用，在 sysInit() 运行以后。

为了初始化队列化信号功能，定义 INCLUDE_POSIX_SIGNALS（位于工程工具 POSIX 组件下面）：定义以后 sigqueueInit() 自动调用。

例程 sigqueueInit() 分配 nQueues 个缓冲区供 sigqueue() 使用。它需要为每个当前队列化的信号分配一个缓冲区（参考 sigqueueInit()）。如果没有足够的缓冲，sigqueue() 失败。

第 4 章　实时系统的中断、时钟和定时器

本章主要介绍实时系统中断、时钟和定时器等。

4.1　中断

硬件中断处理对实时系统具有关键的意义，因为外部事件都是通过中断通知系统的。为了得到尽可能快的中断响应，中断服务程序 ISR 在 VxWorks 所有任务运行环境以外的地方运行。这样，中断处理不包括任务环境切换，并且所有中断服务程序共享一个堆栈。

4.1.1　中断服务程序

许多 VxWorks 函数可以在中断服务程序中使用，但是有一些非常重要的限制。这些限制主要是因为中断服务程序不是在普通的任务上下文中运行，它没有自己的任务控制块。中断服务程序无返回值，要求短小精悍，使用尽可能小的堆栈和简单的处理逻辑。

中断服务程序必须遵循一个基本约束：它必须不能调用可能会引起调用者阻塞的例程。例如，在中断服务程序中不能试图获取一个信号量，因为信号量可能不可用，内核会将调用者切换到阻塞状态。但是，中断服务程序可以释放一个信号量，解除等待在该信号量上的任务。

内存函数 malloc() 和 free() 都需要获取一个信号量，因而中断服务程序不能调用它们。例如中断服务程序不能调用任何有关创建或者删除例程。

中断服务程序也不能通过 VxWorks 驱动执行 I/O 操作。尽管 I/O 系统不存在内在的约束，但多数设备驱动由于可能需要等待设备而引起调用者阻塞，因此需要任务上下文切换。一个例外是 VxWorks 管道驱动，它允许中断服务程序执行写操作。

VxWorks 提供日志工具，日志任务打印信息到系统控制台。这种机制是专门为中断服务程序设计的，也是中断服务程序打印信息最常用的方式。

中断服务程序也不能调用使用浮点协处理器的例程。在 VxWorks 中，由 intConnect() 创建的中断驱动代码不能保存和恢复浮点寄存器。这样，中断服务程序不能包含浮点指令。如果一个中断服务程序执行浮点指令，它必须使用 fppArchLib 中的函数 fppSave 和 fppRestore 显式保存和恢复浮点协处理器寄存器。

所有 VxWorks 函数库，例如链表和环形缓冲库可以被 ISR 使用。全局变量 errno 可以通过 intConnect() 工具作为中断进入和退出代码的一部分被保存和恢复。这样 errno 可以被 ISR 访问和修改，就像在其他代码中一样。下表列出可以从 ISR 调用的例程。

库	例程
bLib	所有例程
errnoLib	errnoGet()，errnoSet()
fppArchLib	fppSave()，fppRestore()
intLib	intContext()，intCount()，intVecSet()，intVecGet()
intArchLib	intLock()，intUnlock()
logLib	logMsg()
lstLib	所有例程除了 lstFree()
mathALib	所有例程，如果使用 fppSave() 或者 fppRestore()
msgQLib	msgQSend()
pipeDrv	write()
rngLib	所有例程（除了 rngCreate() 和 rngDelete()）
selectLib	selWakeup()，selWakeupAll()
semLib	semGive()（除了互斥信号量），semFlush()
sigLib	kill()
taskLib	taskSuspend()，taskResume()，taskPrioritySet()，taskPriorityGet()，taskIdVerify()，taskIdDefault()，taskIsReady()，taskIsSuspended()，taskTcb()
tickLib	tickAnnounce()，tickSet()，tickGet()
tyLib	tyIRd()，tyITx()
vxLib	vxTas()，vxMemProbe()
wdLib	wdStart()，wdCancel()

4.1.2　中断连接

假定中断相关参数定义如下：

```
int iIrqNo;/* 中断号 */
void isr(int iVal);/* 中断服务程序 */

#if (CPU_FAMILY==I80X86)
#if (defined(_WRS_VXWORKS_MAJOR) && (_WRS_VXWORKS_MAJOR >= 6))
    /* VxWorks 6.x */
    IMPORT u08_t *sysInumTbl;        /* IRQ vs intNum table */
#else  /* _WRS_VXWORKS_MAJOR */
    /* VxWorks 5.5.x */
    IMPORT u08_t sysInumTbl[];       /* IRQ vs intNum table */
```

```
#endif /* _WRS_VXWORKS_MAJOR */
    #define INT_NUM_GET(irq)        (sysInumTbl[(s32_t)irq])
#endif /* CPU_FAMILY==I80X86 */

#if (CPU_FAMILY==MIPS)
    #define INT_NUM_GET(irq)        ((s32_t)irq)
#endif   /* CPU_FAMILY==MIPS */
```

非 PCI 总线中断连接：

```
intConnect ((VOIDFUNCPTR *)INUM_TO_IVEC(INT_NUM_GET(iIrqNo)),
(VOIDFUNCPTR)isr, (int)iVal);
```

PCI 总线中断连接：

```
pciIntConnect ((VOIDFUNCPTR *)INUM_TO_IVEC (INT_NUM_GET(iIrqNo)),
(VOIDFUNCPTR)isr, (int)iVal);
```

PCI 设备中断号是共享的，实时操作系统 VxWorks 的 PCI 设备中断服务程序是 void pciInt(int irq)；在文件 target/src/drv/pci/pciIntLib.c 中实现。

```
void pciInt
(
   int irq              /* IRQ associated to the PCI interrupt */
)
{
   PCI_INT_RTN *pRtn;

   for(pRtn = (PCI_INT_RTN *)DLL_FIRST(&pciIntList[irq]); pRtn != NULL;
           pRtn = (PCI_INT_RTN *)DLL_NEXT(&pRtn->node))
   {
           (*pRtn->routine)(pRtn->parameter);
   }
}
```

函数 pciIntConnect 把共享中断号的 PCI 设备中断服务程序添加到 PCI 中断服务程序链表中，当共享中断号的某 PCI 设备产生中断时，中断服务程序 pciInt 依次执行 PCI 中断服务程序链表中的每一个中断服务程序。因此要求 PCI 设备中断服务程序读中断状态寄存器，判断是否是本设备产生的中断。如果确认是本设备产生的中断，就执行中断处理逻辑；如果确认不是本设备产生的中断，就退出中断处理逻辑。

4.1.3　使能中断

在 X86 架构下使能中断：

```
sysIntEnablePIC (iIrqNo); /* 使能某 PIC 中断级 */
```

在 MIPS、PowerPC、ARM 架构下使能中断：

```
intEnable (iIrqNo);/* 使能某中断级 */
```

4.1.4　中断级判断

在中断级调用函数 BOOL intContext(void) 返回 TRUE，在任务级调用函数 BOOL intContext(void) 返回 FALSE。

在中断级调用宏 INT_CONTEXT() 返回 TRUE，在任务级调用宏 INT_CONTEXT() 返回 FALSE。

4.1.5　中断级限制

在中断级调用宏 INT_RESTRICT() 返回 ERROR，并置错误号 S_intLib_NOT_ISR_CALLABLE，说明该函数不能在中断级调用；在任务级调用宏 INT_RESTRICT() 返回 OK。

4.1.6　中断级异常和任务级异常

（1）中断级异常

当任务引起一个硬件异常时，例如非法指令或者总线错误，系统将任务挂起，而系统的其余部分继续执行。而当 ISR 引起一个异常时，则系统没有安全的资源用于处理异常。这是因为 ISR 没有可挂起的上下文。这时 VxWorks 将该异常的描述保存在低端内存，然后执行系统重启。

每次引导时，VxWorks 引导 ROM 检查低端内存是否有异常描述出现，如果检测到就将其显示在系统控制台上。引导 ROM 的 e 命令重新显示该异常描述。

一个这种异常的例子是一条信息：

```
workQPanic: Kernel work queue overflow。
```

这种异常通常是由 ISR 以非常高频率执行内核调用的结果。通常与中断信号的清除或其他相似的驱动问题有关。

（2）任务级异常

当一个程序错误引发一个异常(如除 0 出错，或者总线或地址错)，错误发生时正在执行的任务被挂起，异常的描述被显示在标准输出上，而 VxWorks 内核和其他系统任务继续执行。被挂起的任务可以用常用 VxWorks 例程检查，包括处理任务信息的 ti() 和堆栈跟踪的 tt()。它可能用 tr() 修复任务并恢复执行。然而，出故障的任务通常是不可修复的，可用 td() 删除。

4.1.7　中断和任务的通信

由于中断事件通常涉及任务级代码，因此必须提供中断服务程序与任务的通信机制。VxWorks 支持在中断服务程序与任务进行通信。VxWorks 提供的中断服务程序与任务的通信机制有：

1）共享内存和环形缓冲区：中断服务程序可以与任务共享变量、缓冲区和环形缓冲。

2）信号量：中断服务程序能够释放信号量。

3）消息队列：中断服务程序能够向消息队列发送消息，要求超时时间设置为 NO_WAIT，任务可以从消息队列中接收消息。如果队列已满，消息则被丢弃。

4）管道：中断服务程序可以向管道写数据，任务可以从中读取。任务和中断服务程序能够向共享的管道写数据，但是，如果管道已满，由于中断服务程序不允许阻塞，数据将被丢弃。中断服务程序不允许调用除 write() 之外的其他任何 I/O 函数。

5）信号：中断服务程序能够通过发信号来通知任务，触发相应的信号处理函数的异步调度。

4.2　时钟

实时操作系统 VxWorks 的时钟有系统时钟和辅助时钟。

4.2.1　系统时钟

系统时钟是操作系统计时基准，内核函数 taskDelay()、wdStart()、kernelTimeslice()、semTake()、msgQSend()、msgQReceive() 等都依赖于系统时钟。每个系统时钟中断，操作系统做一次调度。一个系统时钟周期称为 1tick，默认系统时钟频率是 60ticks/s。系统时钟频率既不可设置过高，也不可设置过低。如果系统时钟频率设置过高，操作系统调度过于频繁，消耗过多的处理器资源；如果系统时钟频率设置过低，操作系统调度过于缓慢，不能满足系统实时性要求。

在系统时钟中断服务程序中，内核的 tick 计数器 vxAbsTicks 是一个无符号 64 位的整型数，每个系统时钟中断计数器 vxAbsTicks 自增 1。

（1）设置系统时钟频率

设置系统时钟频率函数原型：

```
sysClkRateSet() - set the system clock rate


STATUS sysClkRateSet
(
int ticksPerSecond    /* number of clock interrupts per second */
)
```

（2）获取系统时钟频率

获取系统时钟频率函数原型：

```
sysClkRateGet() - get the system clock rate

int sysClkRateGet(void)
```

（3）设置系统时钟计数器值

设置系统时钟计数器函数原型：

```
tickSet() - set the value of the kernel’s tick counter

void tickSet
(
ULONG ticks                /* new time in ticks */
)
```

设置系统时钟中断计数器 vxAbsTicks 的值，高 32 位置零。tickSet() 仅仅改变系统时钟计数器的绝对值，内核函数 taskDelay()、wdStart()、kernelTimeslice()、semTake()、msgQSend()、msgQReceive() 等关联的超时时间相对计时不受影响。

（4）获取系统时钟计数器值

获取系统时钟计数器函数原型：

```
tickGet() - get the value of the kernel’s tick counter

ULONG tickGet (void)
```

获取系统时钟中断计数器 vxAbsTicks 的值，截取低 32 位值，舍弃高 32 位值。

4.2.2　辅助时钟

在 VxWorks 操作系统中辅助时钟提供了比系统时钟更高精度的周期性定时。通常辅助时钟频率允许范围是 2~8192Hz。

使用辅助时钟需包含组件 INCLUDE_AUX_CLK，启动辅助时钟定时的流程是禁止辅助时钟中断、设置辅助时钟频率、连接辅助时钟中断服务程序和使能辅助时钟中断。

（1）禁止辅助时钟中断

禁止辅助时钟中断函数原型：

```
sysAuxClkDisable() - turn off auxiliary clock interrupts
```

```
void sysAuxClkDisable (void)
```

（2）设置辅助时钟频率

设置辅助时钟频率函数原型：

```
sysAuxClkRateSet() - set the auxiliary clock rate

STATUS sysAuxClkRateSet
(
int ticksPerSecond   /* number of clock interrupts per second */
)
```

通常辅助时钟频率允许范围是 2~8192Hz，但有些实现中辅助时钟频率仅允许是 2 的幂次方。所以在设置辅助时钟频率时一定要检查函数返回值。

（3）获取辅助时钟频率

获取辅助时钟频率函数原型：

```
sysAuxClkRateGet() - get the auxiliary clock rate

int sysAuxClkRateGet (void)
```

（4）连接辅助时钟中断服务程序

连接辅助时钟中断服务程序函数原型：

```
sysAuxClkConnect() - connect a routine to the auxiliary clock interrupt

STATUS sysAuxClkConnect
(
FUNCPTR routine, /* routine called at each aux clock interrupt */
int     arg     /* argument to auxiliary clock interrupt routine */
)
```

假定辅助时钟中断服务程序原型如下：

```
void auxClkIsr(int iVal);/* 辅助时钟中断服务程序 */
```

辅助时钟中断连接：

```
sysAuxClkConnect((FUNCPTR) auxClkIsr, (int)iVal);
```

（5）使能辅助时钟中断

使能辅助时钟中断函数原型：

```
sysAuxClkEnable() - turn on auxiliary clock interrupts
```

```
void sysAuxClkEnable (void)
```

4.2.3 TSC 时钟

在 X86 平台上配置组件 INCLUDE_TIMESTAMP 运行实时操作系统 VxWorks 5.5.1 时，系统支持 TSC 时钟。

在 P5(Pentium)、P6(PentiumPro, II, III) 和 P7(Pentium4) 等系列处理器中实现了一个 64 位的时间戳计数器 TSC。处理器硬件复位时该时间戳计数器 TSC 复位，每一个处理器时钟周期计数一次。英特尔保证该时间戳计数器至少 10 年不溢出。

当 WindView 配置组件 INCLUDE_SYS_TIMESTAMP 时，自动配置组件 INCLUDE_TIMESTAMP，定义宏 INCLUDE_TIMESTAMP_TSC，系统时钟中断服务程序调用了时间戳回调函数，复位时间戳计数器 TSC。

当 WindView 配置组件 INCLUDE_SYS_TIMESTAMP 时，使用函数 wvTmrRegister() 注册系统时间戳函数。

（1）获取 TSC 时钟频率

获取系统时间戳频率 /TSC 时钟频率函数原型：

```
sysTimestampFreq () - get the timestamp timer clock frequency

UINT32      sysTimestampFreq (void)
```

（2）获取 TSC 时钟计数器值

获取 TSC 时钟计数器值（64 位）函数原型：

```
pentiumTscGet64 () - get 64Bit TSC (Timestamp Counter)

void pentiumTscGet64 (long long int *pTsc)
```

获取 TSC 时钟计数器值（32 位）函数原型：

```
    pentiumTscGet32 () - get the lower half of the 64Bit TSC
(Timestamp Counter)

UINT32 pentiumTscGet32 (void)
```

获取系统时间戳计数器值（32 位）函数原型：

```
sysTimestamp () - get the timestamp timer tick count

UINT32 sysTimestamp (void)
```

函数 sysTimestamp() 调用函数 pentiumTscGet32() 实现。需要注意的是，当配置组件 INCLUDE_TIMESTAMP 时，定义宏 INCLUDE_TIMESTAMP_TSC，系统时钟中断服务程序调用了时间戳回调函数，复位时间戳计数器 TSC。

4.2.4 实时时钟

实时操作系统 VxWorks 的 X86 平台默认设备驱动程序是不支持实时时钟的。实时操作系统 VxWorks 的文件系统的相关时间也依赖于实时时钟。如果在系统初始化中没有调用函数 dosFsDateTimeInstall() 安装日期时间函数或者没有使用实时时间 / 外部时间设置系统时间，那么 VxWorks 的文件系统使用相关时间以及和时间相关的函数都是不正确的日期和时间。

（1）获取实时时间

获取实时时间函数原型：

```
clock_gettime() - get the current time of the clock (POSIX)

int clock_gettime
(
clockid_t      clock_id, /* clock ID (always CLOCK_REALTIME) */
struct timespec * tp     /* where to store current time */
)
```

（2）设置实时时间

设置实时时间函数原型：

```
clock_settime () - set the clock to a specified time (POSIX)

int clock_settime
(
clockid_t      clock_id,  /* clock ID (always CLOCK_REALTIME) */
const struct timespec * tp  /* time to set */
)
```

4.3 定时器

定时器的功能主要是在指定的时间后，唤起用户指定的例程。实时操作系统 VxWorks 提供看门狗定时器，看门狗定时器应用程序编程接口有创建看门狗、启动看门狗、取消看门狗、删除看门狗等四个函数。当看门狗定时器时间溢出时，系统唤起用户指定的溢时函数（看门狗中断服务程序），并运行在中断处理级，必须遵守中断服务程序的约束条件。

4.3.1　创建看门狗

创建看门狗函数原型：

```
wdCreate() - create a watchdog timer

WDOG_ID wdCreate (void)
```

4.3.2　启动看门狗

启动看门狗函数原型：

```
wdStart() - start a watchdog timer

STATUS wdStart
(
WDOG_ID wdId,                    /* watchdog ID */
int      delay,          /* delay count, in ticks */
FUNCPTR pRoutine,            /* routine to call on time-out */
int      parameter       /* parameter with which to call routine */
)
```

假定看门狗中断服务程序函数原型如下：

```
void wdIsr(int iVal);/* 中断服务程序 */
```

如果看门狗定时器 ID 是 wdId，定时时间是 1s，那么启动看门狗定时器如下：

```
wdStart(wdId, sysClkRateGet(), (FUNCPTR)wdIsr, (int)iVal);
```

4.3.3　取消看门狗

取消看门狗函数原型：

```
wdCancel() - cancel a currently counting watchdog

STATUS wdCancel
(
WDOG_ID wdId                    /* ID of watchdog to cancel */
)
```

4.3.4 删除看门狗

删除看门狗函数原型：

```
wdDelete() - delete a watchdog timer

STATUS wdDelete
(
WDOG_ID wdId                    /* ID of watchdog to delete */
)
```

第 5 章　实时系统的内存管理

内存管理主要是按照一定的算法管理内存，并且对用户提供调用接口，处理用户的内存分配、重分配、释放和内存分区的创建、初始化、删除。用户不需要费心考虑内存的管理，而只需要调用内存管理机制提供的调用接口。

内存管理是动态处理内存分配和释放的算法，实时操作系统 VxWorks 采用 first fit 算法，在一般的情况下，该算法可以快速地进行分配，同时它的实现也很简单，比较适用于实时应用的场合，所以该算法为大多数实时系统所采用。但另一方面，当系统中存在较多碎片的时候，该算法有分配时间不确定的缺点。

为确保实时系统的确定性、可靠性，建议在程序设计中采用静态实例化。

5.1　内存管理

下面是常用的内存管理函数介绍。

5.1.1　内存申请

（1）申请内存

申请一块内存的函数原型：

```
    malloc () - allocate a block of memory from the system memory
partition

     void *malloc
     (
     size_t nBytes               /* number of bytes to allocate */
     )
```

（2）申请内存数组

申请内存数组的函数原型：

```
     calloc() - allocate space for an array

     void *calloc
```

```
(
size_t elemNum,            /* number of elements */
size_t elemSize            /* size of elements */
)
```

（3）申请地址对齐内存

申请地址对齐内存函数原型：

```
memalign () - allocate aligned memory

void *memalign
(
unsigned alignment,      /* boundary to align to (power of 2) */
unsigned size              /* number of bytes to allocate */
)
```

5.1.2　内存释放

（1）释放内存

释放内存函数原型：

```
free() - free a block of memory

void free
(
void * ptr                 /* pointer to block of memory to free */
)
```

该函数释放 malloc 或 calloc 申请的内存。

（2）释放内存数组

释放内存数组函数原型：

```
cfree() - free a block of memory

STATUS cfree
    (
    char * pBlock      /* pointer to block of memory to free */
    )
```

该函数释放 calloc 申请的内存。

5.2　实例化

创建一个对象的过程叫实例化。动态实例化是在运行时刻完成的实例化；静态实例化是在编译时刻完成的实例化。

下面以 VxWorks 的双链表 dllLib 模块来说明动态实例化和静态实例化。

5.2.1　动态实例化

动态实例化是双链表运行时刻申请内存，运行时刻初始化。

```
    DL_LIST *dllCreate (void)
    {
    FAST DL_LIST *pList = (DL_LIST *) malloc ((unsigned) sizeof (DL_
LIST));
    dllInit (pList);
    return (pList);
    }
DL_LIST *pObjList = dllCreate (); /* 动态实例化，链表初始化 */
```

5.2.2　静态实例化

静态实例化是双链表编译时刻分配内存，运行时刻初始化。

```
DL_LIST objList;                          /* 静态实例化 */
DL_LIST *pObjList = dllInit (&objList);   /* 链表初始化 */
```

第 6 章　基本 I/O 系统

I/O 系统向用户提供一个简单、统一并且独立于特定设备的界面。和通用操作系统的 I/O 系统相似，I/O 系统的设备主要分为四类。这些设备主要包括：

1）字符设备，如键盘、并口、串行口等以字符操作为基础的设备。

2）块设备，包括磁盘、flashrom 每次读写以一组数据为基础的设备。

3）虚拟 (virtual) 设备，如任务内管道和套接口。

4）网络设备，用于访问远端设备。网络设备与字符设备相似，但两者之间也有不同，系统将网络设备单独作为一类设备类型。

VxWorks 的 I/O 系统提供文件系统中的两种 I/O 操作方式：基于缓存的 I/O 操作 C 语言库函数和基本 I/O 操作 C 语言库函数。

6.1　文件和设备

在 VxWorks 中，应用程序通过打开命名文件来访问 I/O 设备。一个文件可以指向以下两种的任意一个：

1）一个非结构化的“原始”设备，比如一个串行通信通道或者一个任务内管道。

2）一个逻辑文件，它存在于一个结构化、随机访问的设备上，这个设备包含一个文件系统。

考虑以下命名文件：

```
/usr/myfile  /pipe/mypipe  /tyCo/0
```

第一个指向一个称为 myfile 的文件，它存在于一个被叫做 /usr 的磁盘设备上。第二个是一个命名管道（根据传统，管道名字开头为 /pipe）。第三个指向一个物理串行通道。

在 I/O 系统中，尽管一个文件可以指不同的物理设备，如串口、并口或网络接口，但本系统中均用文件的概念来指引这些物理对象。

设备是由系统的驱动程序来控制的。一般来说，使用 I/O 系统并不需要对设备以及驱动的运作机理有很多的了解。但是系统应该给驱动程序相当多的灵活性来处理特殊的设备。

尽管在系统中，所有的 I/O 通过对文件的操作来实现，但操作分为两个不同的层次：基本的 I/O 操作与基于缓存的 I/O 操作。两者的区别在于数据是否被缓存，以及可以利用的操作程序。这两个层次的操作将在后面的部分进行讨论。

6.2　基本 I/O 操作

基本 I/O 操作是最低层的 I/O 操作，与标准 C 语言库函数兼容，主要包括七个基本的 I/O 调用，见下表。

调用程序	描述
creat()	创建一个文件
remove()	删除一个文件
open	打开一个文件（也可以选择地创建一个文件）
close()	关闭一个文件
read()	读一个已经创建或打开的文件
write()	向一个已经打开或创建的文件内写入
ioctl()	执行文件或设备的特殊的控制功能

6.2.1　文件描述符

在基本 I/O 级，文件被文件描述符所引用。文件描述符是一个短整型的数据，由 open() 或 creat() 返回，而其他的 I/O 操作利用文件描述符指向一个特定的设备。基本 I/O 操作使用文件描述符来代替要操作的设备。文件描述符对于用户来说是无法事先确定的，它只是 I/O 系统的一个可操作的句柄。

当一个设备打开时，一个对应的文件描述符 fd 被分配并返回给应用程序。当文件关闭时，文件描述符从系统中删除。在系统中，文件描述符是有限的，默认值是 50。为了避免超过系统对文件描述符的数量限定，用户需要将不用的文件描述符关闭。可用的文件描述符的数量在 I/O 系统初始化的时候定义。

6.2.2　标准输入、标准输出和标准错误处理

三个文件描述符是保留的，它们有特殊的意义：

0 ＝标准输入

1 ＝标准输出

2 ＝标准错误处理

这些文件描述符从不作为 open() 或者 creat() 的返回值，而是作为间接引用，它可以重定向到其他任何打开的文件描述符 fd。

这些标准文件描述符用于使任务和模块与它们真正的 I/O 任务无关。如果一个模块把它的输出发送到标准输出（fd ＝ 1），那么它的输出可以被重定向到任何文件或者设备，而不必改变模块。

VxWorks 允许两级重定向。首先，存在三个标准描述符的全局分配。其次，独立任务能够用它们本身的分配来覆盖这些文件描述符的全局分配。

（1）全局重定向

当 VxWorks 被初始化时，标准描述符的全局分配缺省地用于系统控制台。当任务衍生时，它们没有任务相关的文件描述符分配；相反，它们用全局文件描述符分配。

全局分配可以用 ioGlobalStdSet() 重定向。这个例程的参数是需要被重定向的全局标准文件描述符 fd 和重定向给它的文件描述符 fd。

例如，下面的调用把全局标准输出 (fd=1) 设置为具有文件描述符 fileFd 的打开文件：

```
ioGlobalStdSet(1, fileFd);
```

此后，系统中所有本身不具有任务相关重定向的任务把标准输出写到文件描述符为 fileFd 的文件中去。例如，任务 tRlogind 调用 ioGlobalStdSet() 把 I/O 通过网络重定向到 rlogin 会话。

（2）任务相关重定向

一个特定任务的分配可以用例程 ioTaskStdSet() 重定向。这个例程的参数是任务的 ID(0=self), 需要被重定向的标准文件描述符 fd 和重定向给它的文件描述符 fd。例如，一个任务可以通过如下调用把标准输出写到 fileFd：

```
ioTaskStdSet(0, 1, fileFd);
```

所有其他任务不受这个重定向的影响，并且其后的全局标准输出重定向也不影响这个任务。

6.2.3 打开和关闭

在操作 I/O 设备之前，与设备对应的文件描述符必须被打开（通过调用 open() 或 creat()）。传递给 open() 的参数是设备名、访问类型以及访问模式。

```
fd=open(“name”, flags, mode);
```

其中访问类型决定了对设备的访问是只读、只写还是可读写等一些访问属性。下表为可能的访问类型：

标志	16 进制值	描述
O_RDONLY	0	仅仅为读而打开文件
O_wDONLY	1	仅仅为写而打开文件
O_RDWR	2	为读和写打开一个文件
O_CREAT	200	创建一个文件
O_TRUNC	400	裁剪一个文件

参数 mode 用于设置文件或者子目录的允许位：

1）一般说来，只能调用 open() 打开已经存在的设备和文件。然而，在 NFS 网络、dosFs 和 rt11Fs 设备处理中，也可以调用 open() 创建文件，只要把其中的访问标志位 O_CREAT 置位即可。在 NFS 设备情况下，open() 需要第三个参数来明确文件的模式：

```
fd=open("name", O_CREAT|O_RDWR, 0644);
```

2）在dosFs和NFS设备处理中，都可以用O_CREAT选项和设置模式mode为FSTAT_DIR创建一个子目录。模式参数在dosFs设备中的其他应用都被忽略了。

Open()调用如果成功，将返回一个文件描述符。随后的I/O调用使用这个文件描述符来表示该文件。文件描述符是全局定义的，不只是属于某一个任务。一个任务能够打开一个设备，然后其他任务能够使用与这个设备相对应的文件描述符。文件描述符将一直有效，直到close()被调用。

```
close(fd);
```

只有在此时，文件描述符才被释放，而相同的文件描述符能够被系统分配给随后的open()调用。

当一个设备删除或者退出时，打开的文件描述符并不自动地删除，所以任务需要将不用的设备显式地关闭。这也是系统只有有限多个文件描述符的要求。

6.2.4　生成与删除

面向文件的设备必须能生成和删除文件。I/O系统通过creat()为一个设备生成一个文件名，并返回一个文件描述符。creat()调用参数与open()调用的参数很接近。两者之间的区别在于在creat()中文件名定义了一个新的设备而在open()中使用的却是已经存在的设备名。creat()函数返回了一个文件描述符，用于鉴别新的设备。

```
fd=creat("name", flag);
```

remove()函数删除了一个已经存在的文件名。

```
remove("name");
```

文件打开时不要删除它们。

在非面向文件系统的设备名中，creat()和open()作用相同，remove()没有任何意义。

6.2.5　读写操作

通过open()或者creat()获得了文件描述符后，一个任务可以通过read()和write()函数来对设备进行读写操作。read()函数的调用参数包括文件描述符、接收数据的缓存地址以及每次读的最大字节数。

```
nbytes=read(fd, &buffer, maxBytes);
```

read()例程等待从设备返回的有效输入数据，并返回所读进来的字节数。对于有文件系统的设备，如果读入的字节数少于需要的数目，随后的read()返回0表明是文件尾。对于没有文件系统的设备，即使还有可读数据，读入的字节数也可以少于需要的字节数，随后的read()可以返回0也可以不返回0。在串行设备和TCP套接口的情况下，有时需要重复调用read()来读取一定数目的字节。返回值为ERROR（−1）表明一次不成功的读。

write()函数的参数包括文件描述符、要发送数据的缓存地址以及每次写的最大字节数。

```
actualBytes=write(fd, &buffer, nBytes);
```

write() 调用确保所有的数据在调用返回前已经处于待输出队列中。write() 返回写入的数据字节数，如果返回值与所申请的写字节数不符，则发生一个错误。

6.2.6　文件裁剪

有时候我们需要丢弃文件的一部分。一个文件为写打开后，我们可以调用 ftruncate() 例程来把这个文件裁剪到指定的大小。它的参数是一个文件描述符 fd 和需要的文件长度：

```
status=ftruncate(fd, length);
```

如果裁剪成功，ftruncate() 返回 OK。如果需要的文件大小大于文件的实际长度，或者文件描述符 fd 指向一个不能被裁剪的设备，ftruncate() 返回 ERROR 并且把 errno 设置为 EINVAL。

ftruncate() 例程是 POSIX1003.1b 标准的一部分，但是这个应用只是 POSIX 的一部分：创建和修改时不能被更新。这个调用仅仅被 dosFsLib（DOS 兼容文件系统库）支持。

6.2.7　I/O 控制

ioctl() 例程用于执行那些现有系统无法满足的基本 I/O 调用。例如：确定可用于当前输入的数据数量，设置专门设备的选项，设置设备相关的选项，得到一个文件系统的信息和定位随机访问文件到特定的字节位置等。Ioctl() 调用参数包括文件描述符、执行控制功能的代码段以及可选的功能函数的参数。

```
result=ioctl(fd, function, arg);
```

例如，下面的调用使用 FIOBAUDRATE 函数把一个 tty 设备的波特率设置为 9600：

```
status=ioctl(fd, FIOBAUDRATE, 9600);
```

ioctl() 控制代码定义在 ioLib.h 文件中。

6.2.8　等待多个文件描述符：select 功能

select 功能提供了一个和 UNIX 及 Windows 兼容的方式，用于等待多个文件描述符。select 库函数提供一种机制，使得一个用户线程 / 任务能够等待多个设备变得可用，并且使得驱动程序能够在等待一个 I/O 设备的同时检测一个挂起的任务。要使用这个功能，必须在应用程序代码中包含 selectLib.h 头文件。这些函数运行在任务级别上。

任务级支持不仅使得一个任务能够同时等待多个 I/O 设备变成可用，而且允许任务设定等待的最长时间，这在实时系统中是非常有用的。例如，用 select 功能等待多个文件描述符，考虑一个客户 / 服务器模式，在这个模式中，服务器同时为本地和远端客户服务。服务端任务使用一个管道来和本地客户端通信，并且使用一个套接口来和远端客户端通信。服务端任务必须尽可能快地响应客户端。如果服务端阻塞等待一个请求，这个请求只在通信流的其中一个流上，那么它就不能响应从其他流进入的请求，而只有在前面的流中的请求得到之后才能响应其他流的请求。例如，如果服务端阻塞等待某个套接口的请求到来，那么它就不能响应管道到来的请求，而只有等套接口请求到来使它非阻塞才能响应管道请求。这会延迟本地任务请求的执行。select 功能通过使服务端任务同时检测套接口和管道解决了这个问题，这样，它就能在请求到来时及时响应，而不必考虑使用哪个通信流。

一个任务能够被阻塞，直到数据变得可用或者设备可以写。select() 函数将在一个或多个文件描述符已经准备好，或者等待时间溢出后返回。一个任务可以定义需要等待的设备文件描述符。位图用于指示需要读写的文件描述符。当 select() 返回时，修改位图表示可用的文件描述符。select() 功能能够用于任何一种支持这种功能的设备。建立和控制这些位的宏见下表。

宏	功能
FD_ZERO	把所有位置 0
FD_SET	设置对应于特定的文件描述符的位
FD_CLR	清除一个特定的位
FD_ISSET	如果设位成功，返回值非 0（逻辑 1）；否则返回值 0（逻辑 0）

应用程序可以对任何支持这个功能的 I/O 设备（比如管道、串行设备和套接口）使用 select()。

6.3　基于缓存的 I/O 操作

基于缓存的 I/O 操作是文件操作，与标准 C 语言库函数兼容，主要包括六个基本的 I/O 调用，见下表。

调用程序	描述
fopen	打开 / 创建一个文件
fclose()	关闭一个文件
fread()	读一个已经打开或创建的文件
fwrite()	向一个已经打开或创建的文件内写入
fflush()	把缓存中的数据写入文件中
ioctl()	执行文件或设备的特殊的控制功能

第 7 章　PCI 设备驱动程序开发

本章主要介绍 PCI 设备驱动程序开发的几个关键点。

7.1　自动内存映射

在文件 sysLib.c 中定义了内存映射表 PHYS_MEM_DESC sysPhysMemDesc []，VxWorks 系统在初始化时调用 usrMmuInit 做映射内存。为确保动态内存映射成功，在数组 sysPhysMemDesc[] 末尾添加足够多空闲条目空间 DUMMY_MMU_ENTRY 供 sysMmuMapAdd 函数使用。

下面代码自动扫描所有设备：

```
STATUS sysPciDevsInit(void)
{
   STATUS iStatus = OK;
   int i;

   /* initialize the PCI devices starting from given bus, typically
= 0 */
   for(i=0; i<PCI_MAX_BUS; i++)
   {
        /* check each PCI bus, but don't use recursion! */
        iStatus = pciConfigForeachFunc(i, FALSE, (PCI_FOREACH_FUNC)
pentiumPciPhysMemHandle, NULL);
   }

   return iStatus;
}
```

其中函数 pentiumPciPhysMemHandle 实现内存映射，其实现如下：

```
STATUS pentiumPciPhysMemHandle
(
   int bus,          /* Bus number */
   int dev,          /* Device number */
```

```
    int func         /* Function number */
)
{
    UINT32  pReg;
    UINT32  pciSize;
    UINT16  cmdSave; /* saves 16-bit PCI command word register */
    UINT8   devType;
    int     maxBarNo;
    int     length;
    int     i;

    /* save PCI device command word register & disable memory
decode */
    pciConfigInWord(bus, dev, func, PCI_CFG_COMMAND, &cmdSave);
    pciConfigOutWord(bus, dev, func, PCI_CFG_COMMAND, cmdSave &
(~(PCI_CMD_MEM_ENABLE | PCI_CMD_IO_ENABLE)));

    pciConfigInByte(bus, dev, func, PCI_CFG_HEADER_TYPE, &devType);
    maxBarNo = ((devType&PCI_HEADER_TYPE_MASK) == PCI_HEADER_PCI_PCI)
? 2 : 6;

    for(i=0; i<maxBarNo; i++)
    {
        pciConfigInLong(bus, dev, func, PCI_CFG_BASE_ADDRESS_0+(4*i),
  &pReg);
        if((pReg&0x01) != 0x01)
        {
            /* get length from PCI configuration space */

            /* set address program mode */
            pciConfigOutLong(bus, dev, func, PCI_CFG_BASE_
ADDRESS_0+(4*i), 0xffffffff);
            /* fetch address size value */
            pciConfigInLong(bus, dev, func, PCI_CFG_BASE_
ADDRESS_0+(4*i), &pciSize);
            /* restore current value */
```

```
                pciConfigOutLong(bus, dev, func, PCI_CFG_BASE_
ADDRESS_0+(4*i), pReg);

                length = 0xffffffff - (pciSize & ~0x0f) + 1;

                /* sanity check */

                if((length > 0) && (pReg != (UINT32)NULL))
                {
                    /* insure minimum page size, make sure address
is properly rounded too */

                    length = ROUND_UP(length, VM_PAGE_SIZE);

                    /* align the address to page boundary */

                    pReg &= ~(VM_PAGE_SIZE -1);

                    if(ERROR == sysMmuMapAdd((void *)pReg, (UINT)
length, VM_STATE_MASK_FOR_ALL, VM_STATE_FOR_PCI))
                    {
                        return ERROR;
                    }
                }
            }
        }
        /* restore PCI device command word register */
        pciConfigOutWord (bus, dev, func, PCI_CFG_COMMAND, cmdSave | PCI_
CMD_IO_ENABLE | PCI_CMD_MEM_ENABLE | PCI_CMD_MASTER_ENABLE);
        return(OK);
    }
```

7.2 读取设备资源

首先使用函数 pciFindDevice 根据 PCI 设备的厂家号、设备号和顺序号查找设备：

```
STATUS pciFindDevice
```

```
(
int    vendorId,          /* vendor ID */
int    deviceId,          /* device ID */
int    index,             /* desired instance of device */
int  * pBusNo,            /* bus number */
int  * pDeviceNo,         /* device number */
int  * pFuncNo            /* function number */
)
```

接着使用函数 pciConfigInLong/ pciConfigInWord/pciConfigInByte 来读取设备资源：

```
STATUS pciConfigInLong
(
int        busNo,         /* bus number */
int        deviceNo,      /* device number */
int        funcNo,        /* function number */
int        offset,        /* offset into the configuration space */
UINT32 * pData            /* data read from the offset */
)

STATUS pciConfigInWord
(
int        busNo,         /* bus number */
int        deviceNo,      /* device number */
int        funcNo,        /* function number */
int        offset,        /* offset into the configuration space */
UINT16 * pData            /* data read from the offset */
)

STATUS pciConfigInByte
(
int       busNo,          /* bus number */
int       deviceNo,       /* device number */
int       funcNo,         /* function number */
int       offset,         /* offset into the configuration space */
UINT8 * pData             /* data read from the offset */
)
```

7.3　中断初始化

设备中断初始化包括中断连接、中断使能等，参考 4.1 节中关于 PCI 设备中断的描述。

7.4　中断服务程序

因 PCI 设备中断号是共享的，当共享中断号的某 PCI 设备产生中断时，中断服务程序 pciInt 依次执行 PCI 中断服务程序链表中的每一个中断服务程序。因此要求 PCI 设备中断服务程序读中断状态寄存器，判断是否是本设备产生的中断。如果确认是本设备产生的中断，就执行中断处理逻辑；如果确认不是本设备产生的中断，就退出中断处理逻辑。

中断服务程序参考下面伪代码：

```
LOCAL void pciDevsIsr
(
PCI_DEVS_INFO *pDevsInfo     /* 设备资源信息 */
)
{
    u32_t uiIarValue;
    s32_t iLockKey = intLock();

    /* 读中断标志寄存器 */
    REG_READ(pDevsInfo->uiIAR, uiIarValue);

     /* 判断是否产生中断 */
    if(TEST_BIT_SET(uiIarValue, BIT0))
    {
            REG_WRITE(pDevsInfo->uiICR, BIT0);/* 清除中断 */

            /* TODO: semGive or msgQSend ... */

    }
     ......

    return;
}
```

第 8 章　网络与交换技术

网络是当今社会主旋律，网络编程是程序员必须掌握的基本技能。网络是 VxWorks 系统之间以及与其他系统联系的主要途径。

本章介绍 VxWorks 5.5.1 网络和交换技术基础知识。

8.1　VxWorks 5.5.1 网络

8.1.1　网络结构

VxWorks 提供了强大的网络功能，能与其他许多主机系统进行通信。网络完全兼容 4.4BSD，也兼容 SUN 公司的 NFS。这种广泛的协议支持在主机和 VxWorks 目标机之间提供无缝的工作环境，任务采用 NFS、RSH、FTP、TFTP 等方式远程存取主机文件，即远程文件存取，也支持远程过程调用。通过以太网，采用 TCP/IP 协议在不同主机之间传送数据。

VxWorks 网络组件结构如下：

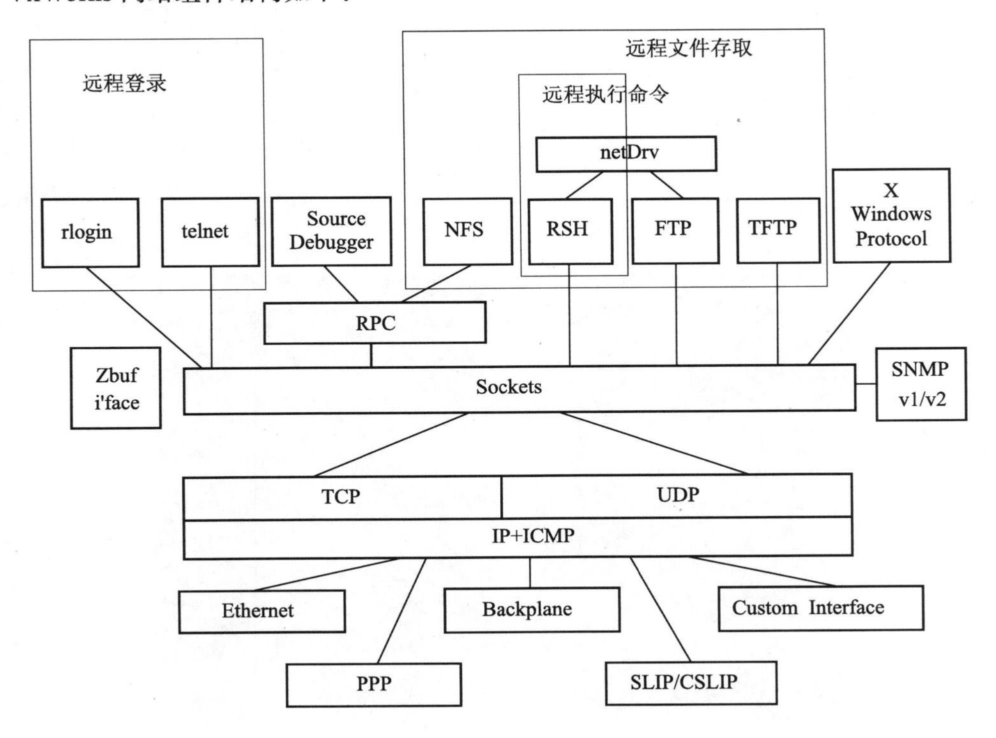

8.1.2　FTP 服务器

在组件配置中添加组件 INCLUDE_FTP_SERVER，编译后的 VxWorks 镜像支持 FTP 服务器。如果需要安全权限认证，在组件配置中添加组件 INCLUDE_SECURITY，例如设置用户名：target，密码：password，配置如下：

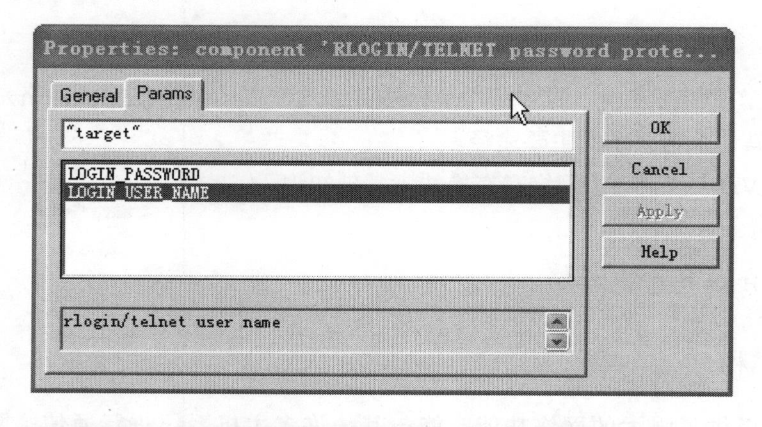

其中，字符串“RcQbRbzRyc”是明文密码“password”的密文。把明文转换为密文如下图：

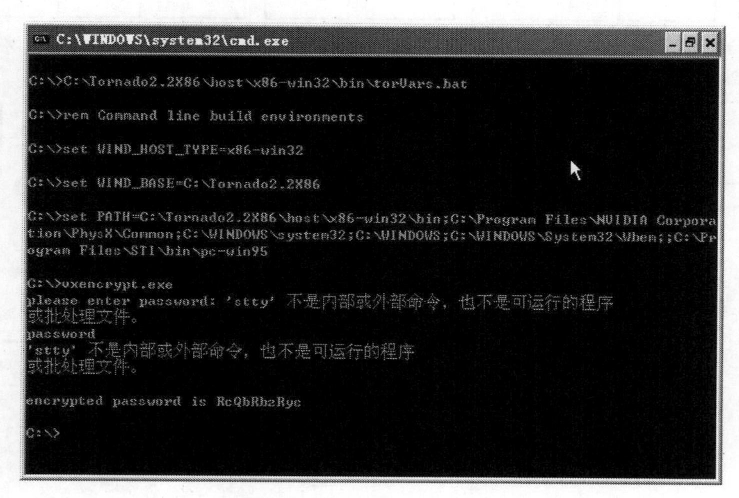

8.1.3　远程登录

在组件配置中添加组件 INCLUDE_TELNET，编译后的 VxWorks 镜像支持远程登录。如果需要安全权限认证，在组件配置中添加组件 INCLUDE_SECURITY，例如设置用户名：target，密码：password，配置方法详见 8.1.2 节。

8.1.4　远程文件

VxWorks 系统支持远程文件访问。步骤如下：

步骤 1　添加一个远程主机到 VxWorks 主机表中。

```
hostAdd ( “wrs” ,  “192.23.0.210” );
```

步骤 2　设置远程服务器用户名和密码。

```
remCurIdSet ( “servUser” ,  “ servPasswd” );
```

步骤 3　创建一个远程文件设备。

```
netDevCreate ( “wrs:” ,  “wrs” ,  1); /* remote file access protocol
0 = RSH, 1 = FTP */
```

此时，列表 VxWorks 系统设备，多了一个设备“wrs:”，VxWorks 对设备“wrs:”的文件读写访问就是访问了远程主机“wrs”的 FTP 服务器上的文件。

8.1.5　网络通信

VxWorks 系统和网络协议的接口是靠套接字（sockets）来实现的。Sockets 规范是得到广泛应用的、开放的、支持多种协议的网络编程接口。通信的基石是套接口，一个通信口是套接的一端，在这一端上你可以找到其对应的一个名字。一个正在被使用的套接口都有它的类型和与其相关的任务。套接口存在于通信域中。通信域是为了处理一般的线程通过套接口通信而引进的一种抽象概念。套接口通常和同一个域中的套接口交换数据（数据交换也可能穿越域的界限，但这时一定要执行某种解释程序）。各个任务使用这个域互相之间用 Internet 协议来进行通信。

套接口可以根据通信性质分类。应用程序一般仅在同一类的套接口间通信。不过只要底层的通信协议允许，不同类型的套接口间也照样可以通信。用户目前使用两种套接口，即流套接口（采用 TCP 协议）和数据报套接口（采用 UDP 协议）。流套接口提供了双向的、有序的、无重复并且无记录边界的数据流服务。数据报套接口支持双向的数据流，但并不保证是可靠、有序、无重复的。

（1）TCP 客户端

使用套接字来写 TCP 客户端程序流程如下图所示。

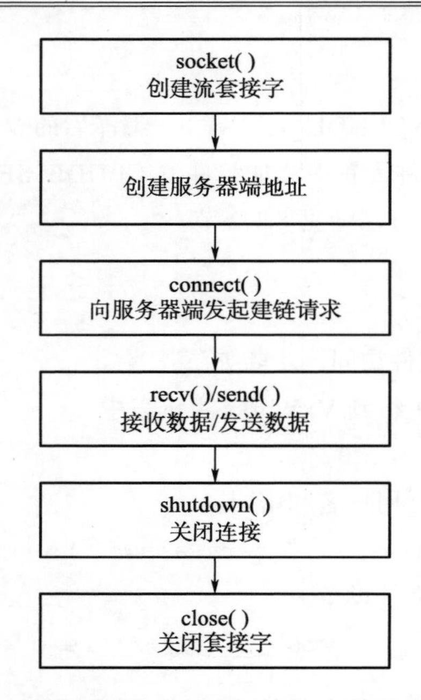

下面代码创建了一个 TCP 客户端会话套接字，并连接到指定服务器 (*pSvrIP- 服务器 IP 或名字，usSvrPort- 服务器端口)，并设置 TCP 选项 (SO_KEEPALIVE 和 TCP_NODELAY) 开状态。其中，数据类型重新定义如下。

```
typedef            char str_t;          /* 字符类型 */
typedef   signed char s08_t;            /* 08 位有符号整型数：[-128, 127] */
typedef unsigned char u08_t;            /* 08 位无符号整型数：[0, 255] */

typedef   signed short s16_t;           /* 16 位有符号整型数：[-32768,
32767] */
typedef unsigned short u16_t;           /* 16 位无符号整型数：[0, 65535] */

typedef   signed int s32_t;             /* 32 位有符号整型数：[-2147483648,
2147483647] */
typedef unsigned int u32_t;          /* 32 位无符号整型数：[0, 4294967295] */

typedef   signed long long s64_t;     /* 64 位有符号整型数：
[-9223372036854775808, 9223372036854775807] */
typedef unsigned long long u64_t;     /* 64 位无符号整型数：[0,
18446744073709551615] */

typedef   float f32_t;          /* 32 位单精度浮点数：7-8 位有效数字。IEEE 表
示：1 位符号 S、8 位指数 E、23 位尾数 D，1 位隐含 D，有效尾数 24 位，指数偏移 127 */
```

```
typedef double f64_t; /* 64 位双精度浮点数：15-16 位有效数字。IEEE 表示：1
位符号 S，11 位指数 E，52 位尾数 D，1 位隐含 D，有效尾数 53 位，指数偏移 1023 */

s32_t netTCPCltInit
(
str_t *pSvrIP, /* TCP 服务器 IP 地址或名字 */
u16_t usSvrPort /* TCP 服务器端口号 */
)
{
  s32_t iCltSkt, iOptVal = 1;
  struct sockaddr_in stSvrAddr;

  /* 创建一个流套接字 */
  iCltSkt = socket(AF_INET, SOCK_STREAM, 0);
  if(ERROR==iCltSkt)
  {
       return ERROR;
  }

  /* 设置远程服务器端地址 */
  bzero((str_t *)&stSvrAddr, sizeof(struct sockaddr_in));
  stSvrAddr.sin_family = AF_INET;
  stSvrAddr.sin_addr.s_addr = inet_addr(pSvrIP);/* 设置与之连接的计算
机 IP 地址 */
  if(ERROR == stSvrAddr.sin_addr.s_addr)
  {
       stSvrAddr.sin_addr.s_addr = hostGetByName(pSvrIP);
       if(ERROR == stSvrAddr.sin_addr.s_addr)
       {
            close(iCltSkt);
            return ERROR;
       }
  }
  stSvrAddr.sin_port = htons(usSvrPort);/* 设置网络端口号 */

  /* connect to server */
```

```
    if(ERROR==connect(iCltSkt, (struct sockaddr *)&stSvrAddr,
sizeof(struct sockaddr)))
    {
        close(iCltSkt);
        return ERROR;
    }

    /* 设置为非等待方式 */
    if(ERROR==setsockopt(iCltSkt, IPPROTO_TCP, TCP_NODELAY, (str_t
*)&iOptVal, sizeof(s32_t)))
    {
        shutdown(iCltSkt, 2);
        close(iCltSkt);
        return ERROR;
    }

    /* 设置为保持链路处于活动状态 */
    if(ERROR==setsockopt(iCltSkt, SOL_SOCKET, SO_KEEPALIVE, (str_t
*)&iOptVal, sizeof(s32_t)))
    {
        shutdown(iCltSkt, 2);
        close(iCltSkt);
        return ERROR;
    }

   #if (defined(_WRS_VXWORKS_MAJOR) && (_WRS_VXWORKS_MAJOR >= 6))
    /* VxWorks 6.x */
    iOptVal = 64*1024;
   #else  /* _WRS_VXWORKS_MAJOR */
    /* VxWorks 5.5.x */
    iOptVal = 64*1024;
    if(OK!=setsockopt(iCltSkt, SOL_SOCKET, SO_SNDBUF, (str_t
*)&iOptVal, sizeof(iOptVal))
            || OK!=setsockopt(iCltSkt, SOL_SOCKET, SO_RCVBUF, (str_t
*)&iOptVal, sizeof(iOptVal)))

   {
```

```
            shutdown(iCltSkt, 2);
            close(iCltSkt);
            return ERROR;
        }
#endif /* _WRS_VXWORKS_MAJOR */

    return iCltSkt;
}
```

此时，TCP 连接已建立，函数 netTCPCltInit 的返回值是会话套接字，使用该会话套接字调用函数 recv()/send() 接收 / 发送数据。

（2）TCP 服务器端

使用套接字来写 TCP 服务器端程序流程如下图所示。

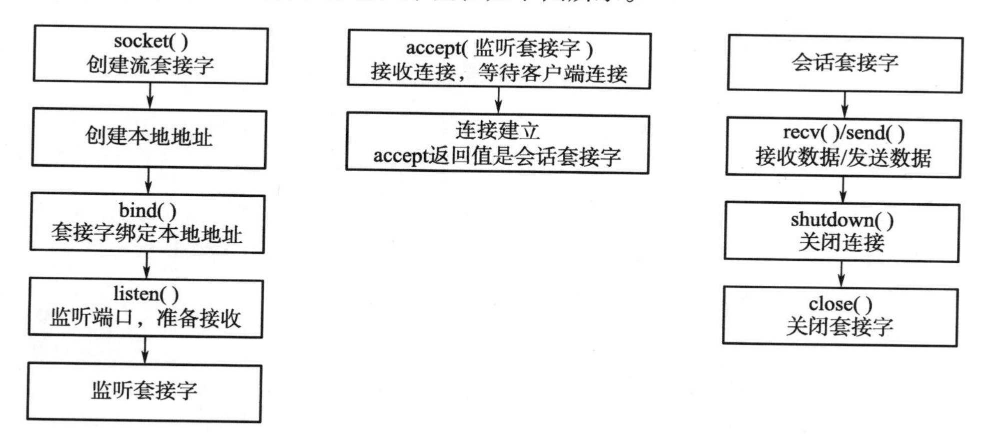

下面代码创建了一个 TCP 服务器端监听套接字，监听服务器端口。

```
s32_t netTCPSvrPort
(
u16_t usSvrPort /* TCP 服务器端口号 */
)
{
    s32_t iSvrSkt, iOptVal = 1;
    struct sockaddr_in stSvrAddr;

    /* 创建一个流套接字 */
    iSvrSkt = socket(AF_INET, SOCK_STREAM, 0);
    if(ERROR==iSvrSkt)

    {
```

```
        return ERROR;
    }

    /* 设置远程服务器端地址 */
    bzero((str_t *)&stSvrAddr, sizeof(struct sockaddr_in));
    stSvrAddr.sin_family = AF_INET;
    stSvrAddr.sin_addr.s_addr = INADDR_ANY;/* 设置网络 IP 地址 */
    stSvrAddr.sin_port = htons(usSvrPort);/* 设置网络端口号 */

    if(ERROR==setsockopt(iSvrSkt, SOL_SOCKET, SO_REUSEADDR, (str_t
*)&iOptVal, sizeof(iOptVal)))
    {
        /* 关闭服务器端口 */
        close(iSvrSkt);
        return ERROR;/* 返回创建服务器端口失败 */
    }

    /* We will now bind SvrSock */
    if(ERROR==bind(iSvrSkt, (struct sockaddr *)&stSvrAddr,
sizeof(struct sockaddr)))/* 如果绑定失败 */
    {
        /* 关闭服务器端口 */
        close(iSvrSkt);
        return ERROR;/* 返回创建服务器端口失败 */
    }

    /* 开始监听 */
    if(ERROR==listen(iSvrSkt, SVR_MAX_CONNECTIONS))/* 如果监听网络失败 */
    {
        /* 关闭服务器端口 */
        close(iSvrSkt);
        return ERROR;/* 返回创建服务器端口失败 */
    }

    return iSvrSkt;/* 返回建链成功 */
}
```

下面代码创建了一个TCP服务器端会话套接字，并设置TCP选项(SO_KEEPALIVE和TCP_NODELAY)开状态。

```
s32_t netTCPSvrInit
(
s32_t iSvrSkt          /* TCP服务器端监听套接字 */
)
{
   s32_t iSkt, iOptVal = 1, iAddrLen = sizeof(struct sockaddr);
   struct sockaddr stCltAddr;/* peer address */

   /* 接收连接 */
   iSkt = accept(iSvrSkt, &stCltAddr, &iAddrLen);
   if(ERROR==iSkt)/* 如果不能接受为可用的通信套接字 iSkt */
   {
         close(iSkt);
         return ERROR;/* 返回建链失败 */
   }

   /* 设置为非等待方式 */
   if(ERROR==setsockopt(iSkt, IPPROTO_TCP, TCP_NODELAY, (str_t
*)&iOptVal, sizeof(iOptVal)))
   {
         shutdown(iSkt, 2);
         close(iSkt);
         return ERROR;/* 返回建链失败 */
   }

   /* 设置为保持链路处于活动状态 */
   if(ERROR==setsockopt(iSkt, SOL_SOCKET, SO_KEEPALIVE, (str_t
*)&iOptVal, sizeof(iOptVal)))
   {
         shutdown(iSkt, 2);
         close(iSkt);
         return ERROR;/* 返回建链失败 */
   }
```

```
#if (defined(_WRS_VXWORKS_MAJOR) && (_WRS_VXWORKS_MAJOR >= 6))
    /* VxWorks 6.x */
    iOptVal = 64*1024;
#else  /* _WRS_VXWORKS_MAJOR */
    /* VxWorks 5.5.x */
    iOptVal = 64*1024;
    if(OK!=setsockopt(iSkt, SOL_SOCKET, SO_SNDBUF, (str_t *)&iOptVal,
sizeof(iOptVal))
           || OK!=setsockopt(iSkt, SOL_SOCKET, SO_RCVBUF, (str_t
*)&iOptVal, sizeof(iOptVal)))
    {
           shutdown(iSkt, 2);
           close(iSkt);
           return ERROR;
    }
#endif /* _WRS_VXWORKS_MAJOR */

    return iSkt;/* 可用的通信套接字 */
}
```

此时，TCP 连接已建立，函数 netTCPSvrInit 的返回值是会话套接字，使用该会话套接字调用函数 recv()/send() 接收 / 发送数据。

（3）UDP 单播发送

使用套接字来写 UDP 单播发送程序流程如下图所示。

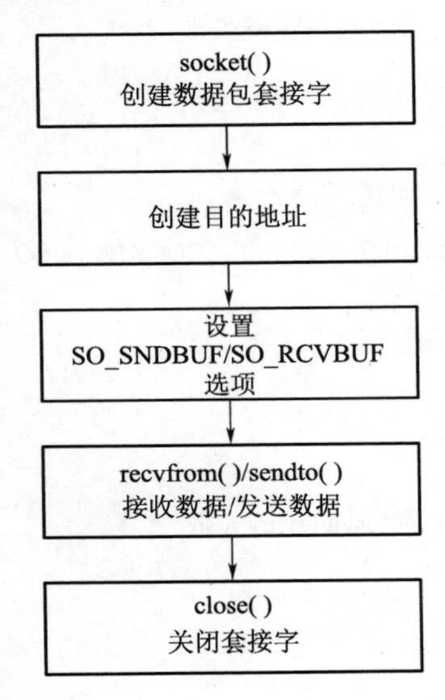

下面代码创建了一个UDP单播发送数据会话套接字，目的地址，并设置SOL_SOCKET选项(SO_SNDBUF和SO_RCVBUF)的值。

```
s32_t netUcastSendInit
(
struct sockaddr_in *pDstAddr,        /* 目的网络地址 */
str_t *pDstIP,                       /* 目的 IP 地址或名字 */
u16_t usDstPort                      /* 目的端口号 */
)
{
  s32_t iSkt, iOptVal = 64*1024;

  /* create send data socket */
  iSkt = socket(AF_INET, SOCK_DGRAM, 0);/* 创建 UDP 协议发送端口 */
  if(ERROR==iSkt)/* 如果创建不成功 */
  {
        return ERROR;
  }

  /* 创建目的地址 */
  bzero((str_t *)pDstAddr, sizeof(struct sockaddr_in));
  pDstAddr->sin_family = AF_INET;
  pDstAddr->sin_addr.s_addr = inet_addr(pDstIP);
  if(ERROR == pDstAddr->sin_addr.s_addr)
  {
        pDstAddr->sin_addr.s_addr = hostGetByName(pDstIP);
        if(ERROR == pDstAddr->sin_addr.s_addr)
        {
              close(iSkt);
              return ERROR;
        }
  }
  pDstAddr->sin_port = htons(usDstPort);/* 发送数据的目的端口号 */

#if (defined(_WRS_VXWORKS_MAJOR) && (_WRS_VXWORKS_MAJOR >= 6))
  /* VxWorks 6.x */
  iOptVal = 64*1024;
```

```
#else  /* _WRS_VXWORKS_MAJOR */
    /* VxWorks 5.5.x */
    iOptVal = 64*1024;
    if(OK!=setsockopt(iSkt, SOL_SOCKET, SO_SNDBUF, (str_t *)&iOptVal,
sizeof(iOptVal))
            || OK!=setsockopt(iSkt, SOL_SOCKET, SO_RCVBUF, (str_t
*)&iOptVal, sizeof(iOptVal)))
    {
            close(iSkt);
            return ERROR;
    }
#endif /* _WRS_VXWORKS_MAJOR */

    return iSkt;
}
```

此时，UDP 会话套接字已创建好，函数 netUcastSendInit 的返回值是会话套接字，使用该会话套接字调用函数 sendto() 发送 UDP 数据。

（4）UDP 单播接收

使用套接字来写 UDP 单播接收程序流程如下图所示。

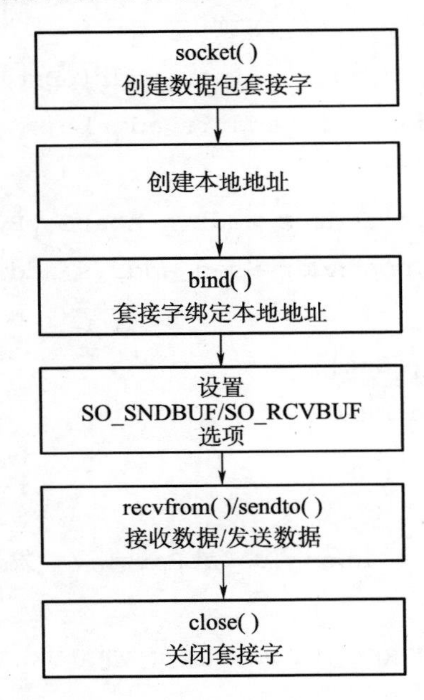

下面代码创建了一个 UDP 单播接收数据会话套接字，并设置 SOL_SOCKET 选项 (SO_SNDBUF 和 SO_RCVBUF) 的值。

```
s32_t netUcastRecvInit
(
u16_t usRecvPort        /* 本地接收数据端口号 */
)
{
    s32_t iRecvSkt, iAddrLen = sizeof(struct sockaddr_in), iOptVal
= 1;
    struct sockaddr_in stRecvAddr;

    /* create a recv data socket */
    iRecvSkt = socket(AF_INET, SOCK_DGRAM, 0);/* 创建 UDP 协议接收端口 */
    if(ERROR==iRecvSkt)/* 如果创建不成功 */
    {
            return ERROR;
    }

    /* 创建本地地址 */
    bzero((str_t *)&stRecvAddr, iAddrLen);
    stRecvAddr.sin_family = AF_INET;
    stRecvAddr.sin_addr.s_addr = INADDR_ANY;
    stRecvAddr.sin_port = htons(usRecvPort);/* 接收数据的端口号 */

    if(ERROR==setsockopt(iRecvSkt, SOL_SOCKET, SO_REUSEADDR, (str_t
*)&iOptVal, sizeof(iOptVal)))
    {
            close(iRecvSkt);
            return ERROR;
    }

    /* We will now bind data_socket */
    if(ERROR==bind(iRecvSkt, (struct sockaddr *)&stRecvAddr,
iAddrLen))/* 绑定 UDP 网络端口 */
    {
            close(iRecvSkt);
            return ERROR;
    }
```

```
#if (defined(_WRS_VXWORKS_MAJOR) && (_WRS_VXWORKS_MAJOR >= 6))
    /* VxWorks 6.x */
    iOptVal = 64*1024;
#else  /* _WRS_VXWORKS_MAJOR */
    /* VxWorks 5.5.x */
    iOptVal = 64*1024;
    if(OK!=setsockopt(iRecvSkt, SOL_SOCKET, SO_SNDBUF, (str_t
*)&iOptVal, sizeof(iOptVal))
            || OK!=setsockopt(iRecvSkt, SOL_SOCKET, SO_RCVBUF, (str_t
*)&iOptVal, sizeof(iOptVal)))
    {
            close(iRecvSkt);
            return ERROR;
    }
#endif /* _WRS_VXWORKS_MAJOR */

    return iRecvSkt;
}
```

此时，UDP 会话套接字已创建好，函数 netUcastRecvInit 的返回值是会话套接字，使用该会话套接字调用函数 recvfrom() 接收 UDP 数据。

（5）UDP 广播发送

默认情况下，在 VxWorks 5.5.1 操作系统下 UDP 广播发送数据时，发送数据长度只能在一个传输单元 MTU 内，也就是说有效数据长度不能超过 1472 字节。当我们需要广播发送数据长度超过 MTU 时，该怎么办呢？换句话说，VxWorks 5.5.1 操作系统是否可以广播发送数据长度大于 MTU 呢？

是的，当然可以，在 Tornado 2.2.1 下查询资料时发现可以通过修改标志 IP_FLAGS_DFLT 来实现。默认情况下参数 IP_FLAGS_DFLT 定义如下：

```
/* default ip configurations */
#ifndef IP_FLAGS_DFLT
#define IP_FLAGS_DFLT      (IP_DO_FORWARDING | IP_DO_REDIRECT \
                            | IP_DO_CHECKSUM_SND | IP_DO_CHECKSUM_RCV)
#endif  /* IP_FLAGS_DFLT */
```

上面的默认配置是不支持广播发送数据长度大于 MTU 的。为支持广播发送数据长度大于 MTU，我们把该参数修改为

```
/* default ip configurations */
```

```
#ifndef IP_FLAGS_DFLT
#define IP_FLAGS_DFLT        (IP_DO_FORWARDING | IP_DO_REDIRECT \
                              | IP_DO_CHECKSUM_SND | IP_DO_CHECKSUM_RCV \
                              | IP_DO_LARGE_BCAST)
#endif  /* IP_FLAGS_DFLT */
```

其中 IP_DO_LARGE_BCAST 的定义如下：

```
#define IP_DO_LARGE_BCAST 0x000000004 /* do broadcasting pkt > MTU */
```

经测试，修改 IP_FLAGS_DFLT 后的 VxWorks 5.5.1 支持广播发送数据长度大于 MTU。在具体操作中有如下三种方法供参考。

方法 1：在 config.h 中修改。

在 config.h 中增加定义：

```
#undef IP_FLAGS_DFLT
#define IP_FLAGS_DFLT            (IP_DO_FORWARDING | IP_DO_REDIRECT \
                          | IP_DO_CHECKSUM_SND | IP_DO_CHECKSUM_RCV \
                          | IP_DO_LARGE_BCAST)
```

方法 2：在组件中修改。

在 Tornado2.2 的工程管理设施的组件配置中修改参数 IP_FLAGS_DFLT 的值为(IP_DO_FORWARDING | IP_DO_REDIRECT | IP_DO_CHECKSUM_SND | IP_DO_CHECKSUM_RCV | IP_DO_LARGE_BCAST)

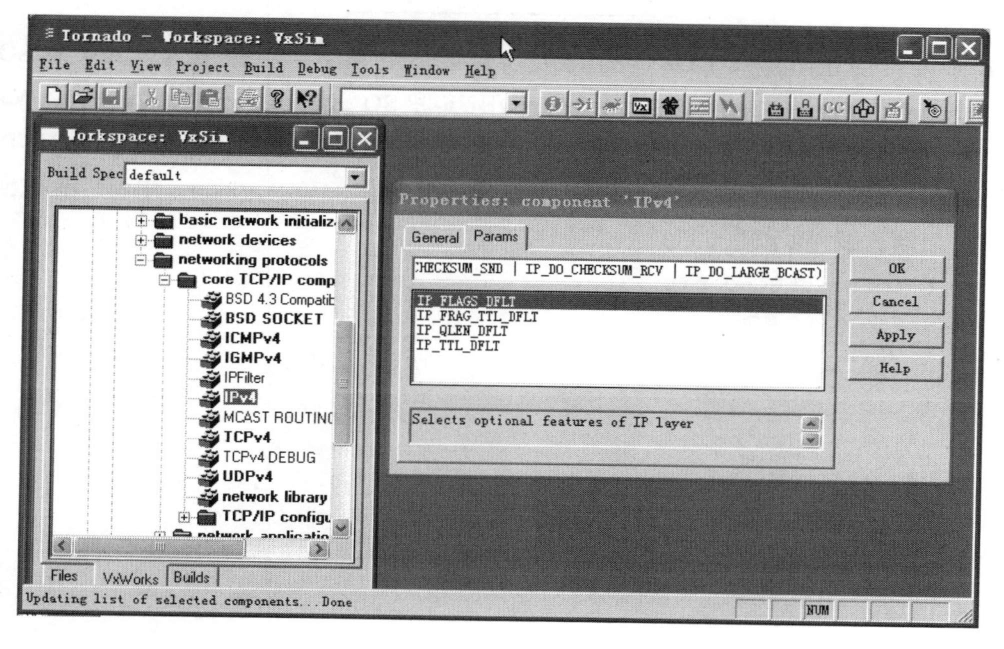

方法 3：在程序中修改。

在应用程序中重新配置参数 _ipCfgFlags 的值。

```
IMPORT int _ipCfgFlags;
_ipCfgFlags |= IP_DO_LARGE_BCAST; /* 支持广播发送数据长度大于 MTU */
```

使用套接字来写 UDP 广播发送程序流程如下图所示。

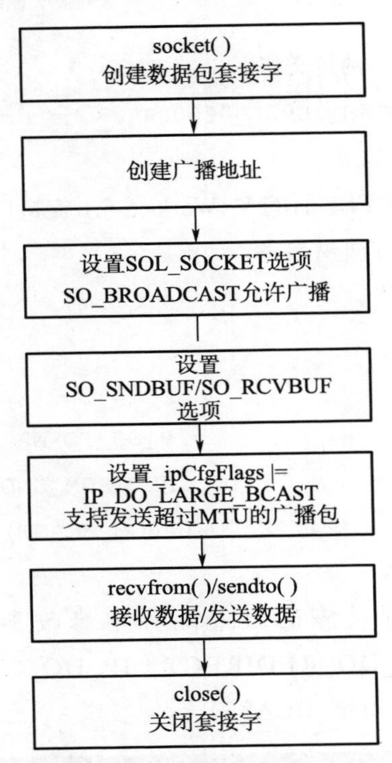

下面代码创建了一个 UDP 广播发送数据会话套接字，广播地址，并设置 SOL_SOCKET 选项（SO_BROADCAST、SO_SNDBUF 和 SO_RCVBUF）的值，在 VxWorks 5.5.1 中，默认广播数据包不能超过最大传输单元 MTU，设置 _ipCfgFlags |= IP_DO_LARGE_BCAST，支持数据量大于 MTU 的广播数据包。在 VxWorks 6.x 中，广播数据包没有大小限制，最大可以是 65507（65535–20–8）字节。

```
s32_t netBcastSendInit
(
struct sockaddr_in *pBroadAddr,     /* 广播网络地址 */
str_t *pBroadIP,                    /* 广播 IP 地址 */
u16_t usBroadPort                   /* 广播端口号 */
)
{
    s32_t iBroadSkt, iOptVal = 1;
```

```
    /* create send data socket */
    iBroadSkt = socket(AF_INET, SOCK_DGRAM, 0);/* 创建UDP协议发送端口 */
    if(ERROR==iBroadSkt) /* 如果创建不成功 */
    {
        return ERROR;
    }

    /* 创建广播地址 */
    bzero((str_t *)pBroadAddr,sizeof(struct sockaddr_in));
    pBroadAddr->sin_family = AF_INET;
    pBroadAddr->sin_addr.s_addr = inet_addr(pBroadIP);
    if(ERROR == pBroadAddr->sin_addr.s_addr)
    {
        close(iBroadSkt);
        return ERROR;
    }
    pBroadAddr->sin_port = htons(usBroadPort);/* 广播发送数据的端口号 */

    if(ERROR==setsockopt(iBroadSkt, SOL_SOCKET, SO_BROADCAST, (str_t
*)&iOptVal, sizeof(iOptVal)))
    {
        close(iBroadSkt);
        return ERROR;
    }

  #if (defined(_WRS_VXWORKS_MAJOR) && (_WRS_VXWORKS_MAJOR >= 6))
    /* VxWorks 6.x */
    iOptVal = 64*1024;
  #else  /* _WRS_VXWORKS_MAJOR */
    /* VxWorks 5.5.x */
    iOptVal = 64*1024;
    if(OK!=setsockopt(iBroadSkt, SOL_SOCKET, SO_SNDBUF, (str_t
*)&iOptVal, sizeof(iOptVal))
         || OK!=setsockopt(iBroadSkt, SOL_SOCKET, SO_RCVBUF, (str_t
*)&iOptVal, sizeof(iOptVal)))

    {
```

```
            close(iBroadSkt);
            return ERROR;
        }
        else
        {
            IMPORT int _ipCfgFlags;
            _ipCfgFlags |= IP_DO_LARGE_BCAST;  /* 支持广播发送数据长度大于 MTU */
        }
    #endif /* _WRS_VXWORKS_MAJOR */

        return iBroadSkt;
    }
```

此时，UDP 会话套接字已创建好，函数 netBcastSendInit 的返回值是会话套接字，使用该会话套接字调用函数 sendto() 发送 UDP 广播数据。

（6）UDP 广播接收

使用套接字来写 UDP 广播接收程序流程如下图所示。

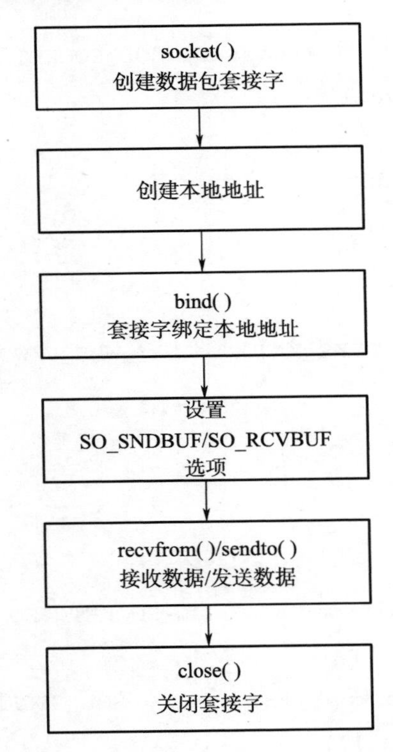

下面代码创建了一个 UDP 广播接收数据会话套接字，并设置 SOL_SOCKET 选项 (SO_SNDBUF 和 SO_RCVBUF) 的值。

```
s32_t netBcastRecvInit
(
u16_t usRecvPort   /* 本地接收数据端口 */
)
{
    s32_t iRecvSkt, iAddrLen = sizeof(struct sockaddr_in), iOptVal
= 1;
    struct sockaddr_in stRecvAddr;

    /* create a recv data socket */
    iRecvSkt = socket(AF_INET, SOCK_DGRAM, 0);/* 创建 UDP 协议接收端口 */
    if(ERROR==iRecvSkt)/* 如果创建不成功 */
    {
        return ERROR;
    }

    /* 创建本地地址 */
    bzero((str_t *)&stRecvAddr, iAddrLen);
    stRecvAddr.sin_family = AF_INET;
    stRecvAddr.sin_addr.s_addr = INADDR_ANY;
    stRecvAddr.sin_port = htons(usRecvPort);/* 广播接收数据的端口号 */

    if(ERROR==setsockopt(iRecvSkt, SOL_SOCKET, SO_REUSEADDR, (str_t
*)&iOptVal, sizeof(iOptVal)))
    {
        close(iRecvSkt);
        return ERROR;/* 返回失败 */
    }

    /* We will now bind data_socket */
    if(ERROR==bind(iRecvSkt, (struct sockaddr *)&stRecvAddr,
iAddrLen))/* 绑定 UDP 网络端口 */
    {
        close(iRecvSkt);
        return ERROR;
    }
```

```
#if (defined(_WRS_VXWORKS_MAJOR) && (_WRS_VXWORKS_MAJOR >= 6))
    /* VxWorks 6.x */
    iOptVal = 64*1024;
#else  /* _WRS_VXWORKS_MAJOR */
    /* VxWorks 5.5.x */
    iOptVal = 64*1024;
    if(OK!=setsockopt(iRecvSkt, SOL_SOCKET, SO_SNDBUF, (str_t
*)&iOptVal, sizeof(iOptVal))
            || OK!=setsockopt(iRecvSkt, SOL_SOCKET, SO_RCVBUF, (str_t
*)&iOptVal, sizeof(iOptVal)))
    {
            close(iRecvSkt);
            return ERROR;
    }
#endif /* _WRS_VXWORKS_MAJOR */

    return iRecvSkt;
}
```

此时，UDP 会话套接字已创建好，函数 netBcastRecvInit 的返回值是会话套接字，使用该会话套接字调用函数 recvfrom() 接收 UDP 数据。

UDP 广播接收与 UDP 单播接收流程和程序一样。

（7）UDP 组播发送

在 VxWorks 5.5.1 操作系统下组播发送数据时，默认情况下，组播数据只能在一个路由器范围内可见，不能经过 2 个或 2 个以上路由器，原因是组播发送数据的 TTL 的值是 1，也就是说默认情况下 VxWorks 5.5.1 操作系统的组播数据默认是一跳（在第一个路由器上丢弃 IP 数据包）。如果需要组播数据经过多级路由器，需要重新设置组播选项 IP_MULTICAST_TTL。

在 Tornado 2.2.1 环境的帮助系统中关于组播选项的帮助文档如下：

```
IP_ADD_MEMBERSHIP -- Join a Multicast Group
Specify the IP_ADD_MEMBERSHIP option when a process needs to join
multicast group:
setsockopt (sock, IPPROTO_IP, IP_ADD_MEMBERSHIP, (char *)&ipMreq,
sizeof (ipMreq));
The value of ipMreq is an ip_mreq structure. ipMreq.imr_multiaddr.
s_addr is the internet multicast address ipMreq.imr_interface.s_addr
```

is the internet unicast address of the interface through which the multicast packet needs to pass.

IP_DROP_MEMBERSHIP -- Leave a Multicast Group

Specify the IP_DROP_MEMBERSHIP option when a process needs to leave a previously joined multicast group:

setsockopt (sock, IPPROTO_IP, IP_DROP_MEMBERSHIP, (char *)&ipMreq,sizeof (ipMreq));

The value of ipMreq is an ip_mreq structure. ipMreq.imr_multiaddr.s_addr is the internet multicast address. ipMreq.imr_interface.s_addr is the internet unicast address of the interface to which the multicast address was bound.

IP_MULTICAST_IF -- Select a Default Interface for Outgoing Multicasts

Specify the IP_MULTICAST_IF option when an application needs to specify an outgoing network interface through which all multicast packets are sent:

setsockopt (sock, IPPROTO_IP, IP_MULTICAST_IF, (char *)&ifAddr, sizeof (mCastAddr));

The value of ifAddr is an in_addr structure. ifAddr.s_addr is the internet network interface address.

IP_MULTICAST_TTL -- Select a Default TTL

Specify the IP_MULTICAST_TTL option when an application needs to select a default TTL (time to live) for outgoing multicast packets:

setsockopt (sock, IPPROTO_IP, IP_MULTICAST_TTL, &optval, sizeof(optval));

The value at optval is an integer (type int), time to live value.

IP_MULTICAST_LOOP -- Enable or Disable Loopback

Enable or disable loopback of outgoing multicasts.

setsockopt (sock, IPPROTO_IP, IP_MULTICAST_LOOP, &optval, sizeof(optval));

The value at optval is an integer (type int), either 1(on) or 0 (off).

按照帮助文档设置发送组播默认的 TTL 值：

```
int iOptval = 16; /* 设置TTL的值是16 */
STATUS iStatus = setsockopt (sock, IPPROTO_IP, IP_MULTICAST_TTL,
&iOptval, sizeof(iOptval));
```

结果检测到函数 setsockopt 的返回值 iStatus 的值是 ERROR。

同样的方法，使能 / 禁止组播回环：

```
int iOptval = 1; /* 使能组播回环 */
STATUS iStatus = setsockopt (sock, IPPROTO_IP, IP_MULTICAST_LOOP,
&iOptval, sizeof(iOptval));
int iOptval = 0; /* 禁止组播回环 */
STATUS iStatus = setsockopt (sock, IPPROTO_IP, IP_MULTICAST_LOOP,
&iOptval, sizeof(iOptval));
```

同样也检测到函数 setsockopt 的返回值 iStatus 的值是 ERROR。

后来查看代码，并调试跟踪内核代码，发现在 VxWorks 5.5.1 操作系统的组播选项 IP_MULTICAST_TTL 和 IP_MULTICAST_LOOP 的实现中要求在函数 STATUS setsockopt(int s, int level, int optname, char * optval, int optlen) 中传输的参数 optval 是 unaisgned char，参数 optlen 的值是 1 字节，否则就会认为参数错误。很显然，Tornado 2.2.1 系统的组播选项帮助文档描述和 VxWorks 5.5.1 操作系统的组播选项的实现不一致。正确的函数调用方法是：

```
unsigned char ucOptval = 16; /* 设置TTL的值是16 */
STATUS iStatus = setsockopt (sock, IPPROTO_IP, IP_MULTICAST_TTL, &
ucOptval, sizeof(ucOptval));

unsigned char ucOptval = 1; /* 使能组播回环 */
STATUS iStatus = setsockopt (sock, IPPROTO_IP, IP_MULTICAST_LOOP, &
ucOptval, sizeof(ucOptval));

unsigned char ucOptval = 0; /* 禁止组播回环 */
STATUS iStatus = setsockopt (sock, IPPROTO_IP, IP_MULTICAST_LOOP, &
ucOptval, sizeof(ucOptval));
```

同样地，在当用户使用函数 STATUS getsockopt(int s, int level, int optname, char * optval, int optlen) 获取组播参数时需要采用同样的方法。

使用套接字来写 UDP 组播发送程序流程如下图所示。

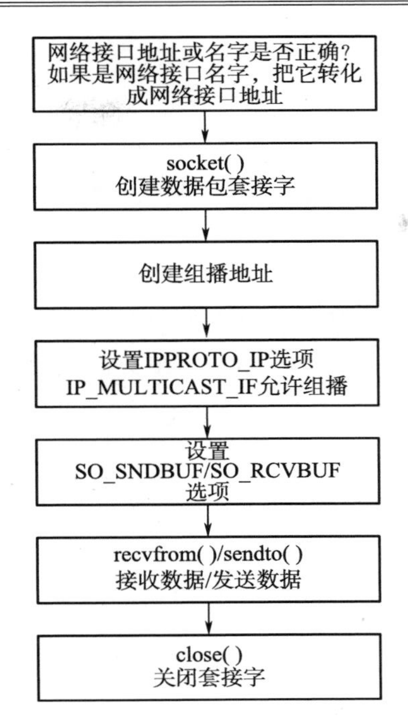

下面代码创建了一个 UDP 组播发送数据会话套接字，组播地址，并设置 IPPROTO_IP 选项 IP_MULTICAST_IF 允许组播，设置 SOL_SOCKET 选项 (SO_SNDBUF 和 SO_RCVBUF) 的值。

```
    s32_t netMcastSendInit
    (
    str_t *pInName,                          /* 网络接口的 IP 地址或网络接口卡
名字 ( 如 "gei0") */
    struct sockaddr_in *pMcastAddr,          /* 组播网络地址 */
    str_t *pMcastIP,                         /* 组播 IP 地址 */
    u16_t usMcastPort                        /* 组播端口号 */
    )
    {
      s32_t iSendSkt, iStatus, iOptVal = 1;
      struct in_addr stInAddr;
      str_t sInetAddr[INET_ADDR_LEN];/* INET_ADDR_LEN define in
inetLib.h */

      if(ERROR==ifAddrGet(pInName, sInetAddr))/* 如果 pInName 是网络接口的
IP 地址 */
      {
          str_t *pInterfaceName = sInetAddr;
```

```
        u16_t usIfIndex = 1;

        iStatus = -1;
        while((-1==iStatus) && (OK==ifIndexToIfName(usIfIndex,
pInterfaceName)))
        {
            /* 合法性检查：判断系统中是否存在参数指定的 IP 地址 */
            if((OK==ifAddrGet(pInterfaceName, sInetAddr)) &&
(0==strncmp(sInetAddr, pInName, INET_ADDR_LEN)))
            {
                iStatus = 0;
            }
            else
            {
                usIfIndex++;
            }
        }
    }
    else/* 网络接口卡名字（如"gei0"）*/
    {
        iStatus = 0;
    }

    if(-1==iStatus)
    {
        printf( "Error: the interface name or IP address.\n" );
        return ERROR;
    }

    /* create send data socket */
    iSendSkt = socket(AF_INET, SOCK_DGRAM, 0);/* 创建 UDP 协议发送端口 */
    if(ERROR == iSendSkt)/* 如果创建不成功 */
    {
        printf( "Error create socket.\n" );
        return ERROR;
    }
```

```
    /* 创建目的地址 */
    bzero((str_t *)pMcastAddr, sizeof(struct sockaddr_in));
    pMcastAddr->sin_family = AF_INET;
    pMcastAddr->sin_addr.s_addr = inet_addr(pMcastIP);/* 目的IP */
    pMcastAddr->sin_port = htons(usMcastPort);/* 发送数据的目的端口号 */

    if((ERROR==stInAddr.s_addr) || (0xE0000000!=(ntohl(pMcastAddr-
>sin_addr.s_addr)&0xF0000000)))
    {
        close(iSendSkt);
        return ERROR;
    }

    stInAddr.s_addr = inet_addr(sInetAddr);
    if((ERROR==stInAddr.s_addr) || (ERROR==setsockopt(iSendSkt,
IPPROTO_IP, IP_MULTICAST_IF, (str_t *)&stInAddr, sizeof(struct in_
addr))))
    {
        close(iSendSkt);
        return ERROR;
    }

  #if (defined(_WRS_VXWORKS_MAJOR) && (_WRS_VXWORKS_MAJOR >= 6))
    /* VxWorks 6.x */
    iOptVal = 64*1024;
  #else  /* _WRS_VXWORKS_MAJOR */
    /* VxWorks 5.5.x */
    iOptVal = 64*1024;
    if(OK!=setsockopt(iSendSkt, SOL_SOCKET, SO_SNDBUF, (str_t
*)&iOptVal, sizeof(iOptVal))
          || OK!=setsockopt(iSendSkt, SOL_SOCKET, SO_RCVBUF, (str_t
*)&iOptVal, sizeof(iOptVal)))
    {
        close(iSendSkt);
        return ERROR;
    }
```

```
#endif /* _WRS_VXWORKS_MAJOR */

    return iSendSkt;
}
```

此时，UDP 会话套接字已创建好，函数 netMcastSendInit 的返回值是会话套接字，使用该会话套接字调用函数 sendto() 发送 UDP 组播数据。

（8）UDP 组播接收

使用套接字来写 UDP 组播接收程序流程如下图所示。

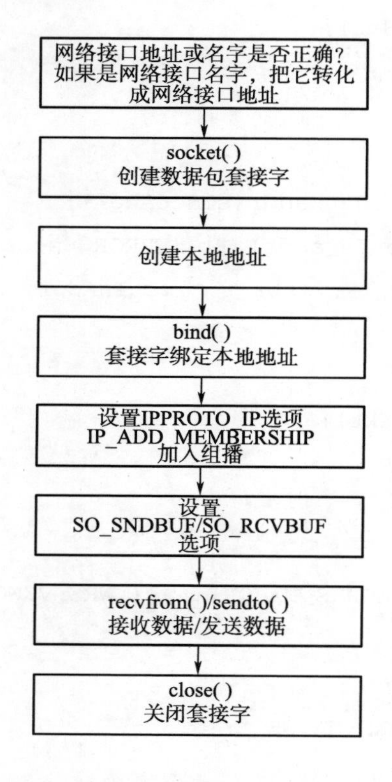

下面代码创建了一个 UDP 组播接收数据会话套接字，绑定到本地接收地址，并设置 IPPROTO_IP 选项 IP_ADD_MEMBERSHIP 加入组播，设置 SOL_SOCKET 选项 (SO_SNDBUF、SO_RCVBUF 和 SO_REUSEPORT) 的值。

```
s32_t netMcastRecvInit
(
str_t *pInName, /* 网络接口的 IP 地址或网络接口卡名字（如"gei0"） */
str_t *pMcastIP,        /* 组播 IP 地址 */
u16_t usMcastPort       /* 组播端口号 */
)
```

```
    {
        s32_t iRecvSkt, iAddrLen = sizeof(struct sockaddr_in), iOptVal = 1,
iStatus = -1;
        struct sockaddr_in stRecvAddr;
        struct ip_mreq ipMreq;
        str_t sInetAddr[INET_ADDR_LEN];/* INET_ADDR_LEN define in
inetLib.h */

        if(ERROR==ifAddrGet(pInName, sInetAddr))/* 如果 pInName 是网络接口的
IP 地址 */
        {
            str_t *pInterfaceName = sInetAddr;
            u16_t usIfIndex = 1;

            iStatus = -1;
            while((-1==iStatus) && (OK==ifIndexToIfName(usIfIndex,
pInterfaceName)))
            {
                /* 合法性检查：判断系统中是否存在参数指定的 IP 地址 */
                if((OK==ifAddrGet(pInterfaceName, sInetAddr)) &&
(0==strncmp(sInetAddr, pInName, INET_ADDR_LEN)))
                {
                    iStatus = 0;
                }
                else
                {
                    usIfIndex++;
                }
            }
        }
        else/* 网络接口卡名字（如 "gei0"） */
        {
            iStatus = 0;
        }

        if(-1==iStatus)
```

```
{
        printf( "Error: the interface name or IP address.\n" );
        return ERROR;
}

iRecvSkt = socket(AF_INET, SOCK_DGRAM, 0);
if(ERROR == iRecvSkt)
{
        printf( "Error create socket.\n" );
        return ERROR;
}

bzero((str_t *)&stRecvAddr, iAddrLen);
stRecvAddr.sin_len = (u08_t)iAddrLen;
stRecvAddr.sin_family = AF_INET;
stRecvAddr.sin_addr.s_addr = inet_addr(pMcastIP);/*INADDR_ANY;
2015/07/16 */
stRecvAddr.sin_port = htons(usMcastPort);/* UDP port number to
match for the received packets */

if(ERROR==setsockopt(iRecvSkt, SOL_SOCKET, SO_REUSEPORT, (str_t
*)&iOptVal, sizeof(iOptVal)))
{
        close(iRecvSkt);
        return ERROR;/* 返回失败 */
}

/* bind a port number to the socket */
if(ERROR==bind(iRecvSkt, (struct sockaddr *)&stRecvAddr, iAddrLen))
{
        close(iRecvSkt);
        return ERROR;
}

/* fill in the argument structure to join the multicast group */
/* initialize the multicast address to join */
```

```
    ipMreq.imr_multiaddr.s_addr = inet_addr(pMcastIP);

    /* unicast interface addr from which to receive the multicast
packets */
    ipMreq.imr_interface.s_addr = inet_addr(sInetAddr);

    /* set the socket option to join the MULTICAST group */
    if(     (ERROR==ipMreq.imr_interface.s_addr)
         || (ERROR==ipMreq.imr_multiaddr.s_addr)
         || (0xE0000000!=(ntohl(ipMreq.imr_multiaddr.s_
addr)&0xF0000000))
         || (ERROR==setsockopt(iRecvSkt, IPPROTO_IP, IP_ADD_
MEMBERSHIP, (str_t *)&ipMreq, sizeof(struct ip_mreq))))
    {
        close(iRecvSkt);
        return ERROR;
    }

  #if (defined(_WRS_VXWORKS_MAJOR) && (_WRS_VXWORKS_MAJOR >= 6))
    /* VxWorks 6.x */
    iOptVal = 64*1024;
  #else  /* _WRS_VXWORKS_MAJOR */
    /* VxWorks 5.5.x */
    iOptVal = 64*1024;
    if(OK!=setsockopt(iRecvSkt, SOL_SOCKET, SO_SNDBUF, (str_t
*)&iOptVal, sizeof(iOptVal))
         || OK!=setsockopt(iRecvSkt, SOL_SOCKET, SO_RCVBUF, (str_t
*)&iOptVal, sizeof(iOptVal)))
    {
        close(iRecvSkt);
        return ERROR;
    }
  #endif /* _WRS_VXWORKS_MAJOR */

    return iRecvSkt;
  }
```

此时，UDP 会话套接字已创建好，函数 neMcastRecvInit 的返回值是会话套接字，使用该会话套接字调用函数 recvfrom() 接收 UDP 数据。

8.2　二层交换技术

8.2.1　MAC 地址表

二层交换技术通过解析和学习以太网帧的源 MAC 地址来维护 MAC 地址和端口的对应关系（保存 MAC 地址与端口对应关系的表称为 MAC 地址表），通过其目的 MAC 地址来查找 MAC 地址表决定向哪个端口转发，基本流程如下：

1）二层交换机收到以太网帧，将其源 MAC 地址与接收端口的对应关系写入 MAC 地址表，作为以后的二层转发依据。如果 MAC 地址表中已有相同表项，那么就刷新该表项的老化时间（老化时间默认为 300s）。MAC 地址表表项采取一定的老化更新机制，老化时间内未得到刷新的表项将被删除。

2）根据以太网帧的目的 MAC 地址去查找 MAC 地址表，如果没有找到匹配表项，那么向所有端口洪泛（接收端口除外）；如果能够找到匹配表项，则向表项所示的对应端口转发，但是如果表项所示端口与收到以太网帧的端口相同，则丢弃该帧。

从上述流程可以看出，二层交换通过维护 MAC 地址表以及根据目的 MAC 地址查表转发（简单地说学习源 MAC 地址，按照目的 MAC 地址转发），有效地利用了网络带宽，改善了网络性能。

注意：交换机动态学习的 MAC 地址默认只有 300s 的有效期，如果 300s 内记录的 MAC 地址没有通信，该 MAC 地址表项老化删除。

8.2.2　ARP 缓存表

上面介绍了交换机的工作原理，知道交换机是通过学习源 MAC 地址，按照目的 MAC 地址转发来工作的，但是如何获得目的主机的 MAC 地址呢？这时就需要使用 ARP 协议了，在每台主机中都有一张 ARP 缓存表，它记录着主机的 IP 地址和 MAC 地址的对应关系。

ARP 协议：ARP 协议是工作在网络层的协议，它负责将 IP 地址解析为 MAC 地址。下面详细讲解 ARP 工作原理。

1）如果主机 A 想发送数据给主机 B，主机 A 首先会检查自己的 ARP 缓存表，查看是否有主机 B 的 IP 地址和 MAC 地址的对应关系，如果有，则会将主机 B 的 MAC 地址作为目的 MAC 地址封装到数据帧中。如果没有，主机 A 则会发送一个 ARP 请求信息，请求的目的 IP 地址是主机 B 的 IP 地址，目的 MAC 地址是 MAC 地址的广播帧（即 FF-FF-FF-FF-FF-FF），源 IP 地址和 MAC 地址是主机 A 的 IP 地址和 MAC 地址。

2）当交换机接收到此数据帧后，发现该数据帧是广播帧，因此，会将此数据帧转发到其他端口中。

3）当主机 B 接收到此数据帧后，会校对 IP 地址是否是自己的，并将主机 A 的 IP 地址和 MAC 地址的对应关系记录到自己的 ARP 缓存表中，同时会发送一个 ARP 应答，其中包括自己的 MAC 地址。

4）当主机 A 接收到 ARP 应答帧后，在自己的 ARP 缓存表中记录主机 B 的 IP 地址和 MAC 地址的对应关系。而此时交换机已经学习到了主机 A 和主机 B 的 MAC 地址了。

注意：不同系统的 ARP 缓存表老化时间不同，Windows XP 系统老化时间是 120s，VxWorks 的 ARP 缓存表老化时间是 1200s。

8.2.3　静默与洪泛

由于默认情况下 ARP 超时时间要远大于 MAC 地址表老化时间，对于一些静默主机导致未知单播的洪泛在网络上时有发生，浪费了大量带宽资源。

在网络系统设计中，避免“计算机 A 向静默计算机 B 单播”的情况。

8.3　网络安全与防火墙

在信息时代，计算机在经济、军事、政治与社会各方面都占据着“核心”工具的地位，互联网正以惊人的速度向全球各个角落辐射，网络已成为日常和战时必备的信息系统，网络战已成为一种新的战争形式。随着时代的发展，网络系统已经成为国家重要的基础设施，成为各国经济和社会正常运转的“神经系统”，对于国家而言，“没有网络安全就没有国家安全”。防火墙作为维护网络安全的重要防护设备之一，在目前网络安全的防范体系中发挥着越来越关键的作用。

VxWorks 以其良好的可靠性和卓越的实时性被广泛地应用在通信、交通、电力、医疗、军事、航空、航天等实时性要求极高的高精尖技术领域中，在上述应用中存在内部网络和外部网络连接，VxWorks 系统也受到越来越多的网络安全挑战，为了内部网络安全，我们设计采用包过滤技术的基于 VxWorks 的防火墙来应对众多的网络安全威胁。

防火墙是一个由硬件和软件组合而成、在内部网和外部网之间的边界上构成的保护屏障，以阻止来自外部的网络入侵。防火墙软件的几种关键技术：包过滤技术、代理技术、地址翻译技术等。防火墙示意图如下图所示。

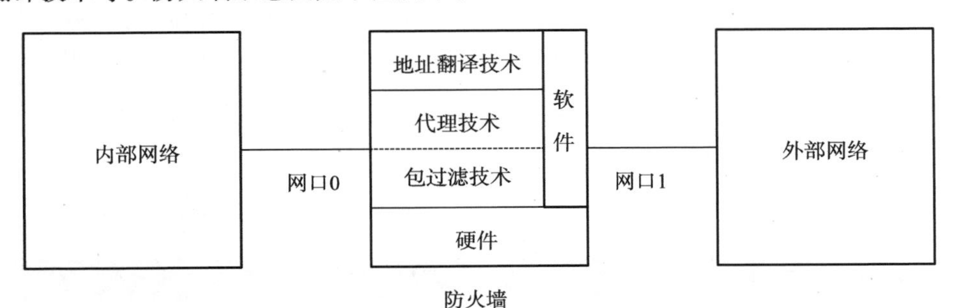

8.3.1　防火墙的设计

（1）注册网络服务

在 VxWorks 中，WINDRIVER 提供了一个 MUX 层。MUX 层的特点是：它可以完全屏蔽嵌入式系统的底层网络驱动和上层协议的关联，使网络驱动程序和协议之间没有内部交换数据，它们只能通过 MUX 间接相互作用。下图展示了协议、MUX、网络驱动之间的关系。由此可以看出 MUX 的目的是分解协议和网络驱动，从而使它们几乎彼此独立。例如：添加一个新的网络驱动，则所有现有基于 MUX 的协议均可使用新的驱动程序；同样，添加一个新的基于 MUX 的协议，则任何现有的网络驱动均可通过 MUX 接口来访问新的协议。

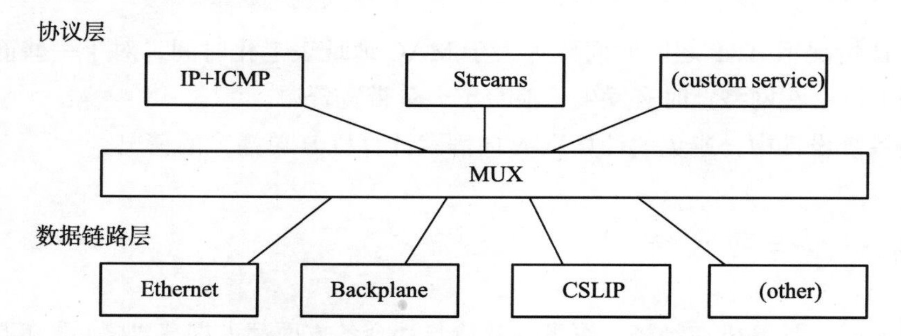

MUX 层作为独立的一个网络层有其自己的功能函数，但这些功能函数只是其上下两层通信的接口。网络协议层和网络驱动与 MUX 接口的调用关系如下图所示。从图中我们可以看到 MUX 层的所有标准 API 和协议、网络驱动 API 的调用关系。箭头表示每个调用程序的入口点。

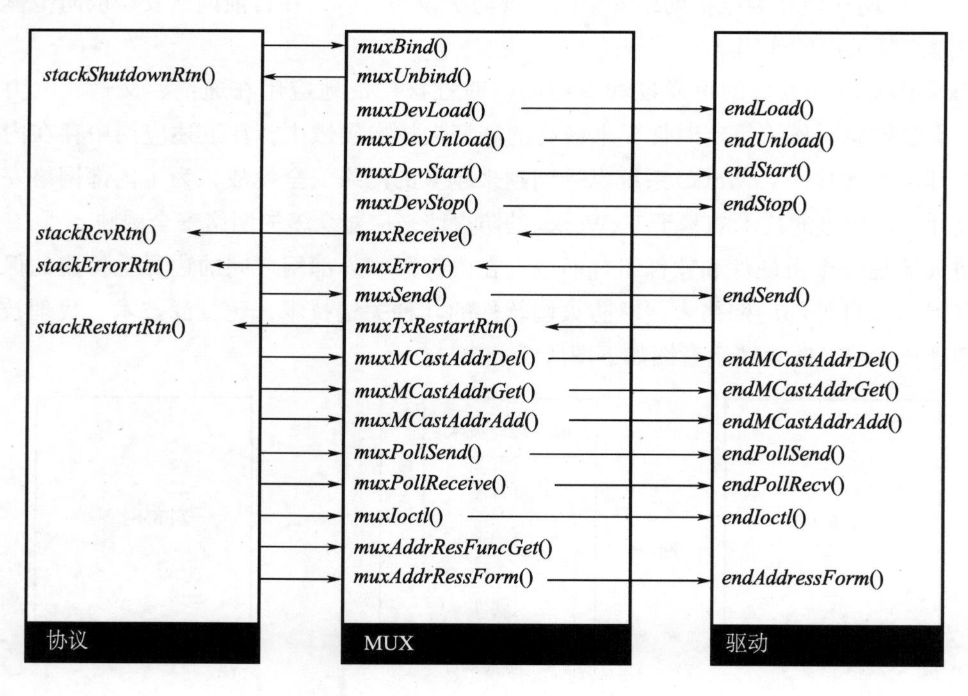

网络协议提供下面的接口功能函数：

1）stackShutdownRtn()。

2）stackErrorRtn()。

3）stackRcvRtn()。

4）stackRestartRtn()。

当 MUX 接口层需要与协议层相互通信时，就调用以上的功能函数。想要使网络协议层能够使用 MUX，必须至少实现以上一个功能函数。

网络服务的功能函数是 MUX 层的入口点。它们必须通过 muxBind() 注册到 MUX 上。当一个应用程序发送数据包到网络时，IP 层把数据包交给 MUX 层而不是把它交给网络驱动程序。同样地，接收数据包时，接口调用 ISR（中断服务程序），ISR 接着调用 END 驱动程序，END 驱动程序把数据包交给 MUX 层，MUX 层再将其交给网络协议层处理。

```
void * muxBind
(
char * pName, /* interface name, for example, ln, ei,... */
int    unit, /* unit number */
BOOL (* stackRcvRtn) (void* , long, M_BLK_ID, LL_HDR_INFO * , void* ),
/* receive function to be called. */
STATUS (* stackShutdownRtn) (void* , void* ), /* routine to call to
shutdown the stack */
STATUS (* stackTxRestartRtn) (void* , void* ), /* routine to tell
the stack it can transmit */
void (* stackErrorRtn) (END_OBJ* , END_ERR* , void* ), /* routine to
call on an error. */
long   type, /* protocol type from RFC1700 and many other sources (for
example, 0x800 is IP) */
char * pProtoName, /* string name for protocol */
void * pSpare /* per protocol spare pointer */
)
```

其中：pName 为网络接口的名字，unit 为接口号，stackRcvRtn 为协议数据处理函数，负责接收的数据（或者发送的数据，当协议类型为 MUX_PROTO_OUTPUT 时），stackShutdownRtn、stackTxRestartRtn 和 stackErrorRtn 分别为关闭、重启和错误处理函数，若不用则设置为 NULL，type 为指定的协议类型，pProtoName 为协议名称，pSpare 为每个协议的备用指针。

协议类型及含义：

1）MUX_PROTO_SNARF: 在所有标准协议接收之前调用 stackRcvRtn() 处理函数。

2）MUX_PROTO_PROMISC：在所有标准协议接收之后调用 stackRcvRtn() 处理函数。

3）MUX_PROTO_OUTPUT：在数据被送到物理层 (DRIVER) 之前调用 stackRcvRtn() 函数。

（2）网络透传设计

网络透传是实现防火墙的关键技术，如下图所示，软件利用函数 ifFlagChange(“gei0”, IFF_PROMISC, TRUE) 设置网卡工作在混杂模式，然后使用 MUX_PROTO_SNARF 注册网络服务 stackRcvRtn()。函数 stackRcvRtn() 会收到所有的网络报文。函数 muxSend() 把收到的网络报文从另一个网卡发送出去。

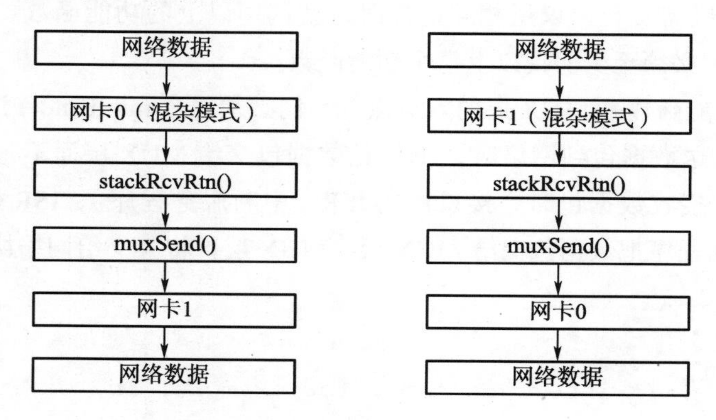

（3）包过滤规则设计

包过滤是防火墙最基本的功能，当防火墙收到数据报后，从该数据报中提取源 IP 地址、目的 IP 地址、源端口、目的端口、协议类型等信息，通过匹配防火墙规则，来决定该数据报是丢弃还是接受，最终达到控制两个网络间传输数据的目的。包过滤逻辑如下图所示。

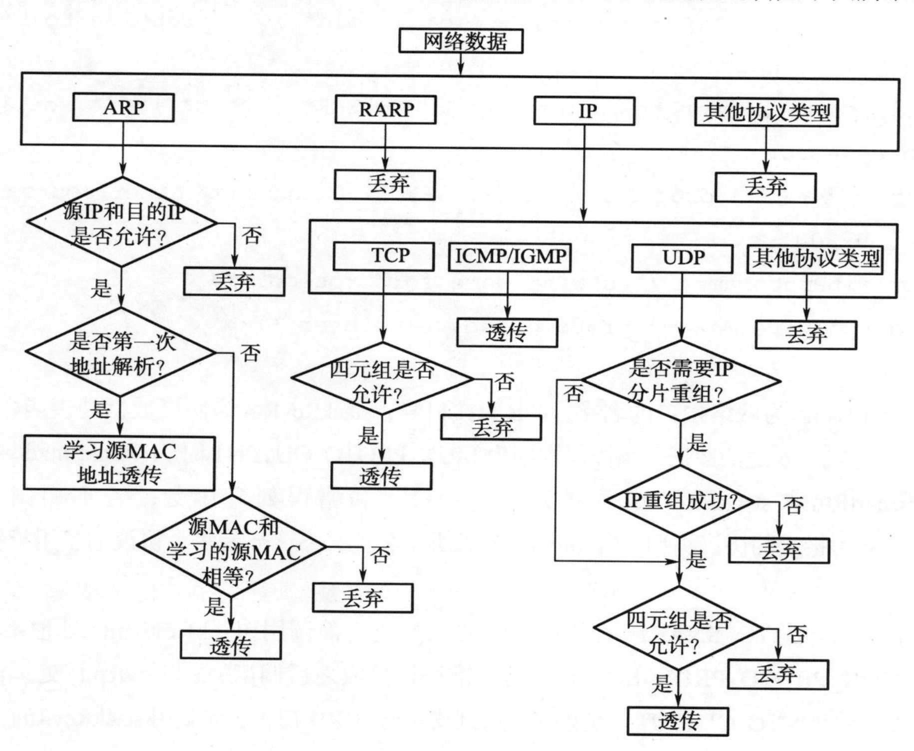

当接收到以太网数据报后判断以太网头部字段的协议类型，RARP 协议数据报丢弃；ARP 协议数据报根据白名单的源 IP 地址、目的 IP 地址来决定是丢弃还是透传，如果是第一次透传，则学习源 MAC 地址，如果不是第一次透传，比较 ARP 数据报源 MAC 地址和学习的源 MAC 地址是否一样来决定是否透传，当源 MAC 一样时透传，否则丢弃；IP 协议类型数据报保留，等待下一步处理；其他协议类型数据报丢弃。

当接收到 IP 协议数据报后判断 IP 头部字段的协议类型，ICMP 协议数据报透传，确保 ping 数据报透传；IGMP 协议数据报透传，确保组地址管理数据报透传；TCP/UDP 协议类型数据报保留，等待下一步处理；其他协议类型数据报丢弃。

当接收到 TCP 协议数据报后，根据白名单的源 IP 地址、目的 IP 地址、源端口、目的端口、协议类型等五元组信息来决定该数据报是丢弃还是透传。

当接收到 UDP 协议数据报后，首先判断是否需要 IP 分片重组，IP 分片重组不成功丢弃数据报，不需 IP 重组的数据报和已 IP 分片重组成功的数据报根据白名单的源 IP 地址、目的 IP 地址、源端口、目的端口、协议类型等五元组信息来决定该数据报是丢弃还是透传。

（4）IP 分片重组设计

每一种包交换网络技术对在一个物理帧所能传输的数据量都有一个上限，一般称这个上限为这种物理网络的最大传输单元 MTU。不同的物理网络有不同的最大传输单元，发送端主机或中间路由器需要把大的 IP 数据报分割成小的 IP 数据报分片，以便能装载到具有较小 MTU 的网络物理帧中，此过程称为 IP 数据报的分片。目的主机不断累积到达的数据报分片，在所有的数据报分片到达后，将它们重新组合生成完整的数据报，此过程称为 IP 数据报的分片重组。

IP 分片重组是 TCP/IP 协议栈中 IP 层需要实现的不可缺少的功能之一。IP 数据报中与 IP 分片相关的字段如下：

1）16 位报文标识：数据报的唯一标识。同一数据报的不同分段中都设置相同的报文标识。

2）16 位报文长度：IP 分片报文长度（含 IP 头部）。

3）13 位分片偏移量：每一个分片都要设置该字段值，用来指明其在原始数据报中的位置，用 8 个字节的倍数来表示。

4）1 位分片标志：如果没有分片，则该标志设定为 0；如果数据报进行了分片，则除了最后一个分片将该字段设置为 0 外，其余各分片都应该设为 1。

每个数据报分片在网络中进行独立传输，因此，在经过中间路由节点时，可能会选择不同的路由抵达目的主机，这样，抵达目的主机的各个 IP 数据报分片的顺序与其发送顺序极有可能不同。所以，目的主机的 IP 协议必须根据数据报中的相关字段（标识、长度、偏移量等）将这些分片数据重组为原始的数据报，然后提交到上层协议。在重组过程中，各个数据报分片必须具有相同的标识、相同的用户协议值以及相同的源和目的 IP 地址，并且在一定时间内必须全部到齐。IP 协议将满足上述条件的数据报分段按照偏移量顺序排队，且只保留第一个分片的报头，删除其他的分片报头，组装成一个完整的原始 IP 数据报，并重新计算报文长度，填入相应的报文字段中。最后，按照组装完毕的报文中的用户协议值提交给上层协议。IP 分片重组过程如下图所示。

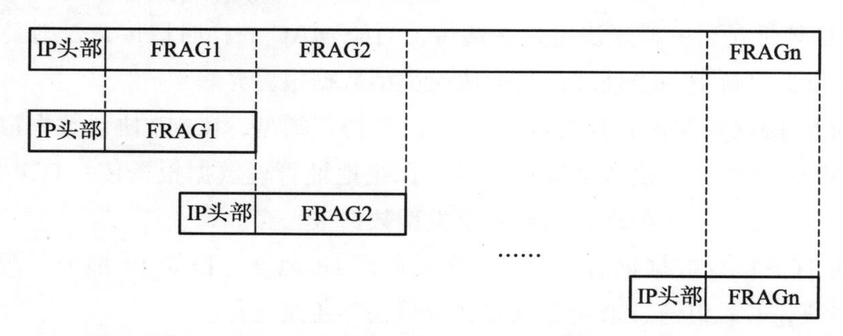

在 VxWorks 系统中每个数据报由 mBlk 链组成，如下图所示，接收到的具有相同标识的数据报也可以链接起来，并按照偏移量排序。

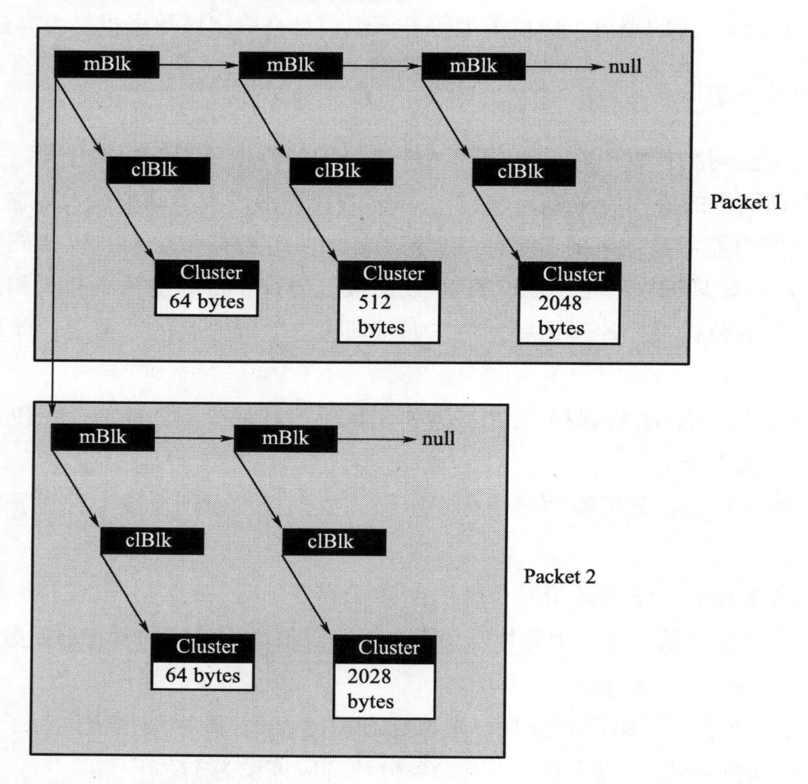

承载数据总长度是 T，初始时 T=0。

第一个 IP 分片：MF=1，偏移量 =T，数据报长度 L1，头部长度是 H1，承载数据总长度 T+= L1–H1。

第二个 IP 分片：MF=1，偏移量 =T，数据报长度 L2，头部长度是 H2，承载数据总长度 T+= L2–H2。

……

最后的 IP 分片：MF=0，偏移量 =T，数据报长度 Ln，头部长度是 Hn，承载数据总长度 T+= Ln–Hn。

由于 IP 分片传输中可能存在不同的路由路经，数据报分片的顺序与其发送顺序极有可能不同。收到 IP 分片数据的标志是 0 也不一定标志全部 IP 分片到齐，此时，根据每个 IP 分片协议、标识、长度、偏移量等尝试重组 IP 分片，遍历相同标识的数据报链表，计算承载数据总长度 T，判断偏移量是否和 T 相等，如果不相等则重组失败，继续等待相同标识的 IP 分片，直到重组成功或超时释放资源。

8.3.2　防火墙的实现

防火墙硬件选择的是 Intel Atom E3845 嵌入式处理器，4 路 Intel I211AT 千兆网卡的嵌入式计算机。在 Workbench3.3.4 中，使用 itl_atom，根据硬件修改该 BSP，然后分别创建 VxWorks Boot Loader / BSP Project 工程和 VxWorks Image Project 工程，编译生成 bootrom.sys 和 VxWorks 镜像，然后在硬件上对硬盘分区、格式化、写 vxld 主引导记录，把 bootrom.sys 拷贝到主分区，最后把 VxWorks 拷贝到主分区。根据防火墙的设计，实现采用包过滤技术的防火墙软件。

移植 Goahead Web 服务器到 VxWorks 6.9，实现白名单的网页配置。

8.3.3　防火墙的测试

（1）防火墙的功能测试

建立防火墙功能测试环境，如下图所示。按照图中参数配置防火墙白名单，根据 RARP、ARP、ICMP、IGMP、UCP、TCP 等协议类型来测试防火墙的功能。

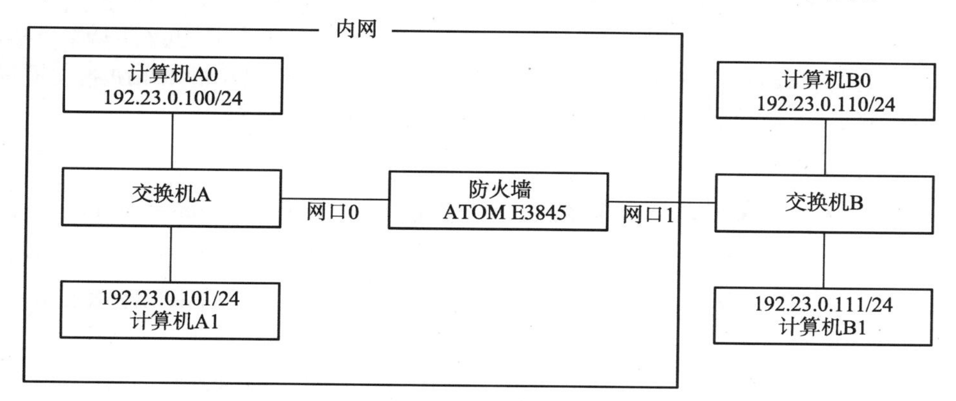

①测试 RARP 报文

设置计算机 B0 的 BIOS，使能 PXE，通过网卡引导系统，在计算机 A0、计算机 A1、计算机 B1 上运行 WireShark，计算机 A0 和计算机 A1 未能捕获计算机 B0 的 RARP 报文，计算机 B1 捕获到计算机 B0 的 RARP 报文。测试结论是防火墙丢弃 RARP 报文。

②测试 ARP 报文

1）在计算机 A0、计算机 A1、计算机 B1 上运行 WireShark 抓包工具，在计算机 B0 上 ping -t 192.23.0.101，计算机 A0 和计算机 A1 未能捕获计算机 B0 的 ARP 报文，计算机 B1 捕获到计算机 B0 的 ARP 报文。测试结论是防火墙禁止源 IP 地址（192.23.0.110）和目的 IP 地址（192.23.0.101）不符合白名单的 ARP 报文通过。

2）在计算机 A0、计算机 A1、计算机 B1 上运行 WireShark 抓包工具，在计算机 B0 上 ping -t 192.23.0.100，计算机 A0、计算机 A1 和计算机 B1 能捕获计算机 B0 的 ARP 询问报文，计算机 A0 能捕获到计算机 A0 的 ARP 应答报文。测试结论是防火墙允许源 IP 地址（192.23.0.110）和目的 IP 地址（192.23.0.100）符合白名单的 ARP 报文通过。

3）在测试 2）的基础上，修改计算机 B0 的 MAC 地址，在计算机 B0 上 ping -t 192.23.0.100，计算机 A0、计算机 A1 不能捕获计算机 B0 的免费 ARP 报文和 ARP 询问报文。计算机 B1 能捕获到计算机 B0 的免费 ARP 报文、ARP 询问报文。测试结论是防火墙禁止源 IP 地址（192.23.0.110）和目的 IP 地址（192.23.0.100）符合白名单但 MAC 地址不是计算机 B0 的 MAC 地址的 ARP 欺骗报文通过。

4）在计算机 A0、计算机 A1、计算机 B0、计算机 B1 上运行 WireShark 抓包工具，把计算机 B1 的 IP 地址修改为 192.23.0.110，计算机 A0 和计算机 A1 不能捕获到计算机 B1 的免费 ARP 报文，计算机 B0 和计算机 B1 能捕获计算机 B1 的免费 ARP 报文和计算机 B0 的 ARP 应答报文。计算机 B0 和计算机 B1 都报 IP 地址冲突。测试结论是防火墙禁止免费 ARP 报文通过。

③测试 ICMP 报文

在计算机 B0 上 ping -t 192.23.0.100，有应答；在计算机 B0 上 ping -t 192.23.0.101，无应答；在计算机 B1 上 ping -t 192.23.0.100，无应答；在计算机 B1 上 ping -t 192.23.0.101，有应答；在计算机 A0 上 ping -t 192.23.0.110，有应答；在计算机 A0 上 ping -t 192.23.0.111，无应答；在计算机 A1 上 ping -t 192.23.0.110，无应答；在计算机 A1 上 ping -t 192.23.0.111，有应答。测试结论是防火墙允许源 IP 地址和目的 IP 地址符合白名单的 ICMP 报文通过，防火墙禁止源 IP 地址和目的 IP 地址不符合白名单的 ICMP 报文通过。

④测试 IGMP 报文

在计算机 A0、计算机 A1、计算机 B0、计算机 B1 上运行 WireShark 抓包工具，在计算机 B0 上运行网络调试助手加入组播 224.23.0.1，在计算机 A0、计算机 A1、计算机 B0、计算机 B1 能捕获到计算机 B0 的 IGMP 报文。测试结论是防火墙允许 IGMP 报文通过。

⑤测试 UDP 报文

在计算机 A0、计算机 A1、计算机 B0、计算机 B1 上运行网络调试助手，按照白名单设置通信参数，计算机 A0 和计算机 B0 能正常收发 UDP 数据报。修改网络调试助手中的 IP 地址或端口号，不能收到数据了。测试结论防火墙允许符合“五元组规则”的 UDP 报文通过，防火墙禁止不符合“五元组规则”的 UDP 报文通过。

⑥测试 TCP 报文

在计算机 A0、计算机 A1、计算机 B0、计算机 B1 上运行网络调试助手，按照白名单设置通信参数，计算机 A0 和计算机 B0 能正常收发 TCP 数据。修改网络调试助手中的 IP 地址或端口号，不能建立 TCP 连接了。测试结论防火墙允许符合“五元组规则”的 TCP 报文通过，防火墙禁止不符合“五元组规则”的 TCP 报文通过。

⑦测试 IP 碎片攻击

按照白名单设置通信参数，在计算机 A0 上运行 WireShark 抓包工具和网络调试助手，在计算机 B0 上运行 IP 碎片攻击程序，计算机 A0 捕获不到 IP 碎片报文。测试结论是防火墙禁止不能重组的报文通过。

（2）防火墙的时延测试

建立防火墙时延测试环境，如下图所示，计算机 0 和计算机 1 是 P105D（CPU：Intel Core2 L7400），运行 VxWorks 系统，计算机 0 向计算机 1 发送单播 UDP 数据报，计算机 1 把收到的数据转发给计算机 0，计算机 0 测量往返时延，把往返时延的一半近似认为是测试时延。在实验室统计的测试数据见下表。防火墙时延测试结果表明在不超过 3 个 MTU 时，防火墙的传输时延不超过 100μs。

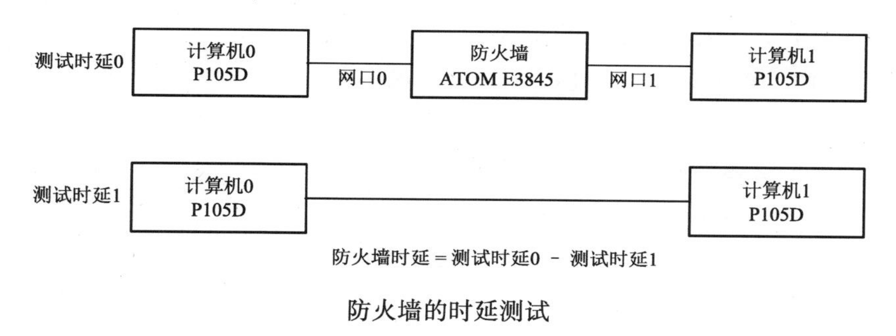

防火墙的时延测试

防火墙的时延

（单位：μs）

时延	1480 × 1–8 字节		1480 × 2–8 字节		1480 × 3–8 字节	
	最小值	最大值	最小值	最大值	最小值	最大值
测试时延 0	105	124	161	207	196	243
测试时延 1	63	80	90	113	102	147
防火墙时延	42	44	71	94	94	96

由 Atom E3845 硬件和防火墙软件建立的防火墙实现了五元组的包过滤功能，能有效对抗 ARP 欺骗攻击、IP 碎片攻击及各种病毒攻击，而且时延也非常小。在内部网和外部网之间的边界上构成保护屏障，以阻止来自外部的网络入侵，非常适合工程应用。

第 9 章　实时操作系统 VxWorks 5.5.1 定制

本章以某 CPCI 计算机 P105D（Intel Core 2 Duo L7400 + Intel 945GME + ICH7R + 4 路 Intel 82574L）为例，介绍实时操作系统 VxWorks 5.5.1 定制。按照本章内容修正 Tornado 2.2.1/VxWorks 5.5.1 系统中的各种问题或缺陷，提供了一个标准的 VxWorks 系统，确保 VxWorks 系统平台正确性、可靠性、可控性，降低 VxWorks 软件设计师技术门槛，极大地提高开发效率，节省时间资源和人力资源。

9.1　目标机 BIOS 配置

VxWorks 5.5.1 系统只支持 IDE 磁盘，在使用设备之前，请检查 BIOS 设置：

```
Advanced → IDE Configuration → ATA/IDE Controllers    [Compatible]
Primary IDE Master:      [Not Detected]
Primary IDE Slave:        [Not Detected]
Secondary IDE Master:     [Not Detected]
Secondary IDE Slave:      [Hard Disk]
```

9.2　引导行参数

VxWorks 5.5.1 系统支持 IDE 磁盘引导，也支持网卡引导，在 $WIND_BASE/target/config/HTP105D/config.h 中修改引导行默认参数。

9.2.1　默认引导行参数

当从第二个 IDE 控制器的从通道加载系统内核映像 VxWorks 时，设置“DEFAULT_BOOT_LINE”：” ata=1,1(0,0)host:/ata0/vxWorks h=192.168.0.200 e=192.168.0.20:ffffff00 u=target pw=target f=0x8 tn=tgt s=/ata0a/usrApp.txt o=gei0”。

当从第一个以太网控制器 LAN0 加载系统内核映像 VxWorks 时，设置“DEFAULT_BOOT_LINE”：” gei(0,0)host:vxWorks h=192.168.0.200 e=192.168.0.20:ffffff00 u=target pw=target f=0x8 tn=tgt s=/ata0a/usrApp.txt o=gei0”。

当从第二个以太网控制器 LAN1 加载系统内核映像 VxWorks 时，设置“DEFAULT_BOOT_LINE”：” gei(1,0)host:vxWorks h=192.168.0.200 e=192.168.0.20:ffffff00 u=target pw=target f=0x8 tn=tgt s=/ata0a/usrApp.txt o=gei1”。

当从第三个以太网控制器 LAN2 加载系统内核映像 VxWorks 时，设置“DEFAULT_BOOT_LINE”：”gei(2,0)host:vxWorks h=192.168.0.200 e=192.168.0.20:ffffff00 u=target pw=target f=0x8 tn=tgt s=/ata0a/usrApp.txt o=gei2”。

当从第四个以太网控制器 LAN3 加载系统内核映像 VxWorks 时，设置“DEFAULT_BOOT_LINE”：”gei(3,0)host:vxWorks h=192.168.0.200 e=192.168.0.20:ffffff00 u=target pw=target f=0x8 tn=tgt s=/ata0a/usrApp.txt o=gei3”。

9.2.2　引导行参数存储

计算机 P105D 未设计硬件 NVRAM 芯片来存储引导行参数，于是，把引导行参数存储在硬盘中。在 $WIND_BASE/target/config/HTP105D/config.h 中修改下面参数的值。

```
#define SYS_WARM_TYPE          SYS_WARM_ATA /* warm start device */
#define SYS_WARM_ATA_CTRL          1          /* controller 0 */
#define SYS_WARM_ATA_DRIVE         1          /* 0 = c:, 1 = d: */
```

在文件 sysNvRam.c 中，参考下面代码修改函数 void sysNvRam_mount()。

```
#if defined(INCLUDE_ATA) && (SYS_WARM_TYPE == SYS_WARM_ATA)
    IMPORT ATA_RESOURCE ataResources[];
    IMPORT int   sysWarmAtaCtrl;  /* controller 0 or 1 */
    IMPORT int   sysWarmAtaDrive; /* Hd drive 0 (c:), 1 (d:) */
    ATA_RESOURCE *pAtaResource   = &ataResources[sysWarmAtaCtrl];
#endif


     /* if BOOTROM_DIR has already been mounted do not try remounting it */
     if(NULL == dosFsVolDescGet(BOOTROM_DIR, &pVolDesc))
         {
         dosFsInit (NUM_DOSFS_FILES);
#if defined(INCLUDE_ATA) && (SYS_WARM_TYPE == SYS_WARM_ATA)
         if (ataDrv
        (sysWarmAtaCtrl, pAtaResource->drives, pAtaResource->intVector,
           pAtaResource->intLevel, pAtaResource->configType,
           pAtaResource->semTimeout, pAtaResource->wdgTimeout) == ERROR)
           {
           return;
           }

        if(usrAtaConfig(sysWarmAtaCtrl, sysWarmAtaDrive, BOOTROM_DIR)
!= OK)
```

```
        {
        logMsg(“%s: usrAtaConfig failed\n” , (int)_FUNCTION_,2,3,4,5,6);
        return;
        }
#endif
}
```

9.3 自动映射 PCI 设备内存

在数组 PHYS_MEM_DESC sysPhysMemDesc [] 末尾添加足够多供动态内存映射的填充项 DUMMY_MMU_ENTRY。

```
PHYS_MEM_DESC sysPhysMemDesc [] =
{
……

    /* entries for dynamic mappings - create sufficient entries */
    DUMMY_MMU_ENTRY, DUMMY_MMU_ENTRY, DUMMY_MMU_ENTRY,
    DUMMY_MMU_ENTRY, DUMMY_MMU_ENTRY, DUMMY_MMU_ENTRY,
    DUMMY_MMU_ENTRY, DUMMY_MMU_ENTRY, DUMMY_MMU_ENTRY,
    DUMMY_MMU_ENTRY, DUMMY_MMU_ENTRY, DUMMY_MMU_ENTRY,
    DUMMY_MMU_ENTRY, DUMMY_MMU_ENTRY, DUMMY_MMU_ENTRY,
    DUMMY_MMU_ENTRY, DUMMY_MMU_ENTRY, DUMMY_MMU_ENTRY,
    DUMMY_MMU_ENTRY, DUMMY_MMU_ENTRY, DUMMY_MMU_ENTRY,
    DUMMY_MMU_ENTRY, DUMMY_MMU_ENTRY, DUMMY_MMU_ENTRY,
    DUMMY_MMU_ENTRY, DUMMY_MMU_ENTRY, DUMMY_MMU_ENTRY,
    DUMMY_MMU_ENTRY, DUMMY_MMU_ENTRY, DUMMY_MMU_ENTRY,
};
```

在文件 sysPciDevs.c 中实现函数 pentiumPciPhysMemHandle 根据 PCI 设备的总线号、设备号和功能号来把映射内存添加到数组 sysPhysMemDesc[] 的预填充项中。函数 sysPciDevsInit 调用 pciConfigForeachFunc 来扫描计算机中全部 PCI 设备，并调用函数 pentiumPciPhysMemHandle 把映射内存添加到数组 sysPhysMemDesc [] 的预填充项中。

```
#ifndef __INCsysPciDevsc
#define __INCsysPciDevsc

#include “vxWorks.h”
#include “sysLib.h”
```

```
#include "vmLib.h"
#include "logLib.h"
#include "drv/pci/pciConfigLib.h"


#if defined(INCLUDE_MAP_ALL_PCIDEVS)

IMPORT STATUS sysMmuMapAdd (void *, UINT, UINT, UINT);

STATUS pentiumPciPhysMemHandle
(
   int bus,          /* Bus number */
   int dev,          /* Device number */
   int func         /* Function number */
)
{
   UINT32  pReg;
   UINT32  pciSize;
   UINT16  cmdSave; /* saves 16-bit PCI command word register */
   UINT8   devType;
   int     maxBarNo;
   int     length;
   int     i;

   /* save PCI device command word register & disable memory
decode */
   pciConfigInWord(bus, dev, func, PCI_CFG_COMMAND, &cmdSave);
   pciConfigOutWord(bus, dev, func, PCI_CFG_COMMAND, cmdSave &
(~(PCI_CMD_MEM_ENABLE | PCI_CMD_IO_ENABLE)));


   pciConfigInByte(bus, dev, func, PCI_CFG_HEADER_TYPE, &devType);
   maxBarNo = ((devType&PCI_HEADER_TYPE_MASK) == PCI_HEADER_PCI_PCI)
? 2 : 6;

   for(i=0; i<maxBarNo; i++)
```

```
    {
        pciConfigInLong(bus, dev, func, PCI_CFG_BASE_ADDRESS_0+(4*i),
&pReg);
        if((pReg&0x01) != 0x01)
        {
            /* get length from PCI configuration space */

            /* set address program mode */
            pciConfigOutLong(bus, dev, func, PCI_CFG_BASE_
ADDRESS_0+(4*i), 0xffffffff);
            /* fetch address size value */
            pciConfigInLong(bus, dev, func, PCI_CFG_BASE_
ADDRESS_0+(4*i), &pciSize);
            /* restore current value */
            pciConfigOutLong(bus, dev, func, PCI_CFG_BASE_
ADDRESS_0+(4*i), pReg);

            length = 0xffffffff - (pciSize & ~0x0f) + 1;

            /* sanity check */

            if((length > 0) && (pReg != (UINT32)NULL))
            {
                /* insure minimum page size, make sure address
is properly rounded too */

                length = ROUND_UP(length, VM_PAGE_SIZE);

                /* align the address to page boundary */

                pReg &= ~(VM_PAGE_SIZE -1);

                if(ERROR == sysMmuMapAdd((void *)pReg, (UINT)
length, VM_STATE_MASK_FOR_ALL, VM_STATE_FOR_PCI))
                {
                    return ERROR;
                }
```

```
                }
            }
        }

        /* restore PCI device command word register */
        pciConfigOutWord (bus, dev, func, PCI_CFG_COMMAND, cmdSave | PCI_
CMD_IO_ENABLE | PCI_CMD_MEM_ENABLE | PCI_CMD_MASTER_ENABLE);

        return(OK);
    }


    STATUS sysPciDevsInit(void)
    {
        STATUS iStatus = OK;

        /* initialize the PCI devices starting from given bus, typically = 0 */
        iStatus = pciConfigForeachFunc(0, TRUE, (PCI_FOREACH_FUNC)
pentiumPciPhysMemHandle, NULL);

        return iStatus;
    }

    #endif/* defined(INCLUDE_MAP_ALL_PCIDEVS) */

    #endif/* __INCsysPciDevsc */
```

创建一个组件描述文件，在组件描述文件中实现下面代码来可视化配置自动内存映射。

```
Component INCLUDE_MAP_ALL_PCIDEVS {
    NAME                 pciDevs mmu map
    SYNOPSIS             library to support all the pciDevs mmu map
    _CHILDREN            FOLDER_I23_PCI
    CONFIGLETTES sysPciDevs.c
    INIT_RTN      sysPciDevsInit ();
    _INIT_ORDER usrRoot
    INIT_BEFORE  INCLUDE_MMU_BASIC
}
```

查 Tornado Online Manuals，函数 sysMmuMapAdd 的帮助，注意 CAVEATS 中描述的，数组 sysPhysMemDesc 中内存映像条目填充后，调用函数 usrMmuInit() 生效。上面函数 sysPciDevsInit 自动扫描全部 PCI 设备来填充数组 sysPhysMemDesc 中内存映像条目，所以要在函数 usrMmuInit 之前调用函数 sysPciDevsInit。组件描述中 INIT_BEFORE INCLUDE_MMU_BASIC 确保函数 sysPciDevsInit 在函数 usrMmuInit 之前调用。

```
sysMmuMapAdd()

NAME
sysMmuMapAdd() - insert a new MMU mapping

SYNOPSIS
STATUS sysMmuMapAdd
(
void * address,              /* memory region base address */
UINT   length,               /* memory region length in bytes*/
UINT   initialStateMask,     /* PHYS_MEM_DESC state mask */
UINT   initialState          /* PHYS_MEM_DESC state */
)

DESCRIPTION
  This routine will create a new sysPhysMemDesc table entry for a
memory region of specified length in bytes and with a specified base
address. The initialStateMask and initialState parameters specify a
PHYS_MEM_DESC type state mask and state for the memory region.

  CAVEATS
  This routine must be used before the sysPhysMemDesc table is
referenced for the purpose of initializing the MMU or processor address
space (us. in usrMmuInit()).

  The length in bytes will be rounded up to a multiple of VM_PAGE_SIZE
bytes if necessary.

  The current implementation assumes a one-to-one mapping of physical
to virtual addresses.
```

```
RETURNS
OK or ERROR depending on availability of free mappings.
```

在 Tornado 2.2.1 集成开发环境中，可视化图形配置 PCI 设备内存映射 pciDevs mmu map（INCLUDE_MAP_ALL_PCIDEVS）。

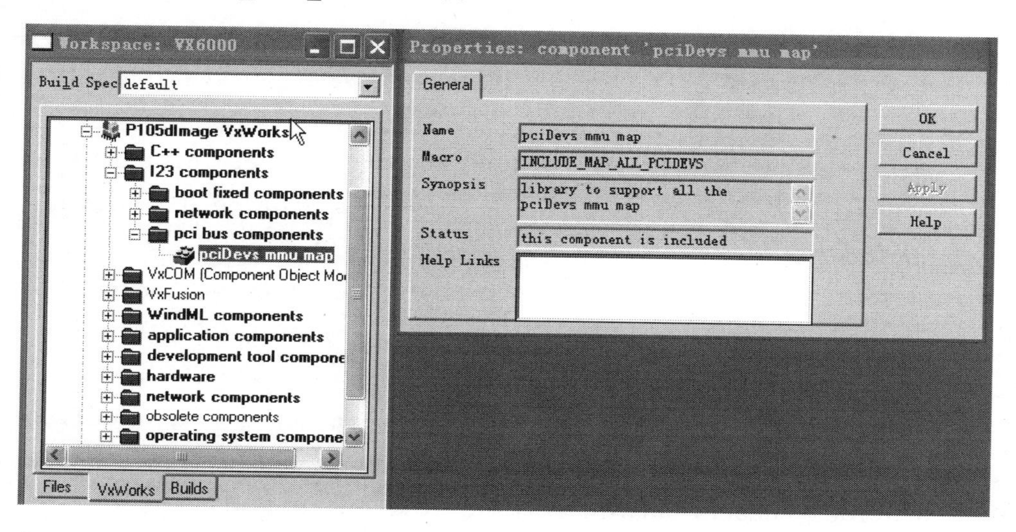

在配置 PCI 设备内存映射后，编译时自动生成代码在 prjConfig.c 中，函数 sysPciDevsInit 在函数 usrMmuInit 之前调用。

```
/******************************************************************
*
* usrRoot - entry point for post-kernel initialization
*/

void usrRoot (char *pMemPoolStart, unsigned memPoolSize)
    {
    usrKernelCoreInit ();              /* core kernel facilities */
    memInit (pMemPoolStart, memPoolSize); /* full featured memory
allocator */
    memPartLibInit (pMemPoolStart, memPoolSize); /* core memory
partition manager */
    usbdPciInit ();        /* USB Host Stack */
    sysPciDevsInit ();     /* library to support all the pciDevs mmu map */
    usrMmuInit ();         /* basic MMU component */
    sysClkInit ();         /* System clock component */
    selectInit (NUM_FILES);    /* select */
```

```
    usrIosCoreInit ();                  /* core I/O system */
    usrKernelExtraInit ();              /* extended kernel facilities */
    usrIosExtraInit ();                 /* extended I/O system */
    usrNetworkInit ();              /* Initialize the network subsystem */
    selTaskDeleteHookAdd ();        /* install select task delete hook */
    usbInit ();                     /* USB Host Stack Initialization */
    usrUsbHcdUhciAttach ();     /* Universal Host Controller Interface
Initialization */
    usrUsbKbdInit ();               /* USB Keyboard Driver Initialization */
    usrUsbBulkDevInit();        /* Bulk Only Mass Storage USB Driver
Initialization */
    usrToolsInit ();                /* software development tools */
    cplusCtorsLink ();          /* run compiler generated initialization
functions at system startup */
    usrCplusLibInit ();         /* Basic support for C++ applications */
    cplusDemanglerInit ();      /* support library for target shell and
loader: provides human readable forms of C++ identifiers */
    usrWindMlInit ();           /* Initialize WindML */
    usrAppInit ();              /* call usrAppInit() (in your usrAppInit.c
project file) after startup. */
    }
```

9.4 USB 键盘配置

在 Tornado 2.2.1 开发环境安装 USB 补丁包 patch-SPRUSB2.0.0.1_bin_20090729.tar。风河 USB 键盘相关驱动文件 usrUsbKbdInit.c 不正确，下面突出显示的内容都是添加代码。

```
typedef struct usb_kbd_dev /* USB_KBD_DEV */
    {
    DEV_HDR                 ioDev;
    SIO_CHAN *              pSioChan;
    UINT16                  numOpen;
    UINT32                  bufSize;
    UCHAR *                 buff;
    USB_KBD_NODE *          pUsbKbdNode;
    SEL_WAKEUP_LIST         selWakeupList;   /*list of tasks pended
on select*/
```

```
    SEM_ID                      kbdSelectSem;     /* semaphore for select
handling */
    TY_DEV *                    pTyDev;
    } USB_KBD_DEV, *pUSB_KBD_DEV;

/* imports */
extern PC_CON_DEV pcConDv [N_VIRTUAL_CONSOLES];

STATUS usbKbdDevCreate
    (
    char          * name,        /* name to use for this device        */
    SIO_CHAN      * pSioChan     /* pointer to core driver structure */
    )
    {
    USB_KBD_NODE   * pUsbKbdNode = NULL; /* pointer to device node */
    USB_KBD_DEV   * pUsbKbdDev = NULL;     /* pointer to USB device */
    STATUS              status = ERROR;


    if (pSioChan == (SIO_CHAN *) ERROR)
        {
        printf ( "pSioChan is ERROR\n" );
        return (ERROR);
        }

    /* allocate memory for the device */

    if ((pUsbKbdDev = (USB_KBD_DEV *) calloc (1, sizeof (USB_KBD_
DEV))) == NULL)
        {
        printf ( "calloc returned NULL - out of memory\n" );
        return (ERROR);
        }

    pUsbKbdDev->pSioChan = pSioChan;
```

```
/* allocate memory for this node, and populate it */

pUsbKbdNode = (USB_KBD_NODE *) calloc (1, sizeof (USB_KBD_NODE));

/* record useful information */

pUsbKbdNode->pUsbKbdDev = pUsbKbdDev;
pUsbKbdDev->pUsbKbdNode = pUsbKbdNode;

/* bind keyboard with pc console*/
pUsbKbdDev->pTyDev = (TY_DEV *) &pcConDv[0];

 /* add the device to the I/O system */

if ((status = iosDevAdd (&pUsbKbdDev->ioDev, name, usbKbdDrvNum))
!= OK)
    {
    free(pUsbKbdDev);
    usbKeyboardSioChanLock (pSioChan);
    printf( "\n Unable to create keyboard device." );
    return (status);
    }

/* Initialize the list holding the list of tasks pended on the driver. */

selWakeupListInit(&pUsbKbdDev->selWakeupList);

/* add the node to the list */

USB_KBD_LIST_SEM_TAKE (WAIT_FOREVER);

lstAdd (&usbKbdList, (NODE *) pUsbKbdNode);

USB_KBD_LIST_SEM_GIVE;

/* start the device in the only supported mode */

sioIoctl (pUsbKbdDev->pSioChan, SIO_MODE_SET, (void *) SIO_MODE_
```

```
INT);

    #if (ATTACH_USB_KEYBOARD_TO_SHELL == TRUE)
        if (usbShellKeyboard == NULL)
            {
            status = (redirectShellInput(pUsbKbdDev) ? OK : ERROR);
            }
    #endif
        return (status);
        }

    LOCAL STATUS usbKbdRcvCallback
        (
        void *    putRxCharArg,     /* argument */
        char      nextChar     /* character read */
        )
        {
        /* Retrieve the USB_KBD_DEV pointer. */

        USB_KBD_DEV     * pUsbKbdDev = ( USB_KBD_DEV *) putRxCharArg;

        USB_KBD_MUTEX_TAKE(WAIT_FOREVER);

        /* put the data in the queue */
        if(pUsbKbdDev->pTyDev != NULL);
            tyIRd (pUsbKbdDev->pTyDev, nextChar); /* use for echo */

        putDataInQueue (nextChar);

        USB_KBD_MUTEX_GIVE;

        /* If we have elements in the Wake up list, wake them all up! */

        if (selWakeupListLen(&pUsbKbdDev->selWakeupList) > 0)
            {
            selWakeupAll (&pUsbKbdDev->selWakeupList, SELREAD);
            }
```

```
    return OK;
    }

LOCAL char getDataFromQueue (void)
    {
    char    inChar;          /* data read */

    /* if the queue is empty; return 0 */

    semTake(kbdQueueData.queueSem,WAIT_FOREVER);
    if (isDataQueueEmpty())
        /* queue is empty */
        return 0;

    /* read the data from the queue */

    inChar = kbdQueueData.queueData[kbdQueueData.queueFront];

    /* intialize the memory location read to NULL */

    kbdQueueData.queueData[kbdQueueData.queueFront] = (UINT8)NULL;

    /*
     * since both front and rear are at same location, queue is empty now.
     * intialize to initial value
     */

    if (kbdQueueData.queueFront== kbdQueueData.queueRear)
        {
        kbdQueueData.queueFront = 0;
        kbdQueueData.queueRear = -1;
        return inChar;
        }

    /* increment the front */
```

```
    if (kbdQueueData.queueFront == QUEUE_SIZE - 1)
        {
        kbdQueueData.queueFront = 0;
        }
    else
        {
        kbdQueueData.queueFront++;
        }

    if (!isDataQueueEmpty())
        {
        semGive(kbdQueueData.queueSem);
        }

    /* return data read */

    return inChar;
    }
```

按照上面突出显示内容修改文件 usrUsbKbdInit.c 后，USB 键盘可正确工作，USB 键盘图形化配置组件如下图所示。包含 INCLUDE_USB、INCLUDE_USB_INIT，根据具体硬件类型来配置 INCLUDE_EHCI、INCLUDE_EHCI_INIT、INCLUDE_OHCI、INCLUDE_OHCI_INIT、INCLUDE_UHCI、INCLUDE_UHCI_INIT，配置键盘 INCLUDE_USB_KEYBOARD_INIT、INCLUDE_USB_KEYBOARD。

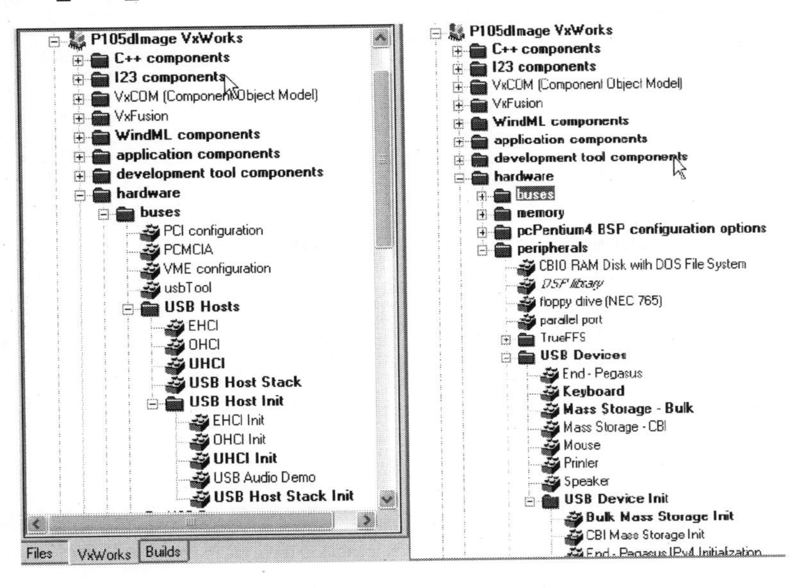

在工作中，发现 VxWorks 5.5.1 操作系统配置 USB 键盘工作时，当使用函数 sysClkRateSet 设置较大系统时钟频率（比如 1000 ticks/s）后，在键盘上按键一次，系统会扫描很多次按键，屏幕上会显示很多次键值输入。

该现象不仅出现在运行 VxWorks 5.5.1 操作系统的 X86 平台上，而且还出现在运行 VxWorks 5.5.1 操作系统的 MIPS 平台上。由此断定故障应该出现在 USB 驱动程序的定时器上。查看 USB 驱动代码，尤其是 OS 平台独立服务层 ossLib.h/ossLib.c。找到了代码的错误之处：

```
LOCAL int msecsPerTick = 55;    /* milliseconds per system tick */
                                /* value updated by ossInitialize() */
/***************************************************************************
*
* ossInitialize - Initializes ossLib.
*
* This routine should be called once at initialization to initialize
  the ossLib.  Calls to this routine may be nested. This permits
  multiple, indpendent libraries to use this library without
  coordinating the use of ossInitialize() and ossShutdown() across the
  libraries.
*
* RETURNS: OK or ERROR
*
* ERRNO:
*    None
*/

STATUS ossInitialize (void)
    {

    /* Get the system clock rate...used by ossThreadSleep */

    msecsPerTick = 1000 / sysClkRateGet();

    if(msecsPerTick==0)
        msecsPerTick = 1;

    /*  Default to using the partition method of malloc / free. */
```

```
    if (!ossOldInstallFlag)
        {
        ossMallocFuncPtr = (FUNCPTR) &ossPartMalloc;
            ossFreeFuncPtr = (FUNCPTR) &ossPartFree;
        }

    return OK;
    }
```

操作系统在初始化 USB 协议栈时调用一次 ossInitialize()，这样依赖于系统时钟嘀嗒的参数 msecsPerTick 的值就设定了。当用户重新设定系统时钟嘀嗒后，USB 协议栈的计时操作仍然按照参数 msecsPerTick 初始值计算，这样计时就不正确了。

修改方案：只要按照当前系统时钟更新一下参数 msecsPerTick 的值就正确了。代码如下：

当 VxWorks 5.5.1 系统配置了 USB 键盘时，当用户调用函数 sysClkRateSet() 设置系统时钟后，需要重新初始化 ossLib，即调用函数 STATUS ossInitialize (void);

例如：当 VxWorks 5.5.1 系统配置了 USB 键盘，设置系统时钟为 2000 ticks/s，并重新初始化 ossLib。

```
sysClkRateSet(2000); /* 设置系统时钟为 2000 ticks/s */
ossInitialize(); /* 重新初始化 ossLib，解决键盘按键问题 */
```

9.5　网络配置

某 CPCI 计算机 P105D（Intel Core 2 Duo L7400 + Intel 945GME + ICH7R + 4 路 Intel 82574L）运行 VxWorks 5.5.1 系统时，有和硬件驱动程序相关的自动协商问题，有和网络协议栈相关的操作系统网络协议栈问题。

9.5.1　自动协商问题

（1）千兆 PHY 芯片 downshift 导致自动协商失败问题

某 CPCI 计算机 P105D，网络芯片是 Intel82574L。

在“downshift”特征未使能时，Intel82574L 的千兆 PHY 芯片使用一根 4 对线 RJ-45 线缆与另一个千兆 PHY 能自动协商建立 1000Mbit/s 连接。但一根 2 对线（1,2 和 3,6）RJ-45 线缆，与另一个千兆 PHY 自动协商成 1000Mbit/s，但连接失败，重复 1000Mbit/s 自动协商但连接失败，并且不会尝试 10/100Mbit/s。

在“downshift”特征使能时，88E1512 的千兆 PHY 芯片使用一根 2 对线（1,2 和 3,6）RJ-45 线缆、3 对线（1,2　3,6　4,5 或 1,2　3,6　7,8）RJ-45 线缆与另一个千兆 PHY 能自动协

商建立 10/100Mbit/s 连接。

在默认情况下，VxWorks 5.5.1 版本 Intel82574L 的千兆 PHY 芯片“downshift”特征未使能，是芯片默认状态，见下表。

Copper Specific Control Register 1 (Page 0), PHY Address 01; Register 16

Bits	Field	Mode	HW Rst	SW Rst	Description
15	Disable Link Pulses	R/W	0×0	0×0	1b = Disable link pulse. 0b = Enable link pulse.
14:12	Downshift Counter	R/W	0×3	Update	Changes to these bits are disruptive to the normal operation; therefore, any changes to these registers must be followed by software reset to take effect. 1×, 2×, ...8× is the number of times the PHY attempts to establish GbE link before the PHY downshifts to the next highest speed. 000b = 1×. 100b = 5×. 001b = 2×. 101b = 6×. 010b = 3×. 110b = 7×. 011b = 4×. 111b = 8×.
11	Downshift Enable	R/W	0×0	Update	Changes to these bits are disruptive to the normal operation; therefore, any changes to these registers must be followed by software reset to take effect. 1b = Enable downshift. 0 = Disable downshift.

使能“downshift”特征，设置下面寄存器。

Register 16_0.11 = 1——使能“downshift”特征。

Register 16_0.14:12——在“downshift”前，自动协商尝试连接次数。

使能 Intel82574L 的千兆 PHY 芯片“downshift”特征，无论使用 2 对线 /3 对线 /4 对线 RJ-45 线缆与另一个千兆 PHY 均能自动协商建立连接。

本案例可作为典型案例，阅读芯片手册 / 检查千兆网卡默认的“downshift”特征，如果默认未使能“downshift”特征，就根据手册在驱动程序中使能“downshift”特征。

常见网卡芯片 Intel I210、88E1512 等也有类似情况。

（2）驱动程序缺陷导致自动协商失败问题

某 CPCI 计算机 P105D，操作系统 VxWorks 5.5.1，上电后偶尔发现网络不通的故障现象，概率很低，重新插拔网线，无法恢复，只有重新复位计算机或者重新加电，网络恢复正常。

网卡驱动程序由 gei82543End.h、gei82543End.c、miiLib.h 和 miiLib.c 等构成，风河公司提供。

通过问题排查和分析 Intel82546GB 驱动代码，尤其是 PHY 的驱动程序部分。找到了导致该问题的原因：

```
LOCAL STATUS miiPhyBestModeSet
(
PHY_INFO *  pPhyInfo,        /* pointer to PHY_INFO structure */
UINT8    phyAddr              /* PHY's address */
)
{
   /*
   * start the auto-negotiation process,
   * unless the user dictated the contrary.
   */

    if (pPhyInfo->phyFlags & MII_PHY_AUTO)
         if (miiAutoNegotiate (pPhyInfo, phyAddr) == OK)
         {
            if (pPhyInfo->phyFlags & MII_PHY_GMII_TYPE)
               {
                pPhyInfo->phyLinkMethod = MII_PHY_LINK_AUTO;
               }
            goto miiPhyOk;
         }

   /*
   * the auto-negotiation process did not succeed
   * in establishing a valid link: try to do it
   * manually, enabling as many high priority abilities
   * as possible.
   */

   if (miiModeForce (pPhyInfo, phyAddr) == OK)
     {
        if (pPhyInfo->phyFlags & MII_PHY_GMII_TYPE)
       {
```

```
                pPhyInfo->phyLinkMethod = MII_PHY_LINK_FORCE;
            }
        goto miiPhyOk;
    }

    return (ERROR);

miiPhyOk:
    /* store this PHY and return */

    pPhyInfo->phyAddr = phyAddr;
    MII_PHY_FLAGS_SET (MII_PHY_INIT);
    return (OK);
}
```

系统上电后操作系统在初始化 Intel 82546GB 网卡：

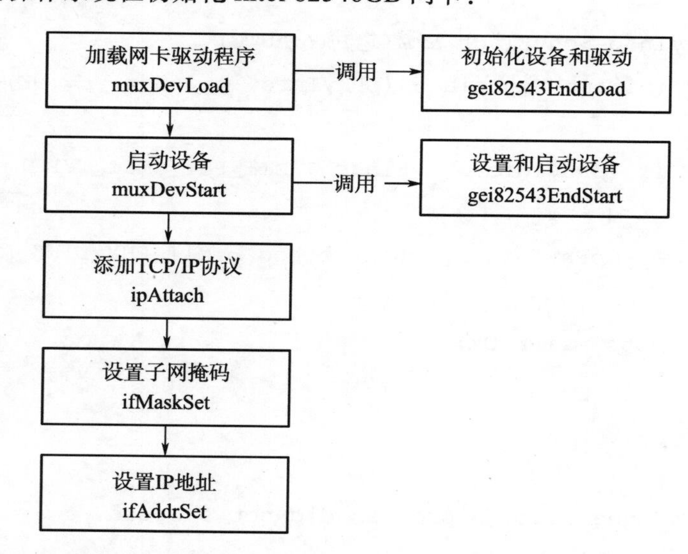

与自动协商相关的流程在 gei82543EndStart 中：

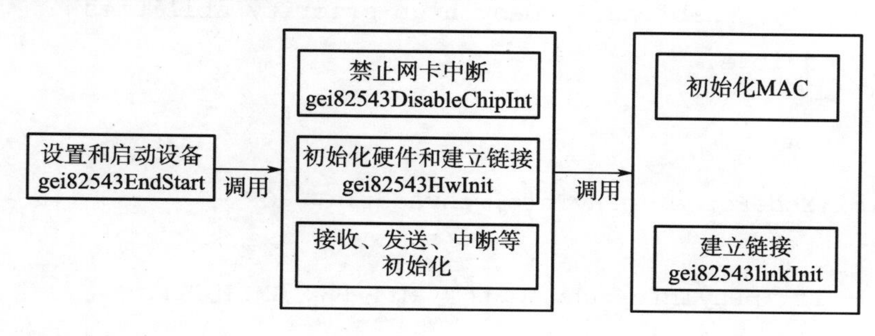

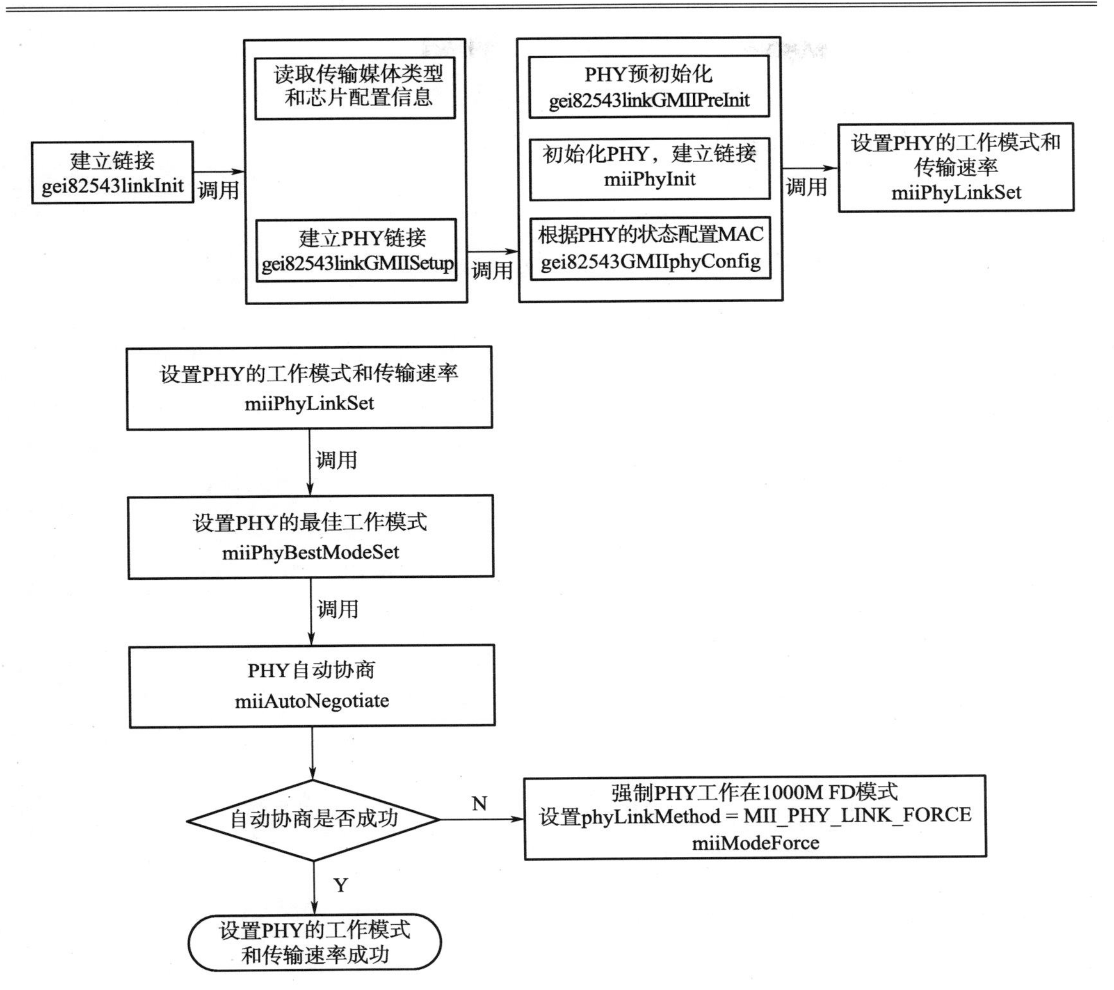

VxWorks 系统启动时，如果 PHY 自动协商失败，驱动程序强制 PHY 工作在 1000M FD 模式，并设置 phyLinkMethod = MII_PHY_LINK_FORCE。而另一端 PHY 是自动协商模式，工作在 10M HD 模式。它们的工作模式不匹配，所以网络不通。

中断服务程序对建立链路的处理是 gei82543GMIIphyReConfig，其实现如下：

```
LOCAL void gei82543GMIIphyReConfig
    (
    END_DEVICE *    pDrvCtrl    /* device to do PHY checking */
    )
    {
    FUNCPTR oldDelay;

    /* in case that the first time initialization fails */

    if (pDrvCtrl->linkInitStatus != OK)
```

```
    {
    pDrvCtrl->linkInitStatus = gei82543linkGMIISetup (pDrvCtrl);
     return;
    }

    /* we don’t support force link case */

    if (pDrvCtrl->pPhyInfo->phyLinkMethod != MII_PHY_LINK_AUTO)
        return;

    /* restore phyFlags with the flags for Auto-Negotiation */

   pDrvCtrl->pPhyInfo->phyFlags = pDrvCtrl->pPhyInfo-
>phyAutoNegotiateFlags;

    /* check/update MII auto-negotiation results */
    miiAnCheck (pDrvCtrl->pPhyInfo, pDrvCtrl->pPhyInfo->phyAddr);

    /* configure 82543 chip again */

    gei82543GMIIphyConfig (pDrvCtrl);

    }
```

当是 phyLinkMethod != MII_PHY_LINK_AUTO 时，不支持重新配置 MAC。所以当自动协商不成功时，重新插拔网线或者重新启动交换机等，网络都不会正常，除非重新启动该主板，网络才可能正常。

在 gei82543linkGMIISetup 中的函数 miiPhyInit 之后判断 phyLinkMethod != MII_PHY_LINK_AUTO 时，卸载 PHY：miiPhyUninit，和建立 PHY 链接：gei82543linkGMIISetup。

在 gei82543GMIIphyReConfig 中的条件 linkInitStatus != OK 时，增加 miiPhyUninit。

在 gei82543linkGMIIPreInit 中增加条件 If(NULL==pDrvCtrl->pPhyInfo) 判断。

```
/* allocate memory for PHY_INFO structure */
If(NULL==pDrvCtrl->pPhyInfo)
{
if ((pDrvCtrl->pPhyInfo = calloc (sizeof (PHY_INFO), 1)) == NULL)
    return (ERROR);
}
```

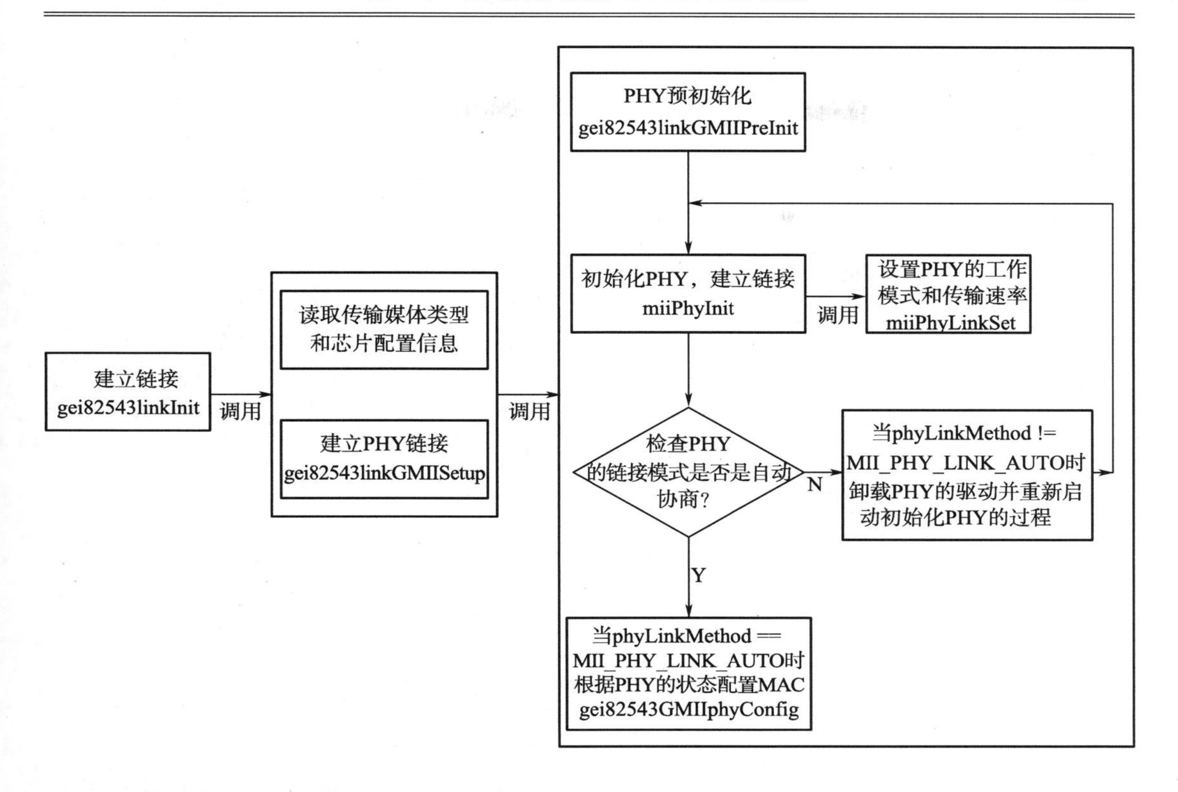

（3）插入网线导致其他网卡收发延迟或中断几秒问题

网卡驱动程序中，插入网线时，网卡产生链路建立中断，把函数 gei82543GMIIphyReConfig 添加到网络工作队列中，在 tNetTask 中执行该函数。

```
LOCAL void gei82543GMIIphyReConfig
    (
    END_DEVICE *    pDrvCtrl    /* device to do PHY checking */
    )
    {

    /* in case that the first time initialization fails */

    if (pDrvCtrl->linkInitStatus != OK)
       {
       pDrvCtrl->linkInitStatus = gei82543linkGMIISetup (pDrvCtrl);
        return;
       }

    /* we don’t support force link case */
```

```
    if (pDrvCtrl->pPhyInfo->phyLinkMethod != MII_PHY_LINK_AUTO)
        return;

    /* restore phyFlags with the flags for Auto-Negotiation */

   pDrvCtrl->pPhyInfo->phyFlags = pDrvCtrl->pPhyInfo-
>phyAutoNegotiateFlags;

    /* check/update MII auto-negotiation results */

    miiAnCheck (pDrvCtrl->pPhyInfo, pDrvCtrl->pPhyInfo->phyAddr);

    /* configure 82543 chip again */

    gei82543GMIIphyConfig (pDrvCtrl);

    }
```

函数 gei82543GMIIphyReConfig 调用函数 miiAnCheck，函数 miiAnCheck 中执行了不必要的延时，VxWorks 全部网卡业务处理都在一个网络任务中，因此导致其他网卡收发延迟或中断几秒。

下面是 VxWorks 高版本给出的解决办法。

```
LOCAL void gei82543GMIIphyReConfig
    (
    END_DEVICE *    pDrvCtrl    /* device to do PHY checking */
    )
    {
    FUNCPTR oldDelay;

      LOGMSG( "GEI%d: linkInitStatus=%d\n" , pDrvCtrl->unit, pDrvCtrl-
>linkInitStatus, 2, 3, 4, 5);

    /* in case that the first time initialization fails */

    if (pDrvCtrl->linkInitStatus != OK)
      {
      miiPhyUnInit(pDrvCtrl->pPhyInfo);
```

```
            pDrvCtrl->linkInitStatus = gei82543linkGMIISetup (pDrvCtrl);
             return;
            }

        LOGMSG( "GEI%d: phyLinkMethod=%d\n" , pDrvCtrl->unit, pDrvCtrl-
>pPhyInfo->phyLinkMethod, 2, 3, 4, 5);

         /* we don't support force link case */

         if (pDrvCtrl->pPhyInfo->phyLinkMethod != MII_PHY_LINK_AUTO)
             return;

         /* restore phyFlags with the flags for Auto-Negotiation */

        pDrvCtrl->pPhyInfo->phyFlags = pDrvCtrl->pPhyInfo-
>phyAutoNegotiateFlags;

         /* check/update MII auto-negotiation results */

         /*
          * Note: We don't want miiAnCheck() to delay here, and in fact
          * it doesn't need to: the NIC fires the link change interrupt
          * once the link has been restablished and autoneg has already
          * completed, so we don't have to wait for anything. Waiting
          * here is bad because it will block tNetTask for several seconds
          * (depending on what delay values the driver/user has selected),
          * which might impact processing of packets on other interfaces.
          */

         oldDelay                     = pDrvCtrl->pPhyInfo->phyDelayRtn;
         pDrvCtrl->pPhyInfo->phyDelayRtn = (FUNCPTR) gei82543Nop;
         miiAnCheck (pDrvCtrl->pPhyInfo, pDrvCtrl->pPhyInfo->phyAddr);
         pDrvCtrl->pPhyInfo->phyDelayRtn = oldDelay;

         /* configure 82543 chip again */
```

```
gei82543GMIIphyConfig (pDrvCtrl);

}
```

（4）未连接时系统启动很慢问题

以常见的 Intel 82574L 网卡为例，分析 VxWorks 5.5.1 操作系统启动过程中的网卡初始化流程如下图所示。

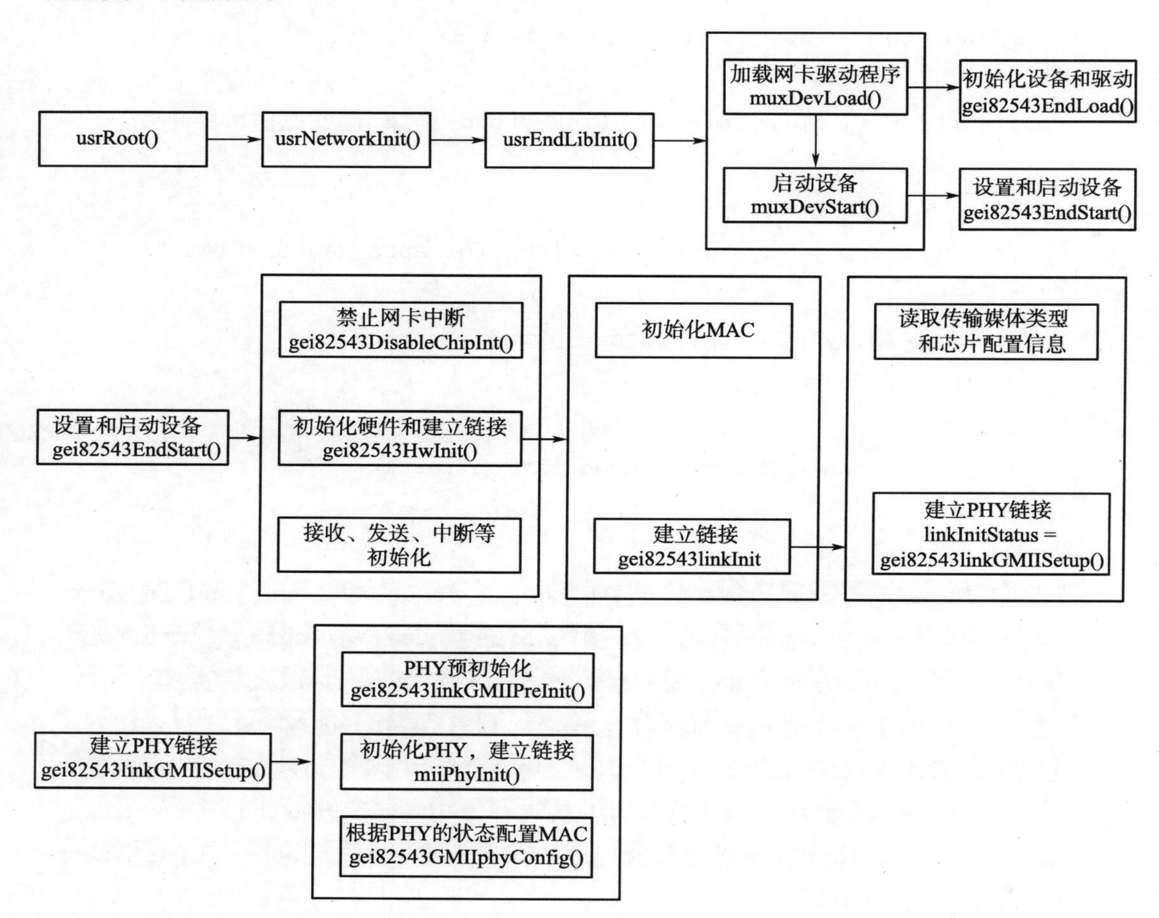

VxWorks 5.5.1 在启动时，需要初始化千兆网卡的 PHY 芯片，并调用 miiPhyInit() 函数发起自动协商过程以尝试建立网络连接。按照 VxWorks 5.5.1 操作系统的设计，miiPhyInit() 函数尝试建链，直到超时才会退出。而在实际启动操作系统的过程中，极易遇到交换机未准备就绪或千兆网卡断路的情况，这种情况下 VxWorks 5.5.1 在启动时因做自动协商尝试建立网络连接耗费过多的时间，尤其是当系统配置多网卡时，启动时间甚至能达到好几分钟。

为解决自动协商耗时过多问题，下面提出用工程方法改变 VxWorks 5.5.1 操作系统启动流程中的协商建立网络连接的逻辑，具体如下图所示。增加 bMiiPhyInit 变量，其初值定义为 FALSE，表示在 VxWorks 启动阶段中进行初始化网卡时不初始化 PHY，并将

bMiiPhyInit 变量设置为 TRUE。当操作系统启动完成后，检测到有网络链接中断，会调用 gei82543GMIIPhyReConfig() 重新进行初始化 PHY 并建立连接，此时已经不影响整个系统除网络功能以外的其他功能模块启动。

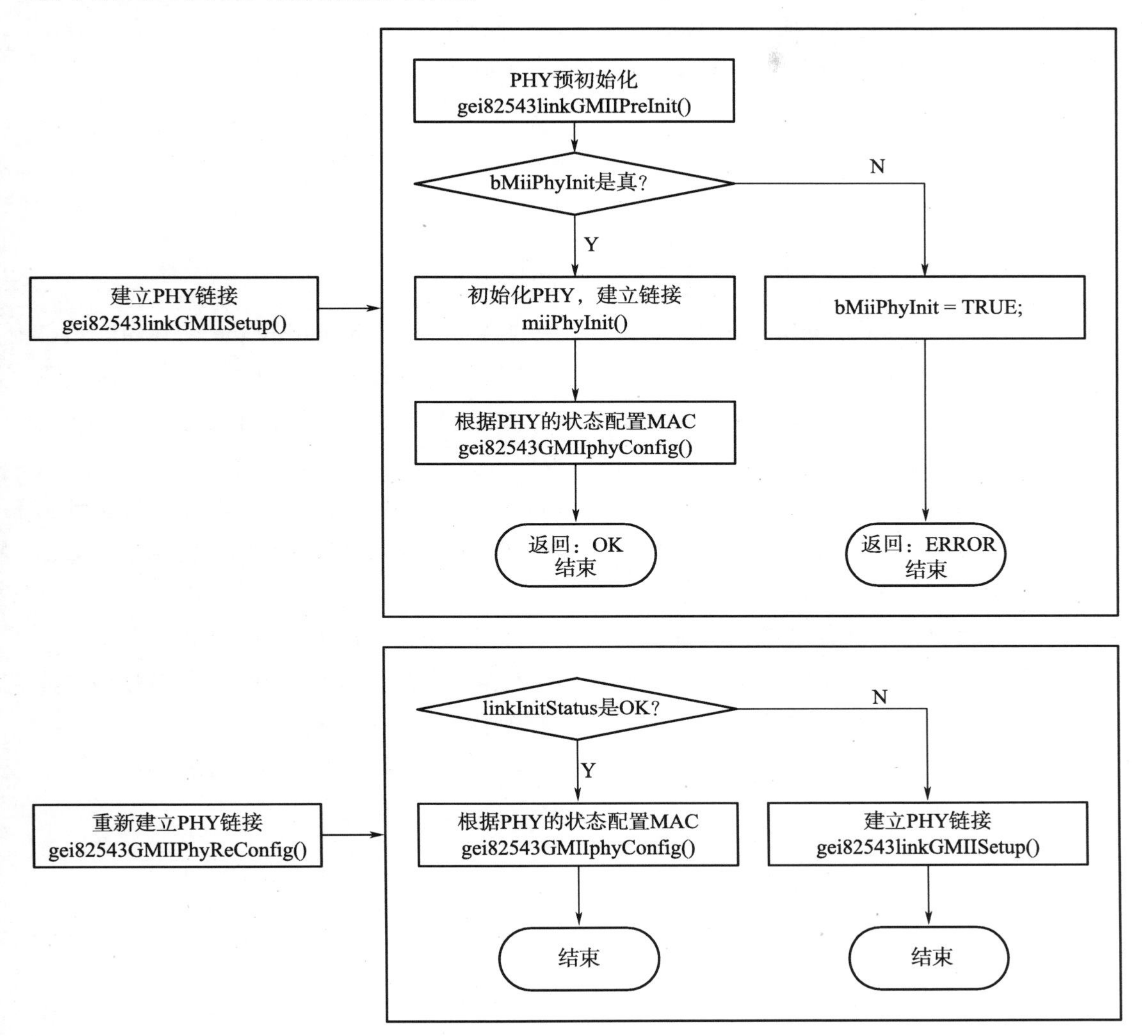

以某 CPCI 计算机 P105D 主板为平台，该主板有四路 Intel 82574L 网卡，进行本工程方案的测试实验。分别配置 1~4 个网卡，分别进行网卡连接 / 不连接交换机的对照，重复试验测试 VxWorks 5.5.1 启动，VxWorks 5.5.1 启动非常快，不再与交换机未准备就绪或千兆网卡断路、多网卡配置有关。

9.5.2　网络协议问题

（1）ARP 地址解析导致丢包问题

VxWorks 5.5.1 操作系统的 TCP/IP 协议集的 ARP 缓存表每 20min 超时一次，这样

ARP 缓存表项每 20min 更新，需做 ARP 解析工作。当做 ARP 解析时，VxWorks 5.5.1 操作系统的 TCP/IP 协议栈有可能丢包（原因未知）。

针对该问题，有诸多解决办法：1）采用静态的 ARP 缓存表项，使用 arpAdd() 函数添加永不超时的 ARP 缓存表项。2）修改超时时间，使超时时间大于系统的最大持续工作时间。如下代码在 a bootable VxWorks image 的 usrAppInit.c 中自动添加。

```
IMPORT int arpt_keep;
arpt_keep = 7*24*60*60;/* once resolved, good for for one weak*/
arpFlush();
```

（2）网络堆栈数据内存池资源不足导致丢包问题

VxWorks Network Programmer's Guide 5.5 中的第 4.3 节 Configuring the Network Stack at Build Time 详细介绍了网络堆栈数据内存池需要根据用户具体的应用进行配置。系统默认配置仅仅满足简单应用需求，当网络繁忙时，如果没有足够的网络堆栈数据内存池，VxWorks 5.5.1 系统就会丢弃接收 / 发送的网络数据包。

当用户发现丢包时，使用 netStackSysPoolShow() 显示网络堆栈系统内存池的统计信息，使用 mbufShow()/netStackDataPoolShow() 显示网络堆栈数据内存池的统计信息。看是否是因为网络堆栈配置导致的丢包。

针对该问题，根据典型应用和测试，在 $WIND_BASE/target/config/HTP105D/config.h 修改网络堆栈系统内存池。重新配置了网络堆栈数据内存池，增大了网络堆栈数据内存池的容量，防止网络业务繁忙时因网络堆栈数据内存池容量太小而丢包。

```
/* modefied network stack data cluster pool default configuration */
#undef  NUM_64
#define NUM_64       256

#undef  NUM_128
#define NUM_128      256

#undef  NUM_256
#define NUM_256      256

#undef  NUM_512
#define NUM_512      256

#undef  NUM_1024
#define NUM_1024     256
```

```
#undef  NUM_2048
#define NUM_2048     256

#undef NUM_NET_MBLKS
#define NUN_NET_MBLKS  (2 * NUM_CL_BLKS)
```

（3）物理层链路状态未上报协议栈问题

VxWorks 5.5.1 操作系统多数网卡驱动程序实现没有把链路状态的变化通知网络协议栈，因此网络协议栈不知道网卡的链路状态。当网卡链路断开时应用层发送的数据经网络协议栈传递到网卡，网卡驱动程序把待发送数据写入网卡发送数据描述符，因网卡链路断开，待发送数据被缓存在网卡发送数据描述符中，待发送数据将积累于网卡发送描述符，当网卡发送描述符资源被占满时待发送数据将缓存到网络协议栈缓存区。当网络协议栈缓存区资源被占满时，若应用层再次发送数据网络协议栈将丢弃该待发送数据并报“没有缓存资源（0x37）”。

VxWorks 5.5.1 操作系统的网络协议栈是共享缓存区资源，配置多网卡的 VxWorks 系统若有一个网卡链路断开时会影响其他网卡的工作（比如丢包、通信中断等）。

在 VxWorks 5.5.1 操作系统网络协议栈和驱动程序之间的 MUX 接口的函数 muxError() 实现了驱动程序向网络协议栈报告网卡驱动程序的各种错误或异常信息。

```
void muxError
(
void *     pEnd,        /* END object pointer returned by end/
nptLoad() */
END_ERR *  pError     /* error structure */
)
```

其中 END_ERR 和其相关定义如下：

```
/*
 * ERROR protocol defines.  These are stored in a 32 bit word in the
   end_err structure.  User apps can have the upper 16 bits, we get
   the lower 16.
 */
#define END_ERR_INFO      1   /* Information only */
#define END_ERR_WARN     2   /* Warning */
#define END_ERR_RESET     3   /* Device has reset. */
#define END_ERR_DOWN     4   /* Device has gone down. */
#define END_ERR_UP        5   /* Device has come back on line. */
#define END_ERR_FLAGS     6   /* Device flags changed */
```

```
#define END_ERR_NO_BUF  7    /* Device's cluster pool exhausted. */

typedef struct end_err
{
    INT32 errCode;              /* Error code, see above. */
    char* pMesg;                /* NULL terminated error message */
    void* pSpare;               /* Pointer to user defined data. */
} END_ERR;
```

VxWorks 5.5.1 操作系统的网卡驱动程序 gei82543End.c 没有把链路状态的变化通知网络协议栈，为增加该网卡链路状态的异常处理，修改网卡驱动程序，当网卡链路建立时中断服务程序向网络协议栈通知网卡链路建立状态 END_ERR_UP。当网卡链路断开时中断服务程序向网络协议栈通知网卡链路断开状态 END_ERR_DOWN。修改后反复测试，结论是措施正确并有效。相关代码的修改如下：

修改 gei82543End.c 文件，在 END_DEVICE 中最后增加：

```
/* device structure */
typedef struct end_device
{
    ......
    END_ERR     lastError;   /* Last error passed to muxError */
} END_DEVICE;
```

在中断服务程序中当链路状态建立 / 断开时通知网络协议栈的处理代码：

```
LOCAL void gei82543EndInt
    (
    END_DEVICE *    pDrvCtrl    /* device to handle interrupt */
    )
    {
    UINT32 stat;                /* cause of interrupt */
    UINT32 statusRegVal;        /* status register value */
    UINT32 intTypeChk;          /* type of interrupt to be checked */

    DRV_LOG (DRV_DEBUG_INT, "gei82543EndInt ...\n", 1, 2, 3, 4, 5, 6);

    /* read the device status register */

    GEI_READ_REG(INTEL_82543GC_ICR, stat);
```

```
stat &= INTEL_82543GC_VALID_INT;

/* return if not interrupt for this device */

if (stat == 0)
    {
    DRV_LOG (DRV_DEBUG_INT, "gei82543EndInt: PCI interrupt is not
             caused by this GEI device\n" , 1, 2, 3, 4, 5, 6);
    return;
    }

/* handle link interrupt event */

if (stat & INT_LINK_CHECK)
    {
    DRV_LOG (DRV_DEBUG_INT, "gei82543EndInt: get a Link problem\n" ,
                                 1, 2, 3, 4, 5, 6);
    /* link status change, get status register */

    GEI_READ_REG(INTEL_82543GC_STATUS, statusRegVal);

    if (statusRegVal & STATUS_LU_BIT)
        {
        /* link is up */

        if (pDrvCtrl->cableType == GEI_FIBER_MEDIA)
            {
            /*
             * restart link if partner send back a TXCW after
             * force link
             */
            UINT32 rxcwRegVal;
            UINT32 txcwRegVal;

            GEI_READ_REG(INTEL_82543GC_RXCW, rxcwRegVal);
            GEI_READ_REG(INTEL_82543GC_TXCW, txcwRegVal);
```

```
                    if ((pDrvCtrl->linkMethod == GEI82543_FORCE_LINK) &&
                        (rxcwRegVal & RXCW_C_BIT) &&
                        (!(txcwRegVal & TXCW_ANE_BIT)))
                        {
                        DRV_LOG (DRV_DEBUG_INT, "gei82543EndInt: Hardware
                                Auto-Negotiation restart\n" , 1, 2, 3, 4,
                                5, 6);

                        netJobAdd ((FUNCPTR)gei82543linkTBISetup, (int)
                                           pDrvCtrl, FALSE, 0, 0, 0);
                        return;
                        }
                    }

                else if (pDrvCtrl->cableType == GEI_COPPER_MEDIA)
                    {
                    LOGMSG( "Reconfig device GEI%d ... linkMethod=%d\
n" ,pDrvCtrl->unit, pDrvCtrl->linkMethod, 2, 3, 4, 5);

                    /* re-configure device based on GMII negotiation
results */

                    if (pDrvCtrl->linkMethod == GEI82543_HW_AUTO)
                        {
                        netJobAdd ((FUNCPTR) gei82543GMIIphyReConfig,
                                           (int)pDrvCtrl, 0, 0, 0, 0);
                        /* 驱动程序通知网络协议栈链路建立 */
                        pDrvCtrl->lastError.errCode = END_ERR_UP;
                        pDrvCtrl->lastError.pMesg = "Link Up" ;
                        netJobAdd((FUNCPTR)muxError, (int)&pDrvCtrl-
>end, (int)&pDrvCtrl->lastError, 0, 0, 0);
                        return;
                        }
                    }
                }
```

```
        else   /* if link is down */
            {
            /* 驱动程序通知网络协议栈链路断开 */
            pDrvCtrl->lastError.errCode = END_ERR_DOWN;
            pDrvCtrl->lastError.pMesg = "Link Down" ;
            netJobAdd((FUNCPTR)muxError, (int)&pDrvCtrl->end,
(int)&pDrvCtrl->lastError, 0, 0, 0);

            return;
            }
        }

    if (pDrvCtrl->adaptor.boardType == PRO1000_546_BOARD)
        {
    if (stat & INT_RXTO_BIT)
        pDrvCtrl->rxIntCount++;

    if (stat & INT_RXO_BIT)
        pDrvCtrl->rxORunIntCount++;

    if (stat & (INT_TXDW_BIT | INT_TXDLOW_BIT))
        pDrvCtrl->txIntCount++;

        intTypeChk = AVAIL_RX_TX_INT | INT_TXDLOW_BIT;
        }
    else
        {
        intTypeChk = AVAIL_RX_TX_INT;
        }

    /* tNetTask handles RX/TX interrupts */

    if ((stat & intTypeChk) && (pDrvCtrl->rxtxHandling != TRUE))
        {
        pDrvCtrl->rxtxHandling = TRUE;
```

```
        /* disable receive / transmit interrupt */

        GEI_WRITE_REG(INTEL_82543GC_IMC, intTypeChk);

        /*
         * NOTE: Read back any chip register to flush PCI
         * bridge write buffer in case this adaptor is behind
         * a PCI bridge.
         */

        CACHE_PIPE_FLUSH ();

        GEI_READ_REG(INTEL_82543GC_IMS, stat);

        /* defer the handling ... */

        netJobAdd ((FUNCPTR) gei82543RxTxIntHandle, (int)pDrvCtrl, 0,
                              0, 0, 0);
        }

    DRV_LOG (DRV_DEBUG_INT, "gei82543EndInt...Done\n" , 1, 2, 3, 4,
5, 6);

    return;
    }
```

（4）发送数据量超长导致网卡发送逻辑错误

当 SO_SNDBUF 设置值大于 66587 字节，发送 UDP 数据包数据量大于 65507 字节时，导致 IP 数据包总长度（添加 IP 包头 20 字节，UDP 包头 8 字节）大于 IP 数据包最大长度 65535 字节，在 TCP/IP 协议中 UDP 数据包长度字段是 16 位表示的，超过协议定义数据包的承载能力。但 VxWorks 5.5.1 的网络协议栈未检查该长度，该长度赋值给 16 位协议字段时因溢出变成一个很小的值，最后导致网卡发送逻辑错误，使得该网卡不能发送数据，最后网络报 0x37 错误。该网卡故障不影响其他网卡的工作。

文件 $WIND_BASE/target/src/netinet/udp_usrreq.c 中，函数 udp_output 中发送数据长度 len = m->m_pkthdr.len; 根据数据长度填写 UDP 包头协议字段（16 位）长度 ui->ui_len = htons((u_short)len + sizeof (struct udphdr)); 填写 IP 包头协议字段（16 位）长度 ((struct ip *) ui)->ip_len = sizeof (struct udpiphdr) + len; 如果发送 UDP 数据包数据量大于 65507 字节时 IP 包头协议字段（16 位）长度因溢出截断成一个较小的数。

((struct ip *)ui)->ip_len = sizeof (struct udpiphdr) + len; /* 超出协议承载，溢出错误 */

函数 udp_output 调用网络层发送函数 ip_output，该函数根据 ip_len 确定是否 IP 分片，如果 ip_len 不大于 1500（MTU），不做 IP 分片直接发送，在驱动程序中，发送描述符取 m->m_pkthdr.len 的长度（大于 65507 字节）发送数据，直接导致网卡芯片硬件发送逻辑错误。上层再次发送数据时因发送逻辑错误不能正常释放 MBLK 资源导致资源耗尽，发送函数报 0x37 错误。

```
int
udp_output(inp, m, addr, control)
	register struct inpcb *inp;
	register struct mbuf *m;
	struct mbuf *addr, *control;
{
		struct rtentry *rt;
	register struct udpiphdr *ui;
	register int len = m->m_pkthdr.len;
	struct in_addr laddr;
	int s = 0, error = 0;

	if (control)
		m_freem(control);		/* XXX */

	if (addr) {
		laddr = inp->inp_laddr;
		if (inp->inp_faddr.s_addr != INADDR_ANY) {
			error = EISCONN;
			goto release;
		}
		/*
		 * Must block input while temporarily connected.
		 */
		s = splnet();
		error = in_pcbconnect(inp, addr);
		if (error) {
			splx(s);
```

```
                goto release;
            }
        } else {
            if (inp->inp_faddr.s_addr == INADDR_ANY) {
                error = ENOTCONN;
                goto release;
            }
        }
        /*
         * Calculate data length and get a mbuf
         * for UDP and IP headers.
         */
        M_PREPEND(m, sizeof(struct udpiphdr), M_DONTWAIT);
        if (m == 0) {
                error = ENOBUFS;
                if (addr)
                    {
                        in_pcbdisconnect(inp);
                        inp->inp_laddr = laddr;
                    splx (s);
                    }

                goto release;
        }

          /* UDP 数据包数据量不大于 65535-20-8 字节, by zhu_liangyong */
        if(len + sizeof(struct udpiphdr) > IP_MAXPACKET)
        {
                error = EMSGSIZE;
                if(addr)
                {
                        in_pcbdisconnect(inp);
                        inp->inp_laddr = laddr;
                }
                splx(s);
                goto release;
        }
```

```
/*
 * Fill in mbuf with extended UDP header
 * and addresses and length put into network format.
 */
ui = mtod(m, struct udpiphdr *);
ui->ui_next = ui->ui_prev = 0;
ui->ui_x1 = 0;
ui->ui_pr = IPPROTO_UDP;
ui->ui_len = htons((u_short)len + sizeof (struct udphdr));
ui->ui_src = inp->inp_laddr;
ui->ui_dst = inp->inp_faddr;
ui->ui_sport = inp->inp_lport;
ui->ui_dport = inp->inp_fport;
ui->ui_ulen = ui->ui_len;

/*
 * Stuff checksum and output datagram.
 */
ui->ui_sum = 0;
if (udpcksum) {
if ((ui->ui_sum = in_cksum(m, sizeof (struct udpiphdr) + len)) == 0)
       ui->ui_sum = 0xffff;
}
((struct ip *)ui)->ip_len = sizeof (struct udpiphdr) + len;
((struct ip *)ui)->ip_ttl = inp->inp_ip.ip_ttl;    /* XXX */
((struct ip *)ui)->ip_tos = inp->inp_ip.ip_tos;    /* XXX */
udpstat.udps_opackets++;

     /*
      * Prevent fragmentation to continue (or trigger) path MTU discovery
      * if the required routing entry and path MTU estimate are available
      * and path MTU discovery is enabled for this socket. Since UDP
      * produces a single datagram for each send operation, the application
      * which enables path MTU discovery must send datagrams equal to
      * the current MTU estimate or the process will not complete.
      */
```

```
        rt = inp->inp_route.ro_rt;
        if (rt && (rt->rt_flags & RTF_UP) && !(rt->rt_rmx.rmx_locks &
RTV_MTU))
            {
            if (inp->inp_socket->so_options & SO_USEPATHMTU)
                ( (struct ip *)ui)->ip_off |= IP_DF;
            }

    error = ip_output(m, inp->inp_options, &inp->inp_route,
        inp->inp_socket->so_options & (SO_DONTROUTE | SO_BROADCAST),
        inp->inp_moptions);

#ifdef WV_INSTRUMENTATION
#ifdef INCLUDE_WVNET     /* WV_NET_NOTICE event */
    WV_NET_PORTOUT_EVENT_4 (NET_CORE_EVENT, WV_NET_NOTICE, 22, 11,
                            inp->inp_lport, inp->inp_fport,
                            WV_NETEVENT_UDPOUT_FINISH, WV_NET_SEND,
                            inp->inp_socket->so_fd, error,
                            inp->inp_lport, inp->inp_fport)
#endif  /* INCLUDE_WVNET */
#endif

    if (addr) {
        in_pcbdisconnect(inp);
        inp->inp_laddr = laddr;
        splx(s);
    }

    return (error);

release:
#ifdef WV_INSTRUMENTATION
#ifdef INCLUDE_WVNET     /* WV_NET_ERROR event */
    WV_NET_EVENT_2 (NET_CORE_EVENT, WV_NET_ERROR, 41, 2,
                    WV_NETEVENT_UDPOUT_FAIL, WV_NET_SEND,
                    inp->inp_socket->so_fd, error)
```

```
#endif  /* INCLUDE_WVNET */
#endif

   m_freem(m);
   return (error);
}
```

在上面代码中，注释 /* UDP 数据包数据量不大于 65535-20-8 字节，by zhu_liangyong */。下面的代码段落检查发送数据长度是否合法，如果不合法，设置发送长度错误号 EMSGSIZE。

（5）广播与 MTU 问题

默认情况下，在 VxWorks 5.5.1 操作系统下 UDP 广播发送数据时，发送数据长度只能在一个传输单元 MTU 内，也就是说有效数据长度不能超过 1472 字节。当我们需要广播发送数据长度超过 MTU 时，该怎么办呢？换句话说，VxWorks 5.5.1 操作系统是否可以广播发送数据长度大于 MTU 呢？

是的，当然可以，在 Tornado 2.2.1 下查询资料时发现可以通过修改标志 IP_FLAGS_DFLT 来实现。具体参考 8.1.5 节，此处不再赘述。

（6）FTP 服务器缺陷问题

当配置组件 INCLUDE_FTP_SERVER 时，VxWorks 5.5.1 系统支持 FTP 服务器，但系统自带的 FTP 服务器在传输较大文件时经常异常中止。

在网上有针对该问题的修改后的 FTP 服务器源代码 ftpdLib.h/ ftpdLib.c，经测试该源代码功能正确。

（7）多网卡共享协议栈和防火墙问题

在下图，计算机 A 的操作系统是 VxWorks，配置两个网卡，网卡 0 地址是 192.23.0.100，网卡 1 地址是 192.23.1.100。计算机 B 配置一个网卡，地址是 192.23.0.110，计算机 C 配置一个网卡，地址是 192.23.0.110。当前全系统上电后，计算机 A 和计算机 B 可能不能正常通信，计算机 C 启动或复位后当网卡连接自动协商完成后发送免费 ARP 报文，VxWorks 系统本身是默认不做链路层隔离的，计算机的网卡 1 接收到计算机 C 的免费 ARP 报文，导致计算机 A 的 ARP 缓存表更新 ARP 表项“192.23.0.110—计算机 C 的网卡 MAC 地址”，计算机 A 发给计算机 B 的数据报目的 MAC 地址是计算机 C 的网卡 MAC 地址，该数据报会在交换机 0 上洪泛，因 MAC 地址不匹配，计算机 B 不接收该数据报。

计算机 C 发送 ARP 欺骗数据报也会导致计算机 A 和计算机 B 通信异常。

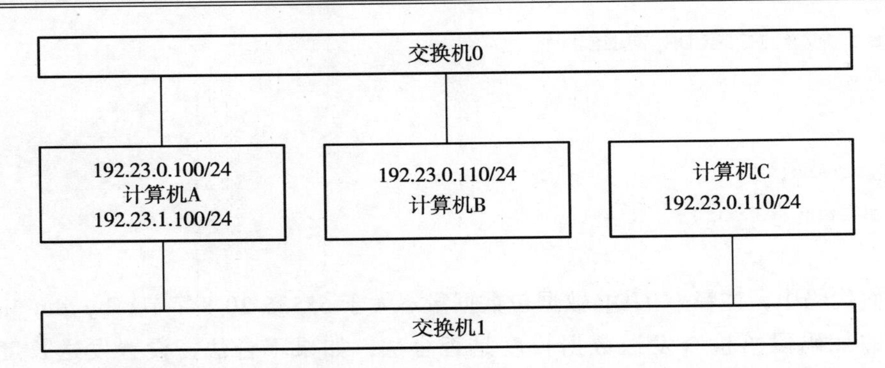

当需要增强计算机 A 的系统鲁棒性，避免因外来的免费 ARP 数据报或 ARP 欺骗数据报重写计算机 A 的 ARP 高速缓存或避免 IP 地址冲突时计算机 A 无法正常工作的情况，在 MUX 层使用自定义过滤函数实现一个网络防火墙。该防火墙实现网卡仅仅允许接收数据报的源 IP 地址和该网络卡设置 IP 地址不相同并且在同一子网中，过滤掉所有来自非本网段的数据报。

注册自定义过滤函数 stackRecvRtn。

```
muxBind(pName, unit, stackRecvRtn, NULL, NULL, NULL, MUX_PROTO_SNARF, "RecvFilter", (void *)pUsrProto);
```

过滤函数的实现如下：

```
LOCAL BOOL stackRecvRtn(void *pCookie, long type, M_BLK_ID pMblk, LL_HDR_INFO *pLinkHdrInfo, void *pSpare)
{
    BOOL bRetVal = FALSE;
    char *pRxBuf = pMblk->mBlkHdr.mData + sizeof(struct ether_header);
    struct ether_arp *pEtherArp = (struct  ether_arp *)pRxBuf;
    struct ip *pIP = (struct ip *)pRxBuf;
    struct in_addr isaddr;

    /* unused */
    (void)pCookie;
    (void)pLinkHdrInfo;

    switch(type)
    {
    case ETHERTYPE_IP:
            /* 允许接收数据报的源 IP 地址和该网络卡设置 IP 地址不相同并且在同一子网中，禁止其他报文。*/
```

```
            if(((ntohl(pIP->ip_src.s_addr)&pUsrProto->uiNetMask
)==(ntohl(pUsrProto->uiNetAddr)&pUsrProto->uiNetMask) || ((ntohl(pIP-
>ip_dst.s_addr)&0xFFFFFF00)==0xE0000000))
                    && (pIP->ip_src.s_addr!=pUsrProto->uiNetAddr))
            {
                    bRetVal = FALSE;
            }
            else
            {
                    /*logMsg( "ETHERTYPE_IP: Invalde incoming data: %s,
CurrIf: %s\n" , (int)inet_ntoa(pIP->ip_src), (int)inet_ntoa(*(struct in_
addr*)&pUsrProto->uiNetAddr), 2, 3, 4, 5);*/
                    if(pMblk != NULL)
                    {
                            netMblkClChainFree(pMblk);
                    }
                    bRetVal = TRUE;
            }
            break;
        case ETHERTYPE_ARP:
        case ETHERTYPE_REVARP:
            bcopy((caddr_t)pEtherArp->arp_spa, (caddr_t)&isaddr,
sizeof(isaddr));
            /* 允许ARP/RARP报的源IP地址和该网络卡设置IP地址不相同并且在同一子
网中，禁止其他报文。*/
            if(((ntohl(isaddr.s_addr)&pUsrProto-
>uiNetMask)==(ntohl(pUsrProto->uiNetAddr)&pUsrProto->uiNetMask)) &&
(isaddr.s_addr!=pUsrProto->uiNetAddr))
            {
                    bRetVal = FALSE;
            }
            else
            {
                    if(pMblk != NULL)
```

```
                {
                        netMblkClChainFree(pMblk);
                }
                bRetVal = TRUE;
            }
            break;
        default:
            bRetVal = FALSE;
            break;
    }

    return bRetVal;
}
```

9.5.3 网络数据接收延迟问题

两台计算机 P105D 之间，操作系统 VxWorks 5.5.1 以 1ms 的周期，发送 5912 字节的 UDP 数据报时，在接收端存在数据报延迟现象，当前周期数据报和下周期数据报一起接收到。

注意当网卡接收数据报文时，在中断服务程序中屏蔽接收发送中断，在网络任务 tNetTask 中处理接收和发送，然后使能接收发送中断，在接收发送中断屏蔽期间如果网卡有接收数据，因接收中断被屏蔽导致该数据得不到即时处理，将在该网卡的下一次中断发生时网络任务才能处理从网卡硬件中接收该数据报；在实际应用中如果发现数据报延时，需要考虑到该问题。当这种问题发生时，需要根据实际情况调整网卡驱动程序和网卡工作参数。

根据芯片手册“errata 35 of 82573”，删除 GEI_RDTR 和 GEI_RADV 设置，在文件 $WIND_BASE/target/config/HTP105D/gei82543End.c 中，删除函数 gei82543RxSetup 中的语句“GEI_WRITE_REG(INTEL_82543GC_RDTR, (pDrvCtrl->rxIntDelay | RDTR_FPD_BIT));”。

在文件 $WIND_BASE/target/config/HTP105D/gei82543End.c 中，修改函数 gei82543RxTxIntHandle 中的循环退出条件，if (retry++ == 3 || rxCountPerInt >= pDrvCtrl->maxRxNumPerInt) 改为 if (retry++ == 8 || rxCountPerInt >= pDrvCtrl->maxRxNumPerInt)。

9.5.4 多网卡和 WDB 调试问题

在 Tornado 2.2.1 集成开发环境中，多网卡是在目标机硬件的 BSP 目录的文件 $WIND_BASE/target/config/HTP105D/config.h 中配置。某 CPCI 计算机 P105D 有四路网卡，多网卡配置如下。

```
/* max number of END ipAttachments we can have */

#ifndef IP_MAX_UNITS
#   define IP_MAX_UNITS (NELEMENTS (endDevTbl) - 1)
#else
    /* this is a typical Windriver project facility chaos: when defining
       more than one ethernet devices in the IDE, then IP_MAX_UNITS
       should be defined to the number of entries in endDevTbl.
       However, IP_MAX_UNITS is predefined in the Project Facility to
       1, and because of this, the VxWorks image will bring a warning
        "Protocol is out of space" . To avoid this very annoying
       behaviour we will undefine the value from the IDE and then set
       IP_MAX_UNITS by reading the elements in endDevTbl. */
#   undef IP_MAX_UNITS
#   define IP_MAX_UNITS (NELEMENTS (endDevTbl) - 1)
#endif

/**********************************************************************
*
* END DEVICE TABLE
* ----------------
* Specifies END device instances that will be loaded to the MUX at startup.
*/

END_TBL_ENTRY endDevTbl [] =
{
   /* 0 (END) Intel 8254X onboard interface (front)   */
#if defined(INCLUDE_GEI8254X_END_0)
    {0, GEI8254X_LOAD_FUNC, GEI8254X_LOAD_STR, GEI8254X_BUFF_LOAN,
    NULL, FALSE},
#endif /* INCLUDE_GEI8254X_END_0 */

   /* 1 (END) Intel 8254X onboard interface (front)   */
#if defined(INCLUDE_GEI8254X_END_1)
    {1, GEI8254X_LOAD_FUNC, GEI8254X_LOAD_STR, GEI8254X_BUFF_LOAN,
    NULL, FALSE},
```

```
#endif /* INCLUDE_GEI8254X_END_1 */

   /* 2 (END) Intel 8254X onboard interface (rear)  */
#if defined(INCLUDE_GEI8254X_END_2)
    {2, GEI8254X_LOAD_FUNC, GEI8254X_LOAD_STR, GEI8254X_BUFF_LOAN,
    NULL, FALSE},
#endif /* INCLUDE_GEI8254X_END_2 */

   /* 3 (END) Intel 8254X onboard interface (rear)  */
#if defined(INCLUDE_GEI8254X_END_3)
    {3, GEI8254X_LOAD_FUNC, GEI8254X_LOAD_STR, GEI8254X_BUFF_LOAN,
    NULL, FALSE},
#endif /* INCLUDE_GEI8254X_END_3 */

/*****************************************************************************/

    {0, END_TBL_END, NULL, 0, NULL, FALSE},
    {0, END_TBL_END, NULL, 0, NULL, FALSE},
    {0, END_TBL_END, NULL, 0, NULL, FALSE},
    {0, END_TBL_END, NULL, 0, NULL, FALSE},
    {0, END_TBL_END, NULL, 0, NULL, FALSE},
    {0, END_TBL_END, NULL, 0, NULL, FALSE},
    {0, END_TBL_END, NULL, 0, NULL, FALSE},
    {0, END_TBL_END, NULL, 0, NULL, FALSE}
};
```

如果在 VxWorks 5.5.1 系统启动后使用 muxDevLoad、muxDevStart、ipAttach 和 ifAddrSet 加载其他网卡驱动程序，需要在数组 endDevTbl 填写足够多的预置项 {0, END_TBL_END, NULL, 0, NULL, FALSE} 确保数组 ipDrvCtrl[IP_MAX_UNITS] 足够大，供 ipAttach 函数挂载协议使用。

在配置多网卡使用块设备文件系统引导 VxWorks 5.5.1 系统时，WDB 协议默认挂载在数组 endDevTbl 的第 0 项元素上，而系统引导行参数“ata=1,1(0,0)host:/ata0/vxWorks h=192.168.0.200 e=192.168.0.20:ffffff00 u=target pw=target f=0x8 tn=tgt s=/ata0a/usrApp.txt o=geiN”的“o=geiN”来指定 WDB 协议挂载在哪个网卡上。此时，需要正确地配置数组 endDevTbl 的第 0 项元素和“o=geiN”，即使正确地配置了数组 endDevTbl 的第 0 项元素“o=geiN”，遗憾的是 Tornado 2.2.1 系统环境存在错误，WDB 也不能正确地工作。

文件 $WIND_BASE/target/config/comps/src/wdbEnd.c 中函数存在缺陷，相关标记处是修改部分。在配置多网卡使用块设备文件系统引导 VxWorks 5.5.1 系统时，获取数组 endDevTbl 的第 0 项元素的网卡设备名字和单元号，并检查该网卡驱动程序是否加载，最后把 WDB 协议挂载在该网卡上。

```
STATUS wdbCommDevInit
    (
    WDB_COMM_IF *     pCommIf,
    char **           ppWdbInBuf,
    char **           ppWdbOutBuf
    )
    {
    static WDB_END_PKT_DEV  wdbEndPktDev;        /* END packet
device */
    END_TBL_ENTRY *          pDevTbl;
    END_OBJ *                pEnd = NULL;
    char                  devName[END_NAME_MAX];
    static uint_t            wdbInBuf [WDB_MTU/4];
    static uint_t            wdbOutBuf [WDB_MTU/4];

    /* update input & output buffer pointers */

    *ppWdbInBuf = (char *) wdbInBuf;
    *ppWdbOutBuf = (char *) wdbOutBuf;

    /* update communication interface mtu */

    wdbCommMtu = WDB_MTU;

    /* find the END Device Table entry corresponding to the boot
device */

    for(pDevTbl = endDevTbl; pDevTbl->endLoadFunc != NULL;
pDevTbl++)
        {
   /* get the name of the device by passing argument devName =
‘\0’ */
```

```
        bzero (devName, END_NAME_MAX);
        if (pDevTbl->endLoadFunc(devName, NULL) != 0)
            {
            if (_func_logMsg != NULL)
                _func_logMsg ("could not get device name!\n", 0, 0, 0,
                              0, 0, 0);
            return (ERROR);
            }

    /* compare the name of the device to the boot device selected */

    if (strncmp (sysBootParams.bootDev, (const char *) devName,
              strlen((const char *) devName)) == 0)
        {
        /* Verify that the device unit number matches */

        if (pDevTbl->unit == sysBootParams.unitNum)
          break;
        }
    }

      /* if no END Device found, default to first valid table entry */

    if (pDevTbl->endLoadFunc == NULL)
    {
          if (endDevTbl->endLoadFunc == NULL)
        {
              if (_func_logMsg != NULL)
                      _func_logMsg ( "no device in END device
table!\n", 0, 0, 0, 0, 0, 0);
              return (ERROR);
        }
          else
/*                pDevTbl = endDevTbl;*//* zhu_liangyong */
            {/* zhu_liangyong */
              pDevTbl = endDevTbl;
```

```
                bzero (devName, END_NAME_MAX);
                if(0 != pDevTbl->endLoadFunc(devName, NULL))
                {
                  if (_func_logMsg != NULL)
                              _func_logMsg ( "could not get device
name!\n" ,0,0,0,0,0,0);
                  return (ERROR);
                }
            }
      }

       /* Check END device initialization by netLibInit */

       if (!pDevTbl->processed)
            {
      if (_func_logMsg != NULL)
          _func_logMsg ( "Network END device not initialized!\n" ,
                    0,0,0,0,0,0);
      return (ERROR);
      }

       /* get the END_OBJ */

       pEnd = endFindByName (devName, pDevTbl->unit);

       if (pEnd == NULL)
            {
            if (_func_logMsg != NULL)
               _func_logMsg ( "Could not find device %s unit %d!\n" ,
                         sysBootParams.bootDev, sysBootParams.
               unitNum, 0,0,0,0);
            return (ERROR);
            }

       if (wdbEndPktDevInit(&wdbEndPktDev, udpRcv,
                         (char *)pEnd->devObject.name,
                         pEnd->devObject.unit) == ERROR)
```

```
    return (ERROR);

     if (udpCommIfInit(pCommIf, &wdbEndPktDev.wdbDrvIf) == ERROR)
    return (ERROR);

     return (OK);
     }
```

在 bootable 工程中，当使用块设备文件系统引导 VxWorks 5.5.1 系统时，文件 $PRJ_DIR /priConfig.c 中配置网卡。

```
void usrNetworkBoot (void)
{
    usrNetBoot ();  /* Reads the enet address from the bootline
parameters */
     usrNetworkAddrInit ();  /* Initialize the network address for a
device */
     usrNetmaskGet ();  /* Extracts netmask value from address
field */
     usrNetDevNameGet ();  /* Gets name from "other" field if booting
from disk */
     usrNetworkDevStart ();  /* Attach a network device and start the
loopback driver */
}
```

文件 $WIND_BASE/target/config/comps/src/usrNetBoot.c 中函数 usrNetBoot 初始化网卡单元号 uNum = sysBootParams.unitNum。当使用网卡引导 VxWorks 5.5.1 系统时，uNum = sysBootParams.unitNum 是正确的；当使用块设备文件系统引导 VxWorks 5.5.1 系统时，uNum = sysBootParams.unitNum 是错误的。

```
void usrNetBoot (void)
{
    /* Set to access the bootline params by default. */

    pAddrString = sysBootParams.ead;
    pTgtName    = sysBootParams.targetName;
    uNum        = sysBootParams.unitNum;

    return;
}
```

文件 $WIND_BASE/target/config/comps/src/usrNetBoot.c 中函数 usrNetDevNameGet 初始化网卡名字 pDevName。当使用网卡引导 VxWorks 5.5.1 系统时，pDevName = sysBootParams.bootDev 取值是引导设备名字，是正确的；当使用块设备文件系统引导 VxWorks 5.5.1 系统时，pDevName = sysBootParams.other 取值是“o=geiN”指定的网卡设备名字（不含网卡单元号），是正确的，此时，使用“o=geiN”指定的网卡设备名字中的单元号重新初始化 uNum = sysBootParams.unitNum。

```
void usrNetDevNameGet (void)
{
    /*
     * Do nothing if another device is already initialized or an
     * error was detected in the boot parameters.
     */

    if (netDevBootFlag)
        return;

    pDevName = sysBootParams.bootDev;

    /* If booting from disk, configure additional network device, if
any. */

    if ( (strncmp (sysBootParams.bootDev, "scsi" , 4) == 0) ||
        (strncmp (sysBootParams.bootDev, "ide" , 3) == 0) ||
        (strncmp (sysBootParams.bootDev, "ata" , 3) == 0) ||
        (strncmp (sysBootParams.bootDev, "fd" , 2) == 0) ||
        (strncmp (sysBootParams.bootDev, "tffs" , 4) == 0))
        {
          if (sysBootParams.other [0] != EOS)
          {
              char * pStr;
              int           unit;

              /*
               * Fix up unitNum correctly. If the boot device was
                 specified in the other field, we need to derive
                 the unit number from here, rather than the one
```

```
            derived from bootDev, since bootDev was a disk
            device of some kind.
          */

          pStr = (char *)&sysBootParams.other;
          while (!isdigit (*pStr) && *pStr != EOS)
              pStr++;

          if (*pStr != EOS && sscanf (pStr, "%d" , &unit) == 1)
          {
              sysBootParams.unitNum = unit;
              uNum = sysBootParams.unitNum;/* 修改由 other 指定的网
络设备 unitNum 的正确性 added by zhu_liangyong */
              *pStr = EOS;
          }

          pDevName = sysBootParams.other;
      }
      else
          pDevName = NULL;
    }
return;
}
```

此时，多网卡配置和 WDB 挂载调试已经可以正常工作了。

9.6 clockLib 缺少互斥锁问题

在 VxWorks 5.5.1 操作系统中，文件 $WIND_BASE/target/src/os/clockLib.c 实现的 clockLib 库中 clock_gettime 和 clock_settime 有缺陷，当存在竞争时，clock_gettime 和 clock_settime 管理的时间会出现错误。在 VxWorks 6.8/VxWorks 6.9 操作系统中不存在该问题。

在 VxWorks 5.5.1 操作系统中，在临界区域解决竞争问题是使用禁止中断、禁止抢占、互斥信号量等使其在时间上串行化。在这里，使用禁止中断的方法。

```
int clock_gettime
 (
    clockid_t clock_id,            /* clock ID (always CLOCK_
```

```
REALTIME) */
        struct timespec * tp    /* where to store current time */
    )
    {
        int iIntKey;
        UINT64      diffTicks;   /* system clock tick count */

        (void)clockLibInit ();

        if (clock_id != CLOCK_REALTIME)
        {
        errno = EINVAL;
        return (ERROR);
        }

        if (tp == NULL)
        {
        errno = EFAULT;
        return (ERROR);
        }

        iIntKey = intLock();

        diffTicks = tick64Get() - _clockRealtime.tickBase;

        TV_CONVERT_TO_SEC(*tp, diffTicks);
        TV_ADD (*tp, _clockRealtime.timeBase);

        intUnlock(iIntKey);

        return (OK);
    }

    int clock_settime
    (
        clockid_t clock_id,         /* clock ID (always CLOCK_REALTIME) */
```

```
    const struct timespec * tp  /* time to set */
)
{
    int iIntKey;

    (void)clockLibInit ();

    if (clock_id != CLOCK_REALTIME)
   {
   errno = EINVAL;
   return (ERROR);
   }

    if (tp == NULL ||
   tp->tv_nsec < 0 || tp->tv_nsec >= BILLION)
   {
   errno = EINVAL;
   return (ERROR);
   }

   iIntKey = intLock();
    /* convert timespec to vxTicks XXX use new kernel time */

    _clockRealtime.tickBase = tick64Get();
    _clockRealtime.timeBase = *tp;

    intUnlock(iIntKey);

    return (OK);
}
```

9.7 FPU 浮点协处理器与任务选项 VX_FP_TASK

在 VxWorks 操作系统下使用 FPU 浮点协处理器需要注意两点:

1）若任务执行浮点数操作、调用返回值是浮点数或浮点数作为参数的函数、调用内部执行浮点运算的函数，则这些任务在创建时需要使用 VX_FP_TASK 选项。该选项作用是在该任务发生上下文切换时保存或恢复浮点协处理器寄存器值。当任务不需要 VX_FP_TASK 选项时，任务上下文切换时不用保存或恢复浮点协处理器寄存器值，切换时效率更高。

2）VxWorks 操作系统进入和退出中断服务程序时默认不保存和不恢复浮点协处理器寄存器值，所以在默认情况下 VxWorks 操作系统不允许在中断服务程序中做浮点运算。如果确实需要在中断服务程序做浮点数运算（不推荐），必须在中断服务程序的开始处调用 void fppSave(FP_CONTEXT * pFpContext) 保存浮点协处理器寄存器值，在中断服务程序的结束处调用 void fppResore(FP_CONTEXT * pFpContext) 恢复浮点协处理器寄存器值。

如果任务执行浮点数操作、调用返回值是浮点数或浮点数作为参数的函数、调用内部执行浮点运算的函数，这些任务在创建时没有使用 VX_FP_TASK 选项，那么该任务执行浮点操作将产生灾难性的后果，并且该错误很难发现。为了检测这种非法的、无意的、意外的浮点操作，在 X86 平台上 VxWorks 操作系统提供了任务切换钩子函数 fppArchSwitchHook() 来检查任务创建时是否正确使用了任务选项 VX_FP_TASK。该任务切换钩子函数能根据切入任务是否设置 VX_FP_TASK 选项确定是否使能 FPU 浮点协处理器。如果切入任务没有设置 VX_FP_TASK 选项，函数 fppArchSwitchHook() 禁止 FPU 浮点协处理器，该任务执行任何浮点操作，系统将产生一个 device-not-available（设备不可用）的异常。默认情况下 VxWorks 操作系统是不使能该功能的。使能该功能调用 fppArchSwitchHookEnable(TRUE)；禁止该功能调用 fppArchSwitchHookEnable(FALSE)。

判断代码是否正确使用了 VX_FP_TASK，可以使用 VxWorks 操作系统提供的功能 fppArchSwitchHookEnable(TRUE) 来检测。

建议：在系统开发调试阶段使能该功能，用于增强错误检测能力；在系统发布时禁止该功能，任务切换时调用任务切换钩子函数以提高效率。具体操作办法可以把该函数的执行放在脚本文件中，便于使能和禁止该功能。

9.8　脚本程序执行不成功问题

如果目标机的引导行参数是” ata=1,1(0,0)host:/ata0/vxWorks h=192.168.0.200 e=192.168.0.20:ffffff00 u=target pw=target f=0x8 tn=tgt s=/ata0a/usrApp.txt o=gei0” 。在目标机启动时会执行指定的脚本文件 s=/ata0a/usrApp.txt。

在 Tornado 2.2.1 中配置目标机服务器 tgtsvr，设置重定目标机输入、输出和 shell。连接目标机，在 host shell 中执行重启目标机命令 reboot 等待目标机启动，目标机启动后很高概率发生脚本文件执行不完整的情况。

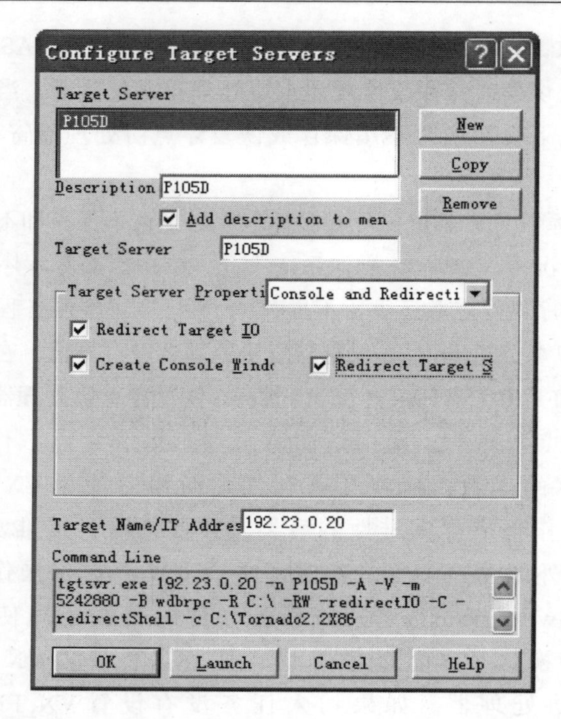

文件 $WIND_BASE/target/config/comps/src/usrScript.c 中实现目标机执行脚本文件功能，当执行脚本文件时，首先打开脚本文件，文件描述符 newStdIn；其次保存当前标准输入文件描述符；然后设置文件描述符 newStdIn 为标准输入文件描述符；最后执行脚本文件并等待脚本文件执行结束。

```
newStdIn = open (fileName, O_RDONLY, 0);

if (newStdIn != ERROR)
{
    printf ( "Executing startup script %s ...\n" , fileName);
    /*taskDelay (sysClkRateGet () / 2);*/

    old = ioGlobalStdGet (STD_IN);  /* save original std in */
    ioGlobalStdSet (STD_IN, newStdIn);   /* set std in to script */
    shellInit (SHELL_STACK_SIZE, FALSE);    /* execute commands */

    /* wait for shell to finish */
    do
        taskDelay (sysClkRateGet () / 10);
    while (taskNameToId (shellTaskName) != ERROR);
```

```
    close (newStdIn);
    ioGlobalStdSet (STD_IN, old);    /* restore original std in */

    printf ( "\nDone executing startup script %s\n" , fileName);
    /*taskDelay (sysClkRateGet () / 2);*/
}
else
printf ( "Unable to open startup script %s\n" , fileName);
```

当目标机执行脚本文件时，如果 Tornado 2.2.1 的目标机服务器连接目标机，并重定向目标机输入、输出和 shell，会导致脚本文件执行不完整。此种异常情况在软件开发调试时经常发生，影响开发调试效率。

在执行脚本文件中，一般是执行用户应用程序加载和初始化工作，该操作需要一些时间导致执行脚本文件被目标机服务器的重定向中止，而不完整。要是执行脚本文件时间非常短，快于目标机服务器的重定向，故障不会发生。

借鉴 tNetTask 任务实现 usrJob 模块。实现 usrJobAdd 函数把待做工作 func 添加到工作队列中，在 tUsrJob 任务中执行 func。

```
STATUS usrJobAdd
(
    FUNCPTR func, /* job function */
    int     arg0, /* job argument */
    int     arg1, /* job argument */
    int     arg2, /* job argument */
    /* 当 arg3 是 0 时，表示 arg0 是字符串；当 arg3 非 0 时，表示 arg0 是整型
数；*/
    int     arg3,
    /* 当 arg4 是 0 时，表示 arg1 是字符串；当 arg4 非 0 时，表示 arg1 是整型
数；*/
    int     arg4,
    /* 当 arg5 是 0 时，表示 arg2 是字符串；当 arg5 非 0 时，表示 arg2 是整型
数；*/
    int     arg5
)
{
    JOB_TODO_NODE newNode;
    BOOL ok;
    int iLockKey = 0;
```

```
    if(bUsrJobInitialized)
    {
        newNode.func = func;
        newNode.arg[0] = arg0;
        newNode.arg[1] = arg1;
        newNode.arg[2] = arg2;
        newNode.arg[3] = arg3;
        newNode.arg[4] = arg4;
        newNode.arg[5] = arg5;

            if(0==arg3 && NULL!=(char *)arg0)
            {
                    strncpy(newNode.sArg[0], (const char *)arg0, ARG_MAX_
LEN-1)[ARG_MAX_LEN-1] = EOS;
            }
            else
            {
                    newNode.sArg[0][0] = EOS;
            }

            if(0==arg4 && NULL!=(char *)arg1)
            {
                    strncpy(newNode.sArg[1], (const char *)arg1, ARG_MAX_
LEN-1)[ARG_MAX_LEN-1] = EOS;
            }
            else
            {
                    newNode.sArg[1][0] = EOS;
            }


            if(0==arg5 && NULL!=(char *)arg2)
            {
                    strncpy(newNode.sArg[2], (const char *)arg2, ARG_MAX_
LEN-1)[ARG_MAX_LEN-1] = EOS;
            }
```

```
            else
            {
                    newNode.sArg[2][0] = EOS;
            }

    #if (defined(_WRS_VXWORKS_MAJOR) && (_WRS_VXWORKS_MAJOR >= 6))
      /* VxWorks 6.x */
      #ifndef _WRS_CONFIG_SMP
      iLockKey = intCpuLock();
      #else /* _WRS_CONFIG_SMP */
      (void)iLockKey;/* unused */
      spinLockIsrTake(&spinLockIsr);
      #endif /* _WRS_CONFIG_SMP */
    #else  /* _WRS_VXWORKS_MAJOR */
      /* VxWorks 5.5.x */
      iLockKey = intLock();
    #endif /* _WRS_VXWORKS_MAJOR */

      ok = rngBufPut(usrJobRing, (char *)&newNode, sizeof(newNode)) ==
sizeof(newNode);

    #if (defined(_WRS_VXWORKS_MAJOR) && (_WRS_VXWORKS_MAJOR >= 6))
      /* VxWorks 6.x */
      #ifndef _WRS_CONFIG_SMP
            intCpuUnlock(iLockKey);
      #else /* _WRS_CONFIG_SMP */
            spinLockIsrGive(&spinLockIsr);
      #endif /* _WRS_CONFIG_SMP */
    #else  /* _WRS_VXWORKS_MAJOR */
      /* VxWorks 5.5.x */
      intUnlock(iLockKey);
    #endif /* _WRS_VXWORKS_MAJOR */

          if(!ok)
            {
                  printf( "usrJobAdd: usrJobRing buffer overflow!\n" );
```

```
                return (ERROR);
            }

        /* wake up the usrJobTask to process the request */
        semGive(semIdUsrJob);
    }

    return (OK);
}
```

下面是使用 usrJobAdd 函数书写的脚本文件 usrapp.txt 的内容。

```
usrJobAdd(i23IfConfig, "/ata0a" , 0, 0, 0, 1, 1);
usrJobAdd(i23UsrAppLoad, "/ata0a" , 0, 0, 0, 1, 1);
usrJobAdd(fppArchSwitchHookEnable, 1, 0, 0, 1, 1, 1);
```

在执行脚本文件 usrapp.txt 时，usrJobAdd 函数把待做的工作放入工作队列中，所以脚本文件很快执行完成，不会再出现“执行脚本文件被目标机服务器的重定向中止，而不完整”的情况。

9.9 支持 AHCI 设备驱动问题

VxWorks 5.5.1 系统只支持 IDE 磁盘，不支持 AHCI 协议的 SATA 硬盘。当硬盘工作在 IDE 模式时，硬盘写入速度约 2MB/s，为提高 VxWorks 5.5.1 系统的硬盘工作速度，移植 VxWorks 6.8 的 AHCI 驱动程序到 VxWorks 5.5.1 系统。

9.9.1 BIOS 配置 AHCI 模式

VxWorks 5.5.1 系统只支持 IDE 磁盘，在使用设备之前，请检查 BIOS 设置：

```
Advanced→IDE Configuration→ATA/IDE Controllers    [Enhanced]
Serial ATA Port 0:    [Not Detected]
Serial ATA Port 1:    [Not Detected]
Serial ATA Port 2:    [Not Detected]
Serial ATA Port 3:    [Hard Disk]
Serial ATA Port 4:    [Not Detected]
Serial ATA Port 5:    [Not Detected]
```

9.9.2 AHCI 驱动程序移植

选择 VxWorks 6.8 的 AHCI 驱动程序 vxbIntelAhciStorage.c 和 vxbIntelAhciStorage 到 VxWorks 5.5.1 系统，移植过程不详细介绍，最后在 VxWorks 5.5.1 系统下主要相关文件

ahciDrv.c、ahciDrv.h、ahciShow.c、sysAhci.c、usrAhci.c。使用下面 cdf 文件内容来图形化配置 AHCI 驱动。

```
Folder    FOLDER_HD {
    NAME          hard disks
    SYNOPSIS      Hard disk components
    CHILDREN      INCLUDE_IDE  \
                       INCLUDE_ATA  \
                       INCLUDE_AHCI
}


Parameter DOSFS_NAMES_AHCI_CTRL0_DRIVE0 {
          NAME             AHCI Controller 0, Hard disk 0 logical names
          SYNOPSIS         Comma separated list for each partition: "/
ata0a,/ata0b" , place optional filesystem type in parens: "/cd(cdrom)"
          TYPE             string
          DEFAULT          ""
}
Parameter DOSFS_NAMES_AHCI_CTRL0_DRIVE1 {
          NAME             AHCI Controller 0, Hard disk 1 logical names
          SYNOPSIS         Comma separated list for each partition: "/
ata1a,/ata1b" , place optional filesystem type in parens: "/cd(cdrom)"
          TYPE             string
          DEFAULT          ""
}
Parameter DOSFS_NAMES_AHCI_CTRL0_DRIVE2 {
          NAME             AHCI Controller 0, Hard disk 2 logical names
          SYNOPSIS         Comma separated list for each partition: "/
ata2a,/ata2b" , place optional filesystem type in parens: "/cd(cdrom)"
          TYPE             string
          DEFAULT          ""
}
Parameter DOSFS_NAMES_AHCI_CTRL0_DRIVE3 {
          NAME             AHCI Controller 0, Hard disk 3 logical names
          SYNOPSIS         Comma separated list for each partition: "/
ata3a,/ata3b" , place optional filesystem type in parens: "/cd(cdrom)"
```

```
        TYPE            string
        DEFAULT         "/ata0a,/ata0b"
    }
    Parameter DOSFS_NAMES_AHCI_CTRL1_DRIVE0 {
        NAME            AHCI Controller 1, Hard disk 0 logical names
        SYNOPSIS        Comma separated list for each partition: "/
ata0a,/ata0b" , place optional filesystem type in parens: "/cd(cdrom)"
        TYPE            string
        DEFAULT         ""
    }
    Parameter DOSFS_NAMES_AHCI_CTRL1_DRIVE1 {
        NAME            AHCI Controller 1, Hard disk 1 logical names
        SYNOPSIS        Comma separated list for each partition: "/
ata1a,/ata1b" , place optional filesystem type in parens: "/cd(cdrom)"
        TYPE            string
        DEFAULT         ""
    }
    Parameter DOSFS_NAMES_AHCI_CTRL1_DRIVE2 {
        NAME            AHCI Controller 1, Hard disk 2 logical names
        SYNOPSIS        Comma separated list for each partition: "/
ata2a,/ata2b" , place optional filesystem type in parens: "/cd(cdrom)"
        TYPE            string
        DEFAULT         ""
    }
    Parameter DOSFS_NAMES_AHCI_CTRL1_DRIVE3 {
        NAME            AHCI Controller 1, Hard disk 3 logical names
        SYNOPSIS        Comma separated list for each partition: "/
ata3a,/ata3b" , place optional filesystem type in parens: "/cd(cdrom)"
        TYPE            string
        DEFAULT         ""
    }

    Parameter AHCI_CACHE_SIZE {
      NAME          Size of disk cache for Hard Disk
      TYPE          int
      DEFAULT               (128*1024)
    }
```

```
Component INCLUDE_AHCI {
    NAME          AHCI hard drive
    SYNOPSIS      AHCI hard drive component
    CONFIGLETTES ahciDrv.c usrAhci.c
    CFG_PARAMS    AHCI_CACHE_SIZE NUM_DOSFS_FILES \
                  DOSFS_NAMES_AHCI_CTRL0_DRIVE0
          DOSFS_NAMES_AHCI_CTRL0_DRIVE1 \
                  DOSFS_NAMES_AHCI_CTRL0_DRIVE2
          DOSFS_NAMES_AHCI_CTRL0_DRIVE3 \
                  DOSFS_NAMES_AHCI_CTRL1_DRIVE0
          DOSFS_NAMES_AHCI_CTRL1_DRIVE1 \
                  DOSFS_NAMES_AHCI_CTRL1_DRIVE2
          DOSFS_NAMES_AHCI_CTRL1_DRIVE3
    REQUIRES      INCLUDE_DISK_CACHE INCLUDE_DISK_PART
    HDR_FILES     ahciDrv.h
    INIT_RTN      usrAhciInit ();\
                  if (strcmp (DOSFS_NAMES_AHCI_CTRL0_DRIVE0, “” )) \
                      usrAhciConfig (0, 0, DOSFS_NAMES_AHCI_CTRL0_DRIVE0); \
                  if (strcmp (DOSFS_NAMES_AHCI_CTRL0_DRIVE1, “” )) \
                      usrAhciConfig (0, 1, DOSFS_NAMES_AHCI_CTRL0_DRIVE1); \
                  if (strcmp (DOSFS_NAMES_AHCI_CTRL0_DRIVE2, “” )) \
                      usrAhciConfig (0, 2, DOSFS_NAMES_AHCI_CTRL0_DRIVE2); \
                  if (strcmp (DOSFS_NAMES_AHCI_CTRL0_DRIVE3, “” )) \
                      usrAhciConfig (0, 3, DOSFS_NAMES_AHCI_CTRL0_DRIVE3); \
                  if (strcmp (DOSFS_NAMES_AHCI_CTRL1_DRIVE0, “” )) \
                      usrAhciConfig (1, 0, DOSFS_NAMES_AHCI_CTRL1_DRIVE0); \
                  if (strcmp (DOSFS_NAMES_AHCI_CTRL1_DRIVE1, “” )) \
                      usrAhciConfig (1, 1, DOSFS_NAMES_AHCI_CTRL1_DRIVE1); \
                  if (strcmp (DOSFS_NAMES_AHCI_CTRL1_DRIVE2, “” )) \
                      usrAhciConfig (1, 2, DOSFS_NAMES_AHCI_CTRL1_DRIVE2); \
                  if (strcmp (DOSFS_NAMES_AHCI_CTRL1_DRIVE3, “” )) \
                      usrAhciConfig (1, 3, DOSFS_NAMES_AHCI_CTRL1_DRIVE3);
 }
```

```
Component INCLUDE_AHCI_SHOW {
   NAME             AHCI hard drive information display/show
   CONFIGLETTES ahciShow.c
   INIT_RTN       ahciShowInit();
   REQUIRES       INCLUDE_AHCI
   _CHILDREN      FOLDER_HD
}
```

在 Tornado 2.2.1 集成开发环境中，图形化配置 AHCI 如下图所示。

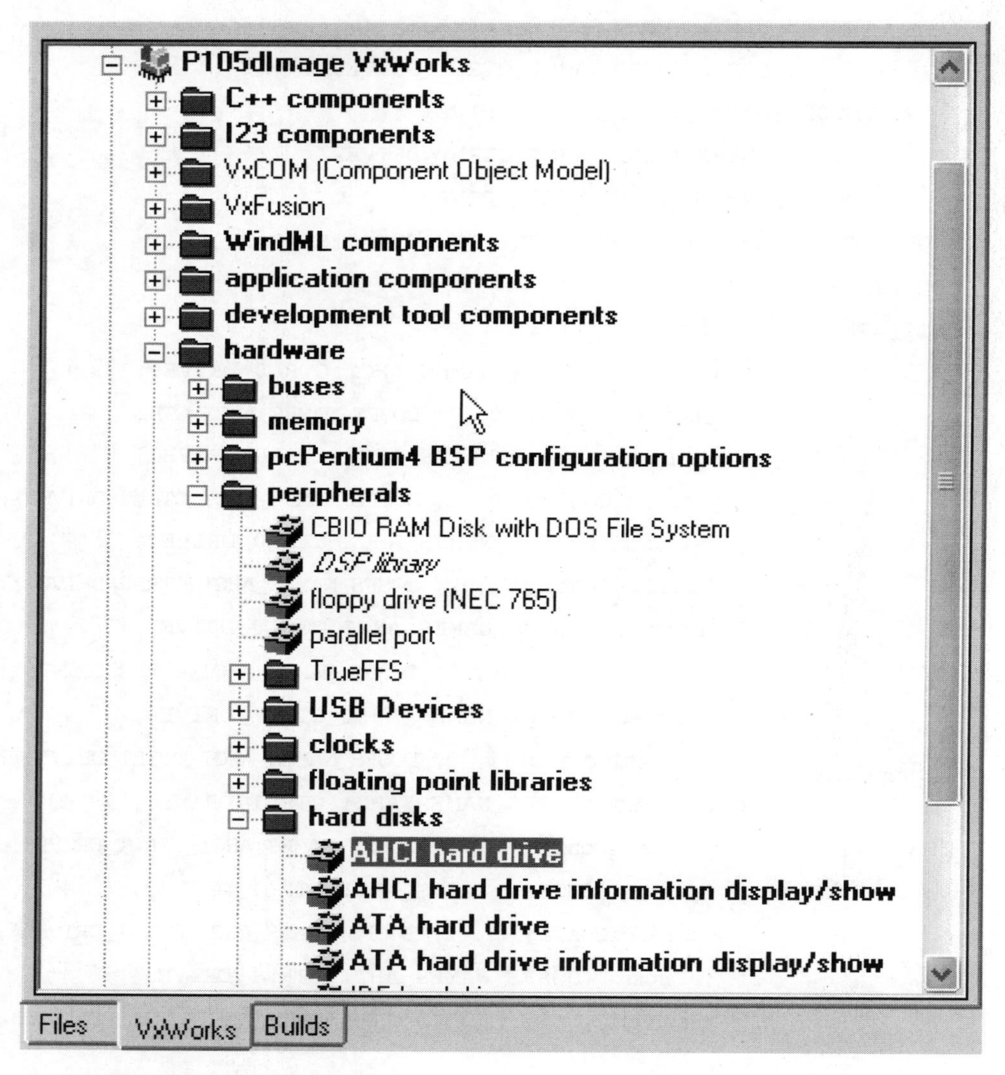

根据 BIOS 显示的 SATA 硬盘在 Serial ATA Port 3 上，配置组件 INCLUDE_AHCI 的参数 DOSFS_NAMES_AHCI_CTRL0_DRIVE3 的值”/ata0a,/ata0b”，表示硬盘两个分区，分区名字分别是 /ata0a 和 /ata0b。

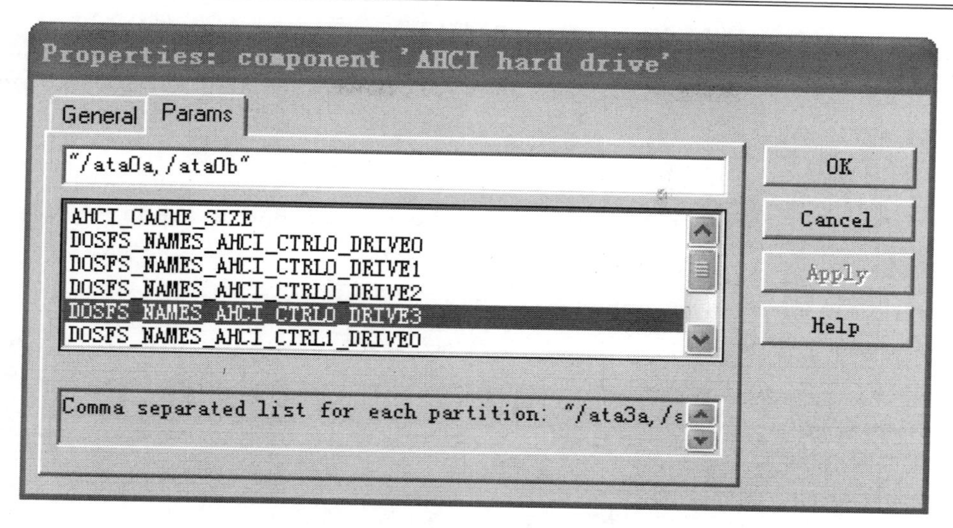

在计算机 P105D 上测试 AHCI 驱动程序，驱动程序工作正常，板载固态电子盘写入速度约 54647 KB/s，外接 2.5 in（1 in=0.0254m）SSD 硬盘写入速度约 88637 KB/s。

9.10　操作系统设备兼容问题

在工作中，有定型产品计算机停产替代问题，新研计算机和停产计算机在硬件上兼容，由于新研硬件往往网卡和硬盘的硬件逻辑顺序设计不一定完全和停产计算机相同，在适配 VxWorks 操作系统后，发现默认的网卡名字和网卡的物理位置不一样，硬盘的默认名字也不一样。

9.10.1　网卡顺序映射

文件 $WIND_BASE/target/config/HTP105D/ sysGei82543End.c 的函数 sys543PciInit 中使用数组 iGeiMapIdx 重新映射网卡顺序，操作系统中的网卡名字和物理位置与停产计算机的完全一样，在软件上确保应用程序兼容，不作任何修改。

```
STATUS sys543PciInit
(
    UINT32          pciBus,        /* store a PCI bus number */
    UINT32          pciDevice,     /* store a PCI device number */
    UINT32          pciFunc,       /* store a PCI function number */
    UINT32          vendorId,      /* store a PCI vendor ID */
    UINT32          deviceId,      /* store a PCI device ID */
    UINT8           revisionId     /* store a PCI revision ID */
)
```

```
    {
        UINT32          boardType;     /* store a BSP-specific board type
constant */

        UINT32          memBaseLo;     /* temporary BAR storage */
        UINT32          memBaseHi;
        UINT32          flashBase;
        UINT8           irq;           /* store PCI interrupt line (IRQ) number */

        GEI_RESOURCE * pReso;          /* alias extended resource table */

      /* 重新映射网卡的顺序，兼容 CP6000 主板的网卡顺序 */
      const int iGeiMapIdx[GEI_MAX_DEV] = {3, 2, 1, 0, 4, 5, 6, 7};

        /* number of physical units exceeded the number supported ? */

        if (geiUnits >= GEI_MAX_DEV)
            {
            return (ERROR);
            }

        if ((boardType = sysGeiDevToType (vendorId, deviceId, revisionId))
            == BOARD_TYPE_UNKNOWN)
            {
            return (ERROR);
            }

        /* BAR information will be saved in the extended resource table */

        pReso = (GEI_RESOURCE *)(geiPciResources[iGeiMapIdx[geiUnits]].
  pExtended);

        /*
         * BAR0: [32:17]: memory base
         *       [16:4] : read as "0";
         *       [3]    : 0 - device is not prefetchable
```

```
 *        [2:1]  : 00b - 32-bit address space, or
 *                 01b - 64-bit address space
 *        [0]    : 0 - memory map decoded
 *
 * BAR1: if BAR0[2:1] == 00b, optional flash memory base
 *       if BAR0[2:1] == 01b, high portion of memory base
 *                            for 64-bit address space
 *
 * BAR2: if BAR0[2:1] == 01b, optional flash memory base
 *       if BAR0[2:1] == 00b, behaves as BAR-1 when BAR-0 is
 *                            a 32-bit value
 */

pciConfigInLong  (pciBus, pciDevice, pciFunc,
                  PCI_CFG_BASE_ADDRESS_0, &memBaseLo);

pReso->adr64 = ((memBaseLo & BAR0_64_BIT) == BAR0_64_BIT)
               ? TRUE : FALSE;

if (pReso->adr64)
    {
    pciConfigInLong  (pciBus, pciDevice, pciFunc,
                      PCI_CFG_BASE_ADDRESS_1, &memBaseHi);

    pciConfigInLong  (pciBus, pciDevice, pciFunc,
                      PCI_CFG_BASE_ADDRESS_2, &flashBase);
    }
else
    {
    memBaseHi = 0x0;

    pciConfigInLong  (pciBus, pciDevice, pciFunc,
                      PCI_CFG_BASE_ADDRESS_1, &flashBase);
    }

memBaseLo &= PCI_MEMBASE_MASK;
```

```
        flashBase &= PCI_MEMBASE_MASK;

        /* map the memory-mapped IO (CSR) space into host CPU address
space */

        if (sysMmuMapAdd ((void *)(PCI_MEMIO2LOCAL(memBaseLo)), GEI_
MEMSIZE_CSR,
            VM_STATE_MASK_FOR_ALL, VM_STATE_FOR_PCI) == ERROR)
            {
            return (ERROR);
            }

        /* get the device' s interrupt line (IRQ) number */

        pciConfigInByte (pciBus, pciDevice, pciFunc,
                         PCI_CFG_DEV_INT_LINE, &irq);

        /* update the board-specific resource tables */

        pReso->memBaseLow  = memBaseLo;
        pReso->memBaseHigh = memBaseHi;
        pReso->flashBase   = flashBase;

        geiPciResources[iGeiMapIdx[geiUnits]].irq        = irq;
        geiPciResources[iGeiMapIdx[geiUnits]].irqvec     = INT_NUM_GET
 (irq);

        geiPciResources[iGeiMapIdx[geiUnits]].vendorID   = vendorId;
        geiPciResources[iGeiMapIdx[geiUnits]].deviceID   = deviceId;
        geiPciResources[iGeiMapIdx[geiUnits]].revisionID = revisionId;
        geiPciResources[iGeiMapIdx[geiUnits]].boardType  = boardType;

        /* the following support legacy interfaces and data structures */

        geiPciResources[iGeiMapIdx[geiUnits]].pciBus     = pciBus;
        geiPciResources[iGeiMapIdx[geiUnits]].pciDevice  = pciDevice;
```

```
    geiPciResources[iGeiMapIdx[geiUnits]].pciFunc     = pciFunc;

    /* enable mapped memory and IO decoders */

    pciConfigOutWord (pciBus, pciDevice, pciFunc, PCI_CFG_COMMAND,
                      PCI_CMD_MEM_ENABLE | PCI_CMD_IO_ENABLE |
                      PCI_CMD_MASTER_ENABLE);

    /* disable sleep mode */

    pciConfigOutByte (pciBus, pciDevice, pciFunc, PCI_CFG_MODE,
                      SLEEP_MODE_DIS);

    ++geiUnits;  /* increment number of units initialized */

    return (OK);
}
```

9.10.2　硬盘名字映射

在 Tornado 2.2.1 集成开发环境中，VxWorks 5.5.1 操作系统的硬盘名字在组件中指定，根据 BIOS 显示的 SATA 硬盘在 Serial ATA Port 3 上，图形化配置 AHCI 配置组件 INCLUDE_AHCI 的参数 DOSFS_NAMES_AHCI_CTRL0_DRIVE3 的值”/ata0a,/ata0b”，表示硬盘两个分区，分区名字分别是 /ata0a 和 /ata0b。

9.11　配置状态显示组件

下面介绍 VxWorks 5.5.1 配置常用功能的组件。

9.11.1　WindView

包含 WindView 组件，支持集成开发环境 Tornado 2.2.1 的工具 WindView。

9.11.2　moduleLib

组件名称“module manager”，包含 INCLUDE_MODULE_MANAGER 组件。在系统编译时自动链接 moduleLib.o，在系统启动时自动调用初始化函数 STATUS moduleLibInit (void)，因此 VxWorks 系统软件支持库 moduleLib。比如可以使用 moduleShow 显示所有已加载模块的状态。

9.11.3　loadLib 和 unldLib

组件名称“target loader”，包含 INCLUDE_LOADER 组件。在系统编译时自动链接 loadLib.o，在系统启动时自动调用初始化函数 STATUS loadElfInit(void)，因此 VxWorks 系统软件支持库 loadLib。

组件名称“target unloader”，包含 INCLUDE_UNLOADER 组件。在系统编译时自动链接 unldLib.o，因此 VxWorks 系统软件支持库 unldLib。

9.11.4　memShow

组件名称“memory show routine”，包含 INCLUDE_MEM_SHOW 组件。在系统编译时自动链接 memShow.o，在系统启动时自动调用初始化函数 void memShowInit (void)，因此 VxWorks 系统软件支持库 memShow。比如可以使用 memShow 显示系统内存信息。

9.11.5　msgQShow

组件名称“message queue show routine”，包含 INCLUDE_MSG_Q_SHOW 组件。在系统编译时自动链接 msgQShow.o，在系统启动时自动调用初始化函数 void msgQShowInit (void)，因此 VxWorks 系统软件支持库 msgQShow。比如可以使用 msgQShow 显示消息队列的状态信息。

9.11.6　semShow

组件名称“semaphore show routine”，包含 INCLUDE_SEM_SHOW 组件。在系统编译时自动链接 semShow.o，在系统启动时自动调用初始化函数 void semShowInit (void)，因此 VxWorks 系统软件支持库 semShow。比如可以使用 semShow 显示信号量的状态信息。

9.11.7　pciConfigShow

组件名称“pci show routines”，包含 INCLUDE_PCI_CFGSHOW 组件。在系统编译时自动链接 pciConfigShow.o，在系统启动时自动调用初始化函数 void pciConfigShowInit (void)，因此 VxWorks 系统软件支持库 pciConfigShow。比如可以使用 pciDeviceShow、pciFindDeviceShow、pciHeaderShow、pciConfigTopoShow 显示 PCI 设备信息。

9.11.8　symLib

组件名称“symbol table”，包含 INCLUDE_SYM_TBL 组件。组件名称“built-in symbol table”，包含 INCLUDE_STANDALONE_SYM_TBL 组件。在系统编译时自动链接 symLib.o，在系统启动时自动调用初始化函数 void symLibInit (void)，因此 VxWorks 系统软件支持库 symLib。

9.11.9　symShow

组件名称“symbol table show routine”，包含 INCLUDE_SYM_TBL_SHOW 组件。在系统编译时自动链接 symShow.o，在系统启动时自动调用初始化函数 void symShowInit (void)，因此 VxWorks 系统软件支持库 symShow。比如可以使用 symShow 显示符号表信息，使用 lkup 查找符号表等。

9.11.10　taskShow

组件名称“task show routine”，包含 INCLUDE_TASK_SHOW 组件。在系统编译时自动链接 taskShow.o，在系统启动时自动调用初始化函数 void taskShowInit (void)，因此 VxWorks 系统软件支持库 taskShow。比如可以使用 taskShow 显示任务状态信息，还可以使用 taskInfoGet、taskRegsShow、taskStatusString 等。

9.11.11　wdShow

组件名称“watchdog timer show routine”，包含 INCLUDE_WATCHDOGS_SHOW 组件。在系统编译时自动链接 wdShow.o，在系统启动时自动调用初始化函数 void wdShowInit (void)，因此 VxWorks 系统软件支持库 wdShow。比如可以使用 wdShow 显示看门狗定时器信息等。

9.11.12　netShow

组件名称“Network show routines”，包含 INCLUDE_NET_SHOW 组件。在系统编译时自动链接 netShow.o，在系统启动时自动调用初始化函数 void netShowInit (void)，因此 VxWorks 系统软件支持库 netShow。比如可以使用网络信息显示程序库中的函数 ifShow 显示网络接口信息。

9.11.13　ping

组件名称“PING client”，包含 INCLUDE_PING 组件。在系统编译时自动链接 pingLib.o，在系统启动时自动调用初始化函数 void pingLibInit (void)，因此 VxWorks 系统软件支持 ping。比如可以使用函数 ping 测试远程主机是否可达。

9.11.14　网络统计信息

组件名称“ICMP show routines”，包含 INCLUDE_ICMP_SHOW 组件在系统编译时自动链接 icmpShow.o，在系统启动时自动调用初始化函数 void icmpShowInit (void)；组件名称“IGMP show routines”，包含 INCLUDE_IGMP_SHOW 组件在系统编译时自动链接 igmpShow.o，在系统启动时自动调用初始化函数 void igmpShowInit (void)；组件名称“TCP show routines”，包含 INCLUDE_TCP_SHOW 组件在系统编译时自动链接 tcpShow.o，在系

统启动时自动调用初始化函数 void tcpShowInit (void)；组件名称“UDP show routines”，包含 INCLUDE_UDP_SHOW 组件。在系统编译时自动链接 udpShow.o，在系统启动时自动调用初始化函数 void udpShowInit (void)。因此 VxWorks 系统软件支持库 netShow。比如可以使用网络信息显示程序库中的函数 ifShow 显示网络接口信息。

9.11.15　usrFsLib

组件名称“File System and Disk Utilities”，包含 INCLUDE_DISK_UTIL 组件。在系统编译时自动链接 usrFsLib.o，因此 VxWorks 系统软件支持库 usrFsLib。比如可以使用文件系统用户接口子程序库中的函数 cd、pwd、cp、mv、rm、ls、ll、mkdir、rmdir、copy 等。

9.12　实时系统的实时性问题

9.12.1　电源管理与调度延时问题

详见 10.1.1 节内容。

9.12.2　SMM 模式与中断丢失问题

详见 10.1.2 节内容。

9.13　基于 X86 平台的 VxWorks 5.5.1 快速启动实现

在军事、航空、航天等高精尖技术领域，先进装备对于计算机平台的高稳定性、高效性以及强实时性有着极严苛的要求。X86 平台作为当前技术条件下性能、成本、可靠性都极为优异的计算平台，应用极为广泛。而与之配合的众多操作系统中，VxWorks 操作系统以其小体积、高实时性、全开源、强配套的特点，在多个领域占据主导地位。然而任何事物都不可能是十全十美的，基于 X86 平台的 VxWorks 5.5.1 操作系统，尽管有着无可比拟的种种优势，但也存在不可忽视的缺点，其中最为明显而不可忍受的缺点之一，就是其启动时间较长，尤其是当系统配置多个千兆网卡时。这是任何强实时系统，尤其是需要从实战角度来考量的强实时系统所不能接受的，因此，如何实现 X86 体系架构下 VxWorks 的快速启动这个课题，就具有非常重要的意义。

9.13.1　VxWorks 5.5.1 启动过程分析

对于 X86 体系而言，它的架构要求运行其上的程序，平时存放在硬盘中，运行时再加载至内存。而 CPU 是不能够直接从硬盘这样的“外存”中直接提取指令来执行程序的，因此一般的应用程序是通过操作系统来完成加载并运行的；而对于操作系统自身而言，因为其本质上也是程序，运行它时就需要一个“操作系统的操作系统”，也就是 BIOS 的辅助。

因此，操作系统的通常启动步骤可以这样简单描述：BIOS 将启动盘的引导扇区复制到内存空间，再跳转到内存的给定地址执行。

其具体的启动过程包括以下 3 个阶段：

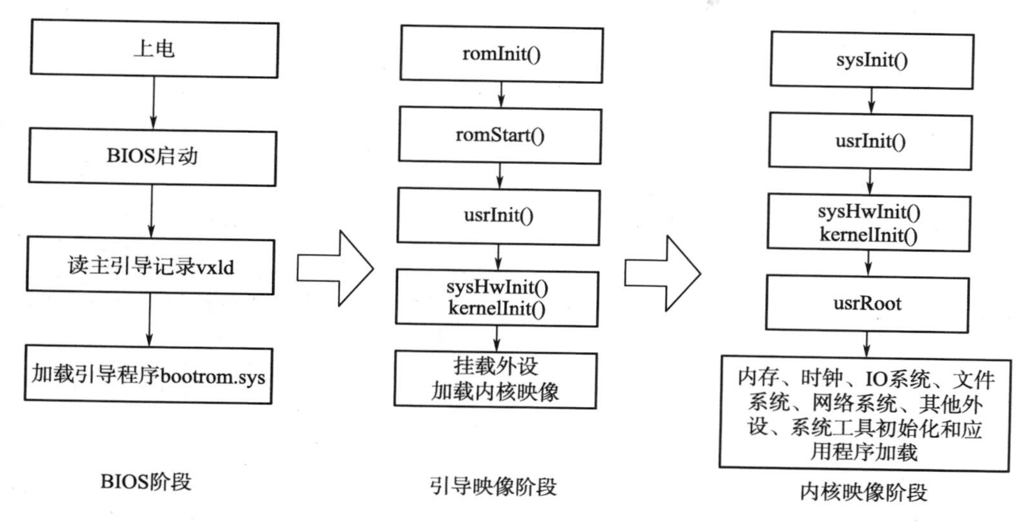

（1）BIOS 阶段

BIOS 阶段对于整个 X86 系统的启动有着至关重要的意义，其工作流程划分的阶段和完成的功能较多，包括安全、初始化、预处理驱动环境、引导外设设备等。本书主要关注其负责初始化 CPU 和外设的功能，同时，BIOS 阶段也负责加载主引导记录（VXLD）。

（2）引导映像阶段

主引导记录 VXLD 是一块地址确定的扇区，通过 BIOS 功能调用，从硬盘拷贝引导映像 bootrom.sys 至内存给定地址，操作系统的整个启动流程就从该给定地址开始。

首先系统在确定的地址段调用 romInit() 函数，该函数主要完成的任务包括：禁止中断、保存启动类型（冷 / 热启动）和硬件相关初始化；然后调用 romStart() 函数，该函数则主要负责将 bootrom 的数据段和代码段从 ROM 拷贝到 RAM 中并清空内存，如果采用的是压缩格式的 bootrom，还需要在本函数中解压缩；接着调用 usrInit() 函数，以执行系统初始化程序；最后调用 sysHwInit() 函数和 kernelInit() 函数，完成系统硬件初始化，并启动内核，加载 VxWorks 内核映像，将程序控制权交给内核映像。

（3）内核映像阶段

进入内核映像阶段，内核首先从 sysInit() 开始执行，主要完成的任务包括锁住中断、禁用缓冲、初始化处理器得到缺省值并指明启动类型；然后会再次调用 usrInit() 函数，重新执行系统初始化程序；最后调用 sysHwInit() 函数和 kernelInit() 函数，初始化系统硬件并启动内核；等到系统硬件和内核初始化完成后，执行 usrRoot() 函数，主要完成内存、时钟、IO 系统、文件系统、网络系统、其他外设、系统工具初始化，安装设备驱动程序，创建设备等。至此操作系统已经完全启动并完成所有准备工作，此时可以启动用户应用程序。

9.13.2 VxWorks 5.5.1 快速启动实现

通过对以上 3 个启动阶段的梳理，很容易发现引导映像阶段和内核映像阶段存在大量重复过程，包括硬件初始化、内核初始化、安装设备驱动和创建设备等。同时，经试验分析，VxWorks 5.5.1 在内核映像阶段，针对千兆网卡 PHY 初始化的过程，占用了非常多时间，这也是值得思考的可优化点。因此可以考虑通过某种工程方法在这两个阶段中缩减步骤，减少启动时间。

针对引导映像阶段，考虑使用替代的引导映像方案来规避之前较为复杂的引导映像阶段。经过研究与实验，拟使用引导工具“GRUB”构建新的引导映像过程。

针对内核映像阶段，则考虑优化千兆网卡的启动初始化过程来达到降低系统启动时间的目的。

下面是针对这两方面优化系统启动时间的工程方案，其启动过程包括以下 3 个步骤：

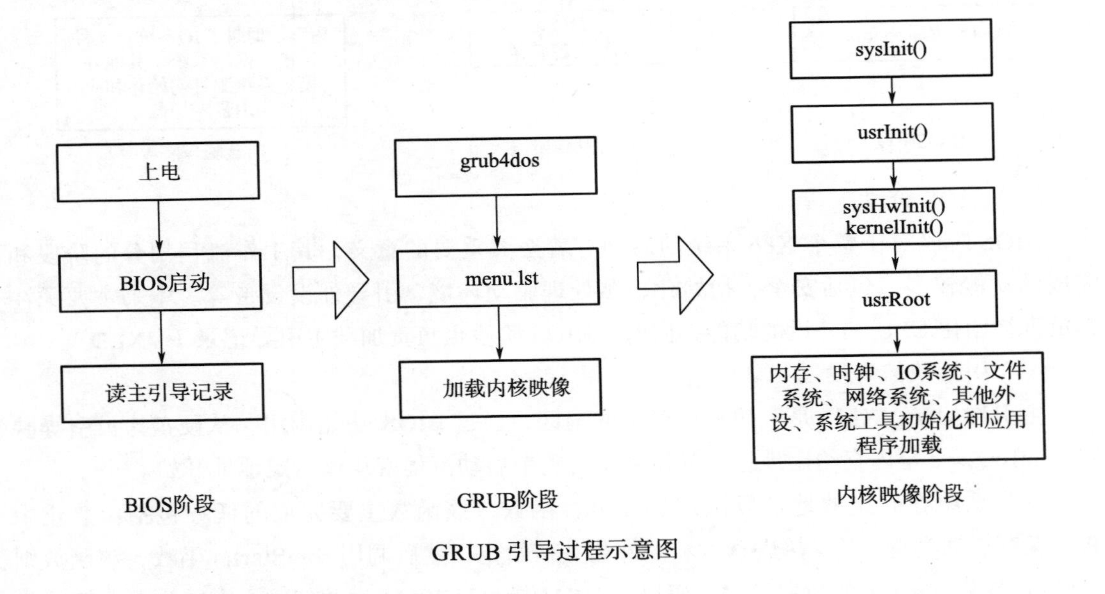

GRUB 引导过程示意图

（1）引导映像阶段快速启动

使用 GRUB 工具引导映像以替代 VxWorks 操作系统默认的引导映像流程。

GNU GRUB（GRand Unified Bootloader）是一个多操作系统启动管理器，可以实现多启动规范。GRUB 在 X86 系统中用来引导不同操作系统的应用非常广泛，尤其在 Linux 系统中，更是主流的系统引导方式。如 9.1 节所述，X86 架构中操作系统借助 BIOS 由硬盘加载至预定内存地址，GRUB 引导方式也不例外。在这个过程中，BIOS 通常是转向第一块硬盘的第一个扇区，即主引导记录（MBR）。使用 GRUB 引导映像的方式来替代原本 VxWorks 操作系统自身默认的引导映像方式的好处是：避免了原本操作系统默认引导映像流程中大量冗余的引导步骤，从而节省启动时间。

使用 GRUB 的引导映像方式，首先需要下载 GRUB 软件程序。本书中选择基于 DOS 可执行的版本 grub4dos。在 http://grub4dos.chenall.net 下载 grub4dos 最新版及较早版本，下载 grub4dos 解压缩获得核心文件：bootlace.com、GRLDR、grub.exe 和 menu.lst（模板）。

（2）两种安装 grub4dos 到硬盘的方法

①通过 MBR 启动 GRUB

第一种启动 GRUB 的方式是通过 MBR 启动 GRUB。本书采用的工程方法是制作一个特定的 USB 接口的缓存器，在其中安装最小 DOS 系统，同时存储 GRUB 核心文件。首先将缓存器与系统平台连接，然后使用软件包里的 bootlace.com 安装 GRLDR（引导记录），之后在缓存器的 DOS 系统下通过命令 bootlace 0x80 安装主引导记录 MBR 至系统。安装完 MBR 后，再将 GRLDR 和 menu.lst 文件复制到系统平台的硬盘根目录。其中 menu.lst 模板内容需要进行修改。

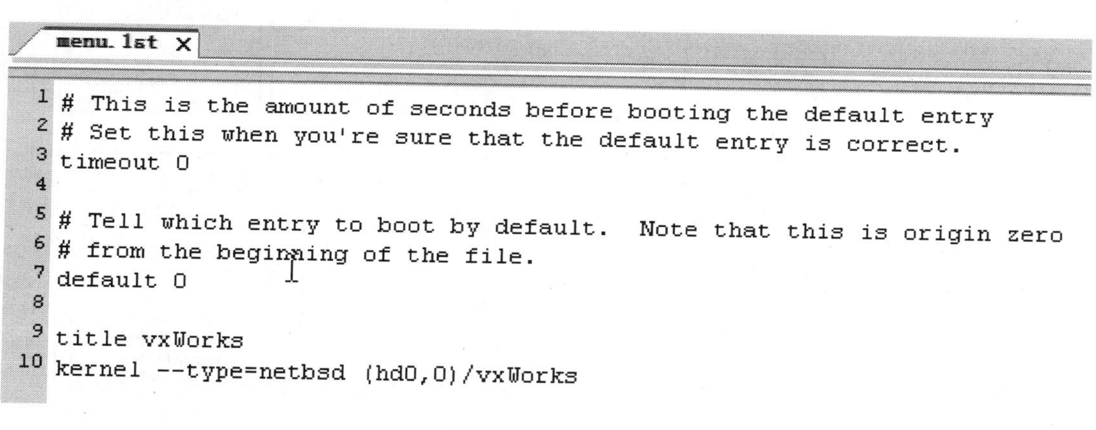

②通过 DOS 直接启动 GRUB

第二种启动 GRUB 的方式是通过 DOS 系统启动 GRUB。首先在系统平台的硬盘上安装最小 DOS 系统，然后再将 autoexec.bat、grub.exe 和 menu.lst 文件复制到硬盘根目录。autoexec.bat 是批处理文件，具体内容如下图所示。

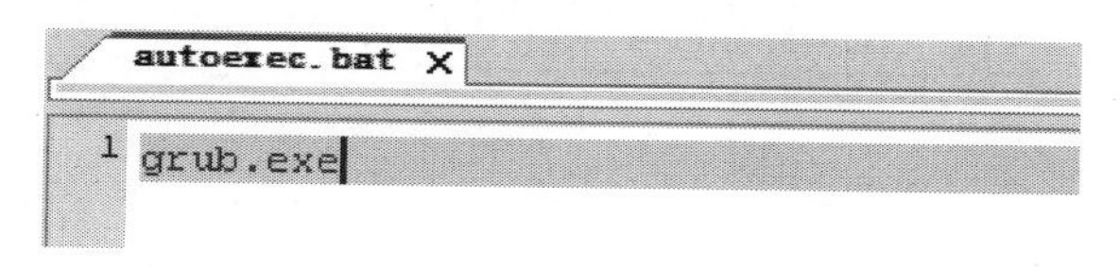

我们在工程中使用的是 grub4dos0.4.4，但不知道为何上述②通过 DOS 直接启动 GRUB 偶见 grub 引导中止的情况，上述①未见异常情况，推荐使用方法①。

（3）GRUB 引导时引导行参数

采用 GRUB 引导时，保存引导行参数的地址 BOOT_LINE_ADRS 空间未初始化，需要修改 VxWorks 操作系统源代码文件 sysLib.c，在函数 void sysHwInit0 (void) 末尾添加下面内容。

```
/* GRUB forces use of DEFAULT_BOOT_LINE */
*(char*)(BOOT_LINE_ADRS) = EOS;
```

定义引导行参数的地址 BOOT_LINE_ADRS 空间为空字符串，此时操作系统将会采用宏定义 DEFAULT_BOOT_LINE 规定的默认地址启动系统。

9.13.3 内核映像快速启动

本节与 9.5.1 节中“未连接时系统启动很慢问题”内容相同，为思路连贯性重复描述，以常见的 Intel 82574L 网卡为例，分析 VxWorks 5.5.1 操作系统启动过程中的网卡初始化流程。具体如下图所示。

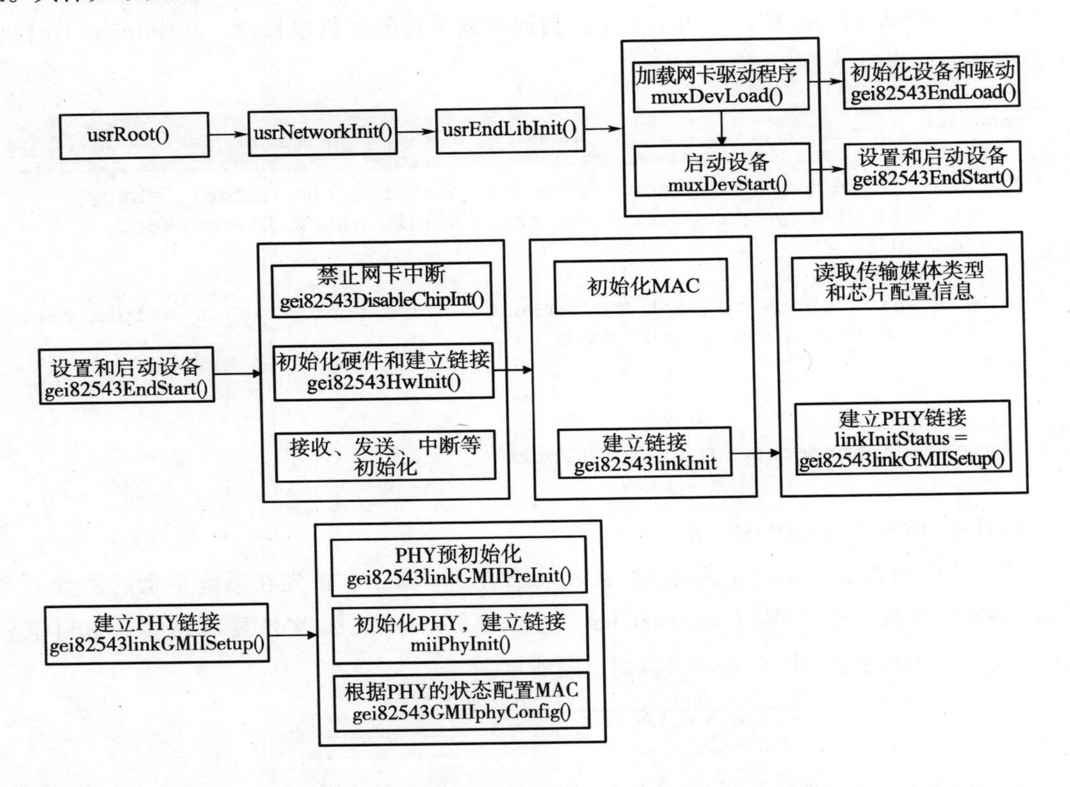

VxWorks 5.5.1 在启动时，需要初始化千兆网卡的 PHY 芯片，并调用 miiPhyInit() 函数发起自动协商过程以尝试建立网络连接。按照 VxWorks 5.5.1 操作系统的设计，miiPhyInit() 函数尝试建链，直到超时才会退出。而在实际启动操作系统的过程中，极易遇到交换机未准备就绪或千兆网卡断路的情况，这种情况下 VxWorks 5.5.1 在启动时会因做自动协商尝试建立网络连接耗费过多的时间，尤其是当系统配置多网卡时，启动时间甚至能达到好几分钟。

为解决自动协商耗时过多问题，本书提出用工程方法改变 VxWorks 5.5.1 操作系统启动流程中的协商建立网络连接的逻辑，具体如下图所示。增加 bMiiPhyInit 变量，其初值定义为 FALSE，表示在 VxWorks 启动阶段中进行初始化网卡时不初始化 PHY，并将 bMiiPhyInit 变量设置为 TRUE。当操作系统启动完成后，检测到有网络链接中断，会调用 gei82543GMIIPhyReConfig() 重新进行初始化 PHY 并建立连接，此时已经不影响整个系统除网络功能以外的其他功能模块启动。

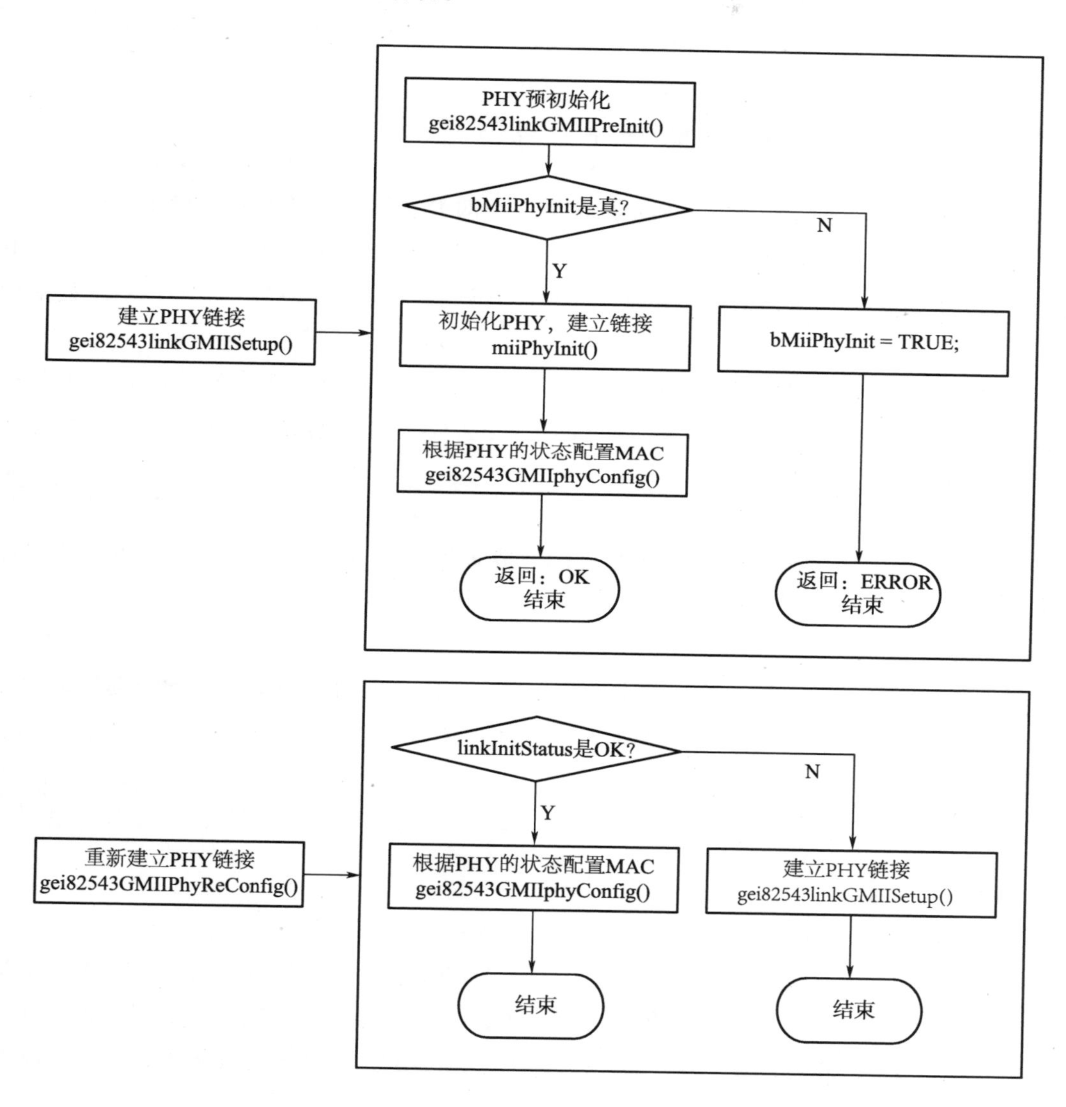

9.13.4　性能测试

通过梳理 VxWorks 5.5.1 的启动流程，分析其中可以优化的功能点，提出以工程方法优化基于 X86 平台的 VxWorks 5.5.1 启动流程的方案，解决 X86 平台上的 VxWorks 5.5.1 启动缓慢的问题。在这个过程中，分别就引导映像阶段和内核映像阶段提出优化点和解决方法：在引导映像阶段以 GRUB 工具引导映像的方法替代原本 VxWorks 系统默认的引导映像流程，以规避大量冗余的硬件初始化步骤；在内核映像阶段则针对网卡驱动程序的逻辑矛盾，提出启动时不初始化 PHY，当有网络链接中断时才初始化 PHY 建立网络连接的方法，实现了基于 X86 平台的 VxWorks 5.5.1 快速启动。

经设计实验实测：启动时间降低至稳定的 25s 左右，并且与配置网卡数量、网卡是否连接交换机无关。本节针对降低基于 X86 平台的 VxWorks 5.5.1 启动时间的课题提出了切实有效的工程方案，有力缩短了系统战前准备时间，在武器系统实操方面有着重要的意义。

9.14　参数化配置 VxWorks 操作系统的方法

通常情况，VxWorks 操作系统启动后配置一个网卡 IP 地址，在应用程序中配置其他网卡的 IP 地址，使用脚本文件加载应用程序。该方法把操作系统的配置在应用程序中做，不合适，也不灵活，不具备整个分布式系统（相同计算机硬件）中 VxWorks 操作系统技术状态统一的通用性。

下面提供一种参数化配置 VxWorks 操作系统的方法，以期达到参数化配置整个分布式系统（相同计算机硬件）中的 VxWorks 操作系统的目的，并且技术状态统一。其具体步骤为：

（1）ID 识别

读取计算机硬件拨码来获取计算机的 ID，或者简单地通过读取 ID 标识文件来获取计算机的 ID。

（2）参数配置

读取参数配置文件 i23paras.txt，根据（1）中的 ID 号匹配 NODE_ID 的值选择配置参数，一个参数配置文件 i23paras.txt 例子如下图所示。

```
NODE_ID=0, NIC_IP0=192.23.0.20:ffffff00, NIC_IP1=192.23.1.20:ffffff00, WDB_ID=0, HOST_IP=192.23.0.210, USRAPP_NAME=a0.out, USRAPP_FUNC=entryPt0,
NODE_ID=1, NIC_IP0=192.23.0.21:ffffff00, NIC_IP1=192.23.1.21:ffffff00, WDB_ID=0, HOST_IP=192.23.0.210, USRAPP_NAME=a1.out, USRAPP_FUNC=entryPt1,
NODE_ID=2, NIC_IP0=192.23.0.22:ffffff00, NIC_IP1=192.23.1.22:ffffff00, WDB_ID=0, HOST_IP=192.23.0.210, USRAPP_NAME=a2.out, USRAPP_FUNC=entryPt2,
NODE_ID=3, NIC_IP0=192.23.0.23:ffffff00, NIC_IP1=192.23.1.23:ffffff00, WDB_ID=0, HOST_IP=192.23.0.210, USRAPP_NAME=a3.out, USRAPP_FUNC=entryPt3,
```

（3）配置系统

VxWorks 操作系统根据选择的配置参数配置 VxWorks 操作系统和加载应用程序。

如果第（1）步 ID 识别的 ID 号是 0，选择"NODE_ID=0"的这行参数配置 VxWorks 操作系统的参数：网卡 0 的 IP 地址是 192.23.0.20，子网掩码：255.255.255.0，网卡 1 的 IP 地址是 192.23.1.20，子网掩码：255.255.255.0，WDB 协议挂载在网卡 0 上，主机 IP 是 192.23.0.210，应用程序名字是 a0.out，入口函数名字是 entryPt0。

上面介绍了通过在 VxWorks 操作系统中实现 ID 识别、读取、选择和配置参数，实现了配置 VxWorks 操作系统的方法。达到参数化配置整个分布式系统（相同计算机硬件）中的 VxWorks 操作系统的目的，并且实现了操作系统技术状态统一。

如果某个分布式系统有相同计算机硬件，根据参数化配置系统，可以实现该计算机系统根据插槽位置识别 ID，配置参数和加载软件，实现计算机插件软硬件无差异，完全通用化。这在插件通用化和备件管理上具有非常重要的意义。

按照本章上述内容修正 Tornado 2.2.1/VxWorks 5.5.1 系统中的各种问题或缺陷，提供了一个标准的 VxWorks 系统，确保 VxWorks 系统平台正确性、可靠性、可控性，降低了 VxWorks 软件设计师技术门槛，极大地提高了工作效率，节省了时间资源和人力资源。

第 10 章　如何构建一个实时系统

嵌入式实时操作系统 VxWorks 以其高性能的微内核设计、可裁剪的运行软件、多任务性、友好的宿主机目标机开发模式、高可靠性、强实时性被广泛地应用在交通、通信、军事、航空、航天等实时性要求极高的高精尖技术领域中。

如何构建一个实时系统呢？在 https://rt.wiki.kernel.org/index.php 中的 HOWTO:Build an RT-apllication 中在 linux 使用实时抢占补丁后关于 linux 中构建硬实时系统的详细描述，其中 IA 架构中 SMI 中断对实时性的影响对 VxWorks 也适用，其他内容也有重要参考价值。

10.1　实时系统的实时性问题

在 VxWorks 5.5.1 系统中电源管理缺陷导致中断响应延迟。在使用 IA 架构硬件的 VxWorks 5.5.1 系统中，SMI 中断影响 VxWorks 系统的实时性。

国外嵌入式系统硬件厂家，比如德国控创集团、英国并行技术公司的硬件板卡配套 BSP 中有禁止 SMI 中断，说明国外嵌入式系统硬件厂家基础研究工作非常扎实，我们要向国外同行学习。

10.1.1　电源管理与调度延时问题

在使用 Tornado 2.2.1/VxWorks 5.5.1 for Pentium 做雷达系统的实时控制软件开发时，发现在中断处理中 wind 内核调度的延时问题，如下图所示，在图中间位置可以看到，等待信号量的任务 tT2IntTask 在中断 Interrupt9（注：异常时刻使用圈圈标记于图中）释放信号量后没有及时响应，直到下一次时钟中断 Interrupt0 到来系统内核重新调度后任务才响应。这是一个严重的 wind 内核 BUG。针对该异常问题出现在 idle 状态，仔细研读和分析 VxWorks 内核 idle 部分的源码，发现了在 idle 处理电源管理时，在判断工作队列 workQ 是否为空时未作临界状态保护处理。最终断定中断处理中 wind 内核调度延时是由电源管理 BUG 导致。本书分析了中断处理中 wind 内核调度的延时的原因，同时给出了修复方案。

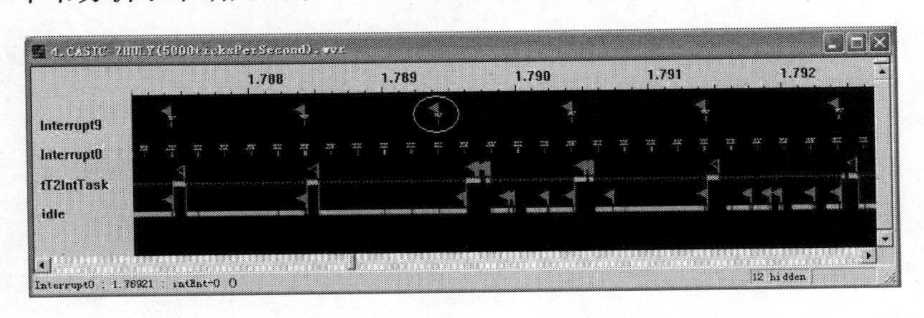

（1）电源管理 BUG 分析

电源管理在 $(WIND_BASE)\target\src\arch\i86\windALib.s 中实现。该实现存在一个潜在的竞争，可能导致中断处理后任务的延时。这是一个 VxWorks 内核调度中的严重 BUG。在处理器进入 AutoHalt 之前，wind 内核检查 workQ 是否为空，不幸的是 wind 内核没有作临界区域禁止中断，如果在 cmpl $0, FUNC(workQIsEmpty) 和 hlt 之间 CPU 接收了一个（时钟 / 其他）中断（该中断把就绪态任务放于工作队列 workQ），所有操作系统必需的行动都将被推迟到下一个中断。VxWorks 5.5.1 for Pentium 电源管理 X86_POWER_MANAGEMENT 具体实现如下：

```
/ *
* vxIdleAutoHalt - place the processor in AutoHalt
* mode when nothing to do
* /
.balign 16,0x90
FUNC_LABEL(vxIdleAutoHalt)
sti                             /* make sure interrupts are enabled */
nop                             /* delay a bit */
cmpl    $0, FUNC(workQIsEmpty)    /* if work queue is still empty */
je      vpdRet          /* there is work to do - return */
hlt                     /* nothing to do - go in AutoHalt */
vpdRet:
ret
```

当工作队列 workQ 是空时，idle 程序检查电源管理是否处于有效状态。当电源管理有效时，函数 vxIdleAutoHalt 被调用，在这里再次检查工作队列 workQ 是否为空，如果工作队列 workQ 不是空，函数简单返回处理工作队列；如果工作队列 workQ 仍然是空，处理器执行 HLT 指令，进入省电模式直到下一个中断的到来。

出现 wind 内核调度延时的条件如下：

1）处理器工作在内核模式。

2）没有任务处于就绪状态。

3）处理器退出内核模式进入 idleLoop 状态。

4）vxIdleRtn 被设置成 vxIdleAutoHalt。

5）执行函数 vxIdleAutoHalt 时，一个中断发生在“cmpl”和“hlt”之间。

6）处理器保存上下文，响应中断，处理中断服务程序，中断服务程序将任务添加到工作队列 workQ，例如调用 semGive() 使任务从阻塞态到就绪态。此时工作队列 workQ 不是空了，处理器退出中断服务程序。

7）处理器恢复上下文，执行 hlt 指令进入自动暂停（AutoHalt）状态，即使当前工作队列 workQ 不是空。

此时，工作队列 workQ 不是空指出任务处于就绪状态，而 CPU 处于自动暂停（AutoHalt）状态。在这种情况下，CPU 进入睡眠状态直到下一个中断将其唤醒，最严重的情况是 CPU 在下一次系统时钟中断将其唤醒。这种情况正是上图中的情况。

（2）电源管理 BUG 修复方案

电源管理模块的实现部分在函数 idle () 中调用，函数 idle () 在 $(WIND_BASE)\target\src\arch\i86\ windALib.s 中，相关源码如下：

```
#ifdef X86_POWER_MANAGEMENT
cmpl     $0, FUNC(vxIdleRtn) /* is Power Management enabled ? */
je idleLoop /* no: stay in loop */
call *FUNC(vxIdleRtn) /* call routine set by vxPowerModeSet */
#else
jmp     idleLoop /* keep hanging around */
#endif /* X86_POWER_MANAGEMENT */
```

如果函数指针 vxIdleRtn == NULL，则系统没有任何工作时 CPU 也不进入自动暂停状态；如果把函数指针 vxIdleRtn 设置为正确的电源管理函数，则系统不会再有竞争。从这两种思路出发，有三种修复方案，其一是修改内核函数 vxIdleAutoHalt；其二是配置电源管理为 VX_POWER_MODE_DISABLE，其三是自已定义电源管理函数。

方案一：修改内核函数 vxIdleAutoHalt。

该竞争条件可以通过在检查工作队列时禁止中断很好地避免。函数 vxIdleAutoHalt 具体实现建议如下：

```
/ *
* vxIdleAutoHalt - place the processor in AutoHalt
* mode when nothing to do
* /
.balign 16,0x90
FUNC_LABEL(vxIdleAutoHalt)
    cli                          /* LOCK INTERRUPTS */
cmpl    $0, FUNC(workQIsEmpty)   /* if work queue is still empty */
je      vpdRet          /* there is work to do - return */
sti                           /* UNLOCK INTERRUPTS */
```

```
hlt                     /* nothing to do - go in AutoHalt */
ret
vpdRet:
    sti                         /* UNLOCK INTERRUPTS */
ret
```

该方案需要重新编译内核，实施起来不太方便，不建议采用。

方案二：配置电源管理为 VX_POWER_MODE_DISABLE。

配置电源管理为 VX_POWER_MODE_DISABLE 有两种方法：

1）把 $(WIND_BASE)\target\config\BSP\config.h 中定义的系统默认的电源管理模式改为 VX_POWER_MODE_ DISABLE。

2）在应用程序初始化中调用电源管理模式设置函数 vxPowerModeSet()，设置电源管理模式为 VX_POWER_MODE_DISABLE。

该方案采用了回避的方法，操作简单，实施方便。但牺牲了电源管理功能，这样做仅仅牺牲了一点电能，在不需考虑省电的情况下是没有任何问题的。

方案三：自己定义电源管理函数。

在文件 sysALib.s 中自定义电源管理函数 usrIdleAutoHalt（函数实现如下），把函数指针 vxIdleRtn 设置为正确的电源管理函数 usrIdleAutoHalt，则系统不会再有竞争。

```
/ *
* usrIdleAutoHalt - place the processor in AutoHalt
* mode when nothing to do
* /
.balign 16,0x90
FUNC_LABEL(usrIdleAutoHalt)
    cli                             /* LOCK INTERRUPTS */
cmpl    $0, FUNC(workQIsEmpty)   /* if work queue is still empty */
je      usrRet          /* there is work to do - return */
sti                         /* UNLOCK INTERRUPTS */
hlt                         /* nothing to do - go in AutoHalt */
ret
usrRet:
    sti                             /* UNLOCK INTERRUPTS */
ret
```

如何把函数指针 vxIdleRtn 设置为自定义的函数 usrIdleAutoHalt 呢？在 $(WIND_BASE)\target\config\ BSP \sysLib.c 中添加外部变量和函数声明。

```
/* imports */
```

```
IMPORT   FUNCPTR   vxIdleRtn;
IMPORT   void usrIdleAutoHalt ( void );
```

在 void sysHwInit (void) 中将如下代码添加于 vxPowerModeSet(VX_POWER_MODE_DEFAULT);之后即可实现将用户自定义的函数 usrIdleAutoHalt 链接到核心态的调度模块中。

```
/* the vxIdleRtn reset by void usrIdleAutoHalt(void) */
if(VX_POWER_MODE_AUTOHALT==vxPowerModeGet())
{
vxIdleRtn = (FUNCPTR)usrIdleAutoHalt;
}
```

该方案 wind 内核调用用户自定义的电源管理函数，在不牺牲任何资源的情况下实现了电源管理功能，实现也较简单。

方案一和方案三的实质都是将存在 BUG 的电源管理函数修正，方案一是直接修改内核，需编译系统内核模块库，比较复杂，难度大。方案三是仅仅简单修改 BSP 实现 vxIdleRtn 指向自定义的函数 usrIdleAutoHalt，操作简单，不需编译系统内核模块库，更加安全可靠。

按照方案二和方案三的方法修改后，采用逻辑分析仪监测中断发生后任务的响应时间，分别做方案二的实验和方案三的实验（方案一因与方案三实质相同，未做实验），通过长时间烤机，未见任务延时响应。下图是系统正常时的时序图。实验结果说明故障定位准确，机理清楚，措施正确。

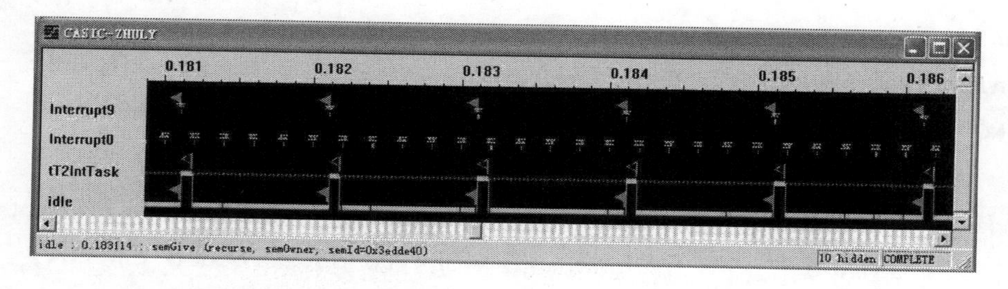

10.1.2 SMM 模式与中断丢失问题

在局域网中做网络传输时延研究，计算机和数传插件 1、数传插件 2、数传插件 3（数传插件是德国控创集团 ETX_PM 模块计算机，100Mbit/s 网卡）有相同的同步信号，全部运行 VxWorks 5.5.1 操作系统，测试系统拥有统一的时间基准 T0。计算机在 T0 时刻启动计时并发送组播数据包，数传插件 1、数传插件 2 和数传插件 3 在 T0 时刻启动计时并在接收到组播数据包时停止计时测量组播数据包由计算机到数传插件的单程传输时延，数传插件 1、数传插件 2 和数传插件 3 收到组播数据包时立刻向计算机应答单播数据包，计算机收到单播数据包后停止计时测量网络传输往返时延，如下图所示，单程时延分别为 Ts1、Ts2、Ts3；往返时延分别是 Tr1、Tr2、Tr3。

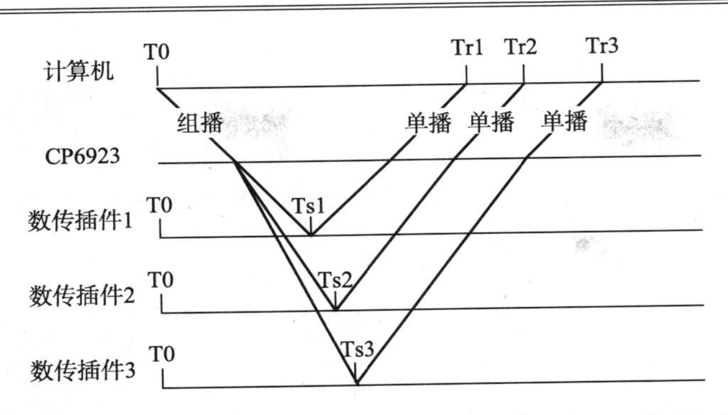

当计算机是德国控创集团的CP6000时，测试周期T0分别为500μs、1000μs、2000μs、3000μs、4000μs，测试帧长分别为1472字节，测试次数100000次，单向时延和往返时延的确定性都很好。下图是测试周期500μs和测试帧长1472字节往返时延分布。

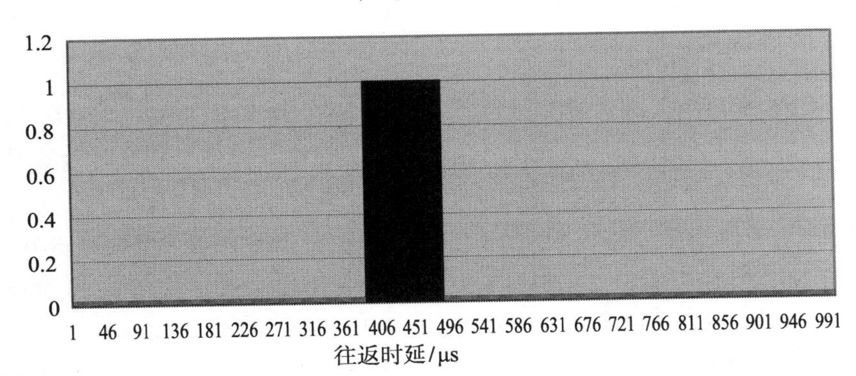

当计算机是国内某公司的P105D时，测试周期T0分别为5000μs，测试帧长分别为1472字节，单向时延和往返时延的确定性很差。下图是测试周期5000μs和测试帧长1472字节，测试次数100000次，往返时延分布。

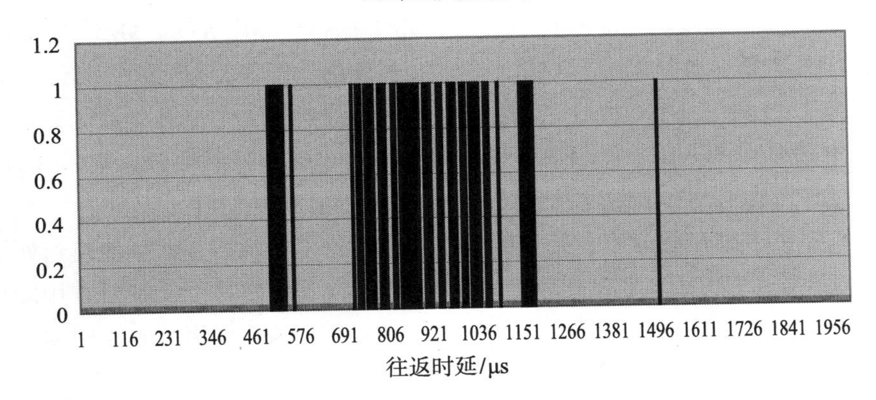

某公司P105D主板的往返时延和单程时延都具有不确定性，和德国控创集团的CP6000主板的测试结果不一致，不符合实时系统的预期，因此该主板的BSP软件可能存

在问题。

CCT 公司（英国并行技术公司）的 TP442 主板，该主板的芯片组与 CPU 和 P105D 相同，使用该 CCT 主板的 BSP，生成 VxWorks 5.5.1 的系统，在 P105D 主板上重做测试，测试周期 1000μs，测试帧长 1472 字节，测试次数 5000000 次，测试统计结果如下图所示。

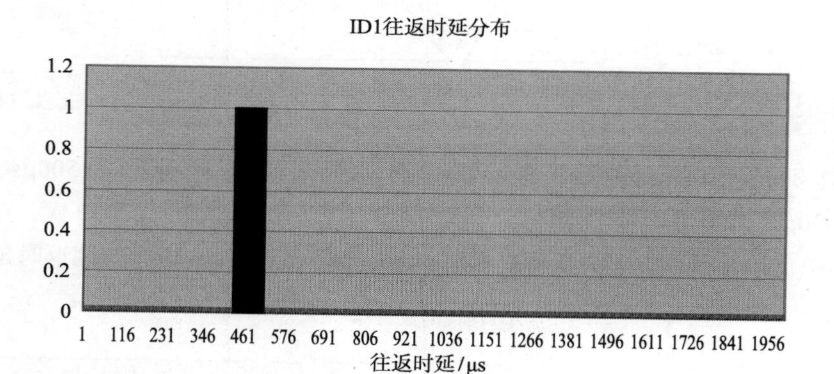

使用 CCT 公司 TP442 主板的 BSP，生成的 VxWorks 5.5.1 系统文件在 P105D 主板运行，往返时延和单程时延都是确定的，和 CP6000 的测试结果一致，符合实时系统的预期。初步结论：P105D 主板的 BSP 存在问题。

比较分析 CCT 公司 TP442 主板的 BSP 和 P105D 主板的 BSP，主要差异在 CCT 公司 TP442 主板的 BSP 中有禁止 SMI 中断的操作，再研究德国控创公司 CP6000 主板的 BSP，也有禁止 SMI 中断的操作。把 CCT 公司 TP442 主板的 BSP 中禁止 SMI 中断的代码移植到 P105D 主板的 BSP 中，重新生成 VxWorks 5.5.1 系统文件，重复试验，往返时延和单程时延都是确定的，和 CP6000 的测试结果一致，符合实时系统的预期。

触发 SMI 的信号来源于主板上的硬件中断，其唯一目的便是切换处理器状态到 SMM。触发 SMI 的事件有很多，例如当 CPU 温度过高超过了警戒值，就有可能产生 SMI 触发信号，随即执行主板生产厂商预置的 SMI 处理程序。

芯片组中有两个比较重要的 SMI 寄存器，SMI_EN 和 SMI_STS。SMI_EN 决定哪些设备能够产生 SMI 中断，其最低有效位是一个“全局使能”开关，指明是否允许产生 SMI 中断。SMI_STS 是一个“写入 – 清除”寄存器，用来追踪当前产生 SMI 中断的设备。

为了产生 SMI 中断，第一步首先需要设置 SMI_EN 的最低有效位。有的 BIOS 会自动设置，但还是要先检查一下，然后就可以用最合适的方法产生 SMI。

当 SMM 是通过 SMI 被调用，处理器保存当前的处理器状态，然后转换到处于系统管理内存（SMRAM）中的独立的操作环境。当处于 SMM，处理器会处理 SMI 中断处理程序去执行类似于关闭暂时不用的 HDD 或者 Monitor 的操作，执行专用 code，或者引导整个系统进入 suspended state。当 SMI 中断处理程序执行完了它应做的操作，它将会执行 RSM 指令。这个指令会使 CPU 重新加载之前被保存起来的处理器状态，跳转回保护模式或者实模式，并且恢复被中断的应用或操作系统程序或任务。

SMM 的以下机制使它对于应用程序以及操作系统透明：

1）进入 SMM 的唯一途径是通过 SMI。

2）处理器在独立的地址空间 SMRAM 中执行 SMM 代码。除了 SMM，其他模式是无法访问 SMRAM 的。

3）在进入 SMM 时，处理器会保存被中断的程序或者任务。

4）一旦进入 SMM，所有被操作系统执行的中断均会被禁止。

5）RSM 指令只能被执行于 SMM 模式。

由此可见，SMI 中断发生后，处理器进入 SMM 模式，接管了当前执行的应用或操作系统程序或任务，同时禁止了所有被操作系统执行的中断，导致中断的丢失或延时，系统响应的延时和滞后。这将对实时系统产生致命的影响。

在 VxWorks 6.9 操作系统的部分评估板 BSP 中有相关问题的描述，比如 $(WIND_BASE)\target\config\itl_haswel\target.ref，很是隐晦。

```
\" ---------------------------------------------------------------
\sh 7.7 USB Legacy mode can cause problems with VxWorks.
\" ---------------------------------------------------------------
USB Legacy mode can cause problems with VxWorks.  Boot process may
hang under certain conditions.  One workaround is to disable USB Legacy
support in BIOS.  However, this will disable the use of USB devices as
a boot device.  When Legacy Support is enabled, things work better if
VxWorks USB stack, EHCI driver, and UHCI drivers are initialized.
```

10.2　实时系统的调试问题

在实时操作系统 VxWorks 中，X86 平台的标准输出通常是 VGA 字符控制台，字符写到 VGA 字符控制台，开销会严重影响实时性。在实时系统应用程序调试或工作过程中，禁止任何字符写到 VGA 字符控制台，禁止使用 printf 和 / 或 logMsg 系统调用。如果使用了 printf 和 / 或 logMsg 系统调用，推荐使用 VIO Console、Telnet Session 等控制台。

如何在实时系统中记录消息又不影响系统实时性呢？

为解决该问题，需要寻找一个高速存储设备记录消息。在嵌入式系统中，什么设备是一个高速存储设备呢？一个嵌入式系统中的高速存储设备当然属内存了。那么在实时系统中记录消息又不影响实时性内存能满足吗？答案是肯定的，随着信息技术的飞速发展，内存越来越便宜，速度越来越快，内存存储能力越来越强。现在有了记录设备——内存，如何记录消息呢？基本思路如下。

首先，申请系统中用于记录消息的内存区域；其次，将用户消息写入内存中存储，并把记录消息的内存区域当成环形缓冲，如果内存中的消息写满并未被及时取走，最早记录的消息将被新消息覆盖；第三，将内存中的消息写入文件中提交给用户。

记录消息的内存区域是一共享内存区域，可能有多个任务竞争使用这个共享内存区域，这是一个临界资源。在实时多任务操作系统中需要对临界资源进行保护。临界资源保护有多种方式，如禁止中断、禁止任务调度、二进制信号量、互斥信号量等。该选择哪种方式呢？

禁止中断：禁止系统响应中断，用于保护任务和中断服务程序使用的资源。

禁止任务调度：禁止任务调度，使系统调度器失效。

二进制信号量：初始化有效的二进制信号量常用于临界资源的保护，但是可能会发生优先级的逆转。

互斥信号量：用于临界资源的保护，可选优先级继承，避免优先级逆转。特别注意：互斥信号量仅仅只能由占有它的任务释放，互斥信号量不可以在中断上下文中获取和释放。

鉴于保护临界资源无需禁止中断或禁止任务调度，为避免优先级的逆转，应该选择互斥信号量来保护临界资源。

针对上面的分析，在嵌入式实时操作系统 VxWorks 下给出“实时系统消息记录”的实现方法。

第一步，消息记录初始化。包含创建保护临界区域的互斥信号量，配置存储消息的内存等。

```
void recMsgInit(void)
{
#ifdef REC_MSG
/* 创建保护临界区域的互斥信号量 */

/* 用于记录消息的内存区域 */

/* 其他初始化 */

#endif/* REC_MSG */

    return;
}
```

第二步，消息记录。提供格式化消息记录函数，记录消息于内存中，形参与 printf 完全一样。

```
void recMsg(const char *cFmt, ...)
{
#ifdef REC_MSG
```

```
    /* 进入临界区域 */

    /* 把消息格式化并写入内存中 */

    /* 退出临界区域 */

#endif/* REC_MSG */

        return;
}
```

第三步，把消息写入文件。把记录在内存中的消息写于文件中以供分析。

```
void recMsgFile(void)
{
#ifdef REC_MSG

/* 进入临界区域 */

/* 打开录取文件 */

/* 把内存中的消息写入文件 */

/* 关闭文件 */

/* 其他处理 */

/* 退出临界区域 */

#endif/* REC_MSG */

        return;
}
```

第四步，释放系统资源。释放消息记录初始化时申请的系统资源，与 recMsgInit 相对。

```
void recMsgExit(void)
{
#ifdef REC_MSG

        /* 删除用于记录消息互斥的二进制信号量 */

        /* 释放用于记录消息的内存区域 */

#endif/* REC_MSG */

        return;
}
```

最后，在头文件中增加消息记录开关宏定义和函数声明。

```
#define REC_MSG

#ifdef REC_MSG

#define mprintf(format, args...)          \
 do{                                      \
        recMsg(format, ##args);           \
  }while(0)

#else /* REC_MSG */

#define mprintf(format, args...)

#endif /* REC_MSG */

extern void recMsgInit(void);
extern void recMsg(const char *cFmt, ...);
extern void wrMsgFile(void);
extern void recMsgExit(void);
```

以上实现步骤给出“实时系统消息记录”的实现方法。“实时系统消息记录”的使用方法如下：

1）确定开关宏的状态 REC_MSG。

2）初始化：recMsgInit()。

3）调用 mprintf 把消息记录于内存中，mprintf 形参与 printf 完全相同。

4）调用 recMsgFile 把内存中的消息写入文件。

5）调用 recMsgExit 可释放系统资源，退出消息记录。

6）注意：因为保护临界资源使用了互斥信号量，所以不可以在中断服务程序中使用。

“实时系统消息记录”能大量记录开发者关心的消息，系统开销很小，对实时系统的实时性影响很小。“实时系统消息记录”已经在很多项目中应用，解决了 printf 和 logMsg 的系统开销大对实时系统的影响问题，提高了系统调试效率。

第 11 章　实时操作系统 VxWorks SMP

本章主要介绍 VxWorks SMP 操作系统、常见疑难问题的解决办法和操作系统优化。

11.1　Workbench 集成开发环境安装

11.1.1　安装准备

（1）主机硬件

有一路网卡、一路 RS232 串口、能流畅运行 Windows XP 及以上系统。

（2）主机软件

运行 Windows XP 及以上系统的通用计算机，因为在下面介绍中使用了 VMware 虚拟机软件，建议使用 Windows 7 及以上版本的 Windows 操作系统。

（3）Workbench 安装包

1）VxWorks 6.9 and VxWorks Edition 6.9 Platforms（DVD-R147826.1-1-01）。

2）Wind River Workbench 3.3.4（DVD-R158451.1-1-19）；或者 Wind River Workbench 3.3.5（DVD-R158451.1-1-24）。

3）VxWorks 6.9.4.5 and VxWorks Edition 6.9.4.5 Platforms（DVD-R147826.1-24-00）。

4）vpnclient-v4.29-9680-rtm-2019.02.28-windows-x86_x64-intel.exe（本软件免费下载最新版本，虚拟网卡，Workbench 授权 license 和网卡 MAC 地址关联）。

Windows XP 操作系统一定要安装针对“永恒之蓝”病毒的补丁包 KB4012598。

Windows 7 操作系统一定要安装针对“永恒之蓝”病毒的补丁包 KB4012212 和 KB4012215。

为什么强调安装“永恒之蓝”补丁？一是避免计算机感染“永恒之蓝”病毒；二是当调试机感染“永恒之蓝”病毒时，目标机服务器不能和 Wind River Register 正常通信，可以令调试机不能连接目标机。具体内容参考 11.4.7 节。

11.1.2　安装步骤

（1）安装 VxWorks 6.9 and VxWorks Edition 6.9 Platforms

步骤 1　双击安装包 DVD-R147826.1-1-01 中 setup.exe，选择安装目录。

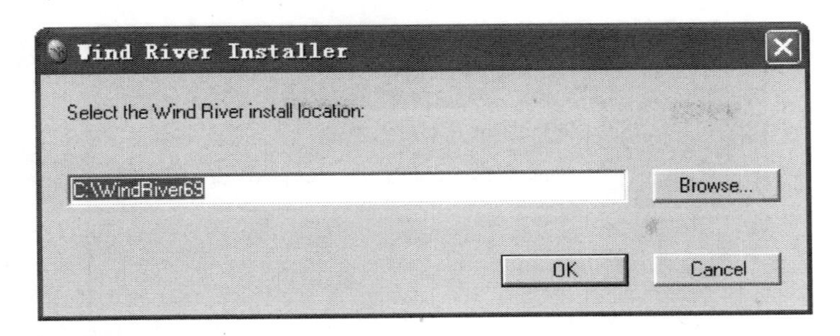

步骤 2　选择确定“OK”。

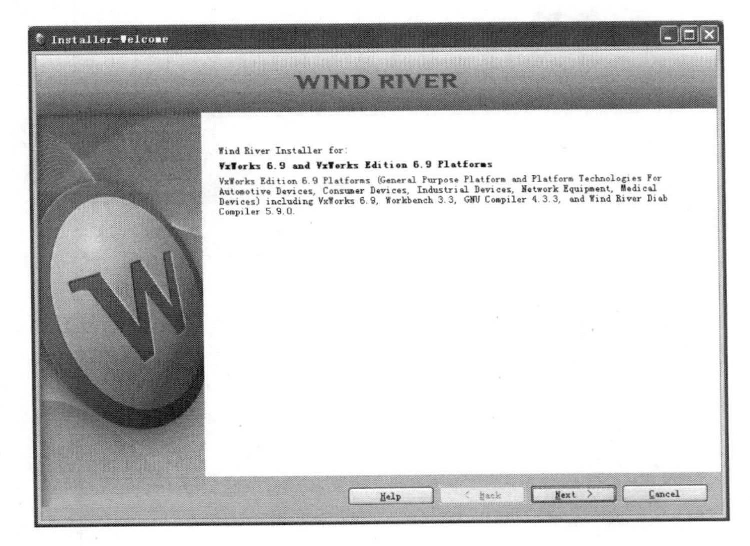

步骤 3　选择下一步“Next”。

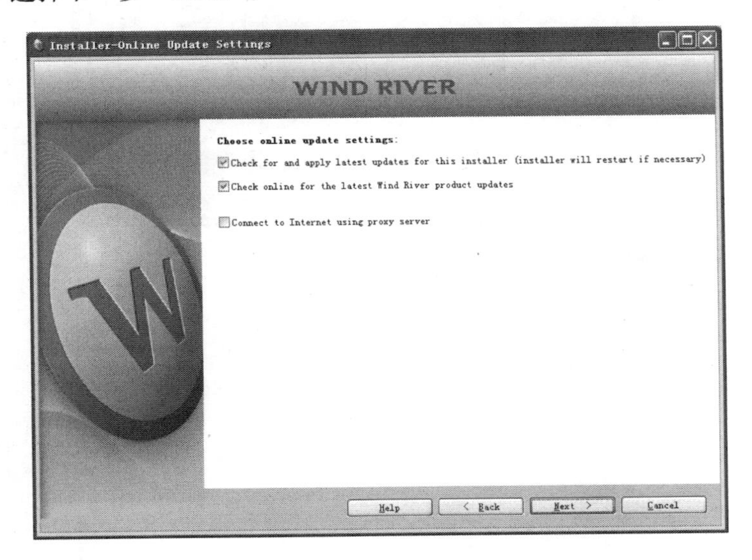

步骤 4　选择下一步“Next”。

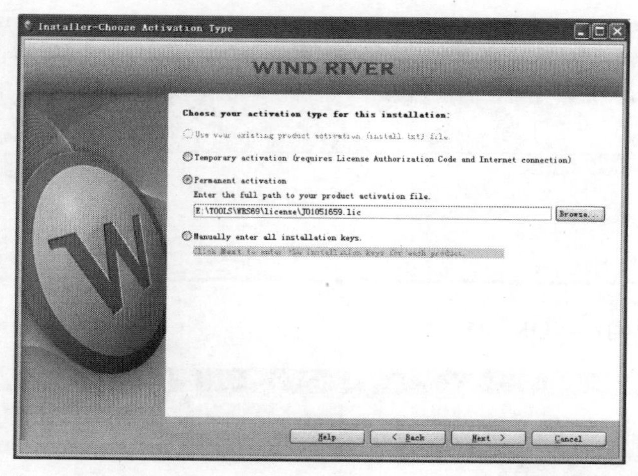

步骤 5　选择永久激活，指定 licenseFile.lic 许可文件，选择下一步“Next”。

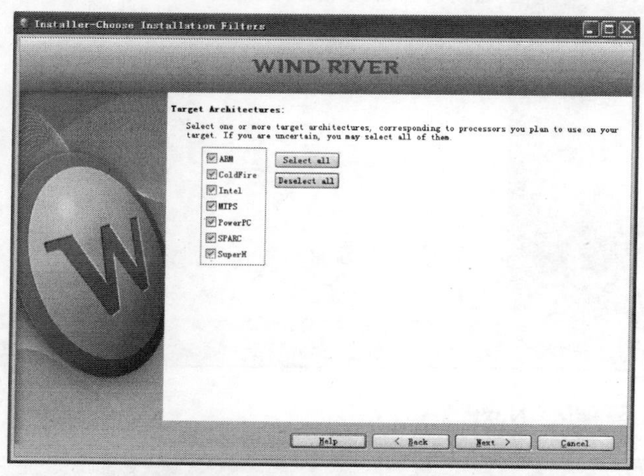

步骤 6　显示风河公司授权的架构，上面 license 授权了全部架构，按需选择部分或全部体系架构安装。

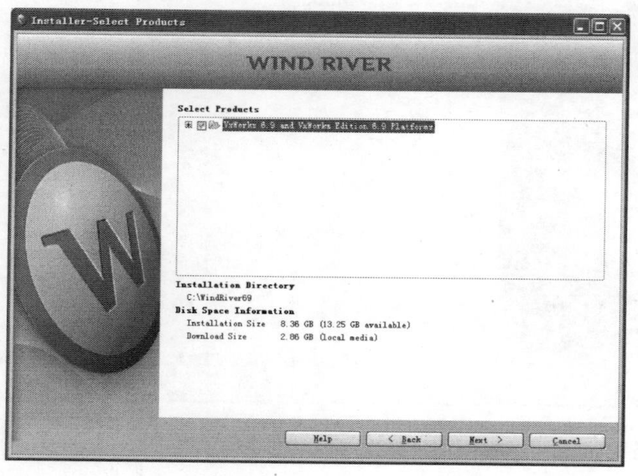

步骤 7　选择下一步“Next”。

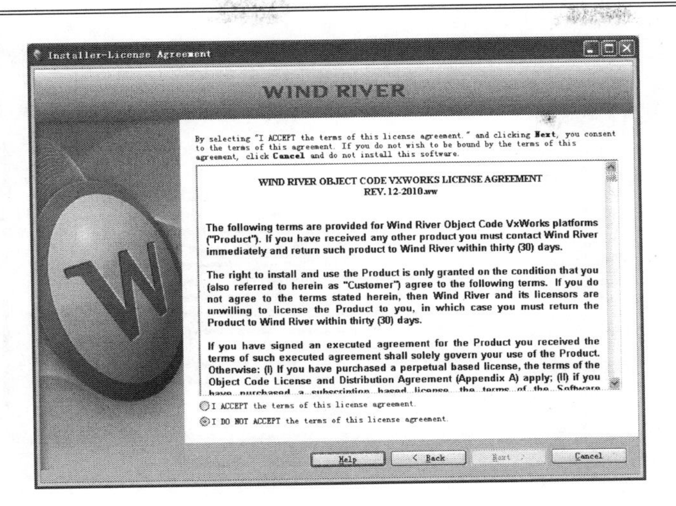

步骤 8　先接受“ACCEPT”，然后选择下一步“Next”。

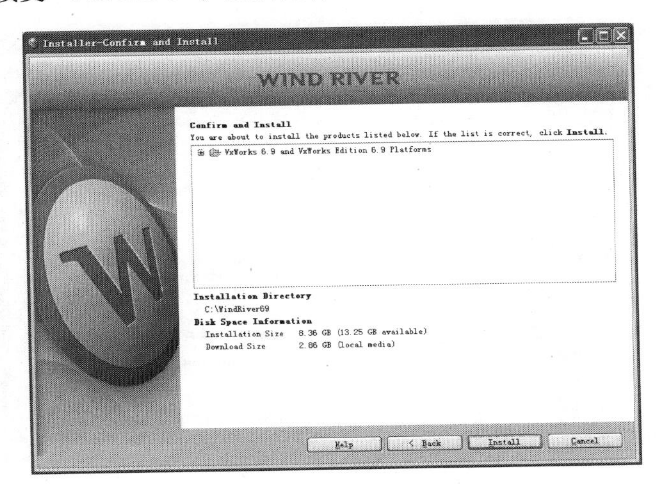

步骤 9　选择安装“Install”开始安装。

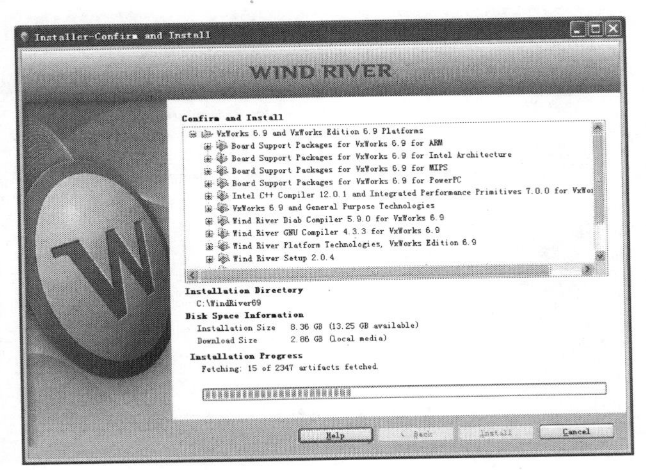

步骤 10　选择下一步“Next”。

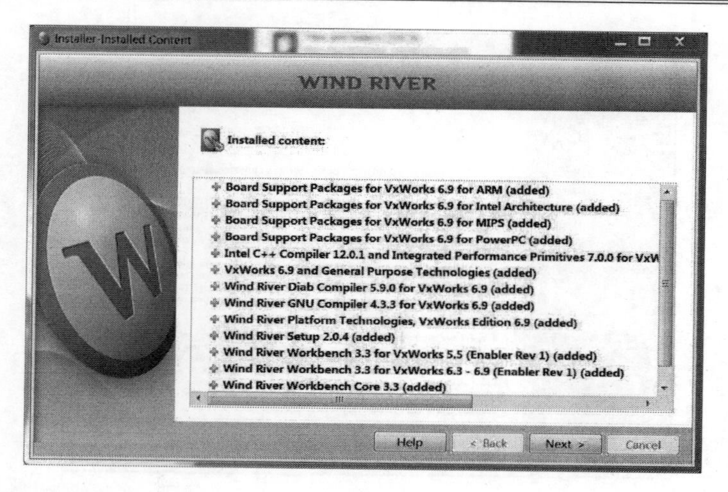

步骤 11　选择下一步“Next”。

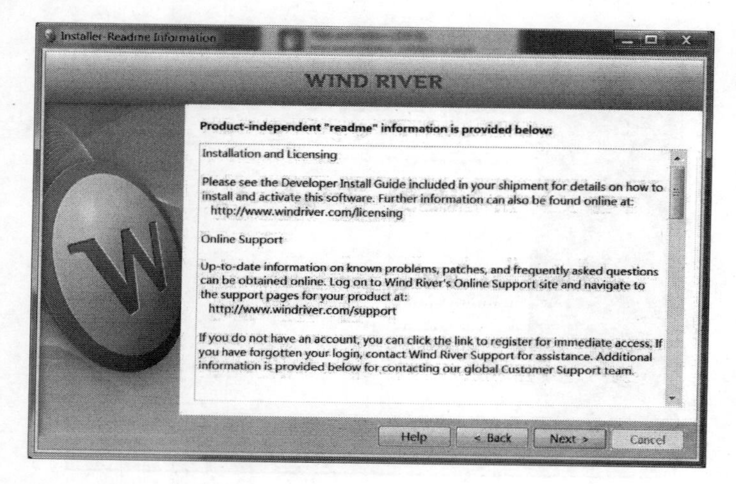

步骤 12　选择下一步“Next”。

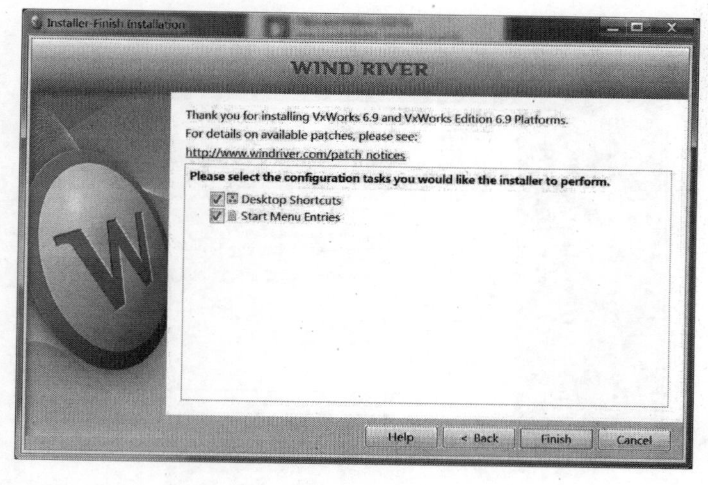

步骤 13　选择完成“Finish”，完成安装。

（2）安装 Wind River Workbench 3.3.5

步骤 1　双击安装包 DVD-R158451.1-1-24 中 setup.exe，选择安装目录。

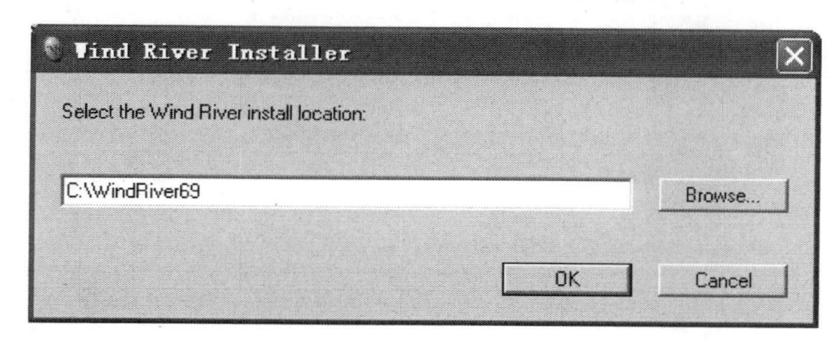

步骤 2　选择确定“OK”。

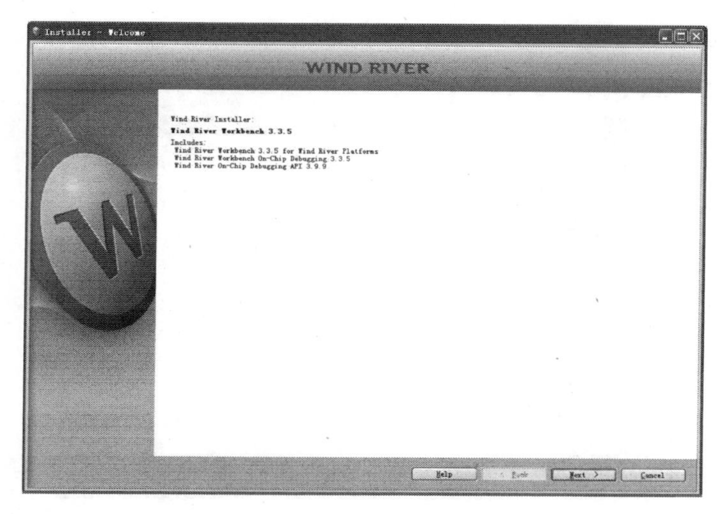

步骤 3　选择下一步“Next”。

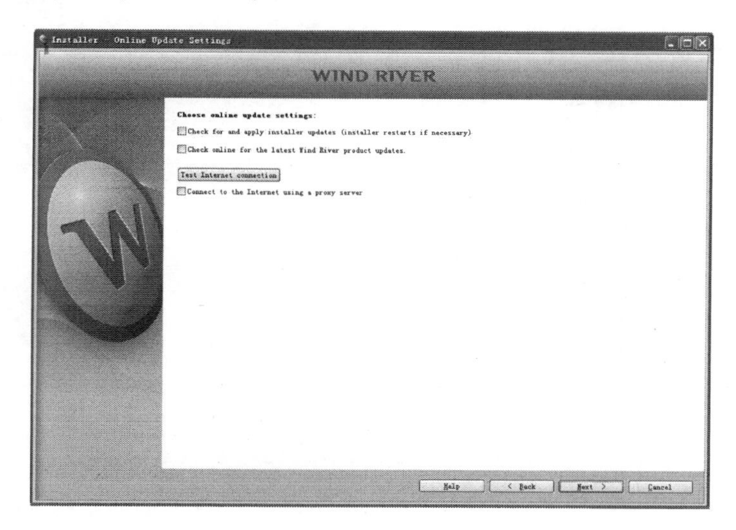

步骤 4　选择下一步“Next”。

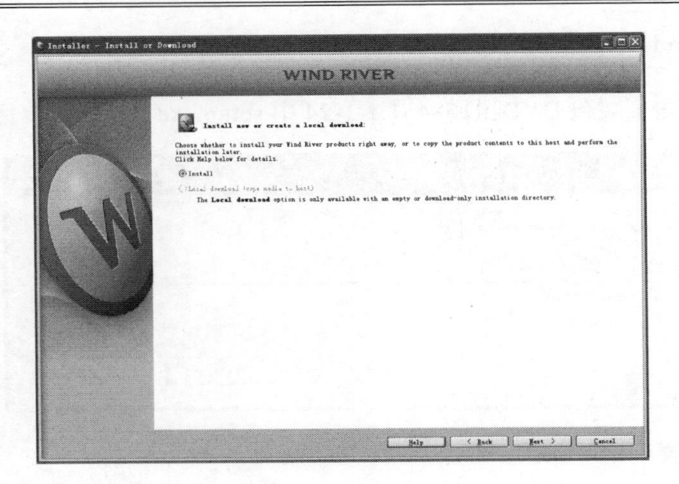

步骤 5　选择下一步“Next”。

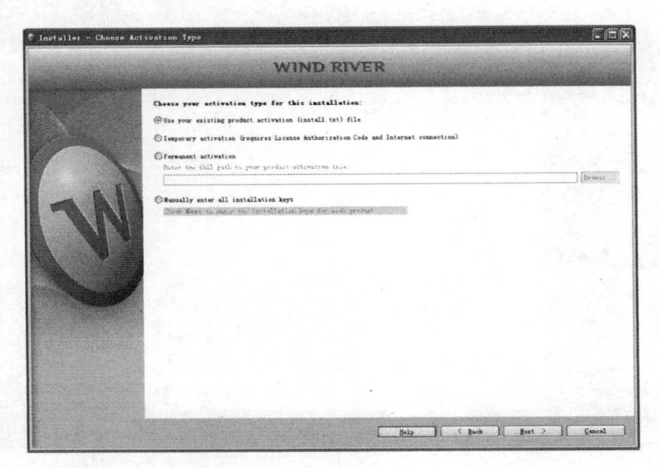

步骤 6　选择存在的激活文件，选择下一步“Next”。

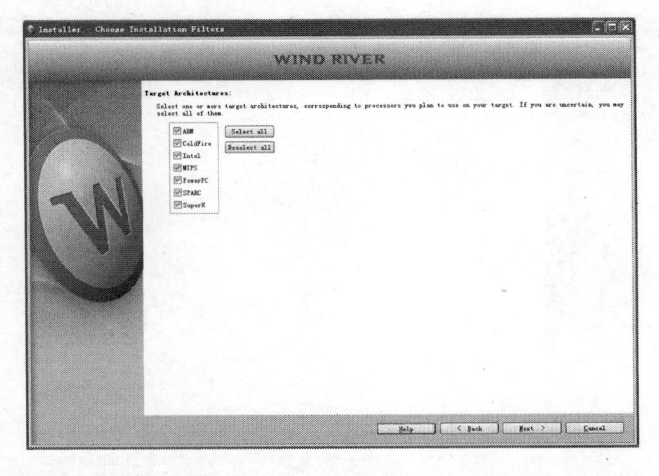

步骤 7　显示风河公司授权的架构，上面 license 授权了全部架构，按需选择部分或全部体系架构安装。

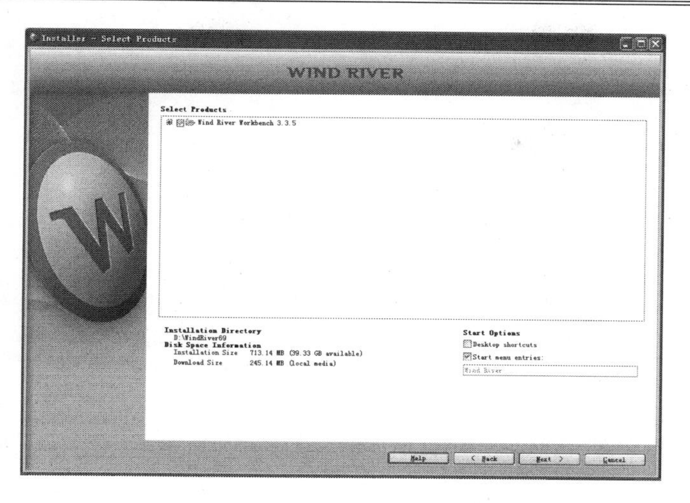

步骤 8　选择下一步“Next”。

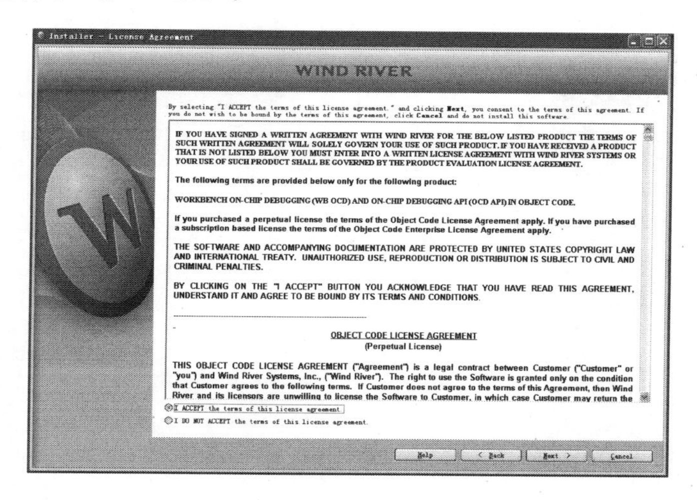

步骤 9　先接受“ACCEPT”，然后选择下一步“Next”。

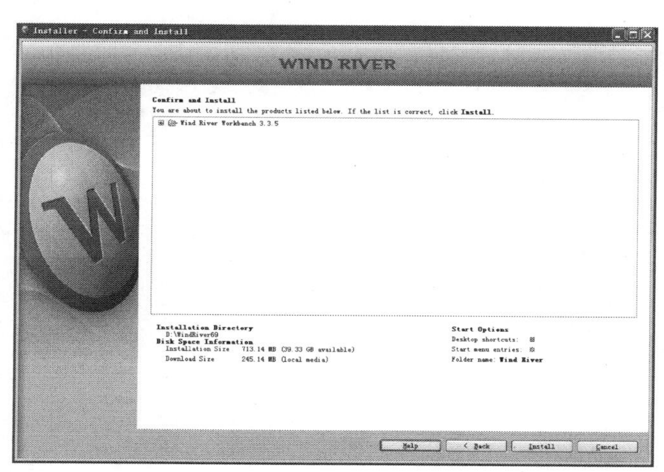

步骤 10　选择安装“Install”开始安装。

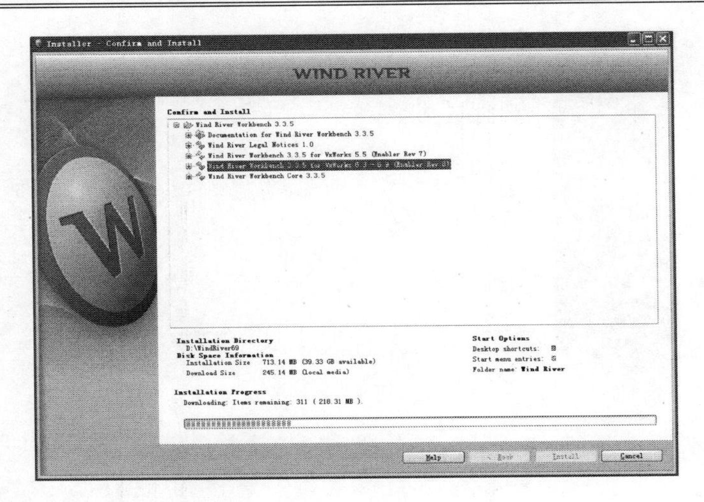

步骤 11　选择下一步“Next”。

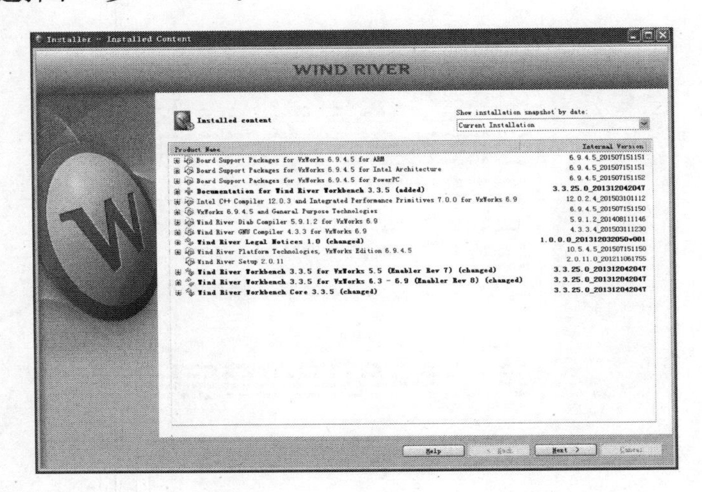

步骤 12　选择下一步“Next”。

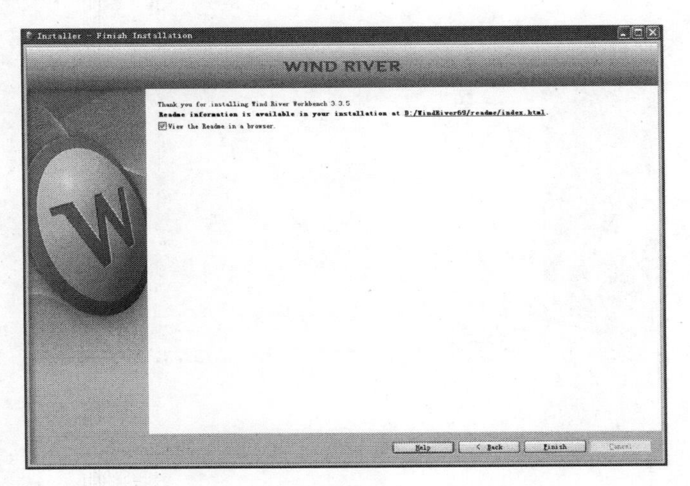

步骤 13　选择完成“Finish”，完成当前安装包的安装。

（3）安装 VxWorks 6.9.4.5 and VxWorks Edition 6.9.4.5 Platforms

步骤 1　双击安装包 DVD-R147826.1-24-00 中 setup.exe，选择安装目录。

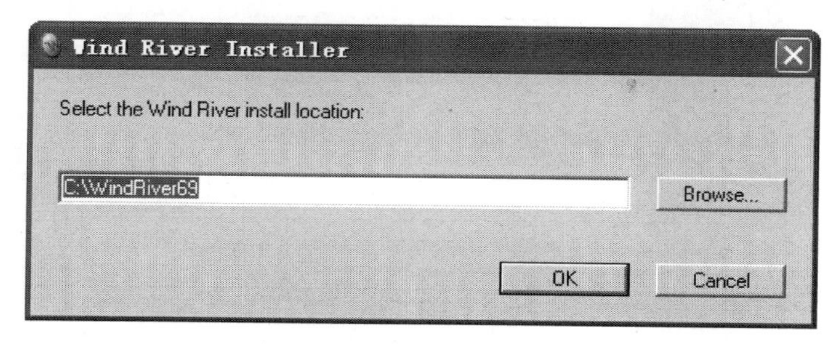

步骤 2　选择确定“OK”。

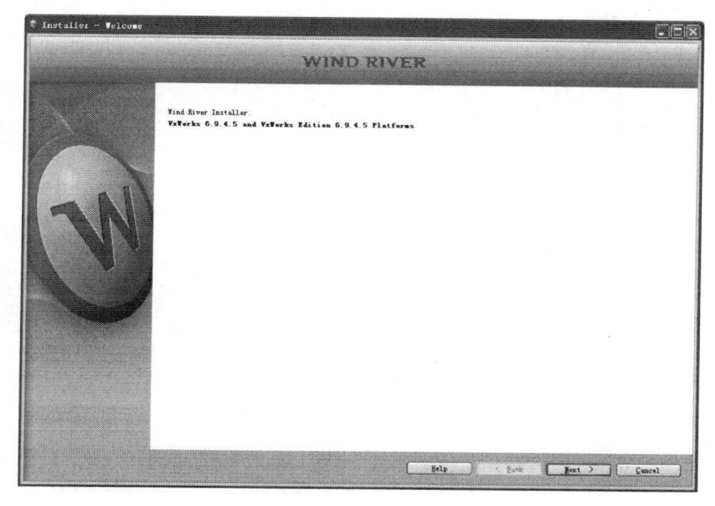

步骤 3　选择下一步“Next”。

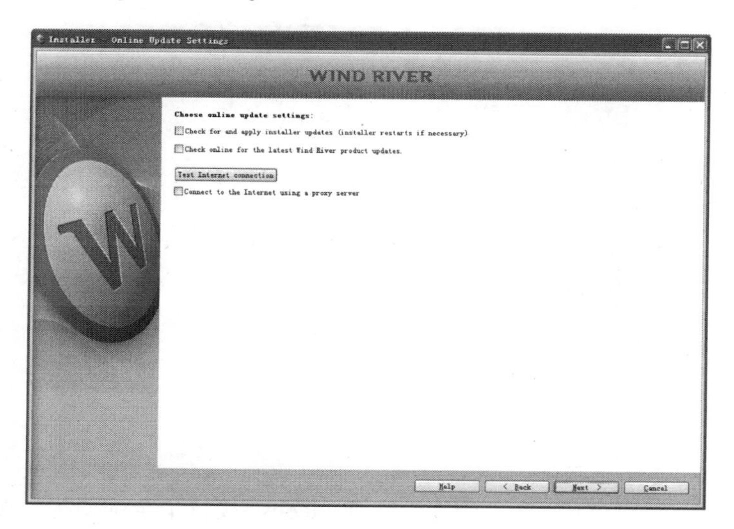

步骤 4　选择下一步“Next”。

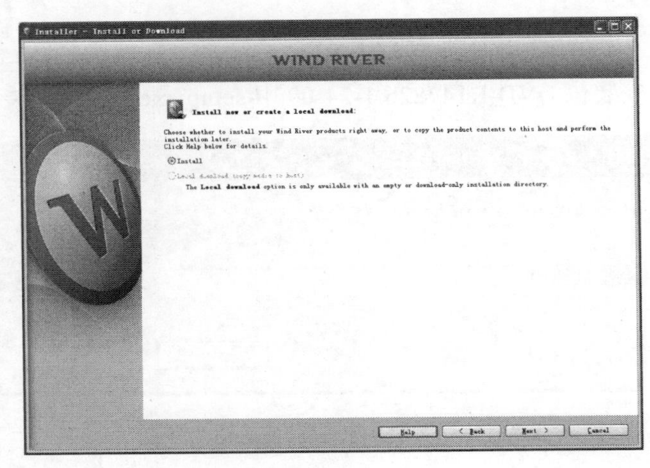

步骤 5　选择下一步“Next”。

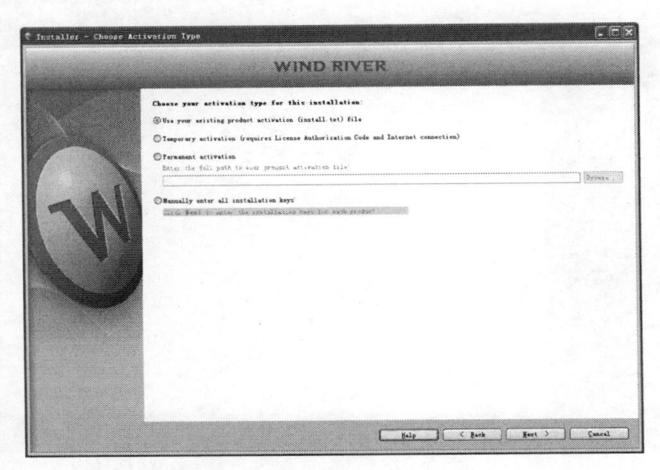

步骤 6　选择存在的激活文件，选择下一步“Next”。

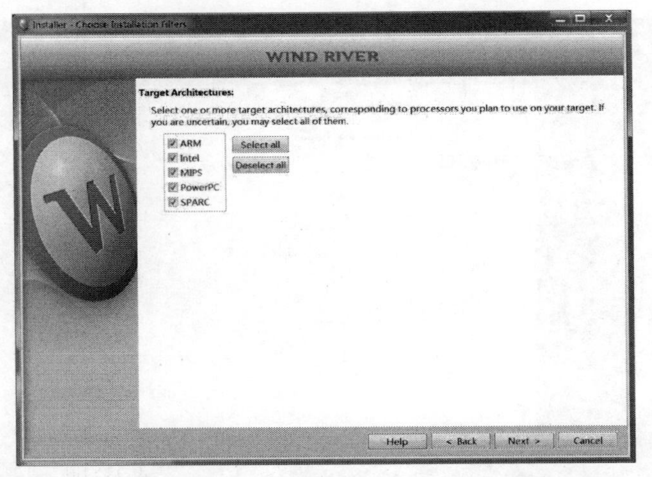

步骤 7　显示风河公司授权的架构，上面 license 授权了全部架构，按需选择部分或全部体系架构安装。

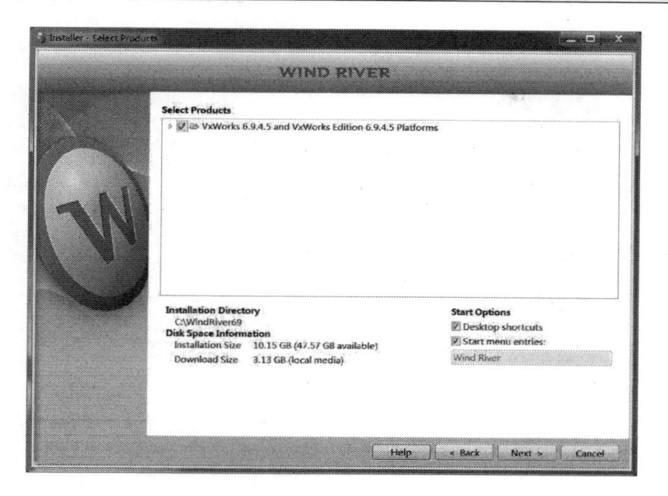

步骤 8　选择下一步“Next”。

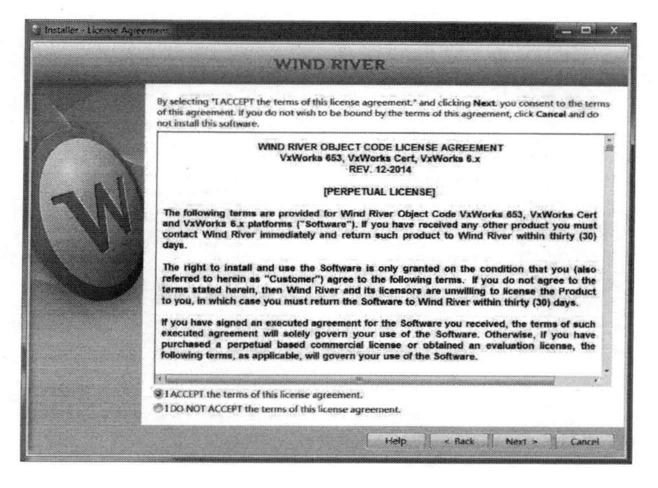

步骤 9　先接受“ACCEPT”，然后选择下一步“Next”。

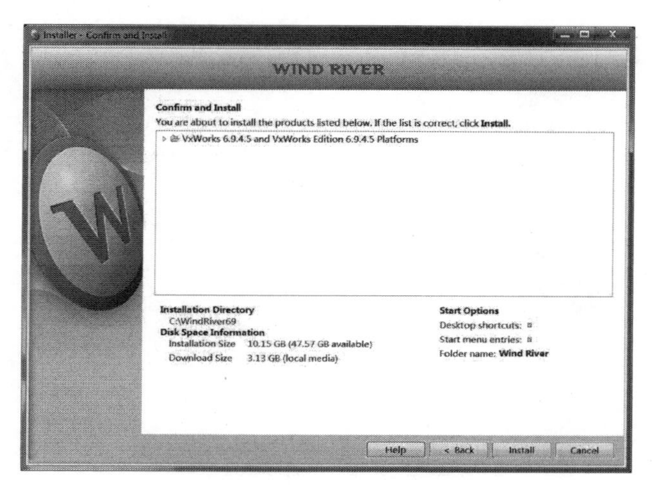

步骤 10　选择安装“Install”开始安装。

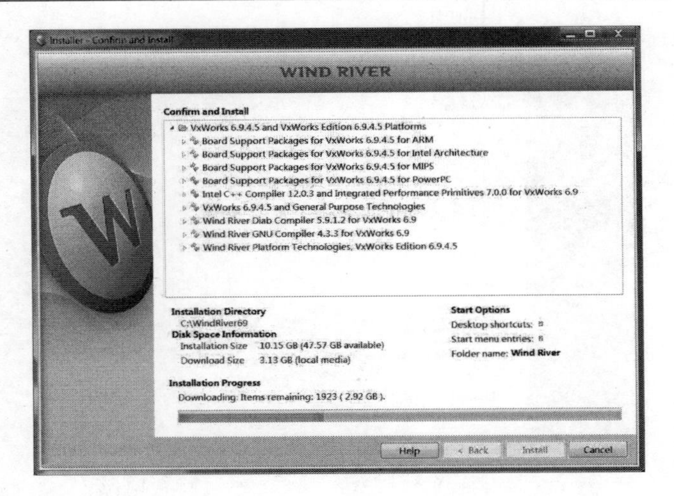

步骤 11　选择下一步“Next”。

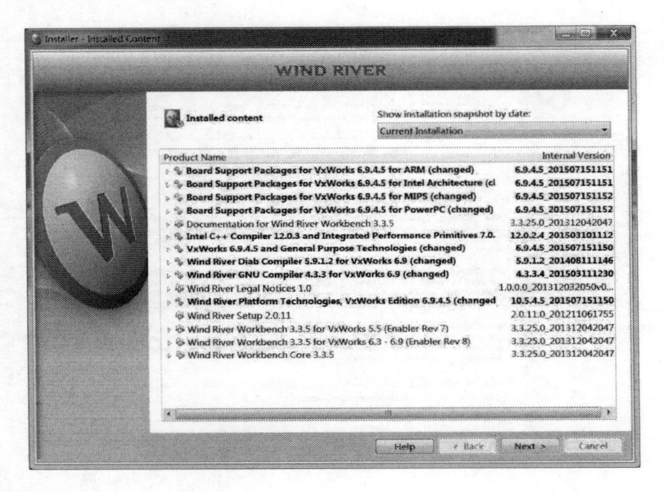

步骤 12　选择下一步“Next”。

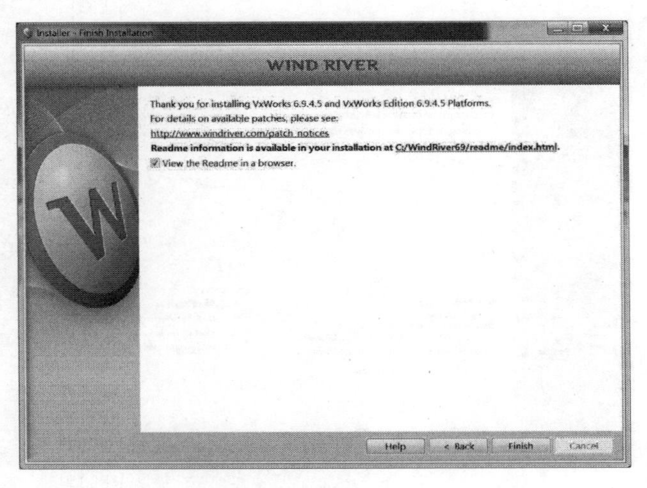

步骤 13　选择完成“Finish”，完成安装。

（4）安装虚拟网卡工具软件

步骤 1　双击安装文件 vpnclient-v4.29-9680-rtm-2019.02.28-windows-x86_x64-intel.exe。

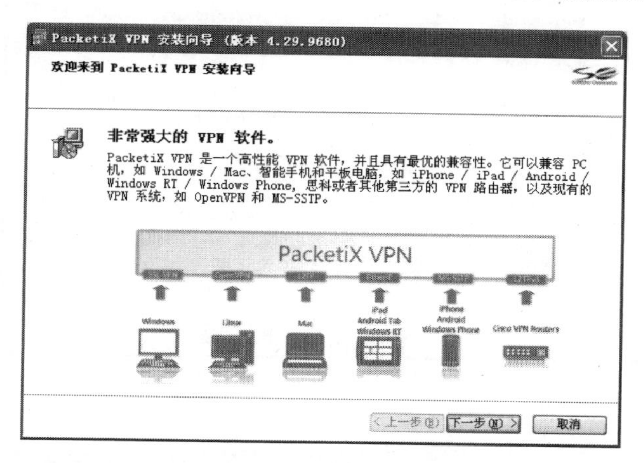

步骤 2　选择“下一步”。

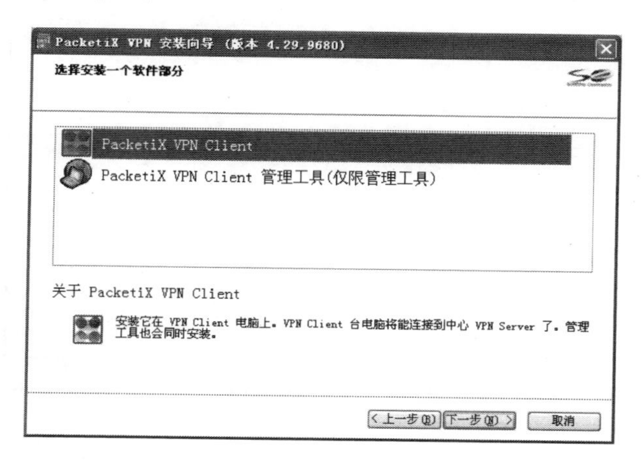

步骤 3　选择“下一步”。

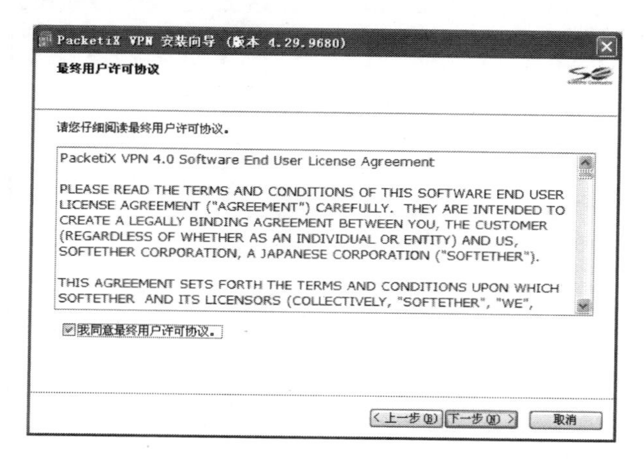

步骤 4　选择“下一步”。

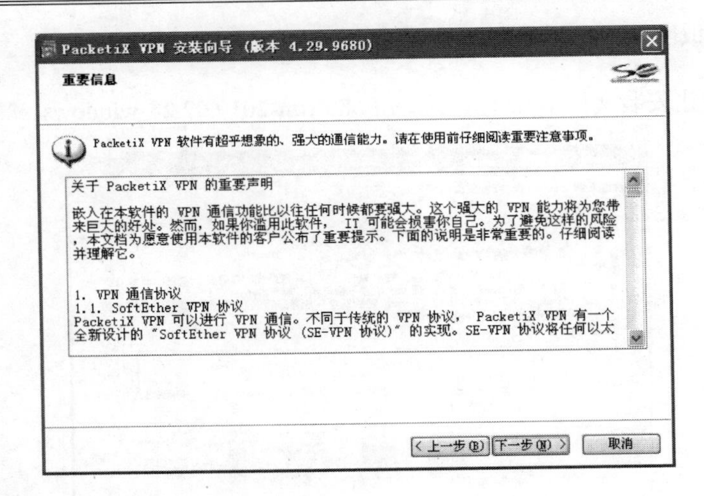

步骤 5　选择“下一步”。

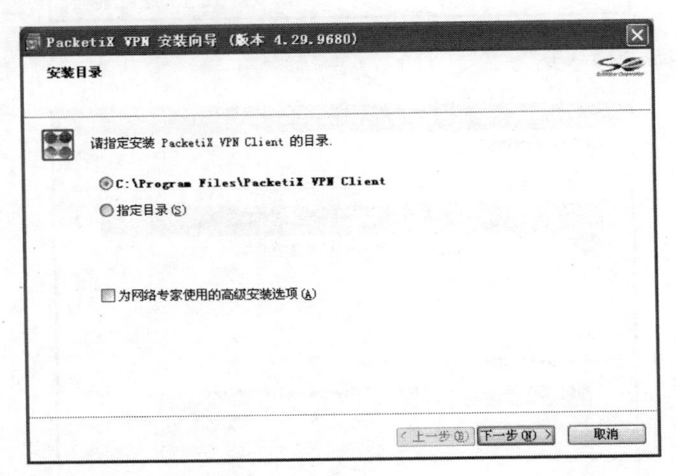

步骤 6　选择“下一步”。

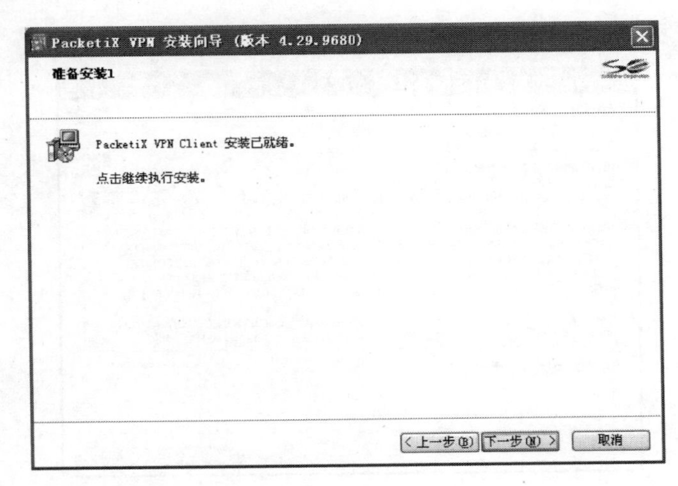

步骤 7　选择“下一步”。

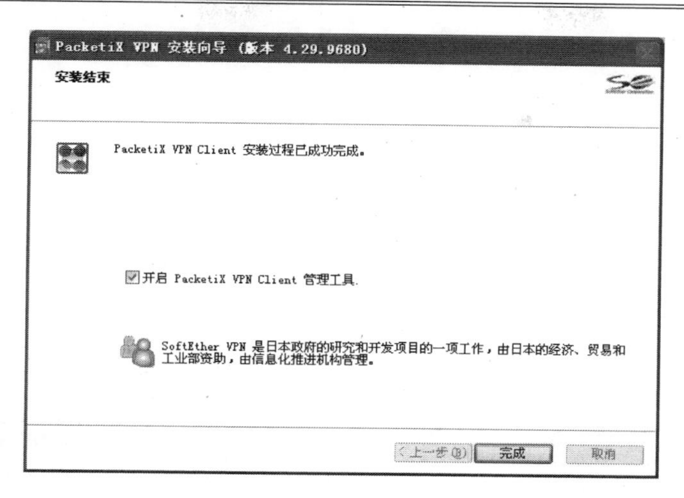

步骤 8　选择“完成”。

（5）虚拟网卡配置

步骤 1　在 Windows 系统中，在“开始”菜单选择“所有程序”>“PacketiX VPN Client”>“PacketiX VPN Client 管理工具”。

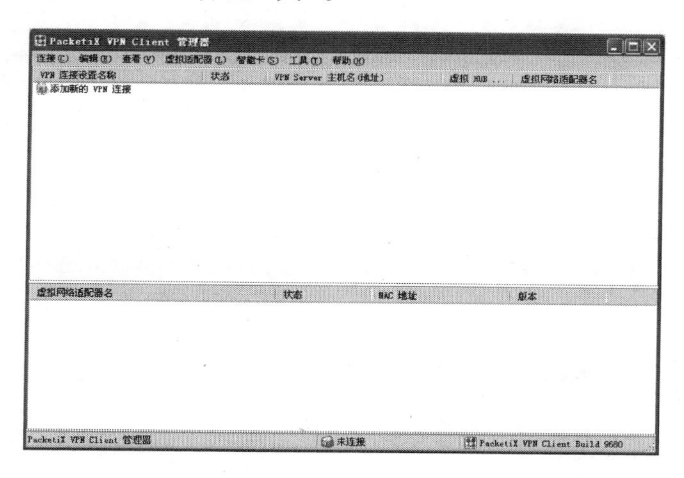

步骤 2　在 PacketiX VPN Client 管理工具窗口中，在“虚拟适配器”菜单中选择“新建虚拟网络适配器”。

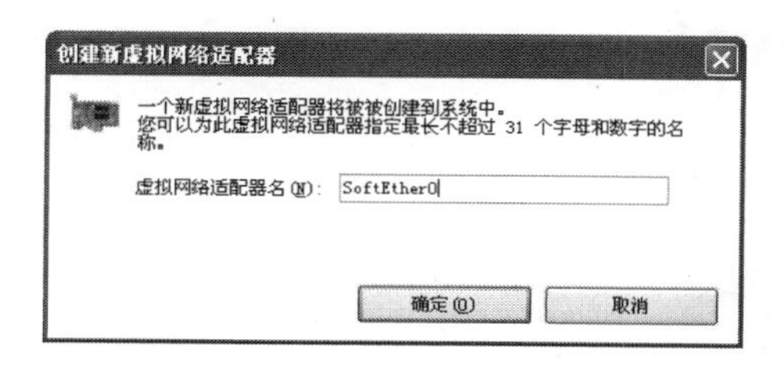

步骤 3　在“创建新虚拟网络适配器”窗口中，在“虚拟网络适配器名”后填写虚拟网络适配器名字，例如“SoftEther0”，选择“确定”；

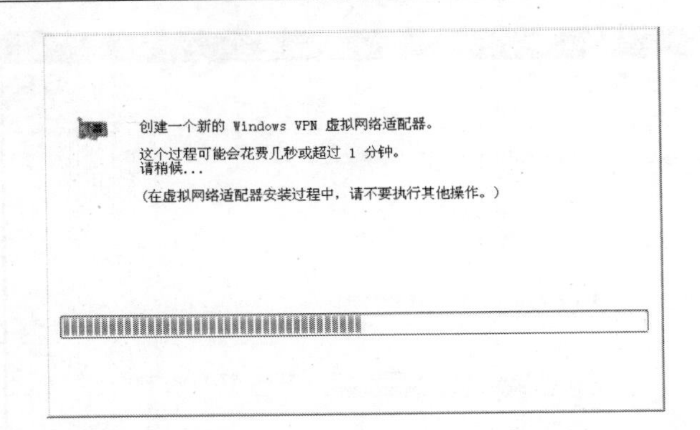

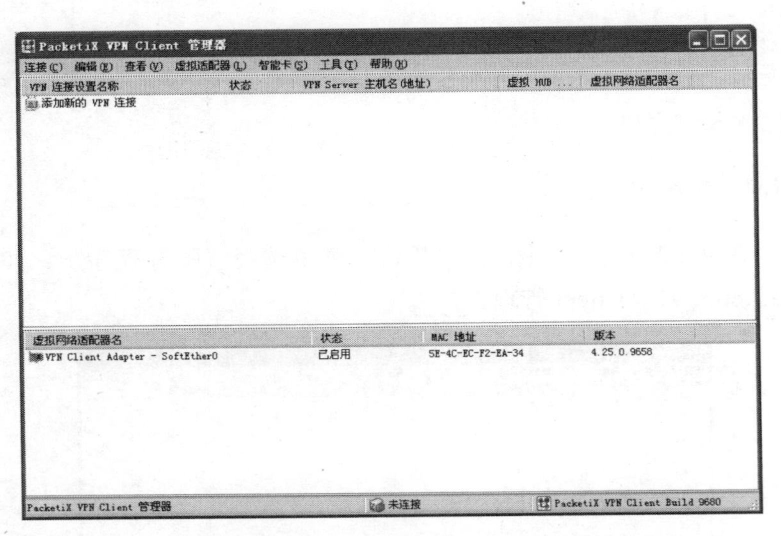

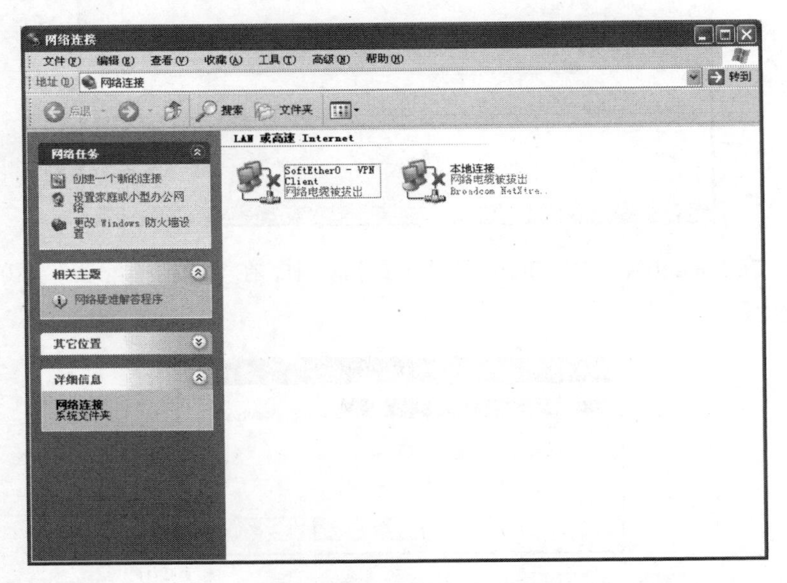

步骤 4　在桌面“我的电脑”上单击鼠标右键，选择“管理”，在“计算机管理”窗口中选择“设备管理器”，然后展开“网络适配器”。

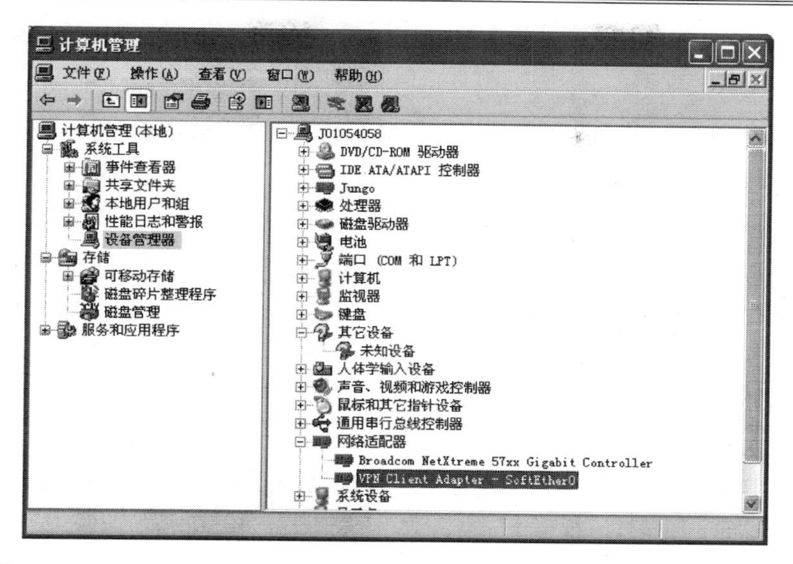

步骤 5　双击“VPN Client Adapter – SoftEther0”，在“VPN Client Adapter –SoftEther 0 属性”窗口中选择“高级”选项卡，然后选择属性“MAC Address”。

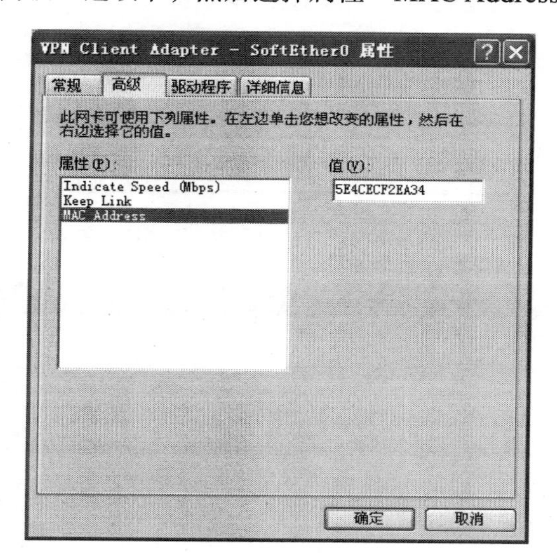

步骤 6　把虚拟适配器“VPN Client Adapter – SoftEther0”的“MAC Address”修改为 licenseFile.lic 许可文件中要求的 MAC 地址。

11.2　Workbench 集成开发环境使用

以 Intel QM77 Express 芯片组和 Intel Core i7-3555LE (LV) 2.5 GHz 25W 双核四线 CPU 的计算机为例介绍 Workbench 集成开发环境的使用。

Intel QM77 Express 芯片组和 Intel Core i7-3555LE (LV) 2.5 GHz 25W 双核四线 CPU 是 Intel 第三代 Ivy Bridge 平台，相比于第二代 Sandy Bridge 平台只是工艺提升，

VxWorks 操作系统的板级支持包 BSP 和风河公司发布的 Sandy Bridge 平台板级支持包 itl_sandybridge 兼容。把板级支持包 itl_sandybridge 中相关“sandybridge”全部修改为“ivybridge”，得到板级支持包 itl_ivybridge 和第三代 Ivy Bridge 平台板级支持包。

为了便于大家学习、调试开发 VxWorks 6.9 应用程序，推荐 VMWare 虚拟机作为目标机使用，安装 VMWare 12.1.0 版本的虚拟机软件，虚拟一个目标机，该虚拟目标机和 Intel 第三代 Ivy Bridge 平台的计算机基本一样，简单修改板级支持包 itl_ivybridge 即可支持在该虚拟机上运行 VxWorks 6.9 操作系统。

11.2.1　开发环境

Tornado Registry（进程名字：wtxregd）和 Wind River Registry for Workbench 存在冲突，在安装有 Tornado 软件的计算机上，确认 Tornado Registry 不是作为系统服务随 Windows 系统启动。如果 Tornado Registry 是系统服务随 Windows 系统启动，在 Windows 系统中选择：开始 > 运行，打开“运行”窗口。

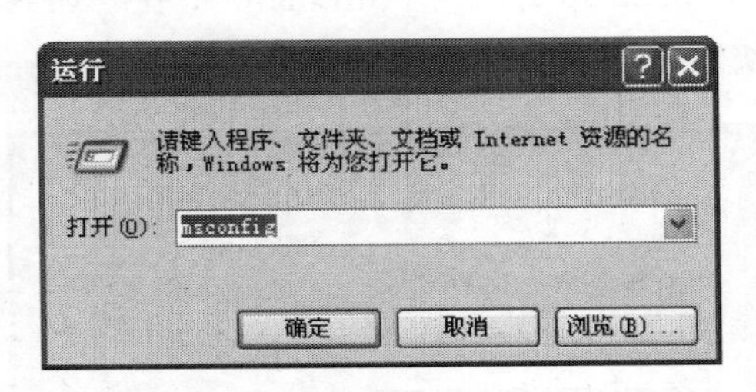

在“打开”文本框中输入“msconfig”，然后按“确定”按钮。

在“系统配置实用程序”的“服务”选项卡中查询是否有“Tornado Registry”，如果有就去掉前面的选择，去掉后按“确定”按钮。

在使用 Tornado 软件和关闭 Tornado 软件后，要关闭任务栏中的 Tornado Registry，才能打开 Workbench 软件。

（1）调试主机系统要求

需要软件包括：

1）Microsoft Windows XP System/Windows 7 System/Linux System。

2）GPP Workbench 3.3.5 / VxWorks 6.9.4.5。

3）VMWare 12.1.0。

4）设置主机系统 IP：192.23.0.210。

（2）目标机硬件安装

在开发环境中目标机使用 VMWare12.1.0 版本的虚拟机，按照下面步骤创建虚拟机。虚拟机要求是 64 位系统、4 核 CPU、2GB 内存、8GB SATA 硬盘、4 个千兆网卡等。

步骤 1　创建新的虚拟机。

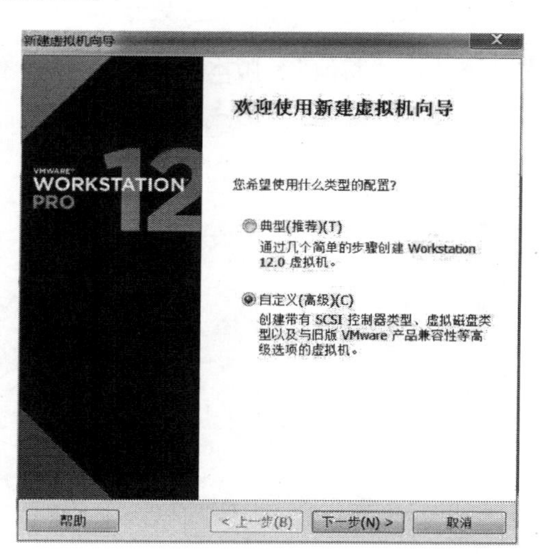

步骤 2　选择“自定义（高级）”，选择“下一步”。

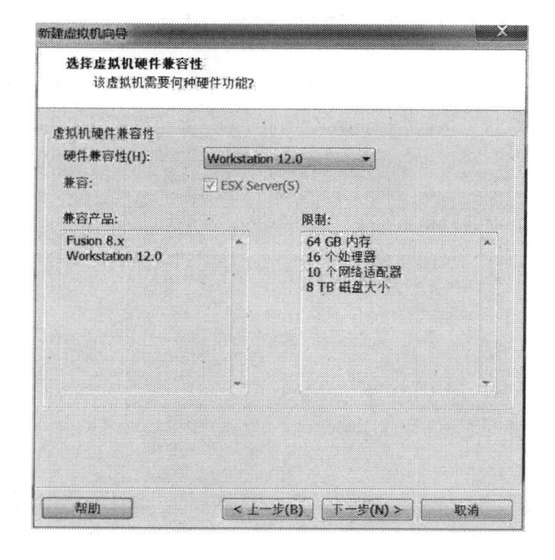

步骤 3 选择“自定义（高级）”，选择“下一步”。

步骤 4 客户机操作系统选择“其他”，版本选择“其他 64 位”，选择“下一步”。

步骤 5 填写虚拟机名字和位置，选择“下一步”。

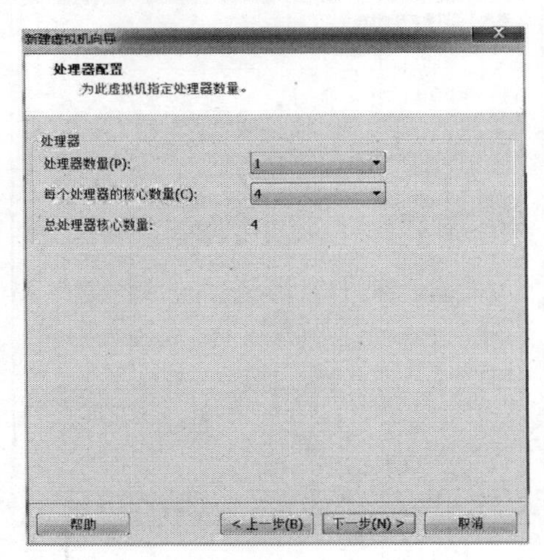

步骤 6　处理器数量选择“1”，每个处理器的核心数量选择“4”，选择“下一步”。

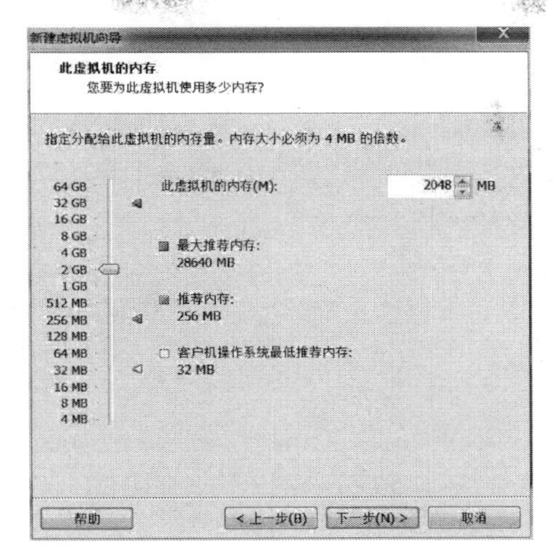

步骤 7　虚拟机内存设置“2048 MB”，选择“下一步”。

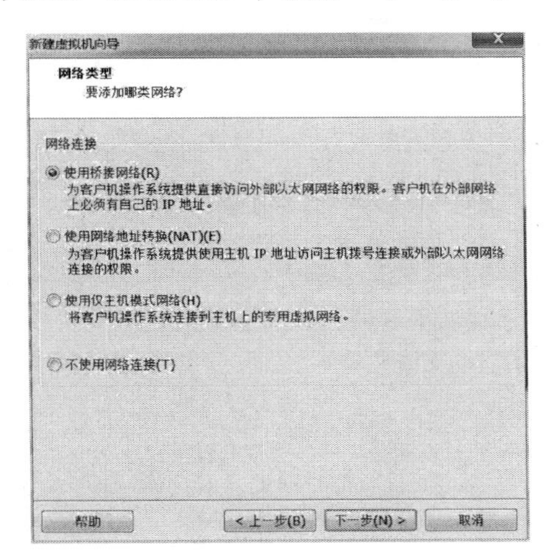

步骤 8　网络连接选择“使用网络地址转换（NAT）”，选择“下一步”。

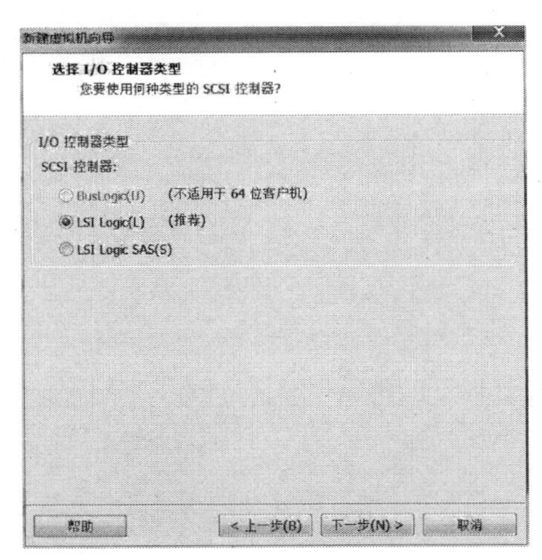

步骤 9 默认选择“LSI Logic(L)（推荐）”，选择“下一步”。

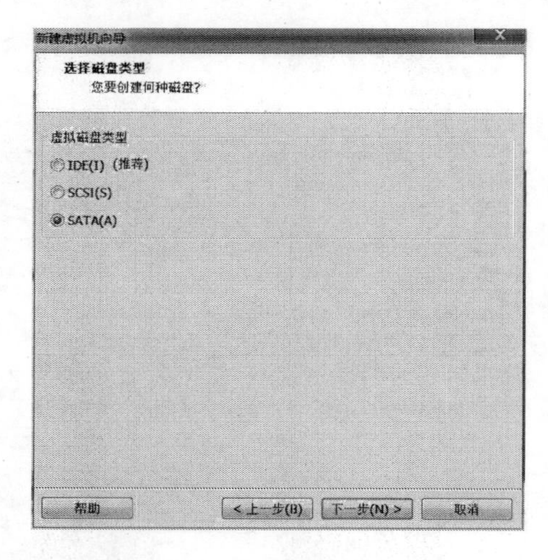

步骤 10 虚拟磁盘类型选择“SATA”，选择“下一步”。

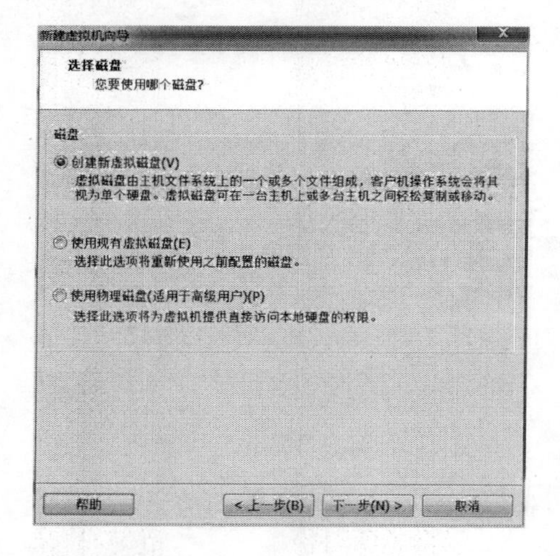

步骤 11 选择“创建新虚拟磁盘”，选择“下一步”。

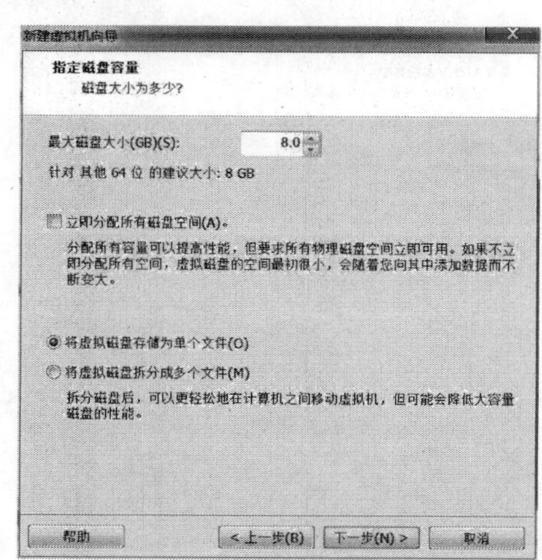

步骤 12　最大磁盘大小 8GB，将虚拟磁盘存储为单个文件，选择“下一步”。

步骤 13　磁盘文件目录存在虚拟机文件夹中，选择“下一步”。

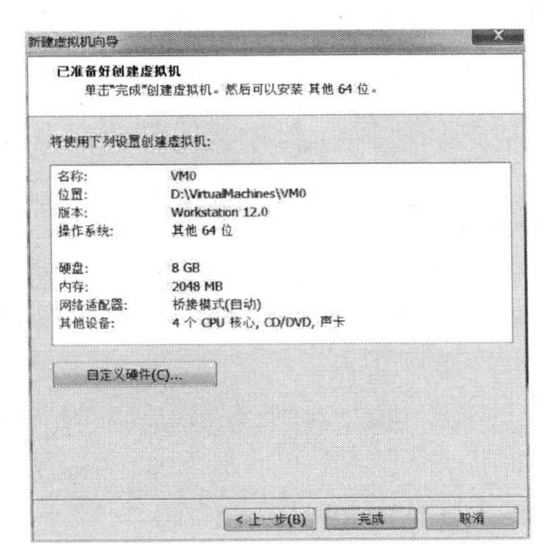

步骤 14　自定义硬件。

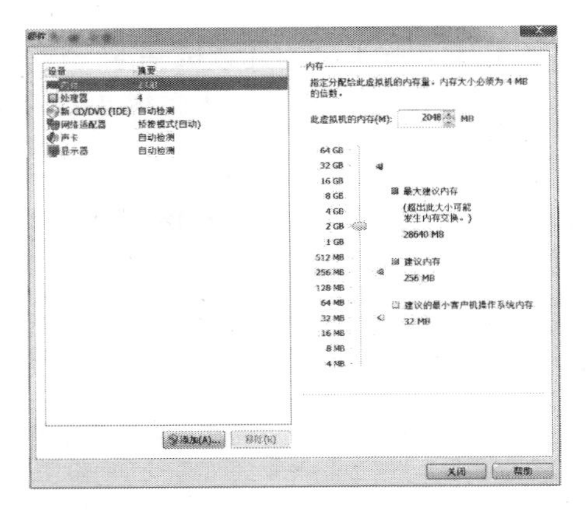

步骤 15　再添加 3 个网络适配器，CD/DVD 选择 SATA 0:1 CD/DVD，选择“关闭”。

步骤 16　选择“关闭”，虚拟机创建完毕。

（3）目标机 BIOS 配置

在使用实际计算机之前，请检查 BIOS 设置：

1）必选，SATA 配置 AHCI：

```
Advanced→SATA Configuration→SATA Controllers    [Enabled]
SATA Mode Selection [AHCI]
```

2）可选，USB 配置 Legacy USB Support Disabled：

```
Advanced→USB Configuration→Legacy USB Support  [Disabled]
```

注意 Legacy USB Support 和系统管理模式 SMM 有关，使能时会产生 SMI 中断，在板级支持包中禁止 SMI 中断，BIOS 中可以不禁止 Legacy USB Support。在 VxWorks 6.9 操作系统的部分评估板 BSP 的文件 target.ref 中有相关问题的描述“USB Legacy mode can cause problems with VxWorks”。

使用虚拟计算机之前，不必检查 BIOS 设置。

（4）虚拟机 BSP 配置

该虚拟机和 Intel 第三代 Ivy Bridge 平台的计算机基本一样，在该虚拟机上跑 VxWorks 6.9 操作系统，使用的板级支持包 itl_ivybridge，该板级支持包不支持虚拟机的 SATA 硬盘，按照下面修改来支持虚拟机的 SATA 硬盘。

在文件“$WIND_BASE\vxworks-6.9\target\config\itl_ivybridge\vxbAhciStorage.h”中增加虚拟机的 SATA 硬盘的厂家号和设备号定义。

```
#define VMWARE12_VERDOR_ID        0x15ad
#define VMWARE12_DEVICE_ID        0x07e0
```

在文件“$WIND_BASE\vxworks-6.9\target\config\itl_ivybridge\vxbAhciStorage.c”中增加虚拟机的 SATA 硬盘的探测功能。

```
LOCAL BOOL vxbAhciDevProbe
```

```
(
VXB_DEVICE_ID pDev
)
{
UINT16 devId = 0;
UINT16 vendorId = 0;
UINT32 classValue = 0;

VXB_PCI_BUS_CFG_READ (pDev, PCI_CFG_VENDOR_ID, 2, vendorId);
VXB_PCI_BUS_CFG_READ (pDev, PCI_CFG_DEVICE_ID, 2, devId);

if (vendorId == INTEL_VENDOR_ID)
    {
    switch (devId)
        {
        case ICH6R_DEVICE_ID:
        case ICH6M_DEVICE_ID:
        case ESB2_DEVICE_ID:
        case ICH7M_DEVICE_ID:
        case ICH8M_DEVICE_ID:
        case ICH9R_DEVICE_ID:
        case ICH9M_DEVICE_ID:
        case ICH10R_DEVICE_ID:
        case ICH10_DEVICE_ID:
        case PCH_6PORT_DEVICE_ID_0:
        case PCH_6PORT_DEVICE_ID_1:
        case PCH_PATSBURG_DEVICE_ID:
        case PCH_COUGAR_POINT_Q67_DEVICE_ID:
        case PCH_COUGAR_POINT_DEVICE_ID:
        case IOH_TOPCILFF_DEVICE_ID:
        case ICH7_N10_SATA_DEVICE_ID:
        case IOH_WELLSBURG_8D02:
        case PCH_MIC3328_DEVICE_ID:
            return (TRUE);
        default:
            break;
```

```
                }
            }

        if (vendorId == HIGHPOINT_VERDOR_ID)
            {
            switch (devId)
                {
                case HIGHPOINT_ROCKETRAID640L_DEVICE_ID: /*4 Port
SATAIII Controller*/
                    return TRUE;
                default:
                    break;
                }
            }

        if (vendorId == VMWARE12_VERDOR_ID)
            {
            switch (devId)
                {
                case VMWARE12_DEVICE_ID: /*4 Port SATAIII Controller*/
                    return TRUE;
                default:
                    break;
                }
            }

        VXB_PCI_BUS_CFG_READ (pDev, PCI_CFG_REVISION, 4, classValue);

        if ((classValue & 0xFFFFFF00) == AHCI_CLASS_ID)
            return (TRUE);
        else
            return (FALSE);
        }
```

其他部分都一样。

11.2.2　引导行参数默认配置

目标机默认配置文件 config.h 和编译的 VxWorks bootloader 具有如下特点：

默认引导行参数：” fs(0,0)host:/ata0:1/vxWorks e=192.23.0.20:ffffff00 h=192.23.0.210 u=target pw=target f=0x0 tn=target s=/ata0:1/usrapp.txt o=gei0”。

默认引导设备：fs。

11.2.3　VIP 操作系统内核映像工程

下面介绍编译操作系统内核映像 VxWorks 的方法。

步骤 1　启动 Workbench 并单击菜单“File”。

步骤 2　在“File”菜单中选择“New”。

步骤 3　选择“Wind River Workbench Project”。

步骤 4　选择“Wind River VxWorks 6.9”并单击“Next”。

步骤 5　选择 Build type“System Image”并单击“Next”。

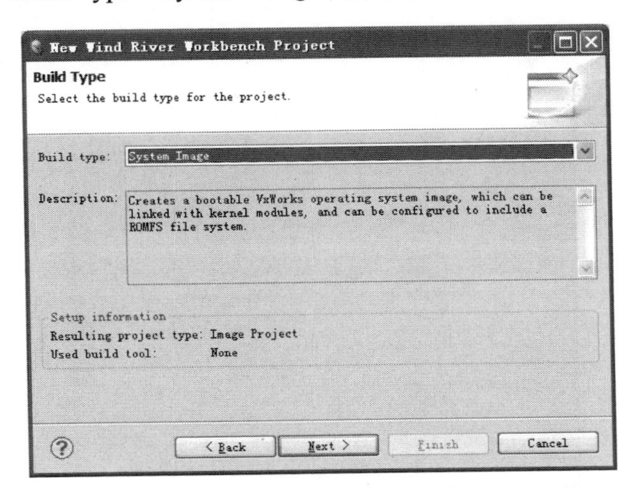

步骤 6　输入工程名字“IvyBridgeSMP”并单击“Next”。

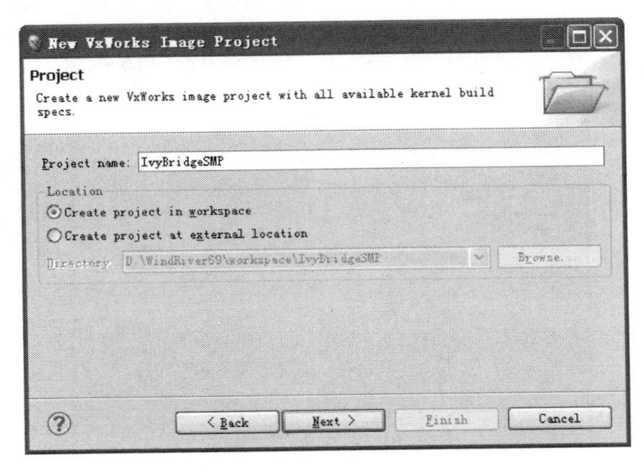

步骤 7　选择 BSP 包“itl_ivybridge”、工具链“gnu”，最后单击“Finish”。

步骤 8　勾选“SMP support in kernel”“Debug enabled and normal compiler optimizations enabled”，单击“Next”。

步骤 9　选择 Profile“FROFILE_DEVELOPMENT”，单击“Finish”。

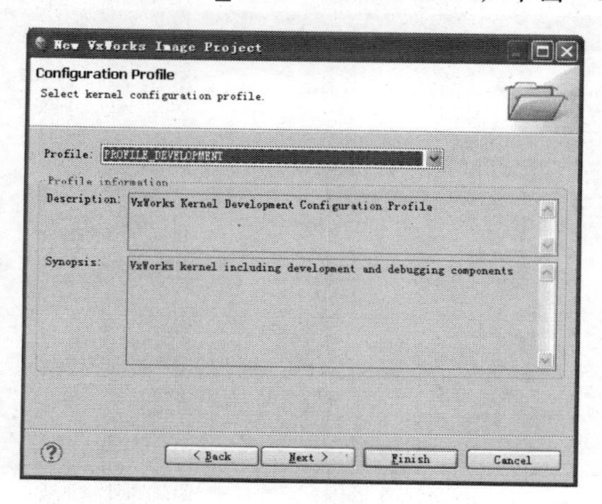

步骤 10　选择工程“IvyBridgeSMP”并且右键选择“Rebuild Project”。

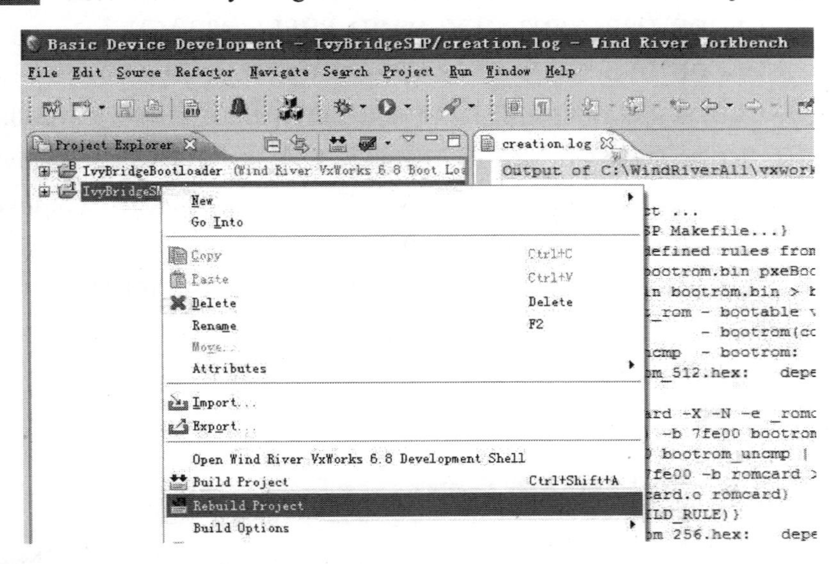

步骤 11　如果没有错误发生，编译完成，生成文件 VxWorks，位于目录“$WIND_BASE\workspace\ IvyBridgeSMP\default\”。

步骤 12　用户根据需求在“VxWorks”选项卡中裁剪 VxWorks 系统，建议添加组件：

包含组件 INCLUDE_STANDALONE_SYM_TBL。

包含组件 INCLUDE_DISK_UTIL。

包含组件 INCLUDE_SHELL。

包含组件 INCLUDE_SHELL_BANNER。

包含组件 INCLUDE_SYS_TIMESTAMP。

包含组件 INCLUDE_PING。

包含组件 INCLUDE_IFCONFIG。

包含组件 INCLUDE_NETSTAT。

包含组件 INCLUDE_IPTELNETS。

包含组件 INCLUDE_ARP_API。

包含组件 INCLUDE_IPWRAP_ARP。

包含组件 INCLUDE_IPWRAP_IFLIB。

包含组件 INCLUDE_ISR_SHOW。

包含组件 INCLUDE_VXBUS_SHOW。

包含组件 INCLUDE_PCI_BUS_SHOW。

包含组件 INCLUDE_SMP_SCHED_SMT_POLICY。

包含组件 INCLUDE_USB。

包含组件 INCLUDE_USB_INIT。

包含组件 INCLUDE_EHCI_INIT。

包含组件 INCLUDE_UHCI_INIT。

包含组件 INCLUDE_USB_GEN2_KEYBOARD_SHELL_ATTACH。

包含组件 INCLUDE_USB_GEN2_STORAGE_INIT。

包含组件 INCLUDE_IPFTPS，设置参数 FTPS_INITIAL_DIR 的值是“/ata0:1”。

设置 IPNET_SOCK_DEFAULT_RECV_BUFSIZE 的值是“8388608”，8Mbytes。

设置 IPNET_SOCK_DEFAULT_SEND_BUFSIZE 的值是“8388608”，8Mbytes。

设置 INET_ICMP_RATE_LIMIT_INTERVAL 的值是“0”。

包含组件 INCLUDE_DOSFS_CACHE，设置参数 DOSFS_DEFAULT_DATA_DIR_CACHE_SIZE 的值是 0x2000000，设置参数 DOSFS_CACHE_BACKGRAOUND_FLUSH_TASK_ENABLE 的值是 FALSE。

步骤 13　重新编译 VxWorks。

11.2.4　启动目标板系统（制作系统启动盘）

根据编译成功的系统内核映像 VxWorks 安装系统，利用 grub 引导 vxWorks 系统。

步骤 1　启动 DOS 7.1 系统。

步骤 2　使用 gdisk 工具对磁盘进行分区并格式化，确保活动分区为 FAT 格式，不大于 2GB。

可能使用下面常见命令，具体 gdisk 如何使用请查询 gdisk 帮助（gdisk 工具来自 Symantec Ghost 12.0）。

删除硬盘全部分区：gdisk disk /del /all。

创建磁盘主分区：gdisk disk /cre /pri /sz:2048 /-32 /for /q。

创建磁盘扩展分区：gdisk disk /cre /ext。

创建磁盘逻辑分区：gdisk disk /cre /log /for /q。

激活磁盘分区：gdisk disk /act /p:partn-no。

重写主引导记录：gdisk disk /mbr。

步骤 3　计算机启动 DOS 7.1，运行 bootlace.com -time-out=0 0x80 在硬盘上安装 GRUB4DOS 的主引导记录。把 grldr 和 menu.lst 拷贝到磁盘主分区（bootlace.com 和 grldr 是 grub4dos-0.4.4 版本）。其中 bootlace.com 和 grldr 来自 grub4dos-0.4.4-2009-01-11.zip。menu.lst 内容如下：

```
# This is the amount of seconds before booting the default entry
# Set this when you're sure that the default entry is correct.
timeout 0

# Tell which entry to boot by default.  Note that this is origin zero
# from the beginning of the file.
default 0

title vxWorks
kernel --type=netbsd (hd0,0)/vxWorks
```

```
copy grldr c:
copy menu.lst c:
```

步骤 4　拷贝系统内核映像 VxWorks 到启动磁盘：

```
copy VxWorks c:
```

步骤 5　拷贝 ID 配置文件 i23Id.txt、参数配置文件 i23Paras.txt、脚本文件 usrapp.txt 到启动磁盘：

```
copy i23Id.txt c:
copy i23Paras.txt c:
copy usrapp.txt c:
```

当制作好系统启动盘、安装固化好应用程序后，可以使用 ghost 工具克隆该硬盘得到克隆镜像文件 vx.gho，在批生产时使用克隆镜像文件 vx.gho 恢复硬盘，高效、便捷。

虚拟机启动画面如下图所示。

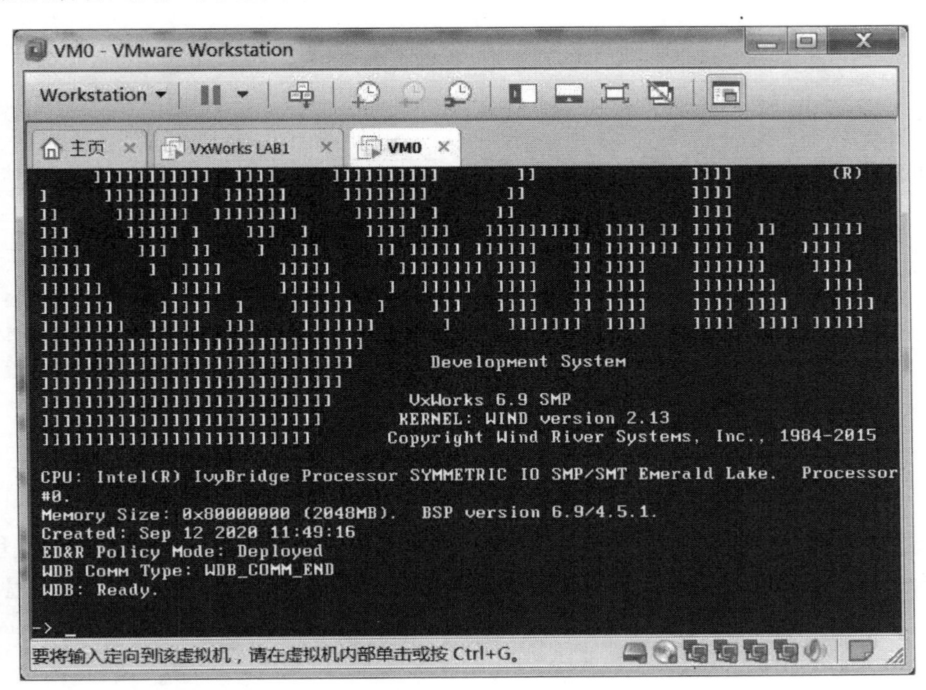

11.2.5　DKM 可下载内核模块工程

下面介绍编译操作系统内核映像 VxWorks 的方法。

步骤 1　启动 Workbench 并单击菜单“File”。

步骤 2　在“File”菜单中选择“New”。

步骤 3　选择“Wind River Workbench Project”。

步骤 4　选择“Wind River VxWorks 6.9”并单击“Next”。

步骤 5　选择 Build type“Downloadable Kernel Module”并单击“Next”。

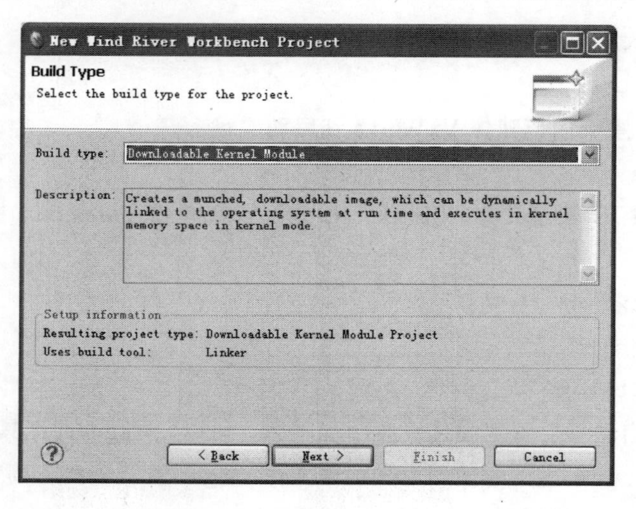

步骤 6　输入工程名字“multiTask”并单击“Finish”。

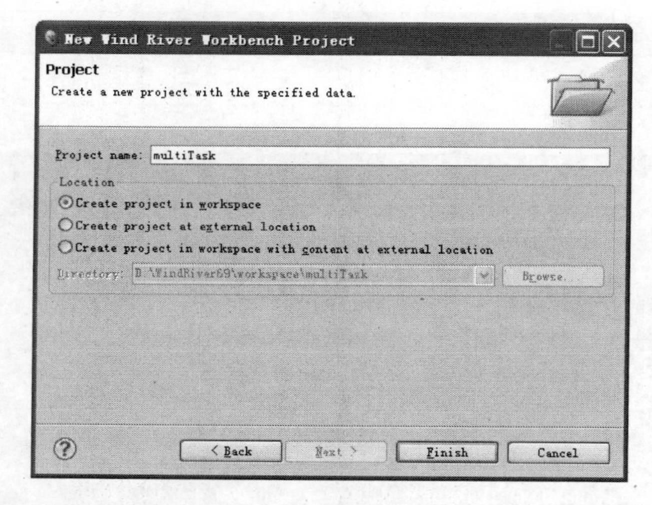

步骤 7　把创建好的源文件（例如 multiTask.c）、头文件复制到“$WIND_BASE\workspace\ multitask”中，在工程浏览区中选择工程 multiTask，按 <F5> 键刷新工程。

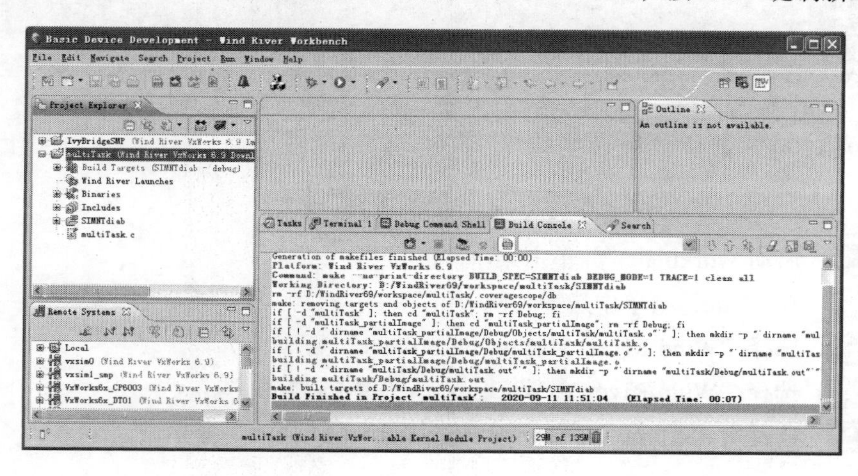

步骤 8 鼠标右键单击工程 multiTask，选择编译选项 Build Options，选择 Set Active Bulid Specs，选择 More。

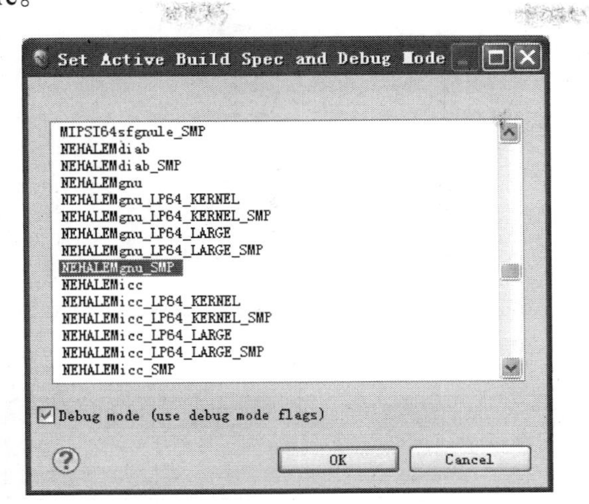

步骤 9 根据目标板编译 VxWorks 镜像的工具链和 VxWorks 镜像是否支持 SMP 来选择编译 DKM 工程的工具链，这里选择 NEHALEMgnu_SMP。最后编译工程。

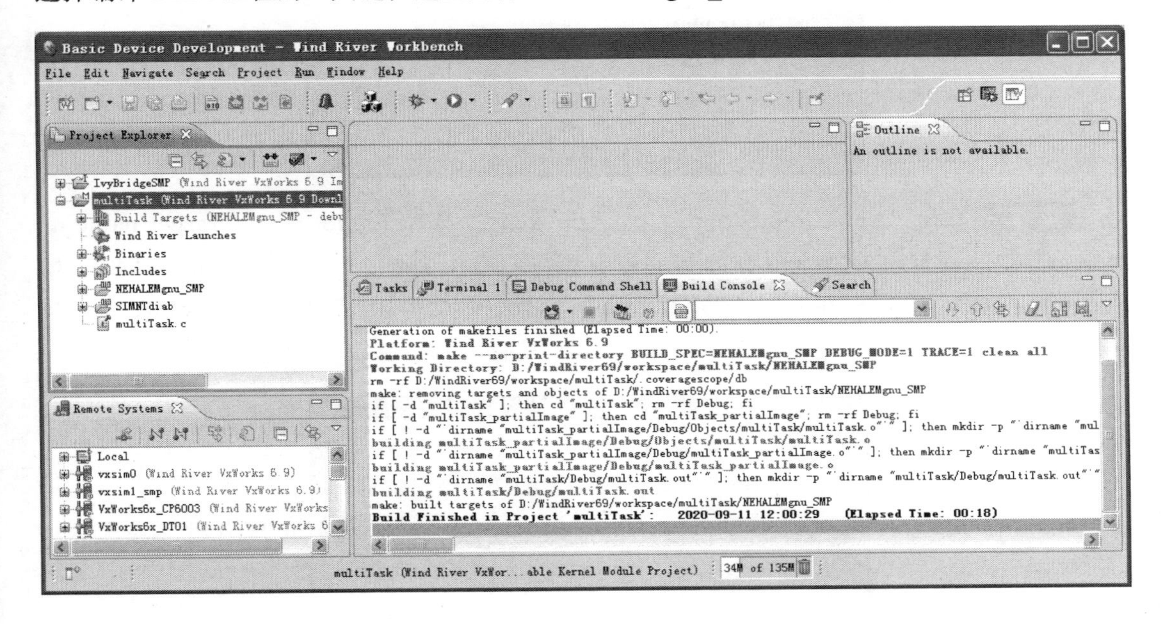

11.2.6　DKM 工程下载、运行和调试

DKM 工程的下载、运行和调试包括目标服务器配置。

（1）目标服务器配置

步骤 1 在 Workbench 的远程系统 Remote Systems 中，单击“Define a connection to remote system”新建目标机服务器。

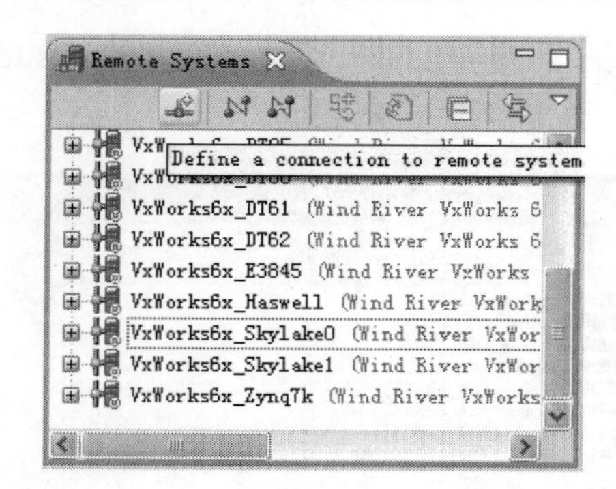

步骤 2 先选择“Wind River VxWorks 6.x Target Server Connection”，然后选择下一步“Next”。

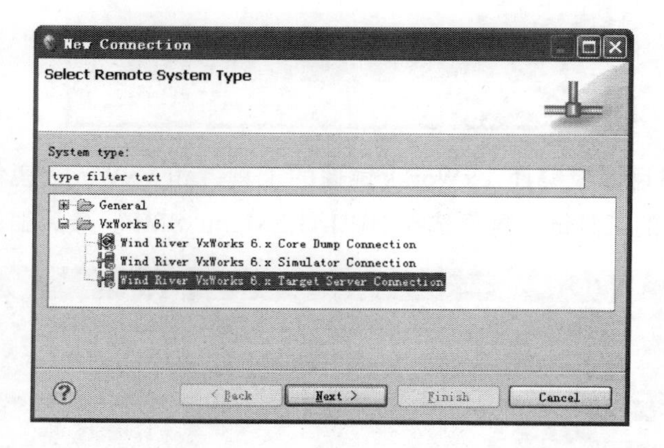

步骤 3 在“New Connection”中，“Backend”选择“wdbrpc”，“Target name or address”填写目标机 IP 地址（IP 地址是默认引导行参中 e=192.23.0.20:ffffff00 相同），在“Kernel image”中选择“File”，指定 VxWorks 文件，该文件和目标机上运行内核是同一个文件，否则校验通不过。最后选择下一步“Next”，接着三个下一步“Next”。

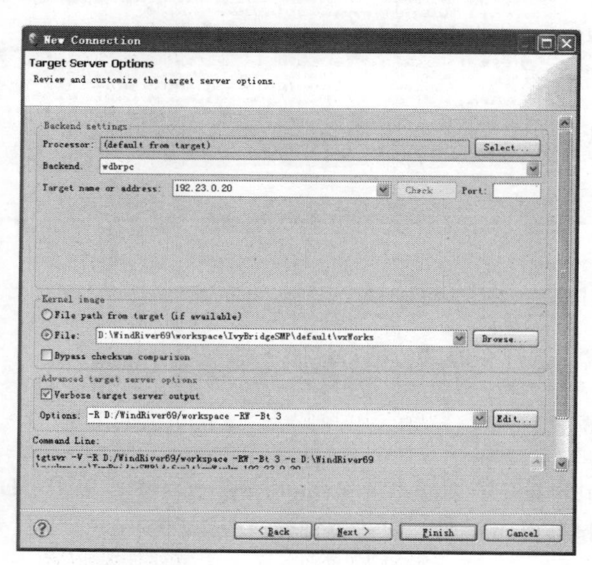

步骤 4　在“New Connection”中，“Connection name”填写目标机服务器名字，例如 VxWorks6x_IvyBridge，最后选择完成“Finish”。

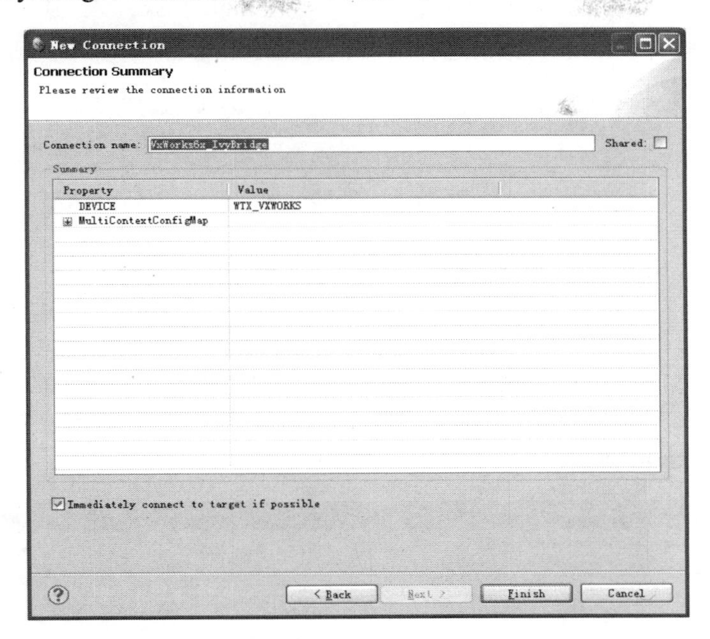

步骤 5　此时，目标机服务器已经配置好。

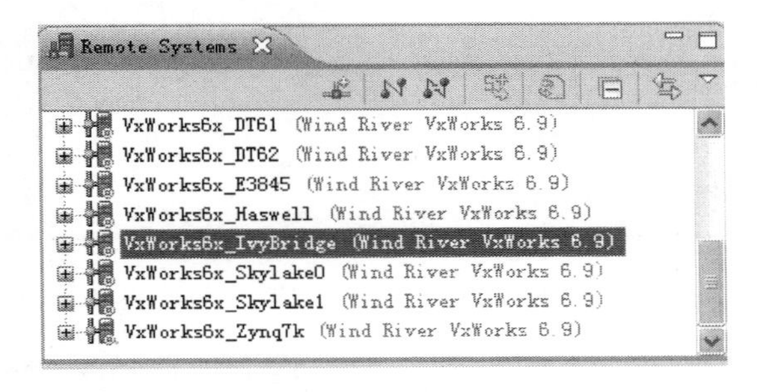

（2）连接目标服务器

在目标机已经加电启动好，根据目标机参数配置好目标机服务器后，使用 ping 命令确认调试机和目标机之间网络通信正常。在“Remote Systems”窗口中，选择目标机服务器“VxWorks6x_IvyBridge”，单击工具栏连接按钮“Connect”连接目标机。

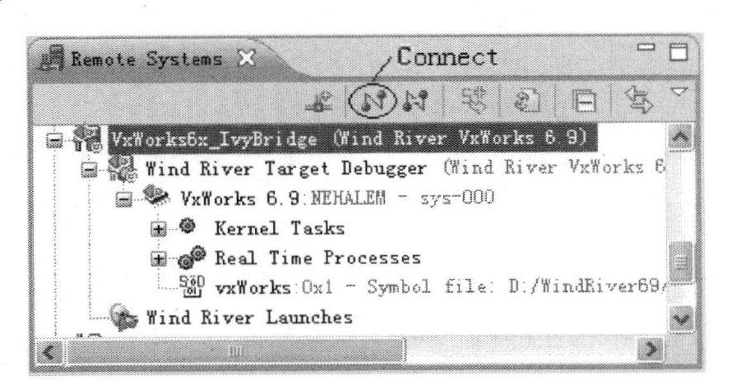

（3）DKM 工程运行、调试和下载

步骤 1　在工程浏览窗口中，展开工程 multiTask，右键选择“Wind River Launches”，然后选择“Run”，最后选择“Run Configurations”，如下图所示。

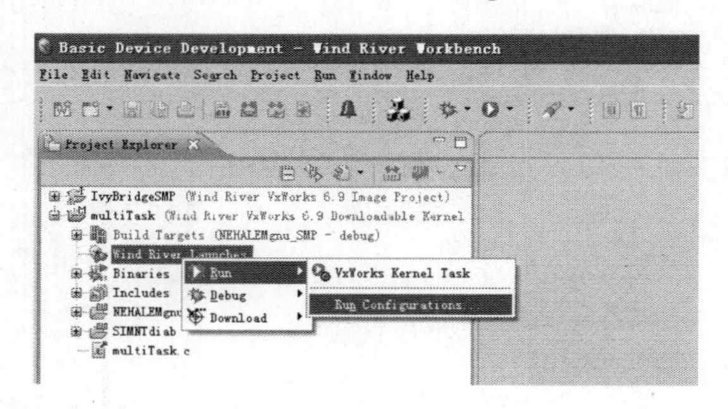

步骤 2　在“Run Configurations”窗口中，首先选择“VxWorks Kernel Task”，然后单击工具栏按钮“New Launch configuration”。

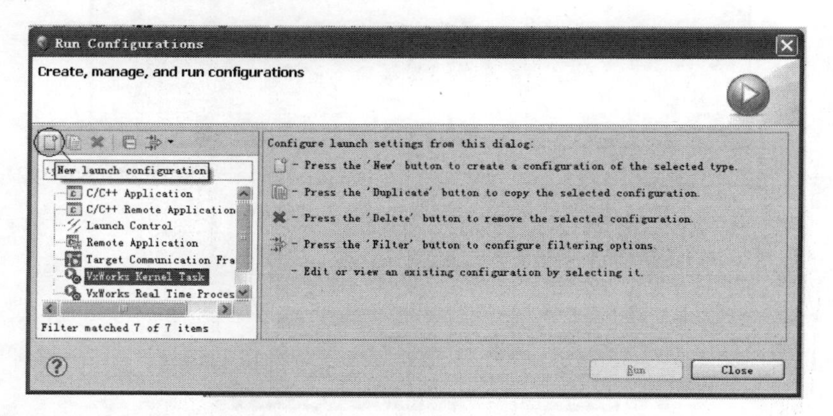

步骤 3　在“Entry Point”栏输入入口函数名字，或者选择入口函数。

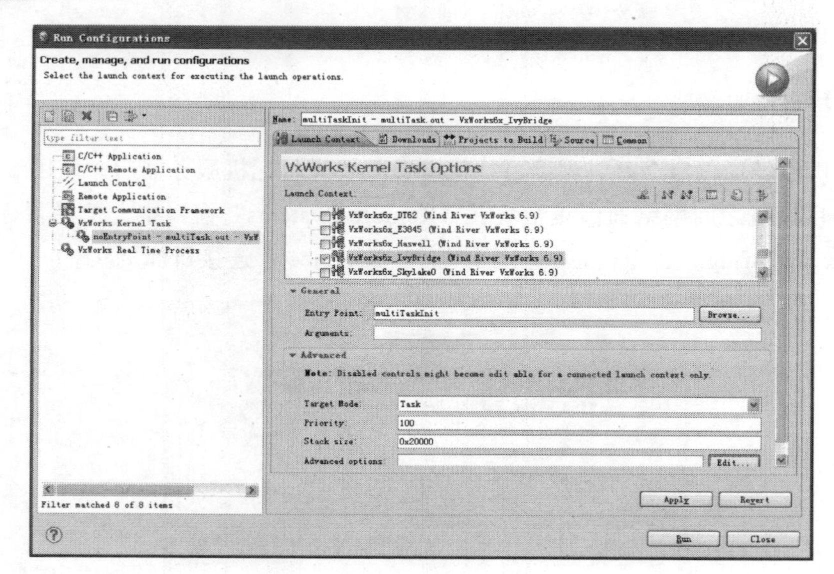

步骤 4　根据入口函数中是否有需要使用浮点协处理器（浮点计算或调用浮点处理函数）来决定在“Advanced options”栏是否选择任务选项“VX_FP_TASK”。最后单击确认按钮“OK”。

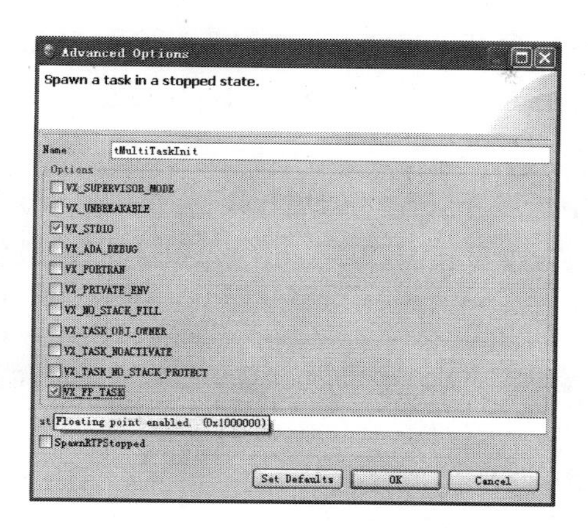

步骤 5　在“Run Configurations”窗口右下角选择应用按钮“Apply”和关闭按钮“Close”。

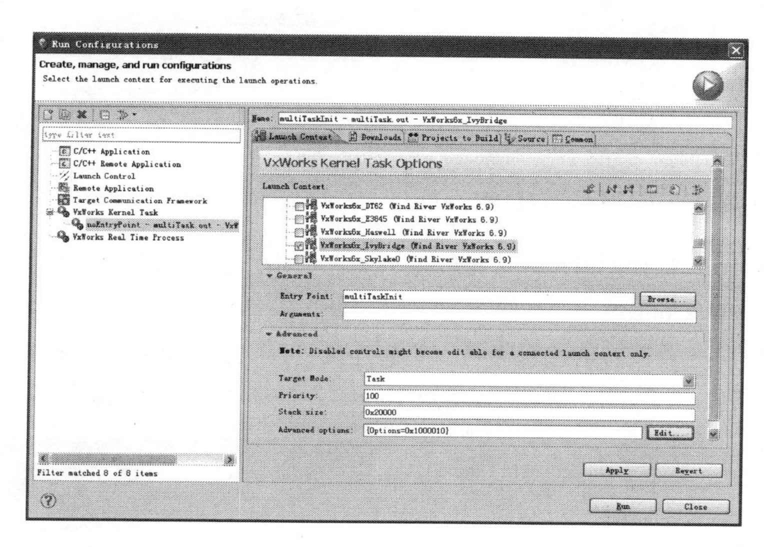

步骤 6　现在运行配置已经配置好，如下图所示。

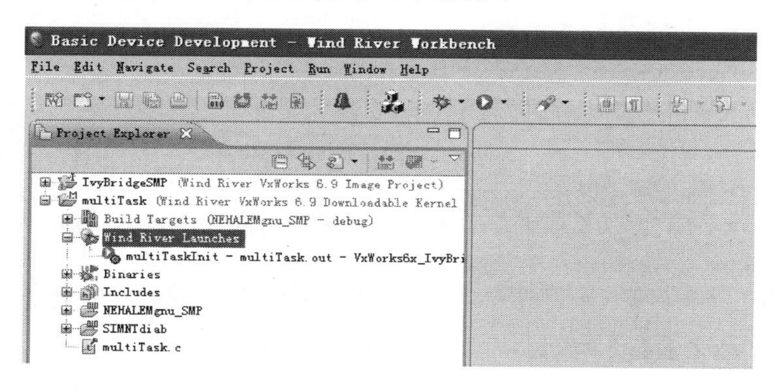

步骤 7　在“工程浏览”窗口中，展开工程“multiTask”，展开“Wind River Launches”，右键选择“multiTaskInit – multiTask.out –VxWorks6x_IvyBridge”，最后选择“Run”即可运行 DKM 工程应用程序。

在“工程浏览”窗口中，展开工程“multiTask”，展开“Wind River Launches”，右键选择“multiTaskInit – multiTask.out –VxWorks6x_IvyBridge”，最后选择“Debug”即可调试 DKM 工程应用程序。

在“工程浏览”窗口中，展开工程“multiTask”，展开“Wind River Launches”，右键选择“multiTaskInit – multiTask.out –VxWorks6x_IvyBridge”，最后选择“Download”即可下载 DKM 工程应用程序。

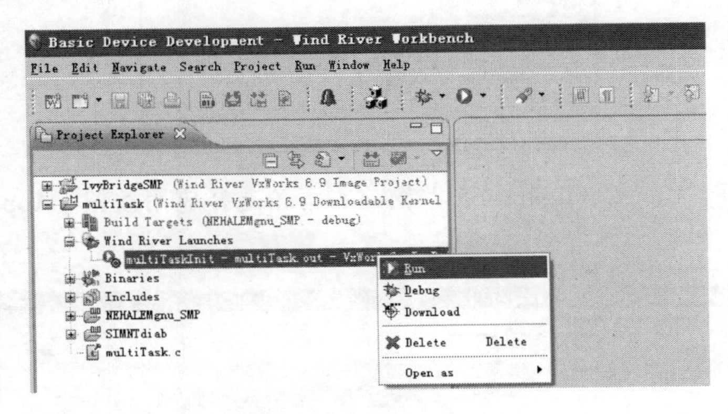

11.2.7　启动虚拟 IO 控制台 VIO Console

在调试程序时，有时使用标准输出控制台（比如串口、显示器）不方便时，可以使用虚拟 IO 控制台 VIO Console。

如果目标机服务器没有连接目标机，要先连接目标机，然后鼠标右键选择目标机服务器“VxWorks6x_IvyBridge”，选择“Target Tools”，选择“WTX Console”。

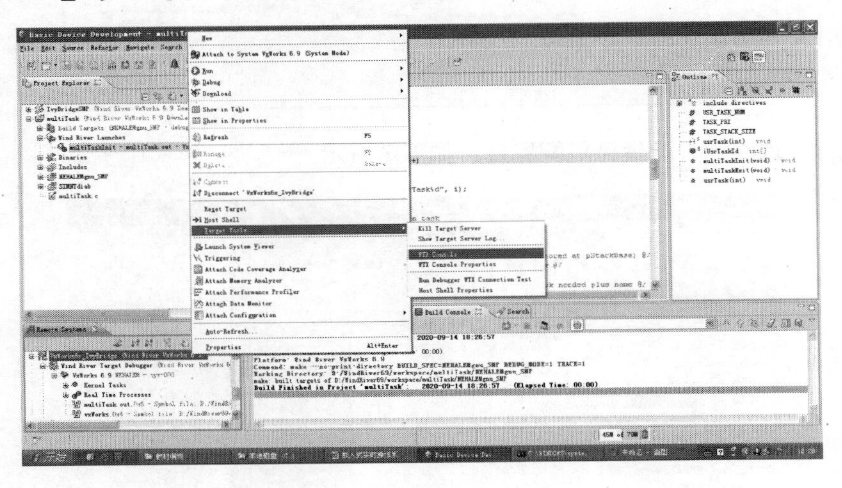

在“Start WTX Console”窗口中，单击确定按钮“OK”。

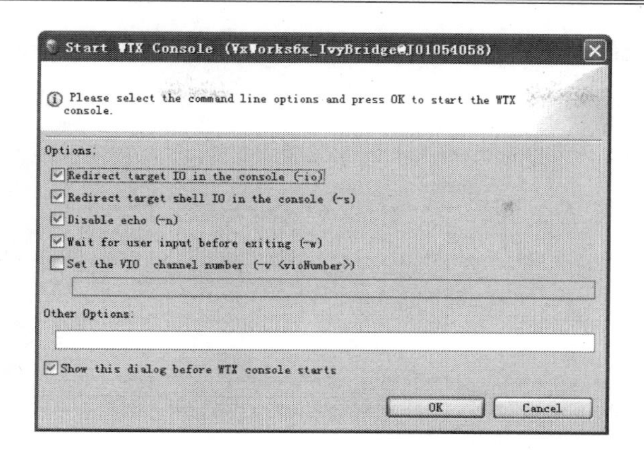

下图就是虚拟 IO 控制台 VIO Consol 窗口，标准输出将显示在 VIO Console 中。

11.2.8　软件逻辑分析仪 System Viewer

当目标机服务器连接目标机后，鼠标右键选择目标机服务器“VxWorks6x_IvyBridge”，选择“Launch System Viewer”。

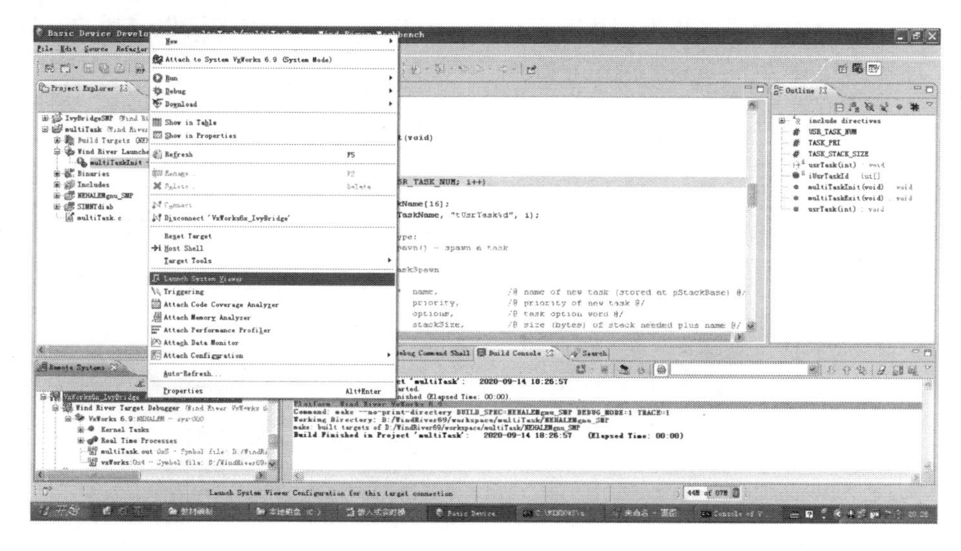

自动进入“System View”视图和打开“System Viewer Configuration”配置窗口。

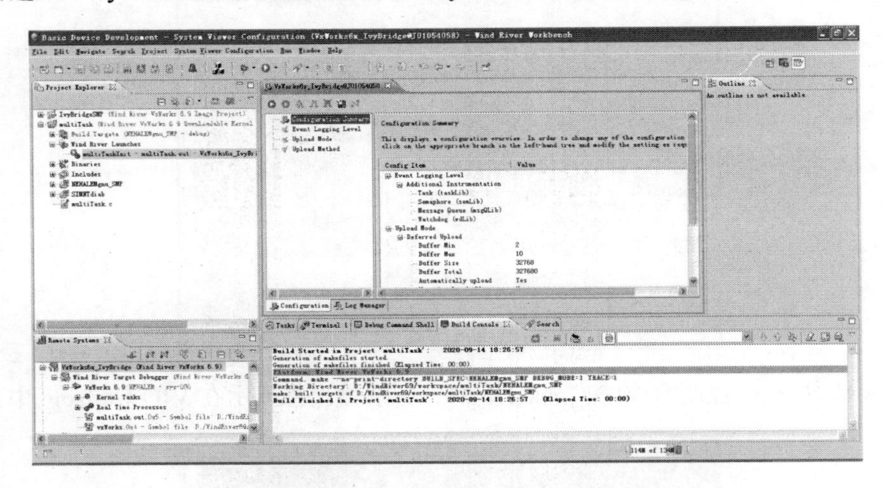

配置“Event Logging Level”，选择“Additonal Instrumentation”。

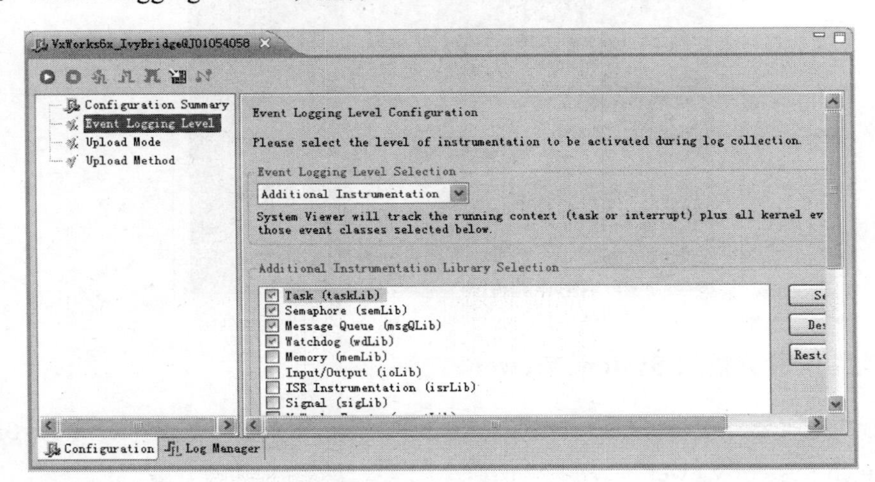

配置“Upload Mode”，根据使用需求选择“Buffer Size”，例如这里选择“256KB”，建议使用环形缓冲区“Use a circular buffer”。

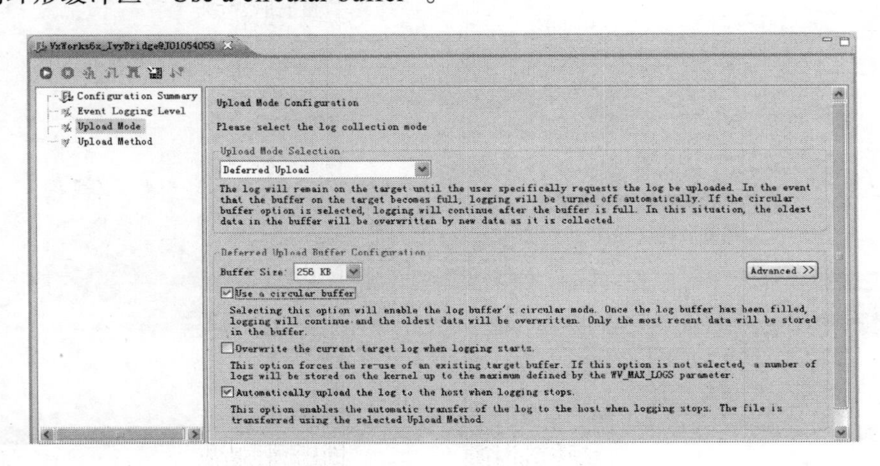

单击工具栏“Start System Viewer Logging”工具按钮开始采集数据。

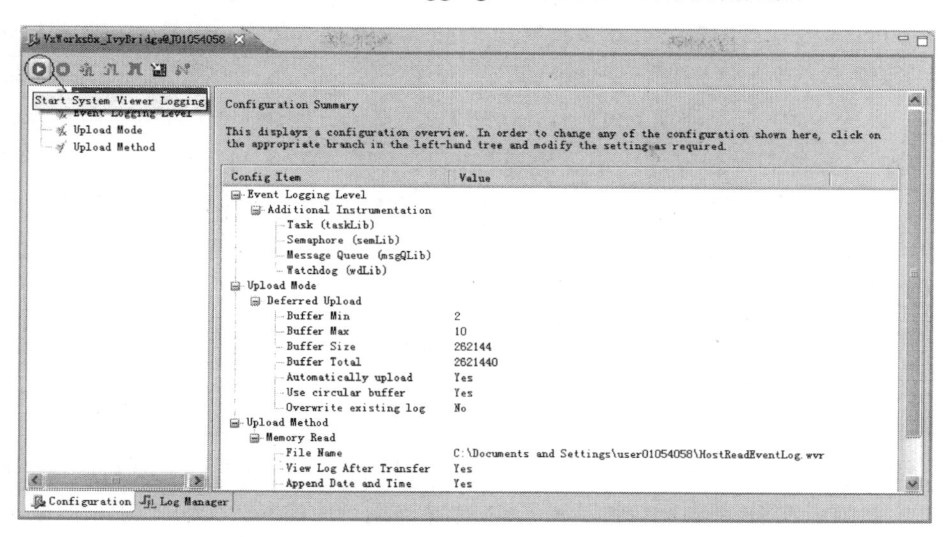

单击工具栏“Stop System Viewer Logging”工具按钮停止采集数据。

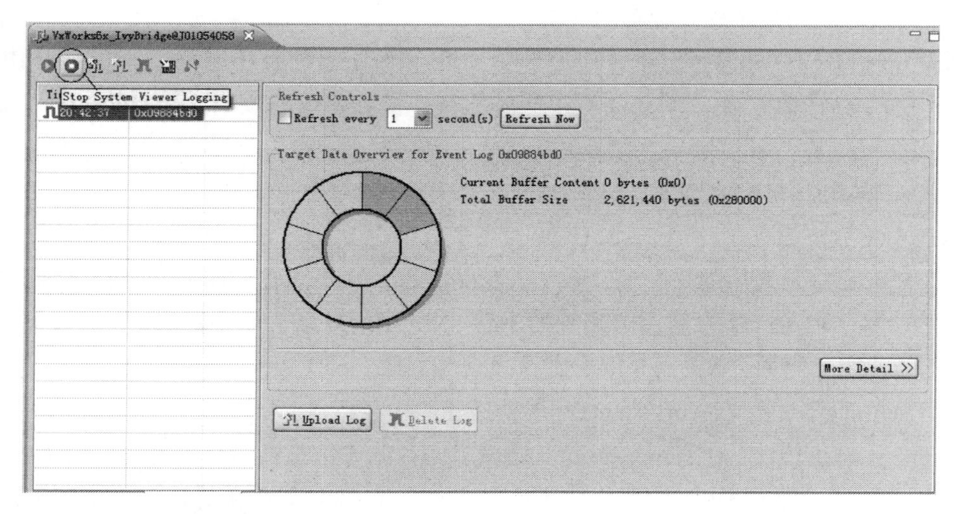

System Viewer 的时序分析和 WindView 一样，也支持函数 STATUS wvEvent(event_t usrEventId, char *buffer, size_t bufSize) 产生一个用户事件，允许的用户事件 usrEventId 范围是 0~25535。System Viewer 采集的软件运行时序图含有用户事件。典型应用是测量两个用户事件之间的时间来确定代码的执行时间。

11.3　VxWorks SMP 系统

多核系统指的是一个系统中包含两个或两个以上的处理单元。SMP 是多核技巧中的一种，它的主要特点是一个 OS 运行在多个处理单元上，并且内存是共享的。另一种多核技巧是 asymmetric multiprocessing（AMP）系统，即多个处理单元上运行多个 OS。

（1）技术特点

关于 CPU 与处理器的概念在很多计算机相关书籍里有所介绍。但是，在此我们仍要对这两者在 SMP 系统中的区别进行详细说明。

CPU：一个 CPU 通常使用 CPU ID、物理 CPU 索引、逻辑 CPU 索引进行标示。一个 CPU ID 通常由系统固件和硬件决定。物理 CPU 索引从 0 开始，系统从 CPU0 开始启动，随着 CPU 个数的增加，物理 CPU 索引也会增加。逻辑 CPU 索引指的是 OS 实例。例如，UP 系统中逻辑 CPU 的索引永远是 0；对于一个 4 个 CPU 的 SMP 系统而言，它的 CPU 逻辑索引永远是 0 到 3，无论硬件系统中 CPU 的个数。

处理器 (processor)：是一个包含一个 CPU 或多个 CPU 的硅晶体单元。

多处理器 (multiprocessor)：在一个独立的硬件环境中包含两个以上的处理器。

单核处理器 (uniprocessor)：一个包含了一个 CPU 的硅晶体单元。

在 SMP 系统上运行 UP 代码总会遇到问题，即使将 UP 代码进行了更新，也很难保证代码很好地利用了 SMP 系统的特性。对于在 SMP 上运行的代码，我们分为两个级别：

SMP-ready：虽然可以正常地运行在 SMP 系统上，但是并没有很充分地利用 SMP 系统的特点，即没有利用到多核处理器的优势。

SMP-optimized：不仅可以正常地运行在 SMP 系统上，而且还能很好地利用 SMP 系统的特点，使用多个 CPU 使多个任务可以同时执行，提高系统的效率，比 UP 系统的效果更加明显。

（2）VxWorks SMP 特点

VxWorks 单核编程（UP）与 SMP 编程在多数情况下是一样的。类似地，多数 API 在 UP 和 SMP 编程中是通用的。一些少数 UP 编程中的 API 不能在 SMP 中使用。与此同时，SMP 中的一些 API 在 UP 中使用时表现的不是 SMP 中的效果，而是默认 UP 的效果，或者根本就不能使用（例如，task spinlock 默认表现为 task lock）。

下面简短介绍一下 VxWorks 的对称多处理器的一些特点。

多任务：对于传统的 UP 系统而言，处理多任务的方法是通过任务优先级对 CPU 资源进行抢占式处理。而 SMP 系统则改变了这种方法，它是实实在在的任务，中断的同时执行。实现同时执行的关键是多个任务可以在不同的 CPU 上执行，当然这需要 OS 的协调控制。对于 UP 系统中多任务所谓的同时执行，其实只不过是 CPU 的快速切换，占有 CPU 的任务由一个快速切换到另一个。在 SMP 系统中，同时执行不是幻想而是实实在在存在的。

任务调度机制：VxWorks SMP 系统中的任务调度机制与 UP 中的类似，都是基于优先级的。不同的是，当不同的任务运行在不同的 CPU 上时，可以实现两个任务的同时执行。

互斥：由于 SMP 系统允许任务同时运行的情况存在，因此，在 UP 系统中关中断、锁任务调度等这些保护临界资源的手段在 SMP 系统中将不再适用。这种在所有 CPU 上强行关闭中断、锁任务调度的方法会影响到 SMP 系统发挥它的特点，将 SMP 系统带回到 UP 系统的模式。VxWorks SMP 提供一套特殊的任务间、中断间同步 / 互斥的方法——即 UP 中的 taskLock() 和 intLock() 等将会被 VxWorks SMP 提供的 spinlock、原子操作以及 CPU-specific 等机制替代。

CPU-Affinity：默认情况下，任意任务可以运行在任意 CPU 上。VxWorks SMP 提供了一种叫作 CPU-Affinity 的机制，即可以分配任务到指定 CPU（CPU 逻辑索引）上执行。

（3）VxWorks SMP 硬件特点

VxWorks SMP 系统要求硬件必须具备对称多处理器。这些处理器必须是一样的，处理器可以共享内存，可以平等地访问所有设备。VxWorks SMP 必须遵循 Uniform Memory Access (UMA) 结构。

下图显示了一个双 CPU 的 SMP 系统。

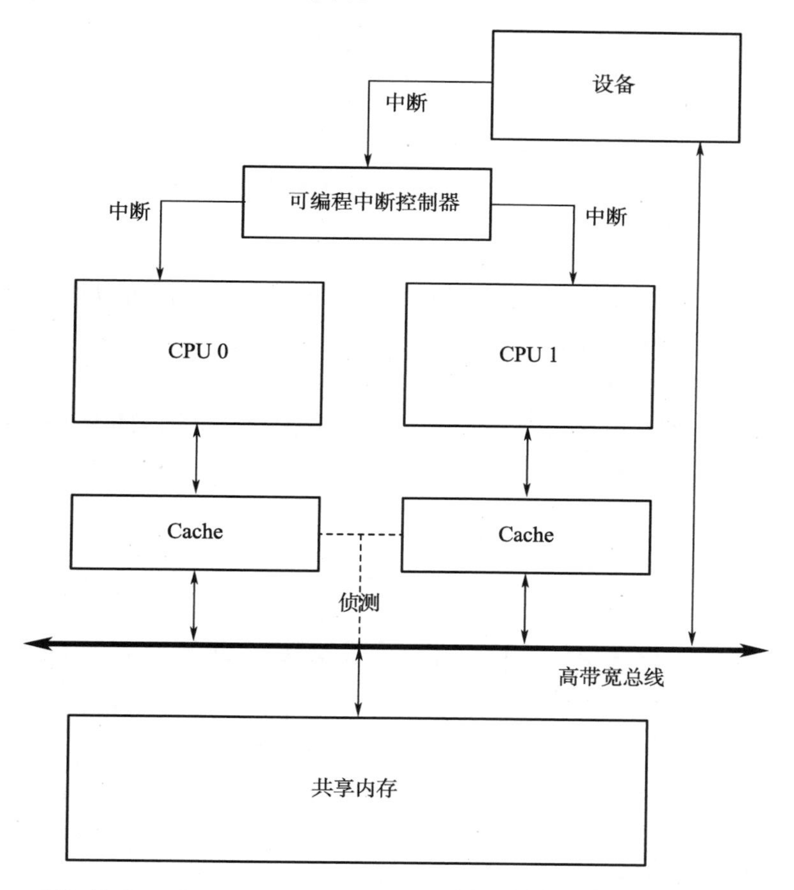

无论 SMP 系统中 CPU 的个数是多少，它们的重要特点是一样的：

内存对所有 CPU 可见，不存在“只属于某个 CPU 的内存”的情况，即任意 CPU 可以在任意内存中执行代码。

每个 CPU 都有 Memory Management Unit(MMU)。MMU 可以使任务在不同的虚拟内存中同时运行。例如，RTP1 的一个任务可以在 CPU0 上运行，与此同时，RTP2 的一个任务可以在 CPU1 上运行。

每个 CPU 可以访问所有设备。设备产生的中断可以通过可编程中断控制器发送到任意 CPU 上执行。

通过多 CPU，任务和 ISR 可以实现同步；通过 spinlock，任务和 ISR 可以实现互斥。

Snoop bus 的作用是使 CPU 之间的 data cache 总是保持前后一致性。

（4）VxWorks SMP 与 AMP 的对比

SMP 与 AMP 系统中对内存访问的对比如下图所示。

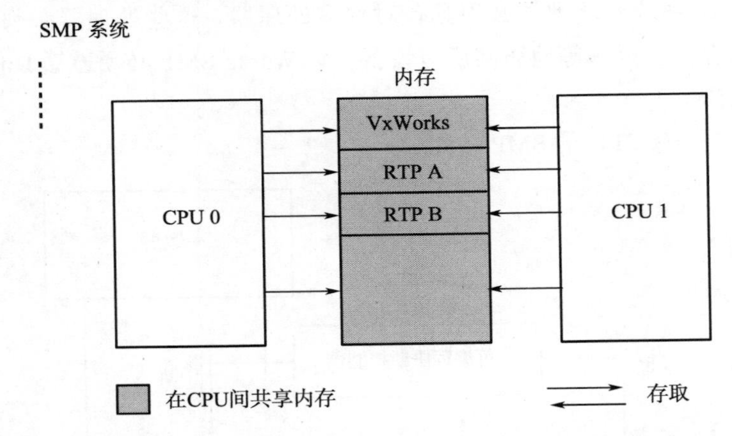

在 SMP 系统中，所有物理内存被所有 CPU 共享。内存空间可以用来保存 VxWorks SMP 镜像、Real-Time Process(RTP) 等。所有 CPU 可以读、写、运行所有内存。内核任务、用户任务可以在任意 CPU 中执行。

在 SMP 系统中，所有内存、设备被所有 CPU 共享，CPU 之间的主要通信是如何防止“同时访问共享资源”的情况发生。

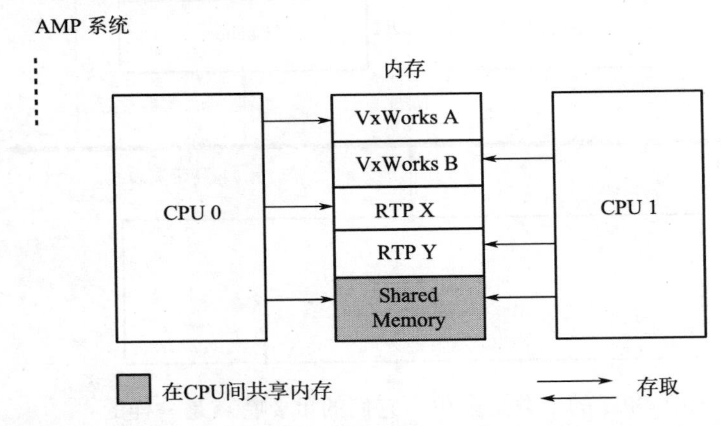

在 AMP 系统中，每个 CPU 对应一个 VxWorks 镜像的拷贝，它们只能被对应的 CPU 访问。因此，CPU1 中执行的内核任务不可能在 CPU0 的内存中执行，反之亦然。对于 RTP 也是一样的。

在 AMP 系统中，一些内存是共享的，但是在这些共享内存中读写数据是严格受到控制的。例如，在两个 VxWorks 镜像中传递数据等。硬件资源根据 OS 被划分，因此 CPU 之间的通信只有在访问共享内存时才会发生。

11.3.1　VxWorks SMP 配置说明

（1）Spinlock 的调式版本组件

INCLUDE_SPINLOCK_DEBUG 提供了 spinlock 的版本，这对调试 SMP APP 有帮助。

在包含 INCLUDE_SPINLOCK_DEBUG 的同时，最好加入 INCLUDE_EDR_ERRLOG 组件，它可以记录 spinlock 的错误信息。

（2）CPU 配置参数组件

INCLUDE_KERNEL 组件中包含了一些对 VxWorks SMP 参数的配置，包括：

VX_SMP_NUM_CPUS 代表 VxWorks SMP 的使能 CPU 个数。所有体系结构的最大使能 CPU 个数如下：ARM=4，IA32=8，MIPS=32，PowerPC=8，VxWorks Simulator=32。

ENABLE_ALL_CPUS 默认是 TRUE，代表所有已配置的 CPU 使能。这个参数也可以设置为 FALSE，一般出于调试目的，此时只有逻辑 CPU0 是使能的，只有通过 kernelCpuEnable() 才可以使能指定的 CPU。

VX_ENABLE_CPU_TIMEOUT 代表 CPU 使能超时时长，当 ENABLE_ALL_CPUS 是 TRUE 时，该值表示所有 CPU 的使能时长，当 ENABLE_ALL_CPUS 是 FALSE 时，在 kernelCpuEnable() 被调用时，它用来表示 CPU 的启动时长。

VX_SMP_CPU_EXPLICIT_RESERVE 表示将指定 CPU 排除在“可使用 CPU-Affinity 属性的 CPU 池”之外。它是一个字符串，若填写“2 3 7”，则代表 CPU2，3,7 不能使用 CPU-Affinity 属性。即不能通过 taskCpuAffinitySet() 分配任务到这些 CPU 上运行。

当某个 CPU 被 VX_SMP_CPU_EXPLICIT_RESERVE 包含，唯一能够使它们恢复预留属性的方法是调用 vxCpuReserve()。

11.3.2　VxWorks SMP 编程

VxWorks 单核编程（UP）与 SMP 编程在多数情况下是一样的。类似地，多数 API 在 UP 和 SMP 编程中是通用的。一些少数 UP 编程中的 API 不能在 SMP 中使用。与此同时，SMP 中的一些 API 在 UP 中使用时表现的不是 SMP 中的效果，而是默认 UP 的效果，或者压根就不能使用（例如，task spinlock 默认表现为 task lock）。

由于 SMP 系统的特殊性，因此 SMP 编程需要特别注意，尤其是在互斥 / 同步机制上，在使用的时候需要充分考虑如何提高系统的性能。在 VxWorks SMP 系统中针对每个 CPU 都有一个 idle 任务，这在 UP 中是没有的。Idle 任务是最低优先级（用户级任务是不能达到这么低的优先级的）。当 CPU 进出 idle 状态时，idle 任务会提供任务上下文，这可以用来监视 CPU 的利用率情况。

当 CPU 无事可做时，Idle 任务的存在不会影响 CPU 进入睡眠状态（当电源管理开启时）。

可以使用 kernelIsCpuIdle() 或者 kernelIsSystemIdle() 这两个 API 查看一个指定 CPU 是否执行了 idle 任务或者所有 CPU 是否执行了 idle 任务。

注意，不要对 idle 任务进行挂起、关闭、跟踪、改变优先级等一系列操作。

SMP 编程与 UP 编程最大的一个不同就是互斥 / 同步 API 的使用。有一些 API 在这两种编程中都可以使用，而有一些则不同。此外，UP 编程中的一些隐式同步技巧（例如使用任务优先级替代显示同步锁等）在 SMP 中是不能用的。

与 UP 系统不同，SMP 系统允许真正意义上的同时执行。即多个任务或多个中断可以同时执行。在绝大多数情况下，UP 系统与 SMP 系统中的互斥 / 同步机制（例如，信号量、消息队列等）是一样的。

但是，UP 中的一些机制（例如，关中断、挂起任务抢占机制以此来保护临界资源等）在 SMP 中是不适用的。这是因为这些机制阻碍了同时执行的理念，降低了 CPU 的利用率，使得 SMP 系统向 UP 系统回溯。

SMP 编程与 UP 编程的一点不同是关于 taskLock() 和 intLock() 的使用。SMP 提供了以下互斥 / 同步锁机制进行替代：

1）任务级、中断级的 spinlock。

2）任务级、中断级的 CPU-specific。

3）原子操作。

4）内存障碍（memory barrier）。

11.3.3 spinlock 互斥 / 同步机制

在 UP（单核）编程中通过信号量的方法可以实现 task 的互斥与同步，在 SMP 系统中可以继续沿用信号量的机制，而 spinlock 则用于替换 UP 编程中使用 taskLock() 和 intLock() 的地方。

在 UP（单核）编程中通过 taskLock() 可以关闭系统的任务调度机制，调用 taskLock() 的任务将是唯一获得 CPU 运行资源的任务，直到这个任务调用 taskUnlock() 为止。intLock() 与 taskLock() 类似，intLock() 用于关闭中断，使得中断 IRS 无法执行，直到调用者调用了 intUnlock()。

（1）spinlock 具有“满内存障碍”属性

VxWorks spinlock 的获取与释放操作具备“满内存障碍”属性。“满内存障碍”属性可以使读、写内存操作按照严格的顺序执行而不受到多 CPU 的影响。因此，在申请与释放 spinlock 之间进行更新的数据可以保证“更新顺序”。

（2）spinlock 的种类

spinlock 分为两种：中断级 spinlock 和任务级 spinlock：

1）中断级 spinlock：可用于关闭本地 CPU 的中断。当任务调用中断级 spinlock 时，将会关闭本 CPU 的任务抢占机制。

2）任务级 spinlock：用于关闭本地 CPU 的任务抢占机制。

（3）spinlock 的作用以及使用说明

与信号量不同的是，当一个任务试图申请一个已被另一个任务占用的 spinlock 时，该任务并不会进入阻塞状态（pend），而是可以继续运行，它会进入一个简单的、紧凑的循环直到 spinlock 得到释放。

这种等待 spinlock 释放的状态可以用 spinning 和 busy waiting 来描述。在此，我们可以看出 spinlock 的优点和缺点。优点是：由于任务（或 ISR）在等待 spinlock 的时候没有进入 pend 状态而是继续执行（一个简单的循环用于获取 spinlock），这就避免了任务调度以及上下文切换的消耗。缺点是：循环操作没有实际意义，会占用 CPU 资源。

因此，只有在必要时才使用 spinlock。即占用 spinlock 的时间越短，spinlock 的优势发挥得越明显（例如 UP 中的 taskLock() 和 intLock()）。否则，如果占用 spinlock 较长的时间，在 UP 编程中的缺陷（增加了任务和中断的响应时间）同样也会在多核编程中出现。

在一个 CPU 上获取 spinlock，并不会影响另一个 CPU 上任务和中断的调度机制。当一个任务在持有 spinlock 的时候，该任务不能被删除。

（1）中断级 spinlock

任务和中断都可以使用中断级 spinlock。有两种中断级 spinlock：确定性的和非确定性的。

注意，在 UP 系统中，中断级 spinlock 与 intLock() 和 intUnlock() 的效果是一样的。

①确定性中断级 spinlock

确定性中断级 spinlock 的最大特点是：公平、确定性。spinlock 会分给第一个申请的中断或任务。申请的 spinlock 会屏蔽掉本地 CPU 的其他中断。如果是一个任务申请了中断用 spinlock，本地 CPU 的任务调度机制将被停止直到该任务释放 spinlock。spinlock 确保了任务可以独占 CPU 完成一些操作，其他 CPU 上的中断和任务不会受到干扰。确定性中断级 spinlock 的 API 全部包含在 spinLockLib 中，API 见下表。

确定性中断级 spinlock 的 API

API	描述
void spinLockIsrInit(spinlockIsr_t *pLock, /* pointer to ISR-callable spinlock */ int flags /* spinlock attributes */)	初始化确定性中断级 spinlock
void spinLockIsrTake(spinlockIsr_t *pLock /* pointer to ISR-callable spinlock */)	获取确定性中断级 spinlock
void spinLockIsrGive(spinlockIsr_t *pLock /* pointer to ISR-callable spinlock */)	释放确定性中断级 spinlock

②非确定性中断级 spinlock

非确定性中断级 spinlock 提供了更高的性能，但是当多个 CPU 试图同时申请一个 spinlock 时，它并不保证公平性和确定性，即非确定性中断级 spinlock 并不一定会把 spinlock 分配给第一个申请者。它的优势在于中断响应时间较短，即当 CPU 等待获取 spinlock 的时候，中断不会被屏蔽。API 见下表。

非确定性中断级 spinlock 的 API

API	描述
void spinLockIsrNdInit(spinlockIsrNd_t * spin /* pointer to spinlock */)	初始化非确定性中断级 spinlock
int spinLockIsrNdTake (spinlockIsrNd_t * spin /* pointer to spinlock */)	获取非确定性中断级 spinlock
void spinLockIsrNdGive (spinlockIsrNd_t * spin, int key /* return value of spinLockIsrNdTake */)	释放非确定性中断级 spinlock

（2）任务级 spinlock

任务级 spinlock（中断不可调用该 spinlock）可以关掉本地 CPU 的任务切换机制，使持有 spinlock 的任务独占 CPU 完成一些操作。同时，它不会对其他 CPU 上的任务调度机制产生影响。API 见下表。

注意，SMP 中任务级 spinlock 等同于 UP 编程中的 taskLock() 和 taskUnlock()。

任务级 spinlock 的 API

API	描述
void spinLockTaskInit(spinlockTask_t *pLock, /* pointer to task-only spinlock */ int flags /* spinlock attributes */)	初始化任务级 spinlock
void spinLockTaskTake(spinlockTask_t *pLock /* pointer to task-only spinlock */)	获取任务级 spinlock
void spinLockTaskGive(spinlockTask_t *pLock /* pointer to task-only spinlock */)	释放任务级 spinlock

（3）spinlock 的使用注意事项

由于 SMP 系统允许任务的同时运行，因此在使用 spinlock 的时候需要注意以下事宜：

1）spinlock 最好用于短时间占用的情况。

2）任务（或中断）一次只能申请一个 spinlock。当一个已申请了 spinlock 的实体再一次申请了另一个 spinlock 时，很有可能会造成死锁。

3）任务（或中断）不能申请它已经持有的 spinlock。这可能会造成死锁。

4）持有 spinlock 的任务（或中断）不能再调用一些特殊函数（尤其是内核函数），由于这些特殊函数本身持有 spinlock，这种操作可能会导致死锁。

（4）spinlock 的调式版本

Spinlock 的调试版本可以运行那些开发中使用了 spinlock 的程序对 spinlock 的情况进行调试，这需要添加 INCLUDE_SPINLOCK_DEBUG 组件。如果添加了 INCLUDE_EDR_ERRLOG 组件，则当由使用 spinlock 造成的系统异常进而重启后，相关信息会被记录下来。会产生错误信息的情况见下表。

使用 spinlock 会出现错误的情况

使用的 API	错误信息
spinLockTaskTake()	一个中断任务使用了该 API
	申请了已持有的 spinlock
	嵌套申请 spinlock
spinLockTaskGive()	一个中断任务使用了该 API
	试图释放一个没有申请过的 spinlock
spinLockIsrTake()	申请了已持有的 spinlock
	嵌套申请 spinlock
spinLockIsrGive()	试图释放一个没有申请过的 spinlock

（5）spinlock 中限制使用的系统 API

当任务（或中断）持有 spinlock 时，一些系统 API 不能被调用（具体原因见 spinlock 的使用注意事项），这样做的目的是防止持有 spinlock 的任务或 ISR 进入内核临界区，这可能会导致死锁的发生。这种限制对于 intCpuLock() 也是适用的，因为有些内核 API 需要中断操作。

这些限制看起来好像使 spinlock 的运用受到影响，但是它们却是有必要的。spinlock 适用于进程间很快的同步 / 互斥情况。若将 spinlock 用在会进行大量操作（包括内核 API 调用等）的情况时，则会导致 SMP 性能的下降。这是因为当使用 spinlock 时，任务抢占机制以及中断都将会被关闭。下表列出了在使用 spinlock 和 CPU lock 时限制使用的系统 API。

spinlock 中限制使用的系统 API

库	函数
taskLib	taskExit(), taskDelete(), taskDeleteForce(), taskInitExcStk(), taskUnsafe(),exit(), taskSuspend(), taskResume(), taskPrioritySet(), taskDelay(), taskStackAllot(), taskRestart(), taskCpuLock(), taskCpuUnlock(), taskCreateLibInit(), taskCreate(), taskActivate(), taskCpuAffinitySet(), taskCpuAffinityGet(),taskSpawn(), taskInit()
msgQlib	msgQCreate(), msgQDelete(), msgQSend(), msgQReceive(), msgQInitialize(), msgQNumMsgs()
msgQEvLib	msgQEvStart(), msgQEvStop()
semLib	semTake(), semGive(), semFlush(), semDelete()
semBLib	semBInitialize(), semBCreate()
semCLib	semCInitialize(), semCCreate()
semMLib	semMInitialize(), semMGiveForce(), semMCreate()
semEvLib	semEvStart(), semEvStop()
wdLib	wdCreate(), wdDelete(), wdInitialize(), wdStart(), wdCancel()
kernelLib	kernelTimeSlice(), kernelCpuEnable()
intLib	intDisconnect()
intArchLib	intConnect(), intHandlerCreate(), intVecTableWriteProtect()
eventLib	eventSend(), eventReceive()

11.3.4 CPU-specific 互斥机制

VxWorks SMP 提供了一种基于 CPU-specific 的互斥机制，它可以严格限定互斥操作的范围在调用该操作的 CPU（本地 CPU）上执行。通过设计 CPU-specific 使得将 UP 代码转到 SMP 系统上变得容易。

（1）中断级 CPU-specific

中断级 CPU-specific 可以关闭本地 CPU 上的中断。例如，当任务 A 在 CPU0 上运行一个本地 CPU 的中断锁操作，则该 CPU 将不再允许其他中断执行，直到任务 A 释放这个锁。SMP 系统中其他的 CPU 将不会受到影响。

对于那些想要使用 CPU-specific 互斥机制的任务和 ISR，必须使用 CPU-Affinity 将它们指定运行在本地 CPU 上，只有这样 CPU-specific 互斥才会有意义。与 spinlock 一样，在执行中断锁的任务中有些系统 API 不能被使用（详见上表）。

中断级 CPU-specific 的 API 见下表。

注意，在 UP 中，它们默认的操作与 intLock() 和 intUnlock() 一样。

中断级 CPU-specific 互斥 API

API	描述
int intCpuLock (void);	当 CPU0 上的任务或 ISR 调用了该函数后，则禁止在 CPU0 上的一切中断调用
void intCpuUnlock(int lockKey /* lock-out key returned by preceding intCpuLock() */)	恢复在 CPU0 上的中断调用

（2）任务级 CPU-specific

任务级 CPU-specific 可以关闭调用该 API 的 CPU 上的任务抢占机制。例如，当运行在 CPU0 上的任务 A 调用了任务锁操作，则该 CPU 上将禁止任务切换，即该 CPU 上其他任务将不能得到运行，直到任务 A 释放了这个锁或执行了一个阻塞操作。

注意，调用该操作的任务是不能被移交到另外的 CPU 上运行的，直到这个锁被释放。

SMP 系统中其他的 CPU 将不会受到影响。对于那些想要使用 CPU-specific 互斥机制的任务和 ISR，必须使用 CPU-Affinity 将它们指定运行在本地 CPU 上，只有这样 CPU-specific 互斥才会有意义。

任务级 CPU-specific 的 API 见下表。

注意，在 UP 编程中，它们默认的操作与 taskLock() 和 taskUnlock() 类似。

任务级 CPU-specific 互斥 API

API	描述
taskCpuLock()	当 CPU0 上的任务或 ISR 调用了该函数后，则禁止在 CPU0 上的一切任务切换
taskCpuUnlock()	恢复在 CPU0 上的任务切换

11.3.5　Memory Barrier

在现代多核体系中，CPU 需要对读、写操作完成重排序，为的是提高系统的整体性能。而在单核 CPU 中，这种重排序完全是透明的，因为无论系统如何对读、写操作进行排序，CPU 都能确保任何读操作获取的数据都是之前已写入的数据。

在多核体系中，当一个 CPU 执行了一系列写内存操作时，这些写操作将会在 CPU 执行操作写到内存之前被排序。CPU 可以将这些写内存的操作按任意顺序排列，无论是哪条指令先到达的 CPU。类似地，CPU 可以将多个读操作并行处理。

由于这种重排序的存在，两个有共享数据的任务不能保证：一个任务在 CPU0 上执行读、写操作的顺序与另一个任务在 CPU1 获取对应数据的顺序是一致的。关于重排序问题有一个经典的例子：在一个双核 CPU 系统中，一个 CPU 正在准备工作，当设置一个 bool 变量为 true 时，告知另一个 CPU 这个工作准备就绪，在此之前，另一个 CPU 一直处于等待状态。这个程序的代码如下：

```
    /* CPU 0 - announce the availability of work */
    pWork = &work_item;          /* store pointer to work item to be
performed */
    workAvailable = true;

    /* CPU 1 - wait for work to be performed */
    while (!workAvailable);
    doWork(pWork);               /* error - pWork might not be visible to
this CPU yet */
```

这个程序的结果很有可能是 CPU1 使用的 pWork 指针指向了不正确的数据，这是因为 CPU0 会重排序它的写内存操作，这就会导致 CPU1 在观察到 workAvailable 改变的时候而 pWork 还未被更新。

为了解决内存操作排序问题，VxWorks 提供了一系列的“memory barrier”操作。这些操作的唯一目的就是提供一种方法可以确保 CPU 间操作顺序的一致性。memory barrier 分为三个主要方面：读 memory barrier，写 memory barrier，满（读写）memory barrier。

注意，VxWorks SMP 提供了一系列同步原语来保护共享资源。这些原语包括：信号量、消息队列、spinlock 等。这些原语中已经包括了满 memory barrier 功能，不用再添加其他的 memory barrier 操作来保护共享资源。

注意，memory barrier 不能用在用户模式的 RTP app 中。

（1）读 memory barrier

VX_MEM_BARRIER_R() 宏定义提供读 memory barrier。VX_MEM_BARRIER_R() 会强制所有读操作进行排序。如果没有 barrier，CPU 会随意地为这些读操作进行排序。对于一个单核 CPU 而言不受影响。例如，CPU 可以随意重排序一下读操作的顺序：

```
    a = *pAvalue;        /* 读 可能发生在读 pBvalue 之后 */
    b = *pBvalue;        /* 读 可能发生在读 pAvalue 之前 */
```

通过在读操作间加入 memory barrier，可以保证读的顺序，例如：

```
a = *pAvalue;            /* 读 发生在读 pBvalue 之前 */
VX_MEM_BARRIER_R();
b = *pBvalue;            /* 读 发生在读 pAvalue 之后 */
```

在使用 VX_MEM_BARRIER_R() 后可以确保读数据的顺序是正确的。但是，这种保证只有在“写数据”能够保证顺序正确的前提下才有效。即 VX_MEM_BARRIER_R() 和 VX_MEM_BARRIER_W() 宏定义必须一起使用。

（2）写 Memory Barrier

VX_MEM_BARRIER_W() 宏定义提供写 memory barrier。VX_MEM_BARRIER_W() 会强制所有写操作进行排序。以下程序片段来自前面的代码，通过加入写 memory barrier 对代码进行了改进：

```
pWork = &work_item;
VX_MEM_BARRIER_W();
workAvailable = true;
```

通过加入 barrier 可以确保 pWork 的更新一定先于 workAvailable。

注意，VX_MEM_BARRIER_W() 并不是强迫将变量写入内存，而是指定了写的顺序。

注意，VX_MEM_BARRIER_W() 必须与 VX_MEM_BARRIER_R() 一起使用。

（3）读写（满）Memory Barrier

VX_MEM_BARRIER_RW() 宏定义提供读 / 写（满）memory barrier。VX_MEM_BARRIER_RW() 包括了 VX_MEM_BARRIER_R() 和 VX_MEM_BARRIER_W() 的功能。使用 VX_MEM_BARRIER_RW() 的代价要高于 VX_MEM_BARRIER_R() 或 VX_MEM_BARRIER_W() 的使用代价。Wind River 不推荐使用 VX_MEM_BARRIER_RW()。

11.3.6　原子的内存操作（原子操作）

原子操作利用了 CPU 支持原子访问内存的特点。原子操作是一些不能被中断的操作的集合。原子操作为一组操作提供了互斥性（例如变量的自增、自减操作）。

使用原子操作更新一个数据，可以省去使用锁的步骤。例如，想更新一个链表元素的 next 指针从 NULL 到非 NULL，当使用原子操作时，这个过程就不用使用中断锁了，这样可以使算法变得简单。

在调用者使用原子操作的时候，必须保证该操作所在的内存是可以访问的。若访问了一个不可访问的内存，会产生一个异常。

在 vxAtmicLib 库中提供了许多原子操作，见下表。需要注意的是 vxAtmicLib 还提供了这些原子操作的 inline 版本，例如 vxAtomicAdd_inline()，还提供了兼容 SMP 和 AMP 的版本，例如 vxAtomic32Add()。原子操作可以在用户（RTP APP）、内核空间中使用。

原子操作 API

API	描述
atomicVal_t vxAtomicAdd(atomic_t * target, /* memory location to add to */ atomicVal_t value /* value to add */)	将两个值相加
atomicVal_t vxAtomicSub(atomic_t * target, /* memory location to subtract from */ atomicVal_t value /* value to sub */)	将两个值相减
atomicVal_t vxAtomicInc(atomic_t * target /* memory location to increment */)	将值增加 1
atomicVal_t vxAtomicDec(atomic_t * target /* memory location to decrement */)	将值减 1
atomicVal_t vxAtomicOr(atomic_t * target, /* memory location to OR */ atomicVal_t value /* OR with this value */)	将两个值进行位或操作
atomicVal_t vxAtomicXor (atomic_t * target, /* memory location to XOR */ atomicVal_t value /* XOR with this value */)	将两个值进行位异或操作
atomicVal_t vxAtomicAnd (atomic_t * target, /* memory location to AND */ atomicVal_t value /* AND with this value */)	将两个值进行位与操作
atomicVal_t vxAtomicNand (atomic_t * target, /* memory location to NAND */ atomicVal_t value /* NAND with this value */)	将两个值进行位非与操作
atomicVal_t vxAtomicSet (atomic_t * target, /* memory location to set */ atomicVal_t value /* set with this value */)	将一个值设定为另一个值
atomicVal_t vxAtomicClear(atomic_t * target /* memory location to clear */)	将一个值清空
BOOL vxCas(atomic_t * target, /* memory location to compare-and-swap */ atomicVal_t oldValue, /* compare to this value */ atomicVal_t newValue /* swap with this value */)	对比或交换内存中的值

11.3.7 CPU Affinity

VxWorks SMP 提供了 CPU Affinity 机制，通过这种机制可以将中断或者任务分配给指定的 CPU 执行。

（1）任务级 CPU Affinity

VxWorks SMP 具有将任务分配给指定 CPU 执行的能力。从另一个角度来说，即将指定 CPU 预留给指定任务。

SMP 的默认操作——任何任务可以运行在任何 CPU 上——这会根据系统的整体性能而定。但是有些时候将指定任务分配给指定的 CPU 对系统性能是有帮助的。例如一个 CPU 上只运行一个单独的任务而不做其他事情，则这块 CPU 的 cache 中就只保存了这个任务所需要的数据和代码。这样做节省了任务在 CPU 之间切换的消耗。

还有个例子就是当多个任务争夺一个 spinlock 时，如果这些任务运行在不同的 CPU 上，则会有大量的时间被浪费在等待 spinlock 上。若将争夺同一个 spinlock 的任务指定在同一个 CPU 上运行，则这会给另一块 CPU 上执行其他程序带来便利。

任务级 CPU affinity 的使用方法如下：

1）一个任务可以通过调用 taskCpuAffinitySet() 设置自己的 CPU affinity，也可以设置其他任务的 CPU affinity

2）子任务会继承父任务的 CPU affinity。一个任务中调用如下 API 就会自动继承 CPU affinity: taskSpawn(), taskCreate(), taskInit(), taskOpen(), taskInitExcStk()。

任务级 CPU affinity 的 API 见下表。

任务级 CPU Affinity 的 API

API	描述
STATUS taskCpuAffinitySet(int tid, /* task ID */ cpuset_t newAffinity /* new affinity set */)	分配一个任务在指定 CPU 上执行
STATUS taskCpuAffinityGet(int tid, /* task ID */ cpuset_t* pAffinity /* address to store task's affinity */)	获得指定任务在哪个 CPU 上执行

taskCpuAffinitySet() 和 taskCpuAffinityGet() 都使用 cpuset_t 结构对 CPU 信息进行标示。前者用于分配任务到指定 CPU；后者获取指定任务的 cpu_set_t。

CPUSET_ZERO() 宏定义用于将 cpuset_t 清零（类似 FD_ZERO），它必须被最先调用。

CPUSET_SET() 宏定义在 CPUSET_ZERO() 之后使用。

① RTP 任务与 CPU Affinity

默认情况下，RTP 任务会继承父任务的 CPU Affinity 属性。如果父任务没有 CPU

Affinity 属性，则 RTP 任务也没有 CPU Affinity 属性。如果父任务有 CPU Affinity 属性，则 RTP 任务也继承该 CPU Affinity 属性并仅运行在对应的 CPU 上。在使用 rtpSpawn() 时，RTP_CPU_AFFINITY_NONE 选项表示创建 RTP 时不继承 CPU Affinity 属性，即使父任务具有 CPU Affinity 属性。

②任务级 CPU Affinity 示例

以下代码说明了创建一个任务，并将该任务分配给 CPU1 执行的全过程：

```
STATUS affinitySetExample(void)
{
cpuset_t affinity;
int tid;

/* Create the task but only activate it after setting its affinity */
Tid = taskCreate( “myCpu1Task” , 100, 0, 5000, printf,
(int) “myCpu1Task executed on CPU 1 !” , 0, 0, 0, 0, 0, 0, 0, 0, 0);
if (tid = = NULL) return ERROR;

/* Clear the affinity CPU set and set index for CPU 1 */
CPUSET_ZERO(affinity);
CPUSET_SET(affinity, 1);

if (taskCpuAffinitySet(tid, affinity) = = ERROR)
{
  taskDelete(tid);
  return ERROR;
}

/* Now let the task run on CPU 1 */
taskActivate(tid);

return OK;
}
```

下面这个例子是一个任务如何删除它的 CPU affinity：

```
{
cpuset_t affinity;
CPUSET_ZERO(affinity);
/* passing a tid equal to zero causes an affinity to be set for the
```

```
calling task */
    taskCpuAffinitySet(0, affinity);
    }
```

（2）中断级 CPU Affinity

SMP 硬件需要可编程中断控制设备。VxWorks SMP 利用这些硬件可以分配中断到指定 CPU。默认情况下，中断是在 VxWorks 的 CPU 0 中触发的。

通过中断级 CPU Affinity，可以将中断合理平均地分配到不同 CPU 上（而不是在一个 CPU 上存在很多中断）。

运行时刻分配中断到指定 CPU 是在启动时发生的，当系统启动从 BSP 中读取中断配置信息的时候。然后，中断控制器收到一条命令，该命令用于指示一条中断运行在指定的 CPU 上。

11.3.8　将 CPU 预留给使用了 CPU Affinity 的任务（CPU 预留机制）

VxWorks SMP 提供了一种机制可以将 CPU 预留给那些已经使用了 CPU Affinity 的任务。这种机制可以防止其他任务与使用了 CPU 预留机制的任务抢占 CPU 资源，因此它提升了系统效率。CPU 预留机制的 API 见下表。

CPU 预留机制的 API

API	描述
STATUS vxCpuReservedGet (cpuset_t *pCpuSet)	获取可预留 CPU 的集合
STATUS vxCpuReserve(cpuset_t cpus,　/* CPUs to be reserved */ cpuset_t *pReservedCpus /* CPUs reserved */)	预留 CPU 集合 cpus，返回 CPU 预留的结果 pReservedCpus
STATUS vxCpuUnreserve(cpuset_t cpus)	解除某个 CPU 的预留机制

默认情况下，当 CPU 没有使用 vxCpuReserve() 时，所有 CPU 都是可以被预留的。可以通过配置 VX_SMP_CPU_EXPLICIT_RESERVE 参数，将指定 CPU 排除在 CPU 预留池之外。只有在 CPU 池中的 CPU 才可以被预留。

taskCpuAffinitySet() 与 vxCpuReserve() 没有明确的调用顺序。前者是把任务分配给指定的 CPU，这样可以防止该任务运行在其他 CPU 上。而后者限定了 CPU 上可以运行哪些任务。可以根据具体情况分先后调用这两者。

注意，如果一个任务使用了 CPU Affinity，则它的子任务将会继承 CPU-Affinity 属性；如果一个 CPU 预留给了使用 CPU Affinity 的任务，则这些任务的子任务将会在这个 CPU 上运行。

以下程序片段展示了如何预留一个 CPU 以及设置一个任务级 CPU affinity 在预留 CPU 上执行的过程：

```
void myRtn(void)
{
    cpuset_t cpuset;          /* Input argument to vxCpuReserve() */
    cpuset_t resCpuSet;            /* Return argument from 
vxCpuReserve() */

    /* Passing an empty cpuset as input reserves an arbitrary CPU */
    CPUSET_ZERO(cpuset);

    if (vxCpuReserve(cpuset, &resCpuSet) = = OK)
    {
        /* set affinity for current task */
        if (taskCpuAffinitySet(0, resCpuSet) != OK)
        /* handle error */
    }
    else
    {
        /* handle error */
    }
}
```

以下代码片段展示了如何预留一个或多个指定 CPU 并且为多个任务设置 CPU affinity：

```
void myRtn(void)
{
    extern int tids[3];                    /* some task Ids */
    int cpuIx[] = {1, 2, 4};          /* CPU indices to reserve */
    cpuset_t    cpuSet;
    cpuset_t     tmpCpuSet;
    int i;

    /* Initialize cpuSet with the desired CPU indices */
    CPUSET_ZERO(cpuSet);
    CPUSET_SET(cpuSet, cpuIx[0]);
    CPUSET_SET(cpuSet, cpuIx[1]);
    CPUSET_SET(cpuSet, cpuIx[2]);
```

```
    /* Reserve the specified CPUs */
    if (vxCpuReserve(cpuSet, NULL) = = OK)
    {
          for (i = 0; i < 3; ++i)
          {
             tmpCpuSet = CPUSET_FIRST_SET(cpuSet);
             if (taskCpuAffinitySet(tids[i], tmpCpuSet) != OK)
             /* handle error */

             CPUSET_SUB(cpuSet, tmpCpuSet);
          }
    }
    else
    {
          /* handle error */
    }
}
```

11.3.9　CPU 信息及管理

VxWorks SMP 提供了一些 API 和宏定义用于获取及操作 CPU 的信息。

（1）CPU 的信息及管理 API

kernelLib 和 vxCpuLib 库提供了用于获取 CPU 信息以及管理 CPU 的相关 API。kernelLib 中的 CPU API 见下表。

CPU 内核信息 API

API	描述
BOOL kernelIsCpuIdle(unsigned int cpu　/* CPU to query status of */)	查看指定 CPU 是否为空闲状态。返回 TRUE 表示 CPU 为空闲状态
BOOL kernelIsSystemIdle (void)	查看所有可用 CPU 是否为空闲状态。返回 TRUE 表示为空闲状态
STATUS kernelCpuEnable (unsigned int cpuToEnable /* logical index of CPU to enable */)	通过输入 index 参数使能 CPU

kernelCpuEnable() 可以通过输入 index 参数来使能指定的 CPU。一旦 CPU 使能，任务调度机制开始在该 CPU 上分配任务。所有 CPU 在默认情况下是使能状态，可以将组件 ENABLE_ALL_CPUS 设置为 FALSE，这样 VxWorks SMP 系统启动后只有 CPU0 为使能状态。然后，再通过 kernelCpuEnable() 可以使能指定的 CPU。

vxCpuLib 中的 CPU API 见下表。

CPU 信息 API

API	描述
unsigned int vxCpuConfiguredGet (void)	返回在 SMP 系统中已配置的 CPU 个数
cpuset_t vxCpuEnabledGet (void)	返回使能 CPU 的个数
unsigned int vxCpuIndexGet (void)	返回当前 CPU 的索引（逻辑编号）
cpuid_t vxCpuIdGet (void)	返回当前 CPU 的 ID（由体系结构变量定义的，非 OS 定义的逻辑编号）

使用 vxCpuConfiguredGet() 返回的是配置在 BSP 中的 VxWorks SMP 系统的 CPU 个数。这个值可能与硬件实际存在的 CPU 个数不一致。

使用 vxCpuEnabledGet() 返回的是系统中运行 CPU 的个数。这个值可能与 vxCpuConfiguredGet() 返回的值不一致，也可能与硬件中实际存在的 CPU 个数不一致。

vxCpuEnabledGet() 的返回值类型为 cpuset_t，因此需要注意：在给返回值赋值之前，必须使用 CPUSET_ZERO() 将 cpuset_t 变量清零。

vxCpuIndexGet() 返回的是当前调用任务使用的 CPU 索引（逻辑编号）。该编号在 0 和 N–1 之间（N 是 vxCpuConfiguredGet() 的返回值）。需要注意的是：默认情况下，任务可以从一个 CPU 跑到另一个 CPU 上执行，所以不能保证任务结束后所在的 CPU 索引与刚才使用 vxCpuIndexGet() 返回的值是一致的。除非该任务是分配运行在指定 CPU 上的，或者使用了 taskCpuLock() 或者 intCpuLock()。

（2）CPU 相关变量以及宏定义

VxWorks SMP 提供了一组变量和宏定义，通过设置这些值可以对 CPU 的配置进行控制。

例如 cpuset_t，它用于标识配置在 VxWorks SMP 系统中的 CPU。Cpuset_t 的位值标识了 CPU 的逻辑索引，Cpuset_t 的第一位标识了 CPU0，第二位标识了 CPU1，第三位标识了 CPU2，以此类推（它与 CPU 在硬件中的物理位置无关）。

例如，有 8 个 CPU 的硬件系统，在 BSP 中为 VxWorks SMP 配置了 4 块 CPU，通过 CPUSET_ZERO() 可以将 cpuset_t 中的位值清零。调用 vxCpuIndexGet()，它的返回值只会设置前四位。

CPU 宏定义用于设置和清除 CPU 索引（通过改变 cpuset_t 的值）。这些宏定义见下表。

操控 CPU 信息的宏定义

API	描述
CPUSET_SET(cpuset, n)	设置 CPU 的索引（只针对一个 CPU 进行设置）
CPUSET_SETALL(cpuset)	设置 CPU 的索引（针对所有 CPU 进行设置）
CPUSET_SETALL_BUT_SELF(cpuset)	设置 CPU 的索引 (除了调用该宏的 CPU 之外的所有 CPU)
CPUSET_CLR(cpuset, n)	清除一个指定的 CPU 索引（只针对一个 CPU 进行设置）
CPUSET_ZERO(cpuset)	清除所有 CPU 索引（针对所有 CPU 进行设置）
CPUSET_ISSET(cpuset, n)	当指定索引存在于 cpuset_t 中时，返回 TRUE
CPUSET_ISZERO(cpuset)	当 cpuset_t 中没有索引时，返回 TRUE
CPUSET_ATOMICSET(cpuset, n)	原子地设置 CPU 的索引（只针对一个 CPU 进行设置）
CPUSET_ATOMICCLR(cpuset, n)	原子地清除 CPU 的索引（只针对一个 CPU 进行设置）

注意，不要直接对 cpuset_t 进行操作，而是要通过上面的宏定义间接地对 cpuset_t 进行操作。

11.3.10　调试 SMP 代码

调试和系统监测工具，例如软件时序逻辑分析仪 System Viewer、Workbench 调试器，支持调试 SMP 代码。自旋锁相关调试参考 11.3.3 节。在 11.2 节也介绍了调试工具使用。下面是使用函数来查看系统状态的例子，例如 checkStack() 显示任务堆栈信息。

查看任务性能 API：

通过 checkStack() 可以查看所有任务栈的使用情况。在 shell 下输入 checkStack 就可以得到下面的信息，如下图所示。

```
-> checkStack
  NAME          ENTRY         TID          SIZE     CUR   HIGH   MARGIN
------------  ------------  ----------   --------  -----  -----  --------
tJobTask      jobTask       0x105f7080     65536    200    972    64564
tExcTask      excTask       0x101ea0c0     24576    248    348    24228
tLogTask      logTask       0x105faf58     65536    280    392    65144
tNbioLog      nbioLogServe  0x105ff508     65536    264    400    65136
tAioWait      aioWaitTask   0x10617158     65536    328    968    64568
tAioIoTask1   aioIoTask     0x1061a680     65536    744    856    64680
tAioIoTask0   aioIoTask     0x1061dab8     65536    744    856    64680
tNet0         ipcomNetTask  0x1061f1d0     65536    232   2976    62560
ipcom_syslog  ipcom_syslog  0x1063dba8     65536    440    888    64648
tWdbTask      wdbTask       0x106bf2d0     65536    280   4260    61276
tShell0       shellTask     0x10c0ceb8    131072    840   3528   127544
ipcom_tickd   ipcom_tickd   0x10c0dd98     65536    120    696    64840
value = 0 = 0x0
```

SIZE 表示任务栈的大小，CUR 表示当前使用任务栈的大小，HIGH 表示使用任务栈的峰值，MARGIN 表示从没有使用过的任务栈大小（其中 MARGIN = SIZE – HIGH）。

通过 spy() 可以上报任务在内核空间、中断、idle 中的 tick 使用情况。在 shell 下输入 spy 就可以得到下面的信息，如下图所示。

```
    NAME          ENTRY          TID        PRI    total % (ticks)    delta % (ticks)
------------ ------------ ----------    ---    ---------------    ---------------
tJobTask     0x100ae550   0x105f7080     0       0% (        0)     0% (        0)
tExcTask     0x100ad910   0x101ea0c0     0       0% (        0)     0% (        0)
tLogTask     logTask      0x105faf58     0       0% (        0)     0% (        0)
tNbioLog     0x100af3c0   0x105ff508     0       0% (        0)     0% (        0)
tShell0      shellTask    0x10c0ceb8     1       0% (        0)     0% (        0)
tWdbTask     wdbTask      0x106bf2d0     3       0% (        0)     0% (        0)
tSpyTask     spyComTask   0x12e68720     5       0% (     1995)     0% (        2)
ipcom_tickd  0x1015a5e0   0x10c0dd98    20       0% (       22)     0% (        0)
tAioIoTask1  aioIoTask    0x1061a680    50       0% (        0)     0% (        0)
tAioIoTask0  aioIoTask    0x1061dab8    50       0% (        0)     0% (        0)
tNet0        ipcomNetTask 0x1061f1d0    50       0% (        0)     0% (        0)
ipcom_syslog 0x1001acd0   0x1063dba8    50       0% (        0)     0% (        0)
tAioWait     aioWaitTask  0x10617158    51       0% (        0)     0% (        0)
KERNEL                                           0% (        3)     0% (        0)
INTERRUPT                                        0% (        0)     0% (        0)
IDLE                                            99% (   860661)    99% (      497)
TOTAL                                           99% (   862681)    99% (      499)
```

通过 spy 查看 CPU 使用率情况

spy 开启了 tSpyTask 用于监控系统任务的使用情况。IDLE 表示空闲任务的 CPU 占用情况。

11.3.11　SMP 性能优化

SMP 的目的就是提高系统的性能。如果仅仅是简单地使用 SMP 的代码，并不能完全发挥出 SMP 的潜能。因此，在 SMP 代码的基础上还需要进行优化。

SMP 算法是否能够提高系统性能很大程度上取决于算法并行性的程度以及多线程独立的程度。有些算法是高可并行性的，并且很好地利用了多 CPU。一个很好的例子是：图形压缩器可以在独立的线程中分别压缩一整块数据中的一小块。

如果 SMP 算法不好的话，那么同时执行两个线程的消耗将会抵消掉多个 CPU 所带来的好处。类似地，如果存在很多共享数据，即多个 CPU 需要争夺的数据，那么系统将会增大争夺、等待数据的消耗。

不好的算法会导致更糟糕的情况，即 SMP 系统反而不如 UP 系统运行得快。最好的情况是使运算速度提高一倍。

（1）线程化

线程化包括将一个单线程的 APP 通过任务复制的方式变成多线程。一个典型的例子是：唤醒一个“工人”任务，这个任务的工作是从一个队列中获取工作，还有一个任务或 ISR 负责往这个队列中填充工作。假设瓶颈出现在“工人”任务中，我们可以通过复制“工人"任务的方式提高系统的性能。线程化不是一个新的概念了，在出现多线程 OS 的时候我们就已经知道这个词了。但是在一个 UP 系统中，线程化只能增加任务的吞吐量，即虽然线程增加了，但它们却在等待资源。到头来我们发现瓶颈是在 CPU 本身，而线程化并不能提高性能。例如，在一个 UP 系统上计算密集的 APP，线程化不能帮上什么忙。但是在 SMP 系统上，情况有所不同，线程化可以有效地提高系统性能，这是因为 SMP 系统解决了 CPU 的瓶颈问题。

（2）使用 spinlock

使用 spinlock 会潜移默化地影响中断和任务抢占机制。因此必须谨慎地使用 spinlock，使用的话也必须是在很短的周期内使用和释放。

（3）使用浮点数和其他协处理器

出于效率的考虑，关于使用协处理器的任务创建选项（VP_FP_TASK）必须被谨慎使用，只有当任务确实需要使用时再添加。当一个任务在创建时开启了协处理器选项时，协处理器的状态将被保存，同时，系统也会保存每一次的上下文切换。这对于那些虽然开启了协处理器但是却没有使用它的任务而言显得没有必要。

（4）使用 vmBaseLib

vmBaseLib 库是 VxWorks MMU 的管理库，它允许内核 APP 和驱动管理 MMU。SMP OS 的一个重要任务是保证 MMU 的后备内存（TLB）的一致性。例如，CPU MPC8641D 中有硬件资源可以保证 TLB 的一致性。其他 CPU，例如 MIPS 体系结构家族，就没有这个能力。这时候就需要 OS 进行对 MMU 一致性的保护。

（5）任务和中断的 CPU-Affinity

对于一些 APP 和系统，分配指定任务或中断到指定 CPU 上执行可以提高系统的效率。

11.3.12　SMP 简单例子

VxWorks SMP 提供了一些测试程序，用来测试 SMP 的特点和性能。以下程序测试了 I/O 功能和系统调用功能：

```
philDemo
smpLockDemo
```

以下程序测试了计算能力：

```
primesDemo
rawPerf
```

可以通过配置 VxWorks 内核的方式（添加 INCLUDE_SMP_DEMO 组件），将这些测试程序链接到 VxWorks SMP 内核镜像中。测试源代码在 $WIND_BASE /vxworks-6.x/

target/src/demo/smp 中。

在此以 $WIND_BASE/vxworks-6.x/target/src/demo/smp/smpLockDemo.c 为例来说明关于 SMP 编程的一些注意事项。

smpLockDemo.c 用于测试 VxWorks SMP 的同步 / 互斥机制：

这个 demo 描述了 VxWorks SMP 中的同步机制。在 SMP 系统中任务和 ISR 可以同时运行在不同的 CPU 上，这就涉及同时访问共享数据的问题，对此，VxWorks SMP 提供了一系列机制：

1）信号量（Semaphore）：可以使用信号量实现任务间的同步机制。例如，使用一个任务或 ISR“唤醒”另一个任务。

2）VxWorks 事件（VxWorks Events）：同信号量。

3）原子操作（Atomic Operator）：能够安全地读、写内存。例如，完成一些类型的全局的自增操作。

4）spinlock：它可以用在任务间、ISR 间、任务与 ISR 间的同步。它一般用来对较多的共享数据和临界资源进行保护。

本 demo 对以上同步机制进行了对比。通过 SMP 系统中多个任务对一个共享 int 型变量操作的实例，来对比这些同步机制。

本 demo 中包含了两个优先级一样的任务，每个任务都重复地（循环）增加一个共享计数器。这个共享计数器是用户定义的一个累加值（即被更新次数）。每个任务还有一个自己的计数器，在增加共享计数器的同时也增加自己的计数器。假设任务自己的计数器不会出错，我们要看看使用不同同步机制的不同效果，即共享数据的值是否与两个任务自身计数器的值之和一致。

以上过程重复 5 次，每次使用不同的同步机制：

1）不使用同步机制：任务访问共享数据时不使用同步机制。

2）spinlock：当任务累加共享数据的时候申请 spinlock，然后再释放 spinlock。

3）vxAtomicInc() 原子操作：任务使用原子操作 vxAtomicInc() 对这个共享数据进行累加。

4）vxTas() 原子操作：在任务中通过 vxTas() 设置 / 清除一个 flag，将这个 flag 当作一个普通信号量使用。当这个 flag 被清除时表示信号量不可用，当被设置时表示可用。任务需要使用这个信号量对共享数据进行累加，然后再释放信号量。

5）vxAtomicAdd() 原子操作：在任务中使用 vxAtomicAdd() 原子操作对共享数据进行累加。

在 SHELL 中输入 smpLockDemo 3，参数 3 表示任务更新共享数据和自己数据的时长（以 s 为单位）。如果不填写参数，则以 2s 为默认值。

执行结果：

```
METHOD      TASK 0      TASK 1      SUM(COUNTS)   GLOBAL      RESULT
------      ------      ------      -----------   ---------   --------
```

```
no-lock      0x253d8ae  0x253b31c  0x4a78bca   0x470327d  Failed
spinLocks    0x782f43   0x78265a   0xf0559d    0xf0559d   Passed
atomicInc    0x20b600d  0x20b4623  0x416a630   0x416a630  Passed
test-and-set 0x1509e72  0x150a628  0x2a1449a   0x2a1449a  Passed
atomic Add   0x1e25b2a  0x1e26d2a  0x3c4c854   0x3c4c854  Passed
```

METHOD 栏表示任务为了更新共享数据而使用的同步机制。TASK 0 任务栏表示 TASK 0 自己的计数器值，TASK 1 任务栏表示 TASK 1 自己的计数器值。计数器的值越大，说明同步机制越好。SUM(COUNTS) 栏表示前面两个栏之和（TASK 0 和 TASK 1 栏的和）。GLOBAL 栏表示共享数据的值。RESULT 栏表示了 SUM 值是否与 GLOBAL 的值一致。

从上面的测试结果可以看出，不使用同步机制是不行的，即使对共享数据仅仅是一个小小的自增操作，不使用同步机制也会造成错误。结果还可以看出，使用 vxAtomicInc() 原子操作不仅安全，而且其效率比 vxAtomicAdd() 要高，而 vxAtomicAdd() 的效率比使用 spinlock() 要高。原子操作效率高于 spinlock 的原因在于它们就是为简单原子读写操作设计的，而 spinlock 则是对相对复杂的同步机制设计的。test-and-set 方法通过使用 vxTas() 执行一个信号量，这种方法比原子操作慢，比 spinlock 快。但是，在数据需要极端小心操作时，还是使用 spinlock 这种锁机制比较好。spinlock 是普通信号量更安全的替代品。

下面是同样的程序、同样的周期在一个 UP 系统上运行的结果。通过结果我们看到，这里没有冲突、没有错误，这是因为没有真正意义的同时执行存在。但是，从计数的结果来看，性能还是要比前者好的。这是因为任务不能同时执行，很少有对共享数据的竞争存在。不过，这个例子从另一个方面说明：一个 APP 虽然有“同时执行”的能力，但是过多的“竞争”使得这种并行的好处大打折扣。

```
METHOD       TASK 0     TASK 1     SUM(COUNTS) GLOBAL     RESULT
------       ------     -------    ----------- --------   ------
no-lock      0x265d794  0x2675ee8  0x4cd367c   0x4cd367c  Passed
spinLocks    0xaae678   0xaaefaf   0x155d627   0x155d627  Passed
atomicInc    0x23c5135  0x23c7018  0x478c14d   0x478c14d  Passed
test-and-set 0x1a84dd6  0x1a864c0  0x350b296   0x350b296  Passed
atomic Add   0x20b9c80  0x20bb843  0x41754c3   0x41754c3  Passed
```

注意，在此只对关键部分进行说明，因此部分代码就不再写了，读者可以查看它的源文件进行对照。

```
LOCAL volatile BOOL  lockDemoWorkersReady = FALSE;
LOCAL atomic_t tasVar = 0; /* variable for test-and-set method */


/ *  smpLockDemo  smpLockDemo 入口函数（也是 SHELL 命令）
  *  -> smpLockDemo <number of secs>, <number of tasks>, <[TRUE,
```

```
FALSE]; (affinity)
    *  这个函数会开启两个任务用于同时更新一个共享数据，与此同时，更新自己的一个数据。
    *  <secs> 参数表示使用不同同步机制进行测试的时间（默认为 2s），即每种算法会给
       <secs> 进行测试。
    * /
   STATUS smpLockDemo (
      unsigned int      secs,        /* The minimum life time of a
worker task */
      unsigned int      reqNumOfTasks,  /* number of tasks */
       BOOL       setAff    /* do task have affinity */
   )
   {
     unsigned int availCpus = vxCpuConfiguredGet ();// 获取已配置 CPU 个数
     unsigned int  numOfTasks;
     unsigned int eventsToWait = 0;
     LOCKS_DEMO_TYPE    lockMethod = methodLockNone;  // 这是一个枚举，表示
不同机制

     if (reqNumOfTasks = = 0)   numOfTasks = availCpus;
     else                      numOfTasks = reqNumOfTasks;

     if (secs = = 0)    secs = 5;

     /* Create, set affinity and activited tasks */
     if (locksDemoTasksInit (secs, numOfTasks, setAff , &eventsToWait,
lockMethod) != OK)
     {
         return ERROR;
     }

     lockDemoWorkersReady = TRUE;

     /* Wait until all worker tasks are done */
     if (eventReceive(eventsToWait, EVENTS_WAIT_ALL, WAIT_FOREVER,
NULL) != OK)
```

```
    {
        return ERROR;
    }

}

/ * locksDemoTasksInit 初始化、激活、设置 CPU-Affinity 任务。默认情况下，任务
    的 CPU-Affinity 属性是关闭的。locksDemoTasksInit 创建了数个任务。
* /
LOCAL STATUS locksDemoTasksInit (
    int                 secs,          /* how long to run           */
    unsigned int        numOfTasks,    /* number of tasks evolved        */
    BOOL          affIsOn,
    unsigned int *      eventsToWait,/* Events to wait mask             */
    LOCKS_DEMO_TYPE     lockMethod     /* Method of global count lock */
)
{
   cpuset_t            taskAffinity;
   unsigned int        eventWorkerDone;
   int                 i = 0;

   workerTid [i++] = taskIdSelf (); //workerTid是一个数组，用于记录任务 ID

   while (i < (numOfTasks + 1))
   {
       /* Task's number is the bit to send an event on */
          eventWorkerDone = 1 << i;

       /* Add event to the receive list for the Main tasks receives */
        * eventsToWait  |= eventWorkerDone;

       /* Create the specified number of tasks */
        if ((workerTid[i] = taskCreate ( "worker" , WORKER_TASKS_PRIORITY,
           0, 5000, (FUNCPTR)workerEntry, secs, taskIdSelf(),
           numOfTasks, eventWorkerDone, i, lockMethod,0, 0, 0, 0)) ==
           ERROR)
```

```
        {
            return ERROR;
        }

        /*
         * Set affinity for each task if requested and that number
      of tasks
         * the number of CPU´s available.
         */
         if (affIsOn == TRUE)
         {
            taskAffinity = 1 << i;

               /* Set affinity the task affinity with the task index */
            if (taskCpuAffinitySet (workerTid[i], taskAffinity)
            != OK)
            {
                          return (ERROR);
            }

         } /* setAff == TRUE */

        /* Activate task ... */
        if (taskActivate (workerTid[i]) != OK)
        {
           return (ERROR);
        }
        i++; /* Increment iteration */
    }/* endwhile */
}
```

/ * workerEntry 开启任务的入口。在开启任务之前要确保 lockDemoWorkersReady 被设置为 TRUE，这样可以允许所有任务同时开启。

```
 *
 *
 * /
LOCAL void workerEntry(
    int  secs,                /* the lenght of demo duration */
```

```
        int   parentTask,          /* Id of creator task */
        unsigned int numOfTasks,
        UINT32 eventWorkerDone, /* unique Id to indicate this task is
done */
        unsigned int threadNum,         /* task sequence number */
        LOCKS_DEMO_TYPE lockMethod     /* method used to lock the global
count */
    )
    {
      int stopTick;

      /* Don't start until all workers are ready */
      while (lockDemoWorkersReady != TRUE);

      /* start timer once everyone is ready */
      stopTick = tickGet () + sysClkRateGet () * secs;

      FOREVER
      {
        /* Update global and local count */
        if (locksDemoGlobalCountOp (lockMethod, threadNum, numOfTasks) !=
        OK)
        {
            printf ( "spinLocks fairness test failed" );
            eventSend (parentTask, eventWorkerDone);
            break;
        }

        /* Keep incrementing while before we reach end time */
        if (tickGet() > stopTick)
        {
            /* Inform that worker is done */
            eventSend (parentTask, eventWorkerDone);
            break;
        } /* tickGet() > stopTick */
      } /* FOREVER */
    }
```

```
/* locksDemoGlobalCountOp 对一个共享数据和任务的私有数据进行累加。
 * 在这个函数中，会根据不同的同步机制进行运算。它有三个参数：第一个参数表示使用
   的同步机制；第二个参数表示调用该函数的任务 ID，这个参数用于累加任务私有的数
   据；第三个参数表示任务个数。本函数会对五种同步机制进行运算。
 * /
LOCAL STATUS locksDemoGlobalCountOp (
    LOCKS_DEMO_TYPE lockMethod,    /* Means of mutual exclusion */
    unsigned int    threadNum,
    unsigned int    numOfTasks     /* Number of tasks */
)
{
   /* Check the method we are computing operation for */
    switch (lockMethod)
   {

   case methodTaskSpinLock:
   {
       /* use a fair spinlock  */
       SPIN_LOCK_TASK_TAKE (&fairTaskSyncLock);

       /* make sure that we only take a fair turn */
       varsToUpdate [threadNum]++;               /* Update my local
count */
       varsToUpdate [0]++;                       /* increment shared
copy */
       SPIN_LOCK_TASK_GIVE (&fairTaskSyncLock);     /* release the
lock */
       break;
    }

    case methodIsrSpinLock:
       /* use a spinlock  */
       SPIN_LOCK_ISR_TAKE (&isrSyncLock);

       varsToUpdate [threadNum]++;            /* Update my local count */
       varsToUpdate [0]++;                    /* increment shared copy */
```

```
        SPIN_LOCK_ISR_GIVE (&isrSyncLock);  /* release the lock        */
        break;

    case methodIsrNdLock:
        /* use a spinlock  */
        key = spinLockIsrNdTake (&isrNdLock);

        varsToUpdate [threadNum]++;          /* Update my local count */
        varsToUpdate [0]++;                  /* increment shared copy */
        spinLockIsrNdGive (&isrNdLock, key); /* release the lock      */
        break;

    case methodAtomicInc:
        varsToUpdate [threadNum]++;                  /* Update my local count */

        /* Atomiccally increment global count */
        vxAtomicInc ((atomic_t *) varsToUpdate );
        break;

    case methodVxTas:
        /* use test-and-set */
        while ((vxTas ((void *)&tasVar) != TRUE));

        varsToUpdate [threadNum]++;      /* Update my local count */
        varsToUpdate [0]++;              /* Update global count   */

        VX_MEM_BARRIER_RW(); /* prevent above accesses from leaking */
        vxAtomicSet ((atomic_t *)&tasVar, 0);
        break;

    case methodVxAtomicAdd:
        /* Update my local count */
        varsToUpdate [threadNum]++;

        /* increment shared copy */
        vxAtomicAdd ((atomic_t *) varsToUpdate , 1);
```

```
        break;

    default:
    case methodLockNone:
        /* update my local count */
        varsToUpdate [threadNum]++;

        /* Update the global count */
        varsToUpdate [0] = varsToUpdate [0] + 1 ;
        break;
    } /* endSwitch */
     return OK;
}
```

11.3.13 向 VxWorks SMP 系统移植代码

向 SMP 系统移植代码最关键的考虑就是对称多处理允许任务与任务间、任务与 ISR 间、ISR 与 ISR 间同时执行。

从 VxWorks UP 向 SMP 移植代码需要一些步骤。移植的过程需要用到不同的多任务机制，还有一些互斥 / 同步机制等。在移植代码时，需要将 taskLock() 替换成 spinLockTaskTake()，类似的地方还有很多。

本小节对代码移植做了总结，包括 OS 设备需要考虑的一些问题，还有在移植过程中的一些细节问题等。

（1）代码移植步骤

以下内容描述了从 VxWorks UP 向 SMP 移植 APP 的模式和推荐步骤。

风河推荐：在将早期版本的 VxWorks UP 代码移植到当前版本的 VxWorks SMP 时，使用如下步骤：

①将原来的 UP 代码移植到当前 VxWorks UP 系统中

把使用 VxWorks UP 6.previous（或更早）系统的代码移植到 VxWorks UP 6.current 系统中。在这个过程中要将一些 API 替换成当前版本中支持的 API，要把一些与 VxWorks SMP 不兼容或不支持的 API 替换掉。

②将当前 VxWorks UP 代码移植为当前 VxWorks SMP 代码

把使用 VxWorks UP 6.current 系统的代码移植到 VxWorks SMP 6.current。在这个过程中要注意“同时执行”会引起的一些 bug（例如死锁等）。硬件的替换也包含在这个过程中（CPU 从 UP 到 SMP）。

③为提升 SMP 性能而优化代码

对代码进行优化，这样可以使程序充分利用对称多处理的优势。

代码移植过程如下图所示。

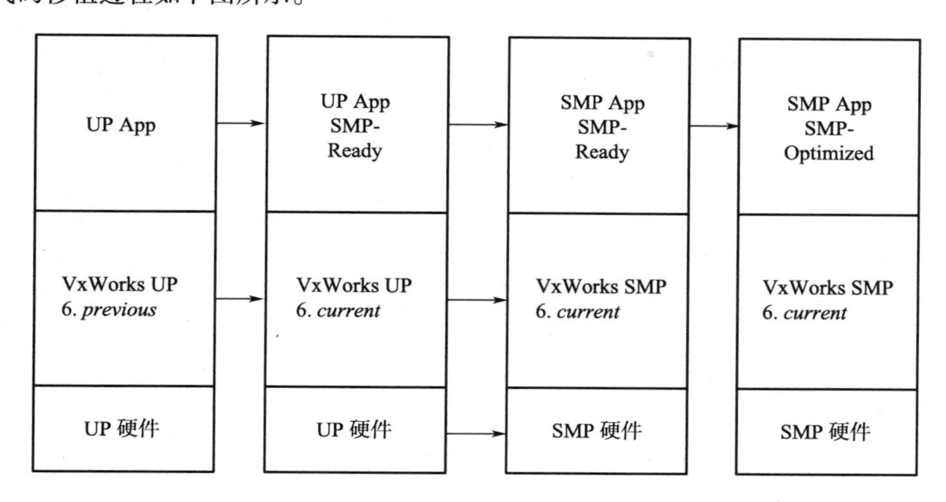

（2）UP 与 SMP 编程中不兼容的 API

下表列出了 UP 与 SMP 编程中不兼容的 API 和 LIB 库。在 UP 代码向 SMP 代码移植的过程中，必须注意替换以下 API。

UP 与 SMP 中不兼容的 API

不兼容的 UP 的 API	SMP 对应的 API	备注
代码中的隐式同步机制	使用显示同步机制，例如信号量或 spinlock	见“（4）任务的隐式同步机制”
若干 cacheLib 库函数	修改了对应函数的用法	见“（6）UP 中 API 在 SMP 中的变异”中“① cacheLib 限制”
若干 vmBaseLib 库函数	修改了对应函数的用法	见“（6）UP 中 API 在 SMP 中的变异”中“② vmBaseLib 限制”
taskLock(), intLock()	替换为 spinLockLib, taskCpuLock(), intCpuLock(), 原子操作	见“（5）同步与互斥机制”，“（7）在 SMP 中不支持的 UP API 以及 SMP 提供的替代 API”中“②任务锁：taskLock() 与 taskUnlock()”
taskRtpLock(), taskRtpUnlock()	替换为信号量、原子操作	见“（5）同步与互斥机制”，“（7）在 SMP 中不支持的 UP API 以及 SMP 提供的替代 API”中“③ RTP 中的任务锁：taskRtpLock() 与 taskRtpUnlock()”

续表

不兼容的 UP 的 API	SMP 对应的 API	备注
任务变量，taskVarLib 库函数	__thread 存储类	见“(7) 在 SMP 中不支持的 UP API 以及 SMP 提供的替代 API”中“④任务变量管理：taskVarLib”
tlsLib 库函数	__thread 存储类	见“(7) 在 SMP 中不支持的 UP API 以及 SMP 提供的替代 API”中“⑤任务本地存储：tlsLib”
访问 CPU-specific 全局变量	替换为 CPU-specific 全局变量访问函数	见“(8) SMP CPU-specific 变量以及 UP 全局变量”
内存访问属性与 SMP 内存不一致		见“(9) 内存访问属性”
不适用 VxBus 的驱动	适用于 VxBus 的驱动	见“(10) 驱动与 BSP”
UP 的 BSP	SMP 的 BSP	见“(10) 驱动与 BSP”
UP 的 boot loader	SMP 的 boot loader	

(3) RTP 应用与 SMP

在 VxWorks UP 系统中，RTP（用户模式）应用对于互斥 / 同步机制的限制比内核代码和内核应用要多。在 VxWorks SMP 中，RTP（用户模式）可以使用信号量、原子操作，但不支持 spinlock，内存障碍以及 CPU-specific 这些互斥机制。此外，使用 semExchange() 可以实现一个信号量的原子性的 give 和 exchange 操作。

(4) 任务的隐式同步机制

VxWorks 是一个支持多任务的 OS，VxWorks 和它的 APP 是支持可重入的。因此，当任务使用显示同步机制，代码移植到一个允许“同时执行”的系统上时，需要小心。例如，任务 A 释放了一个信号量给任务 B 使其得以运行，这是一个显式的同步机制。另一方面，隐式同步机制——通过任务优先级——不能在 VxWorks SMP 中使用。例如，如果一个高优先级的任务 A 生成了一个低优先级的任务 B，希望在任务 A 释放 CPU 之前任务 B 不能运行，这种假设在 SMP 系统中是不成立的。

通过任务优先级实现的隐式同步机制不易被发现，需要仔细查阅所有使用了与生成任务相关的代码。例如，我们要重点查看使用了下述 API 的代码：

①创建任务的 API

例如 taskSpawn()，rtpSpawn() 等一些创建新任务的 API。在 SMP 系统中，无论新的任务与父任务的优先级谁高谁低，新任务可能会在创建任务的 API 返回后在另一块 CPU 上运行。如果父任务与子任务使用信号量、消息队列或其他机制进行通信，则它们必须在创建新任务之间被创建和被初始化。

②会激活一个处于 waiting 中的 pend 任务的 API

例如 semGive()，msgQSend()，eventSend() 等一些会激活处于 waiting 中的 pend 任务的 API，即使被激活的任务优先级比调用以上 API 函数的任务低，被激活的任务也有可能在调用函数返回之间开始运行。

例如，在一个 VxWorks UP 系统中，一个任务可以通过使用 intLock() 来保护临界资源，同时也会屏蔽所有中断以防止 ISR 访问临界资源。当 ISR 访问临界资源时，不会使用显式互斥机制，这是因为当 UP 系统中运行 ISR 时，任务是不能运行的（驱动会使用很多 ISR，当任务使用 intLock() 时，这些 ISR 会排队等待工作）。而在 SMP 系统中，ISR 工作的同时任务不工作这种假设是不成立的。因此，在 ISR 中必须使用显式互斥机制。

（5）同步与互斥机制

由于 SMP 系统中允许真正意义上的“同时执行”存在，因此 VxWorks UP 与 VxWorks SMP 中的显式同步 / 互斥机制有所不同。

信号量在 VxWorks UP 和 VxWorks SMP 系统中的用法是相同的，但是关于中断锁和任务锁在两个系统中的用法就是不同的了。

例如，在 VxWorks SMP 中，一个任务和一个 ISR 可以同时运行，这在 VxWorks UP 中是不可能的。因此，一个任务和 ISR 之间的互斥机制也就随着系统的变化而变化。任务与 ISR 之间一个通用的同步机制就是二进制信号量，这种机制在 VxWorks SMP 系统中同样奏效。因此，UP 代码中使用二进制信号量的地方在 VxWorks SMP 系统中不用修改。同样的情况也适用于消息队列和 VxWorks 事件（event）机制。

注意，当一个 ISR 唤醒了一个任务（可以通过释放一个二进制信号量或发送一个事件，再或者发送一个消息给一个消息队列等），该任务必须立即运行在另一个 CPU 上。

（6）UP 中 API 在 SMP 中的变异

VxWorks UP 与 VxWorks SMP 提供的 API 大多数是相同的，也有一部分在函数行为上是不同的，这是因为 SMP 系统的需求，即它们的使用有一定的限制。

① cacheLib 限制

VxWorks UP 中的 cache API 是围绕 UP 系统设计的。包括：使能、使无效 cache，清除 cache 中数据，cache 天生具有 CPU-specific 属性，它们统统设定为本地 CPU 的 cache。在 SMP 系统中，这种天生的 CPU-specific 属性变得没有意义。VxWorks SMP 支持的系统提供硬件 cache 一致性，这种一致性包括 SMP 系统 CPU 之间的，也包括内存子系统与设备内存空间之间的。为了实现这些特点，下面描述了 VxWorks SMP 中关于 cache 限制和行为的改变。

1）cacheEnalbe() 和 cacheDisable()。能够使硬件 cache 保持一致性的唯一方法就

是使 cache 一直处于开启状态。因此，在 VxWorks SMP 中每个 CPU 的 cache 都要处于使能状态，不可以将它们关闭。因此，在 VxWorks SMP 中调用 cacheEnable() 总会返回 OK，而调用 cacheDisable() 总是返回 ERROR。ERRNO 是 S_cacheLib_FUNCTION_UNSUPPORTED。

2）cacheClear(), CacheFlush() 以及 cacheInvalidate()。为了确保硬件 cache 一致性，这些 API 不再需要。因此，如果在 VxWorks SMP 中调用这些 API，它们不会进行任何操作除了返回 OK。

3）cacheLock()，cacheUnlock()。VxWorks SMP 中不支持这些 API。如果调用，将会返回 ERROR, 错误码是 S_cacheLib_FUNCTION_UNSUPPORTED。

4）cacheTextUpdate()。该函数在 VxWorks SMP 中的使用方法与 VxWorks UP 中相同。

② vmBaseLib 限制

1）VxWorks SMP 不提供交换内存页属性的 API。在一个 SMP 系统中，RAM 空间在 CPU 之间是共享的。如果系统 RAM 中的一个单独页属性被修改了，以至于它不再是硬件一致性的了，任何 OS 对这个页的操作（例如 spinlock、共享数据结构等）将会产生一个高风险的不可知的后果。这种不可知的行为甚至在页属性改变后许久还能发生。这种情况很难通过 debug 查到，这是因为在 SMP 中我们都是基于硬件一致性进行工作的。

2）vmBaseStateSet() 与 vmStateSet()。在 UP 中，这些 API 用于修改虚拟内存中单独页的属性。在 SMP 系统中一个页的 cache 属性不能被修改。调用这些函数都会返回 ERROR，并且错误码置为 S_vmLib_BAD_STATE_PARAM。

（7）在 SMP 中不支持的 UP API 以及 SMP 提供的替代 API

VxWorks UP 中的一些 API 在 VxWorks SMP 中不能使用，这是因为 VxWorks SMP 提供真正意义上的同时执行。VxWorks SMP 针对对称多处理特点提供了这些 API 的替代品。

①中断锁：intLock() 和 intUnlock()

在 VxWorks UP 中，当一个任务（或 ISR）调用了 intLock() 时，则它阻止了 VxWorks 调用其他的中断（即关中断）。这个 API 典型的用法是保证任务间、任务与 ISR 间、ISR 间对临界资源的互斥访问。这种机制在 SMP 系统中不再适用，VxWorks SMP 提供了以下替代的方法：

1）如果中断锁用来在一块内存上进行虚拟（pseudo）原子操作，那么原子操作将是一个好的替代品。

2）如果中断锁用在任务间的互斥机制，那么信号量或者任务级 spinlock 将会是一个好的替代品。spinlock 申请 / 释放的操作要比信号量快，因此对于要求性能的、占用时间较短的临界资源，使用 spinlock 比较合适。而信号量用于保护占用时间较长的临界资源时比较合适。

3）如果中断锁用在任务与 ISR 间，或者 ISR 间，则中断级 spinlock 比较合适。

4）如果中断锁用在任务间的互斥机制，并且所有参与互斥的任务有相同的 CPU

affinity，那么就可以使用 taskCpuLock()。

5）如果中断锁用在任务间、任务与 ISR 间，或者 ISR 间，并且参与互斥的所有任务和 ISR 有相同的 CPU affinity，那么就可以继续使用 intCpuLock()。

②任务锁：taskLock() 与 taskUnlock()

在 VxWorks UP 系统中，当一个任务调用了任务锁 API 时，则它会禁止系统中其他任务的调度直到该任务释放了对应的任务锁。这些 API 的典型用法是保证临界资源的互斥访问。

在 VxWorks UP 中，内核 API taskLock() 会把任务调度机制挂起。这种机制在 SMP 系统中不再适用，VxWorks SMP 提供了以下替代的方法：

1）信号量。

2）原子操作。

3）任务级 spinlock。spinlock 申请 / 释放的操作要比信号量快，因此对于要求性能的、占用时间较短的临界资源，使用 spinlock 比较合适。

4）如果中断锁用在任务间的互斥机制，并且所有参与互斥的任务有相同的 CPU affinity，那么就可以使用 taskCpuLock()。

③ RTP 中的任务锁：taskRtpLock() 与 taskRtpUnlock()

在 RTP APP 中使用 taskRtpLock()，使得调用该 API 的进程不能再调用其他任务。与 taskLock() 一样，taskRtpLock() 在 SMP 中不再适用。

在 SMP 中调用 taskRtpLock() 会引发致命错误并使得进程终止。可以使用信号量或原子操作替换。

④任务变量管理：taskVarLib

taskVarLib 提供了 VxWorks UP 中的任务变量设备，它不适用在 SMP 系统中。多个使用相同任务变量的任务可能同时执行。因此，任务变量以及 taskVarAdd() 和 taskVarDelete() 函数在 VxWorks SMP 中不再适用。可以使用 __thread 存储类进行替换。

⑤任务本地存储：tlsLib

tlsLib 为 VxWorks UP 用户模式的 RTP APP 提供了任务本地存储 API。但这些 API 在 SMP 中不再适用。这是因为，使用相同任务变量的多个任务可能同时执行。这些 tlsLib 的 API 包括：tlsKeyCreate(), tlsValueGet(), tlsValueSet(), tlsValueOfTaskGet(), tlsValueOfTaskSet()。可以使用 __thread 存储类进行替换。

（8）SMP CPU-specific 变量以及 UP 全局变量

在 UP 中全局对象中一些（例如 errno）在 SMP 中是属于不同 CPU 实体的（CPU-specific entity）。而另外一些在 SMP 中是不可访问或不存在的。

① SMP CPU-specific 变量

可以通过对应 API 间接访问的 SMP CPU-specific 变量包括：errno, taskIdCurrent, intCnt, isrIdCurrent。

1）errno。从一个程序员的角度来看，errno 就像一个包含了当前运行任务（或 ISR）错误码的全局变量。VxWorks SMP 可以透明地管理像 errno 这样的 CPU-specific 变量。

2）taskIdCurrent。在 SMP 中没有这个全局变量。在 SMP 中必须使用 taskIdSelf() 替换 UP 中的 taskIdCurrent。

3）intCnt。在 SMP 中，指定中断在指定 CPU 上运行。intCnt 用来跟踪在指定 CPU 上运行的中断个数。在 SMP 中，要使用 intCount() 替换 UP 中的 intCnt。

4）isrIdCurrent。它用来标识 ISR 在指定 CPU 上运行。只有当 INCLUDE_ISR_OBJECTS 组件添加时，这个全局变量才可用。在 SMP 中，必须使用 isrIdSefl() 替换 UP 中的 isrIdCurrent。

②仅在 UP 中出现的全局变量

有些全局变量仅在 VxWorks UP 中存在，或者在 VxWorks SMP 中不能被用户代码访问，它们包括：vxIntStackBase, vxIntStackEnd, kernelIsIdle, windPwrOffCpuState。

1）vxIntStackBase。该变量标志了中断栈的基地址。在 VxWorks SMP 中，每个 CPU 有一个 vxIntStackBase 处理中断，这是因为在多个 CPU 上的中断可能会同时发生。没有 API 可以访问这个全局变量，它不能被用户代码访问。

2）vxIntStackEnd。该变量标识了每个 CPU 中断栈的终止地址。没有 API 可以访问这个全局变量，它不能被用户代码访问。

3）kernelIsIdle。在 VxWorks UP 中，该变量用于指出当前系统是否为 idle。SMP 中没有这个变量。

4）windPwrOffCpuState。该变量标识了指定 CPU 的电源管理状态。没有 API 可以访问这个全局变量，它不能被用户代码访问。

（9）内存访问属性

在 SMP 系统中，为了支持内存一致性，必须确保每个 CPU 可以看到一样的内存上下文。根据不同的 CPU 体系结构，一些内存访问属性不能满足内存一致性的需求。

（10）驱动与 BSP

VxWorks SMP 的驱动与 BSP 开发必须遵从本章叙述的开发规则。驱动还必须符合 VxBus 驱动模式。BSP 为了提供 VxBus 支持，必须提供与 VxWorks UP 不同的 reboot 处理机制、CPU 列举、中断查找与分配等。

11.4 VxWorks 6.9 系统常见问题

11.4.1 VxWorks 6.9 系统网卡配置

在 VxWorks 6.9 中，既支持 IPv4，又支持 IPv6，兼容 VxWorks 5.5.1 的 IPv4 挂载 / 卸

载 TCP/IP 协议的 API 如下：

```
int ipAttach (int unit, char * pDevice);
int ipDetach (int unit, char * pDevice);
```

在 VxWorks 6.9 中，挂载 TCP/IP 协议的 API 如下：

```
int ipcom_drv_eth_init(const char *drvname, unsigned int drvunit,
const char *ifname);
```

配置网卡参数和 VX5.5 不兼容，使用 int ifconfig (char *);

```
ifconfig( "gei1 inet 192.168.1.20 netmask 255.255.255.0 up" );
```

显示网卡状态和 VX5.5 不兼容，使用 int ifconfig (char *);

```
ifconfig( "gei0" );/* 显示网卡 gei0 的状态 */
ifconfig(NULL);/* 显示全部网卡的状态 */
```

11.4.2　标准 IO 系统重要差异

VxWorks 6.8/VxWorks 6.9 标准 IO 系统与 VxWorks 5.5.1 在使用上有重要差异，VxWorks 6.8/VxWorks 6.9 的 DOSFS 是不同步的，如果要求写入数据立刻同步到磁盘，需要在打开文件读写操作时使用下面方法。标注部分是与 VxWorks 5.4/VxWorks 5.5.1 不同的部分。

方法 1：

```
fd = open ( "name" , O_CREAT|O_RDWR|O_SYNC, 0);
nBytes = read (fd, &buffer, maxBytes);
actualBytes = write (fd, &buffer, nBytes);
close (fd);
```

方法 2：

```
fd = open ( "name" , O_CREAT|O_RDWR, 0);
nBytes = read (fd, &buffer, maxBytes);
actualBytes = write (fd, &buffer, nBytes);
fsync (fd);
close (fd)
```

在使用 VxWoks 6.8/VxWorks 6.9 的 the non-buffered Basic IO 系统（creat、open、write、fsync、close 等）时，按照上面的流程操作。

在使用 VxWoks 6.8/VxWorks 6.9 的 the buffered Standard IO 系统（fopen、fwrite、fclose 等）时，使用习惯和 VxWorks 5.5.1 一样。

在 VxWorks 6.8/VxWorks 6.9 操作系统中，有时 bootChange 修改引导行参数不能保存就是该问题，在文件 $WIND_BASE/vxworks-6.9/target/config/itl_ivybridge/sysNvRam.c 中函数 sysNvRamSet 写完文件后，关闭此文件前增加同步文件操作 fsync(fd) 就正确了。

```
STATUS sysNvRamSet
    (
    char *string,      /* string to be copied into non-volatile RAM */
    int strLen,        /* maximum number of bytes to copy           */
    int offset         /* byte offset into non-volatile RAM         */
    )
    {
    int fd;

    if ((offset < 0) || (strLen < 0) || ((offset + strLen) > NV_RAM_SIZE))
        return (ERROR);

    fd = open (NVRAMPATH, O_RDWR | O_CREAT, DEFFILEMODE);
    if (fd == ERROR)
        {
        logMsg ("sysNvRamSet: '%s' open failed\n", (int)NVRAMPATH, 0,
0, 0, 0, 0);
        return (ERROR);
        }

    if (lseek (fd, offset, SEEK_SET) != offset)
        {
        close (fd);
        return (ERROR);
        }

    if (write (fd, string, strLen) != strLen)
        {
        logMsg ("sysNvRamSet: '%s' write failed\n" , (int)NVRAMPATH,
0, 0, 0, 0, 0);
        close (fd);
        return (ERROR);
        }
    else
        {
        fsync (fd);
```

```
        close (fd);
        return (OK);
        }
    }
```

11.4.3 广播回环问题

在 VxWorks 6.9 中，发送广播数据包回环，如果某套接字的接收端口和广播发送端口正好相同，该套接字会收到广播报文，与预期不一致，也与 VxWorks 5.5.1 操作系统不一致。

根据上述现象寻找，在文件 $WIND_BASE/components/ip_net2-6.9/ipnet2/src/ipnet_ip4.c 中函数 ipnet_ip4_sendto 回环广播报。

```
    IP_GLOBAL int
    ipnet_ip4_sendto(Ipnet_socket *sock, IP_CONST struct Ip_msghdr *msg,
Ipcom_pkt *pkt)
    {
      ......
        /*
         * Set time-to-live field and whether a copy of the packet
should be delivered to the loopback device.
         */
        switch (dst->to_type)
        {
        case IPNET_ADDR_TYPE_UNICAST:
        case IPNET_ADDR_TYPE_TENTATIVE:
        case IPNET_ADDR_TYPE_NOT_LOCAL:
            ip4_info.ttl = sock->uni_hop_limit;
            if (IP_LIKELY(ip4_info.ttl == 0))
                ip4_info.ttl = dst->neigh->netif->conf.inet.base_hop_limit;
            break;
        case IPNET_ADDR_TYPE_MULTICAST:
            ip4_info.ttl = sock->multi_hop_limit;
            if (IP_BIT_ISSET(sock->flags, IPNET_SOCKET_FLAG_LOOP_MULTICAST))
                IP_BIT_SET(pkt->flags, IPCOM_PKT_FLAG_LOOP_MCAST);
            break;
        default:
            /*
```

```
         * Broadcast
         */

        if ((dst->to_type == IPNET_ADDR_TYPE_BROADCAST || dst->to_
type == IPNET_ADDR_TYPE_NETBROADCAST)
            && IP_BIT_ISFALSE(sock->ip4->flags, IPNET_SOCKET_FLAG_
IP4_ALLOW_BROADCAST))
            /*
             * This socket does not allow sending packets to the
broadcast address
             */
        {
            IPCOM_LOG1(NOTICE, "IPv4: socket %d is not allowed to
send broadcast packets",
                       sock->ipcom.fd);
            ret = IPNET_ERRNO(EACCES);
            goto errout;
        }
        ip4_info.ttl = 64;

        /*
         * Always loop broadcast packets.
         */
        IP_BIT_SET(pkt->flags, IPCOM_PKT_FLAG_LOOP_MCAST);
    }

    ……

}
```

把函数 ipnet_ip4_sendto 中 IP_BIT_SET(pkt->flags, IPCOM_PKT_FLAG_LOOP_MCAST)；去掉，不再回环广播报。

打开 Workbench 软件，在菜单栏选择“Project”，选择“Open Development Shell”。

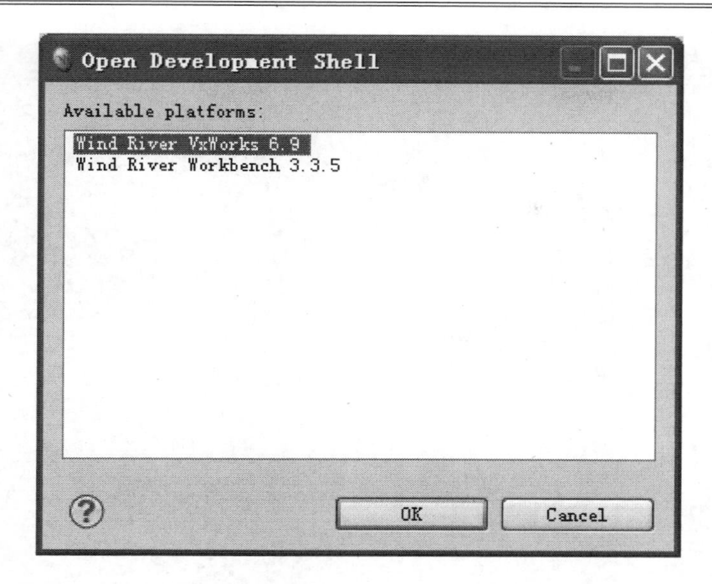

选择“Wind River VxWorks 6.9”，选择确定按钮“OK”。

切换 Wind River VxWorks 6.9 shell 目录到 $WIND_BASE/components/ip_net2-6.9，编译 SMP 版本库文件时命令 make CPU=cpuType TOOL=toolchain VXBUILD=SMP；编译 UP 版本库文件时命令 make CPU=cpuType TOOL=toolchain。例如，编译 NEHALEM 处理器的 SMP 版本库文件。

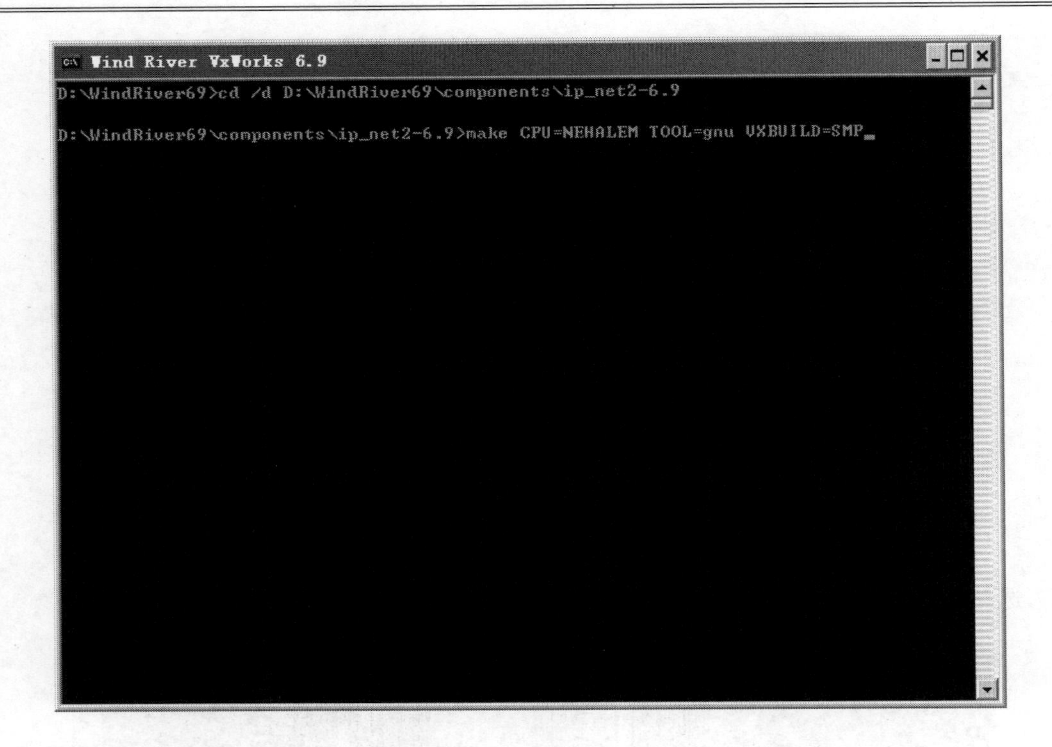

11.4.4　网络通信丢帧

在 IvyBridge 平台计算机、ZYNQ7K 平台计算机运行 VxWorks 6.9 时都发现在数据流量较大场景（每毫秒接收 5KB 和发送 4KB）UDP 通信丢帧，该问题与发送描述符数量、接收描述符数量、TUPLE 数量（STATUS endPoolCreate(int tupleCnt, NET_POOL_ID * ppNetPool) 的第一个参数值）有关。

IvyBridge 平台计算机把 $WIND_BASE/vxworks-6.9/target/config/itl_ivybridge/gei825xxVxbEnd.h 中的参数修改如下：

```
/* The PRO/1000 hardware requires at least 128 descriptors per DMA ring */

#define GEI_RX_DESC_CNT 256
#define GEI_TX_DESC_CNT 256

#define GEI_DEFAULT_TUPLE_CNT_FACTOR 16
```

ZYNQ7K 平台计算机把 $WIND_BASE/vxworks-6.9/target/config/xlnx_zynq7k/vxbZynq7kGemEnd.h 中的参数修改如下：

```
#define GEM_TUPLE_CNT            (576*8) /* 1152  --> 576x8 */
```

```
#define GEM_RX_DESC_CNT          256
#define GEM_TX_DESC_CNT          256
```

11.4.5　设备顺序映射

在工作中，时常遇到新仿制计算机和旧计算机在 IO 上全部兼容，但在 VxWorks 6.9 操作系统中网卡名字和网卡物理位置与旧计算机不一致、硬盘名字不同的情况，导致已经定型的应用程序不能做到完全兼容。

下面介绍在驱动程序中重新映射网卡顺序、硬盘顺序来确保操作系统中的网卡名字和物理位置和旧计算机的完全一样，硬盘名字也和旧计算机的完全一样，在软件上确保应用程序兼容，不作任何修改。

（1）网卡顺序映射

在文件 $WIND_BASE/vxworks-6.9/target/config/itl_ivybridge/gei825xxVxbEnd.c 中，修改函数 geiInstInit2，代码如下。

```
LOCAL void geiInstInit2 (VXB_DEVICE_ID pDev)
{
    ......

  /* 重新映射网卡的顺序，兼容 CP6003 主板的网卡顺序 */
  const int iDevMapIdx[] = {1, 0, 2, 3};

  /* pDev->unitNumber = pDev->unitNumber */
  if(pDev->unitNumber<NELEMENTS(iDevMapIdx))
  {
      pDev->unitNumber = iDevMapIdx[pDev->unitNumber];
  }

   ......
}
```

（2）硬盘顺序映射

在文件 $WIND_BASE/vxworks-6.9/target/config/itl_ivybridge/ vxbAhciStorage.c 中，修改函数 ahciDrv，代码如下。

```
LOCAL STATUS ahciDrv (SATA_HOST * pCtrl)
{
    ......
```

```
/* 重新映射AHCI的顺序，兼容CP6003主板的AHCI顺序 */
const int iDevMapIdx[] = {1, 2, 0, 3, 4, 5, 6, 7, 8, 9, 10, 11,
12, 13, 14, 15, 16, 17, 18, 19, 20, 21, 22, 23, 24, 25, 26, 27, 28, 29,
30, 31};

......

/*pDrive->sataPortDev.logicPortNum = pDrive->sataPortDev.
logicPortNum;*/
    pDrive->sataPortDev.logicPortNum = iDevMapIdx[pDrive->sataPortDev.
logicPortNum];

    ......
}
```

11.4.6　优化系统性能参数

下面优化系统性能参数在 11.2.3 节“VIP 操作系统内核映像工程”都已经优化。

（1）优化系统网络性能参数

风河帮助文档 Wind River VxWorks Platforms User's Guide 的第 7 章是 Optimizing System Performance。

根据文档中描述的提高 TCP/UDP 性能，参数 IPNET_MEMORY_LIMIT 默认值是 16,777,216 bytes，可以根据文档描述方法来判断是否需要修改该参数，在工程应用中，未修改该参数。

根据文档中描述的提高 TCP/UDP 性能，把参数 IPNET_SOCK_DEFAULT_RECV_BUFSIZE 和参数 IPNET_SOCK_DEFAULT_SEND_BUFSIZE 的值修改为“8388608”，8Mbytes。

设置 IPNET_SOCK_DEFAULT_RECV_BUFSIZE 的值是“8388608”，8Mbytes。

设置 IPNET_SOCK_DEFAULT_SEND_BUFSIZE 的值是“8388608”，8Mbytes。

在默认情况下，VxWorks 6.9 系统每秒只能接收一个 ICMP 报文，当有很多主机 ping 同一台 VxWorks 系统或者 ping 的时间间隔小于 1s 时，ICMP 报文都会丢弃。

设置 INET_ICMP_RATE_LIMIT_INTERVAL 的值是“0”，不限制 ICMP 报文的时间间隔。

（2）优化文件系统性能参数

风河帮助文档 VxWorks Kernel Programmer's Guide 的 13.5.5 Optimizing dosFs

Performance 介绍了优化 DOS 文件系统性能参数。

包含组件 INCLUDE_DOSFS_CACHE，设置参数 DOSFS_DEFAULT_DATA_DIR_CACHE_SIZE 的值是 0x2000000，设置参数 DOSFS_CACHE_BACKGRAOUND_FLUSH_TASK_ENABLE 的值是 FALSE。

11.4.7　目标机服务器与“永恒之蓝”病毒

某调试机感染“永恒之蓝”病毒，该病毒遍历全网所有计算机，尝试与 445 端口建立 TCP 连接。在 Windows 系统 cmd 命令行窗口中输入“netstat -na”显示网络状态。如果计算机感染“永恒之蓝”病毒，网络状态如下图所示。

```
C:\>netstat -na

Active Connections

  Proto  Local Address          Foreign Address        State

  ......

  TCP    192.23.0.210:9999      192.23.0.103:445       SYN_SEND
  TCP    192.23.0.210:9999      192.23.0.104:445       SYN_SEND
  TCP    192.23.0.210:9999      192.23.0.105:445       SYN_SEND
  TCP    192.23.0.210:9999      192.23.0.106:445       SYN_SEND
  TCP    192.23.0.210:9999      192.23.0.107:445       SYN_SEND
  TCP    192.23.0.210:9999      192.23.0.108:445       SYN_SEND
  TCP    192.23.0.210:9999      192.23.0.109:445       SYN_SEND
  TCP    192.23.0.210:9999      192.23.0.110:445       SYN_SEND
  TCP    192.23.0.210:9999      192.23.0.111:445       SYN_SEND
  TCP    192.23.0.210:9999      192.23.0.112:445       SYN_SEND

  ......

C:\>
```

Windows XP 操作系统一定要安装针对“永恒之蓝”病毒的补丁包 KB4012598。

Windows 7 操作系统一定要安装针对“永恒之蓝”病毒的补丁包 KB4012212 和 KB4012215。

当调试机感染“永恒之蓝”病毒时，目标机服务器不能和 Wind River Register 正常通信，可以令调试机上 Workbench 的目标机服务器不能连接目标机。

第 12 章　软件运行异常分析排查作业指导

软件运行异常分析排查作业指导旨在指导用户在 VxWorks 系统上遇到软件运行异常时进行分析和排查。为了阅读的连贯性，本章内容和上面内容有重复的地方。

在这里，我们假定读者具备开发 VxWorks 系统应用程序和计算机网络相关基础知识。

12.1　系统需求

12.1.1　调试机系统需求

（1）硬件需求

1）计算机：普通台式机或便携式计算机，具有 10M/100M/1000Mbit/s 自适应网卡。
2）网络电缆：1 根。
3）串口电缆：1 根。

（2）软件需求

1）Windows XP / Windows 7 / Windows 8。
2）Tornado 2.2.1/VxWorks 5.5.1。
3）Workbench3.2/VxWorks 6.8.3。
4）Workbench3.3/VxWorks 6.9.4。
5）Wireshark、UltraEdit 等。

12.1.2　目标机系统需求

在目标机上运行 VxWorks 系统，在构建 VxWorks 时包含下面组件：
1）shell 组件 INCLUDE_DEBUG 和 INCLUDE_SHELL。
2）WindView 组件（VxWorks 5.5.1），选择 INCLUDE_SYS_TIMESTAMP。
3）SystemViewer 组件（VxWorks 6.8/6.9），选择 INCLUDE_SYS_TIMESTAMP。
4）包含 symbol table 组件，选择 INCLUDE_STANDALONE_SYM_TML。
5）包含组件 INCLUDE_EXC_SHOW。
6）包含组件 INCLUDE_MEM_SHOW。
7）包含组件 INCLUDE_MSG_Q_SHOW。

8）包含组件 INCLUDE_SEM_SHOW。

9）包含组件 INCLUDE_TASK_SHOW。

10）包含组件 INCLUDE_WATCHDOGS_SHOW。

11）包含组件 INCLUDE_PCI_CFGSHOW（VxWorks 5.5.1）。

12）包含组件 INCLUDE_PCI_BUS_SHOW（VxWorks 6.8/VxWorks 6.9）。

13）包含组件 INCLUDE_PING。

14）包含组件 INCLUDE_NET_SHOW（VxWorks 5.5.1）。

15）包含组件 INCLUDE_TCP_SHOW（VxWorks 5.5.1）。

16）包含组件 INCLUDE_UDP_SHOW（VxWorks 5.5.1）。

17）包含组件 INCLUDE_VXBUS_SHOW（VxWorks 6.8/VxWorks 6.9）。

18）包含组件 INCLUDE_IFCONFIG（VxWorks 6.8/VxWorks 6.9）。

19）包含组件 INCLUDE_NETSTAT（VxWorks 6.8/VxWorks 6.9）。

12.2　异常分析排查

12.2.1　硬件相关异常

在项目中我们使用嵌入式计算机有 Intel 处理器的 CP6000、CP6003、HT-P105D 等，PPC 处理器的 MPC8548 数传插件、VPX_P4080_SBC 等，ZYNQ-7000 系列 ARM 处理器的 FMC 数传子卡、RIO 数传插件等。下面举例介绍一下这些计算机系统曾经发生的异常。

（1）供电异常

典型现象：计算机系统无征兆的偶然重启、连续重启。CP6000 或 CP6003 在 ATX 压接电源线底板的机箱里出现的故障比较多。

故障推断：供电异常可能性大。

分析排查：测量供电电压看是否符合供电需求。

（2）硬件异常

①设备异常

典型现象：未找到 PCI 从设备 /PMC 设备，或者 PCI 从设备 /PMC 设备资源不正确。

故障推断：PCI 从设备 /PMC 设备故障或 PCI 从设备 /PMC 设备松动。

分析排查：确认 PCI 从设备 /PMC 设备正确插入系统，重新启动计算机，如果还是未找到设备 / 设备资源不正确，推断设备故障，更换设备再测试。

②中断异常

典型现象：丢中断 / 多中断。

控制系统工作在单状态，在中断发生时获取系统时钟嘀嗒，中断的时间间隔是当前中

断时系统时钟嘀嗒 – 上次中断时系统时钟嘀嗒。分析中断时间间隔判断是否存在丢中断 / 多中断。也可以使用 WindView/SysView 采集软件逻辑时序图来分析。

故障推断：FPGA 时序逻辑错误。

分析排查：硬件工程师查询 FPGA 时序逻辑，差分信号经芯片转单端，需锁存去毛刺，如果是电平触发还需展宽（不能太小，建议 32μs 以上）后送给系统，系统响应中断后确认清除中断时改变电平极性。

12.2.2　网络相关异常

在 VxWorks 系统中，有些网络相关的异常，比如自动协商失败、不能发送大于 MTU 的广播包、不能接收网络数据、不能发送网络数据、单播网络数据不能正确寻址、丢帧等。

（1）自动协商失败

在工程应用中，遇到两类自动协商失败问题。其一，在 VxWorks 5.5.1 中，千兆网卡驱动程序缺陷；其二，使用 4 对双绞线电缆连接自动协商成功，使用 2 对双绞线电缆连接自动协商失败。

① VxWorks 5.5.1 千兆网卡驱动程序缺陷

参考 9.5.1 节。

②使用 2 对双绞线电缆连接自动协商失败

现象描述：

FMC 数传子卡和交换机 CP6923 使用百兆网线连接时，网络不通。

机理分析：

FMC 数传子卡是 ZYNQ-7000 系列处理器，网络接口使用 88E1512 的千兆 PHY 芯片。

在“downshift”特征未使能时，88E1512 的千兆 PHY 芯片使用一根 4 对线 RJ-45 线缆与另一个千兆 PHY 能自动协商建立 10/100/1000Mbit/s 连接。但一根 2 对线（1,2 和 3,6）RJ-45 线缆，与另一个千兆 PHY 自动协商成 1000Mbit/s，但连接失败，重复 1000Mbit/s 自动协商但连接失败，并且不会尝试 10/100Mbit/s。

在“downshift”特征使能时，88E1512 的千兆 PHY 芯片使用一根 2 对线（1,2 和 3,6）RJ-45 线缆、3 对线（1,2　3,6　4,5 或 1,2　3,6　7,8）RJ-45 线缆与另一个千兆 PHY 能自动协商建立 10/100Mbit/s 连接。

在默认情况下，88E1512 的千兆 PHY 芯片“downshift”特征未使能。

使能“downshift”特征，设置下面寄存器。

Register 16_0.11 = 1——使能“downshift”特征。

Register 16_0.14:12——在“downshift”前，自动协商尝试连接次数。

使能“downshift”特征，88E1512 千兆 PHY 芯片使用 2 对线 /3 对线 /4 对线 RJ-45 线缆与另一个千兆 PHY 均能自动协商建立连接。

本案例可作为典型案例，阅读芯片手册 / 检查千兆网卡默认的“downshift”特征，如

果默认未使能 “downshift” 特征，就根据手册在驱动程序中使能 “downshift” 特征。

常见网卡芯片 Intel 82574L 也有类似情况。

在测试千兆网卡时，使用 2 对线 /3 对线 /4 对线 RJ-45 线缆充分测试验证。

在 9.5.1 节有类似问题描述。

（2）不能发送大于 MTU 的广播包

VxWorks 5.5.1 中广播发送数据包长超过 1472 字节时，发送失败。

在工程中需要广播发送数据包长超过 1472 字节时，设置选项：

```
#include “netLib.h”
extern int _ipCfgFlags;
ipCfgFlags |= IP_DO_LARGE_BCAST;/* do broadcasting pkt > MTU */
```

（3）不能接收网络数据

①选项 SO_RCVBUF 设置问题

VxWorks 5.5.1 网络接收 UDP 数据时，如果 UDP 数据包的目的地址和端口号都正确，当广播 / 组播时可使用 WireShark 检查目的地址和端口号，接收不到数据包。检查 VxWorks 5.5.1 接收 UDP 数据包的最大字节数。

VxWorks 5.5.1 接收 UDP 数据包的最大字节数默认为 41600。当接收 UDP 数据包的字节数超过 41600 时，可以使用选项 SO_RCVBUF 调整接收数据包的最大字节数：

```
setsockopt (sock, SOL_SOCKET, SO_RCVBUF, &optval, sizeof (optval));
```

② IP 碎片攻击问题

计算机接收大数据包（数据包大小超过 MTU）时，如果该数据包在网络上有很多碎片，形成了类似 “IP 碎片攻击” 的效果，大量无效的 IP 碎片导致计算机操作系统网络协议栈 IP 重组资源耗尽，出现了接收超过 MTU 的数据包 “停止服务” 现象，VxWorks 5.5.1 操作系统网络协议栈的无效 IP 分片典型生存时间是 30s（ipfragttl = IPFRAGTTL;）。

计算机不能接收超过 MTU 数据包，要考虑是否存在 IP 碎片攻击。在 VxWorks 5.5.1 操作系统中可以使用 ipstatShow 查看 IP 重组统计信息。

（4）不能发送网络数据

①选项 SO_SNDBUF 设置问题

VxWorks 5.5.1 网络发送 UDP 数据时，函数 sendto 返回 ERROR，设置错误号 errno 为 0x24 时，请设置 SO_SNDBUF 选项。

VxWorks 5.5.1 发送 UDP 数据包的最大字节数默认为 9216。当发送 UDP 数据包的字节数超过 9216 时，可以使用选项 SO_SNDBUF 调整发送数据包的最大字节数：

```
setsockopt (sock, SOL_SOCKET, SO_SNDBUF, &optval, sizeof (optval));
```

② Intel 82546GB 芯片缺陷问题

2012 年 10 月 15 日，Intel 发布的 *82546GB Gigabit Ethernet Controller Specification Update* 中描述了 82546GB 网卡工作在 10/100Mbit/s 时可能不能发送数据。

当前，该故障没有解决办法，在设计时避免 82546GB 网卡工作在 10/100Mbit/s 即可避免该问题。

（5）单播网络数据不能正确寻址

在工程项目中偶有如下场景，计算机 B 通过交换机 0 与计算机 A 通信，当计算机 C 加电后，计算机 A 接收不到计算机 B 发来的数据。

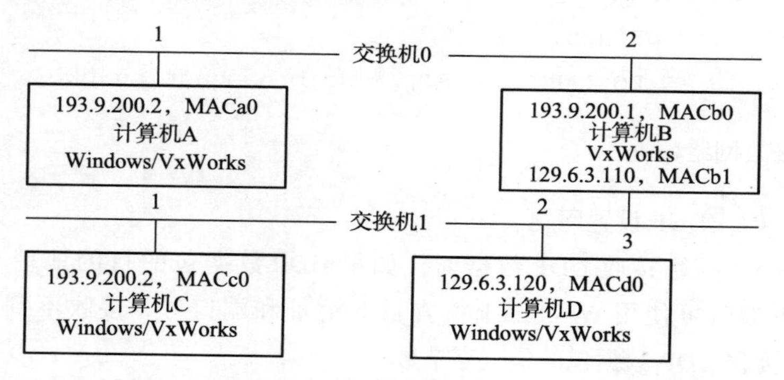

使用调试计算机接入交换机 0，此时网络上可以通过抓包工具 WireShark 获得数据包，目的 IP 地址是 193.9.200.2，目的 MAC 地址是 MACc0 的数据包。

当计算机 C 加电启动时，计算机 C 向交换机 1 上发送免费 ARP 报文，计算机 B 网口 1 接收到该 ARP 报文，“193.9.200.2—MACc0”被写入计算机 B 的 ARP 表项“193.9.200.2—MACc0”，因此计算机 B 发送给计算机 A 的数据包目的 MAC 地址变成了计算机 C 的 MACc0，而在交换机 0 的端口地址表中找到 MACc0 条目，该数据包在交换机 0 的所有端口洪泛。因为网卡仅接收多播 MAC 地址和网卡的 MAC 的数据包，因此计算机 A 收不到计算机 B 发来的数据包，因该数据包在交换机 0 上洪泛，调试计算机的抓包工具 WireShark 能抓到。

建议措施：

1）加强对同一系统下所有设备的网络地址的管理，避免网络地址冲突的问题。

2）在计算机 B 的网口 1 的协议栈 MUX 层增加网络防火墙，过滤掉所有来自非本网段的数据包，从而可以保证计算机 B 的网络协议栈不会受到来自其他网段的网卡的免费 ARP 报文的影响。

加强对所有设备的网络地址的管理，在技术手段之外避免产生网络地址冲突的问题。同时也给出一种多网卡的 VxWorks 系统和外部 / 外单位计算机通信时设立防火墙的思想，以增强自身可靠性的技术途径。

在 9.5.2 节有类似问题描述。

（6）网络丢帧

在遇到网络丢帧时，依次排查下面情况。

① VxWorks 5.5.1 地址解析时发送数据丢帧

VxWorks 5.5.1 操作系统的网络协议栈 ARP 表的超时时间是 20min，当 ARP 表项超时时，重新解析该地址，在一定网络流量时可能发送数据丢帧。

建议把 ARP 表项的超时时间设置为较长时间，比如一周。下面设置已在标准 VxWorks 系统中更改。

```
include "arpLib.h"
IMPORT int arpt_keep;
arpt_keep = 7*24*60*60;/* once resolved, good for for one weak */
arpFlush();
```

如果在系统设计中，仅有计算机 A 向计算机 B 发送数据，交换机学习的端口地址表项"端口 2—MACb0"的超时时间典型值是 5min，开机约 5min 后该表项老化被删除，计算机 A 向计算机 B 发送数据包的目的 MAC 地址是 MACb0，因查交换机学习的端口地址表找不到该 MAC 地址对应的表项而洪泛。

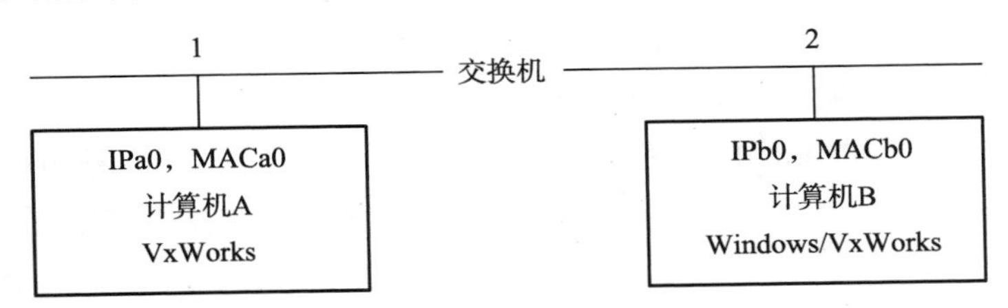

为避免网络中大量数据包的洪泛，在设计中避免某计算机仅接收数据，而不发送数据的情况。

② VxWorks 网络数据内存池问题

VxWorks 5.5.1 操作系统的网络数据内存池配置较小，在较大网络数据量时可能会导致发送 / 接收数据丢失。在标准 VxWorks 系统中已经更改配置。可以使用 mbufShow 函数查看网络数据内存池的使用情况。详见 9.5.2 节内容。

在 VxWorks 6.8/6.9 操作系统中，为提高网络通信的性能，在构建 VxWorks 时确保配置组件的参数 IPNET_SOCK_DEFAULT_SEND_BUFSIZE 和 IPNET_SOCK_DEFAULT_RECV_BUFSIZE 的推荐值为"8388608"。

③网卡发送或接收描述符数量问题

VxWorks 5.5.1/VxWorks 6.8/6.9 操作系统中网卡驱动程序发送描述符和接收描述符配置较小，在较大网络数据量时可能会导致发送 / 接收数据丢帧。详见 11.4.4 节内容。

④电缆和信道质量问题

确认组合设计使用了合格的电缆，确认电缆符合布线规范要求。

（7）网络数据接收延迟问题

详见 9.5.3 节内容。

（8）网络常见错误号

0x43：EHOSTDOWN，当 VxWorks 发送单播数据时，目的计算机不在线，sendto 返回错误，报 0x43 错误。

0x3d：ECONNREFUSED，当 VxWorks 发送单播数据时，目的计算机在线但没有应用程序从目的端口接收数据，tNetTask 报 0x3d 错误。

0x24：EMSGSIZE，发送数据太大，超过了 SND_BUF 设置的大小，sendto 返回错误，报 0x24 错误。

0x3e：ENETDOWN，如果按照 9.5.2 中方案把物理层链路状态上报协议栈后，当网卡链接状态是断开时，sendto 返回错误，报 0x3e 错误。

0x37：1）默认网卡驱动程序时，网卡驱动未把物理层链路状态告诉协议栈，当网卡链接状态是断开时，一会儿 sendto 返回错误，报 0x37 错误；2）当网络中数据流量较大，网络数据池配置较小时，往往有丢帧发生，mbufShow 会显示网络数据缓冲区不够用，系统报 0x37 错误；3）当 SND_BUF 设置值大于 66587 字节，发送 UDP 数据包大于 65507 字节时，导致 IP 数据包总长度（添加 IP 包头 20 字节，UDP 包头 8 字节）大于 IP 数据包最大长度 65535 字节，在 TCP/IP 协议中数据包长度字段是 16 位表示的，超过协议定义数据包的承载能力。但 VxWorks 5.5.1 的网络协议栈未检查该长度，该长度赋值给 16 位协议字段时因溢出变成一个很小的值，最后导致网卡发送逻辑错误，使得该网卡不能发送数据，网络报 0x37 错误。该网卡故障不影响其他网卡的工作。

针对 0x37 错误 1）的措施：在网卡驱动程序中使用 muxError 向协议栈通知网络链路状态的变化。详见 9.5.2 节。

针对 0x37 错误 2）的措施：在 VxWorks 中配置网络数据池，推荐配置参数为 256。详见 9.5.2 节。

针对 0x37 错误 3）的措施：在 VxWorks 中协议栈，添加发送数据包长度合法性检查，当发送数据包长度大于协议定义数据包的承载能力 65507 时，设置错误号 0x24：EMSGSIZE，释放发送缓存，返回错误。详见 9.5.2 节。

12.2.3　软件相关异常

下面介绍几类常见软件异常。

（1）任务选项错误

在使用函数 taskSpawn 创建任务时，如果任务执行浮点操作或者调用浮点数操作函数，第三个参数 options 一定要使用 VX_FP_TASK。

```
int taskSpawn
(
char *   name,        /* name of new task (stored at pStackBase) */
int      priority,     /* priority of new task */
int      options,     /* task option word */
int      stackSize,   /* size (bytes) of stack needed plus name */
FUNCPTR entryPt,   /* entry point of new task */
int      arg1,        /* 1st of 10 req'd task args to pass to func */
int      arg2,
int      arg3,
int      arg4,
int      arg5,
int      arg6,
int      arg7,
int      arg8,
int      arg9,
int      arg10
)
```

在Intel处理器上运行VxWorks操作系统，操作系统提供可选机制fppArchSwitchHookEnable (BOOL enable)，以根据任务选项来使能/禁止浮点协处理器来检查程序是否正确使用了任务选项。默认情况下操作系统未使能该机制。使能该机制使得任务切换的开销大一些，降低了任务切换的效率。

fppArchSwitchHookEnable(1) 使能任务切换钩子函数。

fppArchSwitchHookEnable(0) 删除任务切换钩子函数。

当 fppArchSwitchHookEnable(1) 使能任务切换钩子函数根据任务选项来使能/禁止浮点协处理器时，如果程序运行时出现“Device not available”的异常表示该任务没有使用任务选项 VX_FP_TASK，把创建任务函数 taskSpawn 的第三个参数改为 VX_FP_TASK。

（2）任务堆栈溢出

当输入命令 i 查看任务状态时，出现任务名字字符串异常，很可能是堆栈溢出。检查堆栈大小的命令是 checkStack。

在软件设计时要确保任务堆栈大小足够大，同时设计函数时不要在函数中使用很大的栈空间。

（3）Page Fault 错误

在 VxWorks 操作系统中，因程序内存错误经常报 Page Fault 错误。下面介绍三个排查问题思路，但有时这些办法也可能无效。

①跟踪堆栈查找问题

首先确认错误的任务名字 / 任务 ID，然后使用 STATUS tt(int taskNameOrId) 显示函数调用堆栈。

```
-> tt "logTask"
 3ab92 _vxTaskEntry    +10 : _logTask (0, 0, 0, 0, 0, 0, 0, 0, 0, 0)
  ee6e _logTask        +12 : _read (5, 3f8a10, 20)
  d460 _read           +10 : _iosRead (5, 3f8a10, 20)
  e234 _iosRead        +9c : _pipeRead (3fce1c, 3f8a10, 20)
 23978 _pipeRead       +24 : _semTake (3f8b78)
```

通常该方法可以定为故障发生在哪个函数中，然后再分析该函数的代码，查找是否存在空指针、内存读写、复位和拷贝等高度风险处，认真分析查找故障原因。

②跟踪程序计数器查找问题

首先确认 Page Fault 中 Programe Counter 的值，然后使用 void lkAddr (unsigned int addr) 显示当前指令执行地址附近的符号表。下面是某次故障的信息。

```
->lkAddr 0x7b0284cc
0x7b028060 m_FC2_process        text
0x7b029cf0 checkMisPar          text
0x7b029df0 lkupMCS              text
```

上面找到故障发生在函数 m_FC2_process 中。

通常该方法可以定为故障发生在哪个函数 () 中 / 哪个变量操作中，然后再分析该函数 / 变量相关的代码，查找是否存在空指针、内存读写、复位和拷贝等高度风险处，认真分析查找故障原因。

③反汇编查找问题

在上面"跟踪程序计数器查找问题"的基础上，指令故障的位置（0x7b0284cc），函数 m_FC2_process 的地址 0x7b028060，可以计算出故障位置相对函数地址的位置是 0x7b0284cc-0x7b028060。

然后确认应用程序工程没有再次编译，运行 Windows 系统命令行 cmd，改变目录到应用程序工程的可执行文件 a.out 目录。在该命令行窗口运行 $(WIND_BASE)/host/x86-win32/bin/torVars.bat 设置环境变量，运行 objdumppentium.exe -DS a.out > file.s 反汇编生产源代码汇编代码混合显示文件 file.s。打开文件 file.s，找到函数 m_FC2_process 和函数对应的地址，把该地址 + 相对量（0x7b0284cc-0x7b028060）就找到了故障指令执行代码。

（4）程序逻辑异常

①任务 READY 态异常

首先确认任务名字 / 任务 ID，然后使用 STATUS tt(int taskNameOrId) 显示函数调用堆栈。

```
-> tt "logTask"
3ab92 _vxTaskEntry    +10 : _logTask (0, 0, 0, 0, 0, 0, 0, 0, 0, 0)
 ee6e _logTask        +12 : _read (5, 3f8a10, 20)
 d460 _read           +10 : _iosRead (5, 3f8a10, 20)
 e234 _iosRead        +9c : _pipeRead (3fce1c, 3f8a10, 20)
23978 _pipeRead       +24 : _semTake (3f8b78)
```

通常该方法可以定为故障发生在哪个函数中，然后再分析该函数的代码，查找是否存在死循环的可能性。

②任务 PEND 态异常

首先确认任务名字 / 任务 ID，然后使用 STATUS tt(int taskNameOrId) 显示函数调用堆栈。

```
-> tt "logTask"
3ab92 _vxTaskEntry    +10 : _logTask (0, 0, 0, 0, 0, 0, 0, 0, 0, 0)
 ee6e _logTask        +12 : _read (5, 3f8a10, 20)
 d460 _read           +10 : _iosRead (5, 3f8a10, 20)
 e234 _iosRead        +9c : _pipeRead (3fce1c, 3f8a10, 20)
23978 _pipeRead       +24 : _semTake (3f8b78)
```

通常该方法可以定为故障发生在哪个函数中，然后再分析该函数的代码，查找是否存在阻塞的可能性。

也可以使用命令 w 查看任务阻塞在哪个资源上。

```
-> w
```

上面问题应对互斥锁未成对出现，某些原因造成的程序 PEND 非常有效。比如在 VxWorks 6.x 系统中，网络单播发送数据时，目的主机 / 目的端口不存在就会引起程序 PEND。

③函数 fseek 在不同操作系统下特性不同

函数 int fseek(FILE * fp, long offset, int whence) 原型：

```
int fseek
    (
    FILE * fp,         /* stream */
    long   offset,     /* offset from whence */
    int    whence     /* position to offset from: SEEK_SET =
beginning */
                      /* SEEK_CUR = current position SEEK_END = end-of-
file */
    )
```

VxWorks 5.5.1、VxWorks 6.9 等操作系统 fseek 函数特性不一样。

下面是文件大于 2GB 时，各系统下实际测试情况。

第三个实参是 SEEK_SET，第二个实参只要小于 0x80000000U 的正整数时，函数 fseek 在 VxWorks 5.5.1、VxWorks 6.9、天熠等三个操作系统都正确。

第三个实参是 SEEK_CUR，第二个实参只要小于 0x80000000U 的正整数时，函数 fseek 在天熠操作系统下正确；当文件当前位置指针小于 0x80000000U，并且该值与第二个实参（long，负、0、正均可）的和是正整数且小于 0x80000000U 时，VxWorks 5.5.1、VxWorks 6.9 才正确，其他情况都不正确。

第三个实参是 SEEK_END，第二个实参是闭区间［-2147483648，0］任意数时，函数 fseek 在 VxWorks 6.9 操作系统下正确，在 VxWorks 5.5.1 操作系统下不正确。

下面是测试代码。

```
int fileSeek
(
    FILE * fp,                  /* stream */
    unsigned int uiFileOfs,     /* offset from beginning */
    unsigned int uiFileSiz      /* file size */
);
```

/* TODO: 在不同 OS 下，fseek 函数特性不一样，移植代码时请测试下面代码判断 fseek 特性，检查 fileSeek 是否正确 */

```
void tFileSeek(void)
{
    char sFileName[] = "/ata0b/fileSeek.dat";
    FILE *fp = NULL;
     unsigned int uiFileOfs, uiFileSiz = 0xFFFFF000U, i;
     int iFileOfs, iRetVal;

    fp=fopen(sFileName, "rb");
    if(NULL==fp)
    {
            fp=fopen(sFileName, "wb");
            if(NULL==fp)
            {
                    printf("Line%d: fopen(\"%s\", \"wb\")
errno=%x.\n", __LINE__, sFileName, errno);
```

```
            }
            else
            {
                for(i=0; sizeof(unsigned int)*i<uiFileSiz; i++)
                {
                    iRetVal = fwrite(&i, sizeof(unsigned int), 1, fp);
                    if(1!=iRetVal)
                    {
                        break;
                    }
                }
              fclose(fp);
              do{
                taskDelay(sysClkRateGet());
                fp=fopen(sFileName, "rb");
                if(NULL==fp)
                {
                    printf("Line%d: try fopen(\"%s\", \"rb\")
errno=%x.\n", __LINE__, sFileName, errno);
                }
                else
                {
                    printf("Line%d: fopen(\"%s\", \"rb\") for
tFileSeek.\n", __LINE__, sFileName);
                }
              }while(NULL==fp);
            }
        }

        uiFileOfs = 0x7FFFFFFC;
        iFileOfs = uiFileOfs;
        if(0!=fseek(fp, iFileOfs, SEEK_SET))
        {
            printf("Line%d: fseek SEEK_SET 0x%08x, errno = 0x%x\n", __
LINE__, uiFileOfs, errno);
```

```
        }
        else
        {
                iRetVal = fread(&i, sizeof(unsigned int), 1, fp);
                if(1!=iRetVal|| 4*i!=uiFileOfs)
                {
                        printf( "Line%d: fread iRetVal=%d, 4*i=0x%08x,
uiFileOfs=0x%08x\n" , __LINE__, iRetVal, 4*i, uiFileOfs);
                }
                else
                {
                        uiFileOfs += 4;
                }
        }

        for(iFileOfs=0; sizeof(unsigned int)*iFileOfs<16; iFileOfs++)
        {
                if(0!=fseek(fp, 4*iFileOfs, SEEK_CUR))
                {
                        printf( "Line%d: uiFileOfs=0x%08x, fseek SEEK_CUR %d,
errno = 0x%x\n" , __LINE__, uiFileOfs, 4*iFileOfs, errno);
                }
                else
                {
                        iRetVal = fread(&i, sizeof(unsigned int), 1, fp);
                        if(1!=iRetVal|| 4*i!=uiFileOfs)
                        {
                                printf( "Line%d: fread iRetVal=%d, 4*i=0x%08x,
uiFileOfs=0x%08x\n" , __LINE__, iRetVal, 4*i, uiFileOfs);
                        }
                        else
                        {
                                uiFileOfs += 4*iFileOfs+4;
                        }
                }
        }
```

```
    uiFileOfs = uiFileSiz-4;
    if(0!=fseek(fp, -4, SEEK_END))
    {
        printf( "Line%d: uiFileOfs=0x%08x, fseek SEEK_END 0, errno
= 0x%x\n" , __LINE__, uiFileOfs, errno);
    }
    else
    {
        iRetVal = fread(&i, sizeof(unsigned int), 1, fp);
        if(1!=iRetVal|| 4*i!=uiFileOfs)
        {
            printf( "Line%d: fread iRetVal=%d, 4*i=0x%08x,
uiFileOfs=0x%08x\n" , __LINE__, iRetVal, 4*i, uiFileOfs);
        }
        else
        {
            uiFileOfs += 4;
        }
    }

    for(uiFileOfs=0x7FFF0000; uiFileOfs<0x8FFF0000; uiFileOfs +=
0x10)
    {
        if(0!=fileSeek(fp, uiFileOfs, uiFileSiz))
        {
            printf( "Line%d: fileSeek 0x%08x, errno = 0x%x\n" ,
__LINE__, uiFileOfs, errno);
        }
        else
        {
            iRetVal = fread(&i, sizeof(unsigned int), 1, fp);
            if(1!=iRetVal|| 4*i!=uiFileOfs)
            {
                printf( "Line%d: fread iRetVal=%d, 4*i=0x%08x,
uiFileOfs=0x%08x\n" , __LINE__, iRetVal, 4*i, uiFileOfs);
            }
```

```
                else
                {
                        if(0==uiFileOfs%0x1000)
                        {
                                printf( "Line%d: fread iRetVal=%d,
4*i=0x%08x, uiFileOfs=0x%08x\n" , __LINE__, iRetVal, 4*i, uiFileOfs);
                        }
                }
            }
        }

        fclose(fp);

        return;
    }
```

使用下面函数 fileSeek 来兼容 VxWorks 6.9 操作系统。

```
int fileSeek
(
    FILE * fp,                  /* stream */
    unsigned int uiFileOfs,     /* offset from beginning */
    unsigned int uiFileSiz      /* file size */
)
{
   int iRetVal = -1;
   int iFileOfs = 0;

   if(uiFileOfs<0x80000000U)
   {
        /* 顺序定位 */
        iFileOfs = uiFileOfs;
        iRetVal=fseek(fp, iFileOfs, SEEK_SET);

   }
   else if(uiFileOfs>=0x80000000U &&  uiFileOfs<=uiFileSiz)
   {
        /* 逆序定位 */
```

```
        iFileOfs = (int)(uiFileSiz-uiFileOfs);
        iRetVal=fseek(fp, -iFileOfs, SEEK_END);
    }
    else
    {
        iRetVal = -1;
    }

    return iRetVal;
}
```

如果 VxWorks 5.5.1 操作系统有相应需求，可以修改内核代码。

12.3 规范系统设计

优秀的设计不存在错误，也是设计的最高目标之一。下面简单讨论设计经验。

12.3.1 网络设计

大型系统（比如武器系统、雷达系统等）应该统筹全系统网络设计、子网划分、地址分配、防火墙设计。

12.3.2 软件设计

1）建议创建任务时使用浮点协处理支持选项 VX_FP_TASK，以牺牲效率换取正确性。

2）避免函数使用过大的栈空间；在程序调试时使用 checkStack 检查任务堆栈使用情况。

3）代码中删除任务时禁用函数 taskSuspend，尤其是在 taskDelete 前禁止调用 taskSuspend。

在系统中，有些函数隐含调用 taskSafe 和 taskUnsafe，防止在临界区域时任务被删除。例如，某任务 A 正好位于 taskSafe 和 taskUnsafe 保护的临界区域，此时任务 B 抢占任务 A，任务 B 先调用 taskSuspend 然后再调用 taskDelete，任务 A 和任务 B 会发生死锁。

4）避免设计超大内存的复位 / 拷贝等操作，建议采用链表等方式设计，使用传递指针来代替内存拷贝。

5）任务之间互斥采用优先级继承协议的互斥信号量，加锁 / 解锁必须成对出现，互斥临界区域短小精悍，一个临界资源使用一个互斥锁，禁止一个临界资源使用多个互斥锁。

6）在 SMP 操作系统中，中断服务程序和任务之间使用中断级自旋锁互斥保护临界区域，同样，互斥临界区域短小精悍，一个临界资源使用一个互斥锁，禁止一个临界资源使用多个互斥锁。

7）在 SMP 操作系统中，注意硬件（尤其是 FPGA 实现的寄存器）是否支持多核同时读写。

8）预防数组越界，特别注意下面函数的第三个参数和 for 循环的条件表达式。

```
char *strncpy(char *s1, const char *s2, size_t n);
void *memcpy(void *destination, const void *source size_t size);
void *bcopy(const char *source, char *destination, int nbytes);
```